# R语言
## 入门经典

安迪·尼古拉斯（Andy Nicholls）

[英] 理查德·皮尤（Richard Pugh）    著

艾梅·戈特（Aimee Gott）

姜佑 译

人民邮电出版社

北京

**图书在版编目（CIP）数据**

R语言入门经典 / （英）安迪·尼古拉斯
(Andy Nicholls)，（英）理查德·皮尤 (Richard Pugh)，
（英）艾梅·戈特 (Aimee Gott) 著；姜佑译. -- 北京：
人民邮电出版社，2018.2
　ISBN 978-7-115-47629-6

　Ⅰ. ①R… Ⅱ. ①安… ②理… ③艾… ④姜… Ⅲ. ①
程序语言－程序设计 Ⅳ. ①TP312

中国版本图书馆CIP数据核字(2017)第324753号

## 版权声明

◆ 著　　　 [英] 安迪·尼古拉斯（Andy Nicholls）

　　　　　 理查德·皮尤（Richard Pugh）

　　　　　 艾梅·戈特（Aimee Gott）

　 译　　　 姜　佑

　 责任编辑　傅道坤

　 责任印制　焦志炜

◆ 人民邮电出版社出版发行　　北京市丰台区成寿寺路 11 号

　 邮编　100164　电子邮件　315@ptpress.com.cn

　 网址　http://www.ptpress.com.cn

　 北京市艺辉印刷有限公司印刷

◆ 开本：787×1092　1/16

　 印张：29.25

　 字数：723 千字　　　　　　 2018 年 2 月第 1 版

　 印数：1 – 2 400 册　　　　　 2018 年 2 月北京第 1 次印刷

　 著作权合同登记号　图字：01-2016-2416 号

定价：99.00 元

读者服务热线：**(010)81055410**　印装质量热线：**(010)81055316**
反盗版热线：**(010)81055315**

# 内容提要

本书作为 R 语言的学习指南，详细讲解了 R 语言的基本概念和编程技巧。本书从最基础的知识开始，由浅入深地介绍 R 的基本概念和重要特性，并用大量的示例和图形进行演示和说明，旨在让读者在掌握 R 语言的同时，能养成良好的编程习惯，写出专业、高效的代码。

全书共 24 章，其内容涵盖了 R 语言的社区和环境介绍；R 语言的各种数据结构（单模式/多模式数据结构，日期、时间和因子）；包括各种常用函数、实用函数和应用函数在内的 R 语言函数；如何在 R 中进行文本的导入和导出，如何操控和转换数据，以及在 R 中高效处理数据的方法；如何可视化数据（涵盖了三个基本图形系统、ggplot2 图形系统和 Lattice 图形系统）；如何用 R 构建线性模型、广义线性模型和非线性模型，以及面向对象的思想；如何进行 R 代码提速（包括代码的性能分析和提速方法）；如何构建 R 包和扩展 R 包；如何编写 R 类，其中会涉及 R 中的面向对象编程系统（S3、S4、引用类等）；如何创建动态报告和如何用 Shiny 创建网络应用程序。本书附录还介绍了 R、Rtools 和 RStudio 的具体安装步骤。

本书涵盖了 R 语言的所有基础知识，介绍了许多实用的编程技巧，既可作为 R 语言的入门教材，也可作为一本为寻求拓宽分析工具的专业统计学家、数据科学家、分析师量身打造的学习宝典。本书还可作为对 R 语言感兴趣的读者和开发人员的参考书籍。

# 作者简介

**Andy Nicholls** 在英国斯巴大学获得数学硕士学位，在南安普顿大学获得统计学应用科学硕士学位。Andy 在 2011 年加入 Mango Solution 公司之前一直是一位制药行业的资深统计学家。自从加入 Mango Solution 后，Andy 举办了 50 多次 R 语言的现场培训课程，参与了 30 多个 R 包的开发。现在，他负责管理 Mango Solution 的 R 顾问团队，并一直定期为每季度的 LondonR 活动做贡献。到目前为止，该活动的 R 用户组参与人数居英国之首，有 1000 多个见面会成员。Andy 与他美丽贤惠的妻子和可爱的儿子居住在英国的历史名城巴斯附近。

**Richard Pugh** 在巴斯大学获得数学学位。Richard 在制药行业作为统计学家从事统计相关工作多年，后来加入了 Insightful 公司（开发了 S-PLUS）的售前顾问团队。Richard 在 Insightful 公司的工作包括举办各种活动，给许多行业的蓝筹客户提供相关的培训和咨询服务。Richard 在 2002 年作为联合创始人创建了 Mango Solution，领导公司中 R 和其他分析软件的各种项目开发和技术研发。Richard 现在是 Mango 公司的首席数据科学家，定期在数据科学会议和 R 活动中发言。Richard 与他的妻子和两个孩子居住在英国威尔特郡西部的 Bradford on Avon 镇，大部分"业余时间"都在修整自己的房子。

**Aimee Gott** 是兰卡斯特大学的统计学博士，在本校获得了本科和硕士学位。作为培训领导，Aimee 为 Mango 公司举办了 200 多天的培训。她在欧洲和美国举办了多次全面介绍 R 语言的现场培训，而且还包括许多短期研讨会和在线研讨会。Aimee 负责监督 Mango 公司跨数据科学领域方面的培训课程开发，并定期参加 R 用户组和见面会。在业余时间里，Aimee 喜欢学习各种欧洲语言，并用摄影记录她的旅行。

# 献辞

本书献给我挚爱的妻子，感谢她的理解和支持。很抱歉每天不得不忙到深夜，整个夏天都不能好好陪她。献给我的宝贝儿子，在撰写本书的过程中，他学会了自己坐起来、吃饭、到处爬，学会了自己走路！

—— *Andy Nicholls*

本书献给我的家人，很遗憾每个周末都不能陪他们。

—— *Richard Pugh*

献给 Stephen、Carol、Richard 和 Kristie。

—— *Aimee Gott*

# 致谢

本书从成稿到出版，离不开许多人的帮助和指导。首先，感谢 Andy Miskell、Jeff Stagg、Mike K. Smith 和 Susan Duke，他们花了很长时间检查我们的初稿。感谢 Mango 公司的咨询团队和 TIBCO 的 Stephen Kaluzny，耐心解答了我们在写作过程中提出的许多问题。

感谢在编辑、印制和发行本书过程中涉及的每一个人。特别感谢 Elaine Wiley（制作编辑）、Trina MacDonald（策划编辑）、Songlin Qiu（开发编辑）、Olivia Basegio（出版人助理）、Stephanie Locke（技术编辑）、Bart Reed（文字编辑）和 Katie Matejka（校对员）。

# 前　言

Mango Solutions 公司一直以来致力于对专业学者和商务人士面授 R 培训课程，已经超过 13 个年头。我们目睹了 R 从早期作为 S-PLUS 和 SAS 的廉价替代品，成长为当今世界领先的分析编程语言。成千上万的贡献者源源不断地加入，数以百万计的用户日益增加。R 在各个学术界都备受青睐，而且获得了微软、谷歌、惠普、甲骨文等大型公司的商业支持。

在 Mango 公司的面授培训计划中，我们的 R 培训对象有统计学家、数据科学家、物理学家、生物学家、化学家、地理学家、心理学家等各领域的专家学者。为了提高在专业环境中分析数据的能力，大家都求助于 R。我们撰写本书的目的是，把我们的内部培训资料公布出来，为更多有志学好 R 从事数据分析的人和所有对 R 感兴趣的人提供学习资源和帮助。

## 读者对象

本书是为通过学习 R 寻求拓宽分析工具的专业统计学家、数据科学家、分析师量身打造的学习宝典。如果读者能有一定的其他数据分析语言或分析应用程序的编程经验（如 SAS、Python 或 Excel/VBA），学起来会很轻松。但是，这不是硬性要求，即使没有数据分析和编程背景，也没有关系。本书同样适合于没有任何编程经验的初学者。我们从一开始就假设读者没有任何 R 基础。只不过，如果熟悉 R 的基础知识，可以跳过前面章节，直接阅读后面感兴趣的章节。

## 通过本书能学到什么

本书从 R 语言的基础知识开始，由浅入深地详细介绍了到数据科学中的常见任务，包括数据操控、数据可视化和数据建模。结合 R 语言的特性，介绍了如何编写出高质量、可读性好的产品级代码。作为培训教程，本书有大量简单易懂的示例，所有示例可在本书的网站（http://www.mangosolutions.com/wp/teach-yourself-r-in-24-hours-book）中下载。我们在本书中一直强调要养成良好的编程习惯，结合我们用 R 开发产品的经验，将给读者提供一些实用的编程技巧。

学完本书，相信读者能很好地掌握 R 语言的基础。不仅能熟练使用许多最常用的包，还能亲手写出高质量的 R 代码。

# 本书的结构

本书旨在介绍开始学习 R 语言应该掌握的所有基础知识，然后针对具体的任务详细介绍 R 语言的其他要素。

每章的主要内容如下。

第 1 章，**R 语言社区**。本章介绍 R 如何从 S 语言的演变成为现在的多用途数据科学编程语言。R 社区为用户提供大量的帮助和支持，本章会介绍其中一些比较知名的内容。

第 2 章，**R 语言环境**。本章用 RStudio 开始一个新的 R 会话，键入一些基本的命令，探索 R "对象"的思想；概述 R 包的概念以及如何查找、安装和载入包。

第 3 章，**单模式数据结构**。本章介绍 R 中的标准数据类型，详细讲解 3 种关键的结构，分别存储 3 种数据类型（向量、矩阵、数组）。我们将举例说明如何创建和管理这些结构，重点讲解如何提取结构中的数据。

第 4 章，**多模式数据结构**。大部分数据源中都包含多种数据类型，我们要以简单高效的格式将其存储在一起。本章重点介绍两种关键的数据结构，用于存储"多模式"的数据：列表和数据框。我们用大量示例说明如何创建和管理这些数据结构，特别是如何提取其中的数据。除此之外，还将介绍如何在日常生活中有效地使用这两种数据结构。

第 5 章，**日期、时间和因子**。本章将学习 R 语言中一些特别的数据类型，有助于我们处理日期、时间和分类数据。

第 6 章，**常用 R 函数**。本章将介绍一些平时最常用的 R 函数。

第 7 章，**编写函数：第一部分**。R 的一个优势是，可以通过自定义函数来扩展它。R 允许用户创建自己的函数，执行各种不同的任务。本章先介绍如何创建自己的函数，指定输入和返回结果给用户，然后讨论 R 中的"if/else"结构，并使用该结构控制函数中的代码流。

第 8 章，**编写函数：第二部分**。本章将介绍一系列高级的函数编写技巧，如返回错误消息、检查输入是否与函数的参数类型匹配，以及使用函数"省略号"。

第 9 章，**循环和汇总**。本章将介绍如何以一种更简单的方式应用函数和代码。不用写冗长重复的代码，也能遍历指定的一部分数据重复地执行任务。

第 10 章，**导入和导出**。本章将介绍导入和导出数据的常用方法、R 如何读写平面文件，以及如何连接数据库管理系统（DBMS）和 Microsoft Excel。

第 11 章，**数据操控和转换**。数据科学家和数据统计学家都很少控制待处理数据的结构和格式。但是，了解如何控制它们能帮助我们更好地管理和理解数据。随着 R 的演变，其操作数据的途径也发生了很大变化。本章将进一步探索数据的结构，从"传统的"方法开始，讲解排序、设置、融合等数据操控任务，然后，介绍如何用备受欢迎的 reshape、reshape2 和 tidyr 包进行数据重组。

第 12 章，**高效数据处理**。本章介绍非常受欢迎的 dplyr 包。data.table 包是一个专门针对大型数据的高效处理大型数据的独立包。

第 13 章，**图形**。熟悉了如何在 R 中操控数据，就可以开始学习如何把数据可视化了。本章将介绍如何用基本图形工具创建图形、如何将图形发送到图形设备中（如 PDF 和标准图形函数），以及如何控制页面上的图形布局。

第 14 章，**ggplot2 图形包**。本章将介绍特别受欢迎的 ggplot2 包，由 Hadley Wickham 为创建高质量的图形而开发。

第 15 章，**lattice 图形**。本章将介绍第 3 种创建图形的途径：使用 lattice 包。这个图形系统很适合绘制高度分组的数据，其代码与 R 用于建模的代码非常相似。

第 16 章，**R 模型和面向对象**。本章讲解如何拟合简单的线性模型，如何用一系列文本和图形方法来评估拟合的性能。除此之外，还简要介绍了"面向对象"，以及如何用 R 统计建模框架构建面向对象的概念。

第 17 章，**常见 R 模型**。本章将扩展前几章的思想到其他建模方法。特别是，广义线性模型、非线性模型、时序模型和生存模型。

第 18 章，**代码提速**。本章将介绍一些用于提高编程效率的重要技巧，遵循这些技巧和好习惯才能写出高质量、专业化的 R 代码。

第 19 章，**构建包**。把代码放入包中，就必须确保编写的代码具有高标准，而且要附上示例并创建文档。本章介绍的重点是，要确保代码的质量和创建文档，是共享和重用高质量、专业化代码的前提。

第 20 章，**构建高级包**。有很多方式把包扩展为更加稳健，更容易让用户上手。读者将在本章学到最常见的包额外组件。

第 21 章，**编写 R 类**。本章在详细介绍 R 的 S3 实现之前，将概述面向对象编程的关键特性。

第 22 章，**正式的类系统**。本章将介绍 R 中更正式的 S4 系统和引用类系统。而且，还会讲到有效性检查、多重分派、面向对象消息传递、可变对象等概念。

第 23 章，**动态报告**。学到本章，大家已经对 R 语言的基本概念非常熟悉了，也明白了如何写出高质量、易于共享的代码，以及如何给代码创建良好的文档。有些报告特别依赖 R 生成的输出，本章将扩展 R 的用法，特别是简化生成这类报告的步骤。

第 24 章，**用 Shiny 创建网络应用程序**。虽然你可能根本没想过创建网络应用程序，但是本章将介绍一个包，让你直接在 R 中编写 R 代码生成网络应用程序。这是 R 当前最流行的包之一，越来越多的在 CRAN 发布的包都使用这个框架。

## 本书的代码示例

为了让读者更好地理解 R 的基本概念，本书包含了大量的代码示例。你可能注意到有些代码前面有一个">"和"+"。这两个符号分别是 R 的命令提示符和延续字符，在编写代码时不用输入这两个符号。我们使用了格式化约定的函数名和包名。

本书包含的所有代码示例均可在我们的网站上下载：

http://www.mango-solutions.com/wp/teach-yourself-r-in-24-hours-book/。

**By the Way**

> **注意**
>
> 本书的代码示例中，偶尔会看到代码行以➡符号开头，这是代码延续箭头，表明这行代码太长，在打印页面上显示为两行。另外，有些代码示例中有行号，有些没有。有行号的代码示例是为了方便后面逐行讲解代码，而没有行号的代码在后面做概括讲解，不会逐行讲解。

# 目　录

# 第1章

# R 语言社区

---

**本章要点:**

➢ S 语言和 R 语言的简史

➢ R 语言社区概览

➢ R 语言各版本的开发和发布

本章介绍 R 语言是如何从 S 语言演变而来的,以及它是如何成为当今一门万能的数据科学编程语言。在学习任何一门编程语言之前,先了解这门语言的一些起源和功能,大有裨益。对于 R 语言,它的许多功能和特性都来源于 S 语言,尤为如此。

作为一门免费且开源的编程语言,R 语言离不开社区的贡献。R 语言社区为用户提供大量的帮助和技术支持。我们将在本章中介绍 R 社区中一些重要且常用的分项,并在本章末尾进一步介绍 R 语言各版本的开发和发布情况。

## 1.1 R 语言简史

以前,每次我给学生们上第一堂 R 语言课时,都会在课堂上提问有多少人有 S 语言的编程经验。对于 R 语言培训班而言,这是一个重要的问题。这两门语言的语法相近,如果了解 S 语言,就没必要坐在这里听 R 语言的入门课程了。前些年,学生举手的数量明显减少,于是我换了个问题:"在座的有多少人听说过 S 语言?"时至今日,开始学 R 语言的人都极少知道 S 语言了。看来,有必要在进入主题之前先回顾一下历史,了解什么是 S 语言以及它的起源。

### 1.1.1 S 语言的诞生

S 语言最初由美国贝尔实验室的 John Chambers 于 20 世纪 70 年代中后期开发,比谷歌还早,那时候还没有能查询编程语言的搜索引擎。John Chambers 在 1976 年的最初设想,如今看来已经很过时了（见图 1.1）。Chambers 这个想法的本质是，开发一门能为较低级别的 Fortran 子程序提供一个无障碍接口的语言。为此，统计学家不得不通过加快编码来提高效率。现在，像 R、SAS、Matlab 和 Python 都采用类似的途径。但在当时而言，这个想法很有突破性。

图 1.1

John Chambers 的设想框架变成了 S 语言

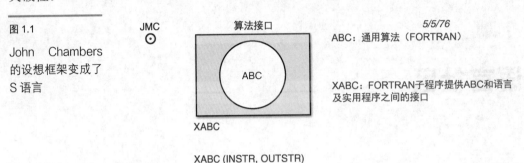

S 语言的"S"表示"统计"（Statistics）。选择这个名称的主要原因是，为了和其他语言的命名方式保持一致（更早时贝尔实验室还发明了 C 语言）。而且，为该门语言起名时，众多候选名中均以 S 字母开头。其中有一个候选名是 SAS，这与其他软件名称重名了（SAS 是统计分析软件，Statistical Analysis Software）。

S 语言的发展和演变经历了几个关键的转折点，最终发展成为 S 语言和现在的 R 语言。这是一个逐渐向 C 靠拢的转变过程，比如内部例程、从宏到函数的转换，以及在引入"S3"类系统后又引入了"S4"类系统等（详见第 21 章和第 22 章）。

由 Statistical Sciences 有限公司开发，并于 1988 年发布的 S-PLUS 的第一个版本，是在 S 语言发展历程中一个极其重要的里程碑。在接下来的几年里，Statistical Sciences 公司创建了一个新的 S 语言图形用户界面，并用自己的 Axum 产品集成 GUI，添加了交互式图形功能。除此之外，还为若干微软产品（如 Excel 和 PowerPoint）添加了连接器。不过，最重要的是，Statistical Sciences 公司获得了市场的独占许可证，发布了 S 语言，关闭了 S 语言的外包开发。后来，TIBCO 软件公司在 2008 年收购了 S-PLUS 和 Insightful。不过到目前为止，TIBCO 在收购了 S-PLUS 之后就再没有发布任何新版本，他们把注意力放到了 R 语言上，并于 2015 年成为了 R 语言联盟的创始成员。

## 1.1.2　R 语言的诞生

S 语言和 R 语言具有相似的语法。主要的 R 语言项目网站（www.r-project.org）毫不掩饰与 S 语言的关系，把 R 语言描述为"与 S 语言和环境类似"，并声称"绝大部分用 S 语言编写的代码无需更改便可在 R 中运行"。这并不是说 R 语言是 S 语言的翻版或重复实现，而是为了强调 R 语言从 S 语言演变而来。几乎相同的语法也并非巧合，R 语言的第一个版本由奥克兰大学的 Robert Gentleman 和 Ross Ihaka 在 20 世纪 90 年代中后期开发。在字母表中，R 排在 S 的前面，既然源于 S 语言，怎么会命名为 R 语言呢？其实，之所以叫"R"语言，是因为 Robert 和 Ross 的名字都以 R 开头。这个理由相当充分。

Robert 和 Ross 很快便被"R 开发核心团队"的核心贡献群招入麾下，该组织现在负责 R 语言最新版本的开发和发布。在发布 R-1.5.0 后，核心成员们创建了"R 语言基金会"，负责

R 语言的版权和归档等其他事宜。现在，R 语言基金会中有许多 S 语言的原始开发团队，包括 John Chambers。

　　R 语言本身经历了许多迭代。每隔 3 个月，R 就会发布一个维护性的小版本更新。尽管如此，许多功能（特别是核心统计例程）都与以前的 S 语言类似。

## 1.2　R 语言社区

　　在开始安装 R 语言进行编程之前，我们想先强调一些 R 的可用在线资源。网络上有许多在线资源，几乎所有的可用资源都可以通过主要的 R 项目网站获得（见图 1.2）。从该网站中，可以下载最新的 R 语言版本、下载 R 语言包、查找相关帮助、加入一些 R 语言邮件列表、查找 R 语言书籍等。

　　与商业支持软件（如 SAS 和 SPSS）的区别在于，开源的 R 语言有大型、活跃的在线社区，为 R 提供各方面的支持。和许多其他开源社区一样，需要一段时间才能熟悉 R 语言社区。这是一个非常棒的社区！社区中有一个叫做 R 语言基金会的特别团体，成立于 2015 年。该基金会的目标是，为了让 R 语言对于新手而言更容易上手而不懈努力。

### 1.2.1　邮件列表

　　R 项目网站上列出了专门探讨 R 语言的多个邮件列表。绝大多数 R 语言新手访问的第一站就是 R-help 邮件列表。我对所有新手的建议是，在 R 项目网站上向社区发布任何求助之前，先在网站上搜索一下归档内容（并阅读发帖指南）。你提问之前很可能已经有其他人讨论过相关的问题了。如果使用 R-help 会发现，其他人帮你解决问题的速度很快。无论白天黑夜，社区的大门都为你敞开。还有一点需要注意的是，如果对某个函数的行为或文档质量有看法，在发表评论时请注意自己的措辞，避免发生不愉快的言语冲突。要知道，作者在阅读评论时可没有销售或营销团队随时提醒他——你没有恶意。

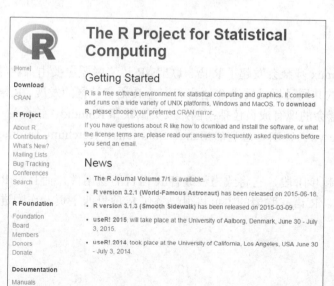

图 1.2

R 项目网站（www.r-project.org）的主界面

### 1.2.2 R 语言手册

以前在 R-help 中提问，一个典型的回复是：请阅读《R 语言手册》。《R 语言手册》（R Manuals）就像语言本身一样，许多方面都来源于 S 语言。如果有什么和 R 相关的问题，总能在一系列 R 语言手册中找到答案。特别是《编写 R 语言扩展》（Writing R Extensions）手册，致力于研发 R 包的人一定不能错过这份重量级的参考手册。不过，除非你非常熟悉一些泛型编程概念（如，面向对象），并为此做足了功课，否则很难读下去。当然，R 语言核心团队也意识到了这个问题。他们在《R 语言入门》（An Introduction to R）手册前言部分的"给读者的建议"（Suggestions to the reader）中，建议 R 语言的新手最好能跳过该手册的前 80 页，直接从附录 A 的简单会话开始阅读。

### 1.2.3 在线资源

虽然在网站上可以获得大量在线资源，但是对 R 语言的新手而言，要找到自己所需的内容并不容易。即使像我这种使用 R 语言快 15 年的人，如今在谷歌中键入 R 和空格时，搜索框下面出现的备选项依旧是 R. Kelly！不过，一般而言，只要能区分 R&B[1]和统计编程的话，用谷歌搜索 R 相关的资料也相当简单。除了谷歌，还可以在其他地方搜索 R 的相关材料，很多资料就直接列在 R 项目的网站上。值得一提的是，斯坦福大学的 Sasha Goodman 创建的 Rseek 能搜索到一些 R 语言的相关网站。

如果喜欢用 R 语言手册来查询，可以使用 DataCamp 开发的一个工具：R Documentation。R Documentation 是一个网站，把主要的 R 语言资源集结在一起。该网站还能搜索 CRAN（Comprehensive R Archive Network）的 Task View 中的包。我们将在第 2 章详述 CRAN 和 R 包。

### 1.2.4 R 语言联盟

2015 年 6 月 30 日，Linux 基金会发起了 R 语言联盟。R 语言联盟主要由工业界和学术界的数据科学家组成，他们的共同目标是推进 R 语言和支持 R 语言社区的发展。R 语言联盟的首页如图 1.3 所示。R 基金会的现有成员包括：创始成员微软和 RStudio（铂金）；TIBCO 软件有限公司（黄金）；Alteryx、谷歌、惠普、Mango Solutions、Ketchum Trading、甲骨文（白银）。

R 语言联盟目前处于起步阶段，它将致力于改善 R 语言的易用性，而且对 R 语言的下一阶段发展起到监管作用。R 语言联盟的主页将很快替代 R 项目的主页，作为进入 R 社区的大门。

---

1 节奏布鲁斯（Rhythm and Blues，简称 R&B），是一种音乐形式。R. Kelly 是一位非常著名的 R&B 艺人。——译者注

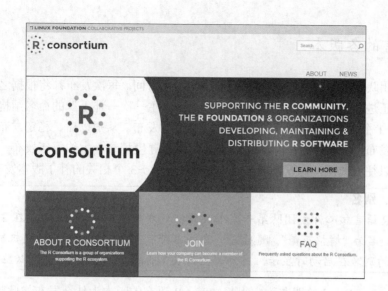

图 1.3

R 语言联盟（www.r-consortium.org）的主页

### 1.2.5 用户活动

开源社区的另一个好处是，可以参与全球范围的用户活动。新的用户群层出不穷，参与活动的用户群数量从 5 增至 5000。通常，参与者大都利用自己的业余时间来参加活动，所以活动一般都在晚上举行。在 R 语言发展初期，这些用户会议就是 R 语言爱好者进行交流和分享的主要平台。后来，许多会议日趋成熟，获得了商业支持。

除了本地的 R 语言会议，主要的"useR！"讨论会从 2004 年开始定期举办，参与者的数量每年都稳定增长。该讨论会通常关注 R 语言和 R 包的开发，基本上都是学术界和工业界的演讲，如今还获得了 R 语言联盟的支持。2014 年，UserR！加入了 EARL（Effective Applications of the R Language）讨论会。EARL 主要致力于 R 语言的商业用途，涉及众多工业部门，其目标是共享 R 语言的知识和应用。

除跨领域的 R 讨论会以外，还有针对金融或保险行业的专门工业 R 讨论会，分别是 R/Finance 和 R in Insurance。其中，R/Finance 讨论会从 2009 年开始，每年在芝加哥举办；R in Insurance 讨论会从 2013 年开始每年举办一次。

## 1.3 R 语言的开发

虽然 R 语言作为一个开源的 GNU 项目，任何人都可以免费下载源代码，但这并不代表任何人都可以随意修改源代码。R 语言核心开发团队现在仍控制着 R 源代码的写访问。当然，R 语言的流行也离不开核心团队以外的众多贡献者。他们编写了成千上万的 R 包，都可以从 CRAN 资源库中免费下载。CRAN 是一个 FTP 网络，网络服务器镜像遍布全球，每个镜像都包含 R 语言的各个版本和贡献的 R 包。

R 包的领域跨度很大，质量也参差不齐，R 用户现在都少不了要查找和使用新的 R 包。许多资深的统计学家或数据科学家，经常对应不同的 R 版本在他/她们的本地机器中安装几百个包。我们将在第 2 章中详述 R 包。

### 1.3.1　R 语言的各版本

R 语言核心开发团队负责确定发布 R 语言新版本的具体时间。每次发布都将根据之前的版本对新增特性和修正进行描述。R 语言的各个版本遵循"主—次—补丁"的命名结构（例如，R-3.2.0）。R 的第 1 个版本是 R-1.0.0，于 2000 年 2 月份发布。从那以后，稳定发布补丁版本和次版本，偶尔发布主版本。近些年来，R 语言的发布速度稍缓，大约每年发布一次 R 语言的次版本。根据以往的惯例，每次发布次版本后都会有 2～3 个相关的补丁版本发布。

> **By the Way**
>
> **注意：别名**
>
> R 语言核心开发团队第一次给 R 语言的发布版本取"别名"是在 2.15.1 版本，名为"烤棉花糖"。随后每个 R 版本都有一个有趣又好记的随机别名。版本的别名在启动时显示。另外，运行 R.Version()\$nickname 也可以显示。

用过 SAS 或 Microsoft Excel 的朋友一定很想知道，R 语言的版本为什么发布如此频繁。一般认为，高频率发布意味着不稳定，这似乎说明 R 语言的 bug 很多。实际上情况恰恰相反。不过，商业组织对于采用的 R 版本和更换 R 版本的频率都持谨慎态度。通常，公司会等到次版本的第 2 或第 3 个补丁版本（如 R-3.1.2）发布以后才升级所用的 R 环境。

如果你确定发现了 R 中的一个 bug，可以直接给包维护团队发邮件，非常简单。和大部分商业支持的闭源模式不同，开源模式下用户可以和开发 R 语言代码的人直接对话。一旦确定有真正的 bug，你就可以和维护人员一起解决问题，有时包作者也会对你所付出的努力给予肯定。一旦找到了问题的解决方案，通常会在下一个发布的补丁版本或次版本中修复 bug。这意味着在一般情况下，bug 很快就会被修复，你不用为此等上好几个月。

## 1.4　本章小结

本章简要介绍了 S 语言和 R 语言的演变历史。读者平时看到的"S3""S4"也源于 S 语言，我们将在第 21 章和第 22 章中详述相关内容。

本章还介绍了 R 语言社区和支持 R 语言的不同群体：R 语言核心开发团队，R 语言基金会和 R 语言联盟。然后，介绍了一系列可用的在线资源，提到了查找 R 语言帮助时会遇到的一些困难。最后，讨论了 R 语言的开发周期，以及修复代码中 bug 的一些情况。

在本章末尾的"补充练习"中，要求大家安装 R 和 RStudio 集成开发环境（IDE）。在下一章中，我们将在 RStudio IDE 中开始使用和学习 R 语言。

## 1.5　本章答疑

**问：** R 语言的版本这么多，向下兼容有没有问题？

**答：** 如果考虑 R 语言的基础包，忽略那些可以从 CRAN 中下载的众多额外包，公正地说，R 语言向下兼容很好。实际上，现在 R 语言的很多特性都依赖于当时 S 语言的开发。当然，R 语言能发展成现在这样，离不开 CRAN 资源库中成千上万资源包作者的共同努力。即使是一些知名的 R 包作者也免不了一次又一次地改变想法，而且包的版本号也有了很大变化，但是 R 能有现在的成就，他们功不可没。如今，保证 R 语言包的质量和一致性是 R 语言基金会所面临的最大挑战。

**问**：同事留发我一大堆 S 语言的代码，能在 R 中运行它们吗？

**答**：官方的说法是"两种语言存在一些重大差异，但是，大多数 S 代码无需更改就能在 R 中运行"。对于绝大部分的日常代码，的确如此。当然也有一些例外。比如，计算标准差的函数在 S 语言中是 stdev()，而在 R 语言中是 sd()。对于稍高级的用户，一些功能的作用范围会成问题（这就是官方说法中"重大差异"的地方）。不过，本质上官方的说法完全正确。用肉眼观察的话，S 代码和 R 代码看上去的确非常相似。

## 1.6　课后研习

课后研习包含"随堂测验"和"答案"两部分，旨在帮助读者巩固本章所学知识。请读者先尝试回答"随堂测验"中的所有问题，再看后面的"答案"。

**随堂测验：**

1. 与 R 语言"类似"的编程语言是什么？

2. CRAN 这个英文缩写是什么意思？

3. 下面的 R 语言团体中，哪一个控制着 R 源代码的写访问，并负责发布 R 语言？

　　A.　R 语言核心开发团队

　　B.　R 语言基金会

　　C.　R 语言联盟

**答案：**

1. S 语言。

2. 综合 R 档案网络（Comprehensive R Archive Network）。

3. 这些由 R 语言核心开发团队直接负责。R 语言基金会或 R 语言联盟负责每次版本发布的资金和相关支持。

## 1.7　补充练习

1. 参考本书附录 A 中的"A.1 安装 R"，下载与所用机器匹配的 R 语言版本，并安装到自己的操作系统中。

2. 参考本书附录 A 中的"A.3 安装 RStudio IDE"，从 RStudio 网站下载最新版本并安装。

# 第 2 章
# R 语言环境

**本章要点：**

- ➤ 编写 R 代码的环境
- ➤ R 语言的基本语法
- ➤ RStudio IDE 的要素
- ➤ R 对象的预备知识
- ➤ 使用 R 包
- ➤ 获得内部帮助

本章默认读者已经在学习第 1 章时安装了 R 语言和流行的 RStudio Desktop IDE。本章先通过 RStudio 创建一个新的 R 会话，输入一些基本的命令，探索 R 语言中"对象"的思想；然后更正式地介绍 R 包的概念。在本章最后的"补充练习"中，要求读者从 CRAN 资源库中下载 R 包，这些 R 包中含有本书所需的数据集。

## 2.1 集成开发环境

在第 1 章中，要求读者安装了两款软件：R 语言和 RStudio Desktop。本章，我们重点介绍如何使用 RStudio。当然，也不是非要安装 RStudio 才能使用 R 语言。别忘了在安装 R 语言时同时安装的 R GUI。其实很长时间以来，大多数用户都是通过 R GUI 和 R 语言进行交互的。不过，RStudio 真的很好用，为用户提供了很多便利和帮助。

### 2.1.1 R GUI

随 R 语言一同安装的 R GUI 为用户提供了一个操作环境，用户可以通过 R 语言控制台与 R 进行交互。R GUI 中有一些下拉菜单，能快速安装和下载 R 包，加载工作空间和访问 R 手册。除此之外，还有一系列快速访问按钮，包括执行脚本的"运行 R 脚本文件"按钮和允许用户取消已提交语句的"中断当前计算"按钮。

与"时髦"的 IDE 相比（如 RStudio），R GUI 似乎相当过时。不过，如果打开 R 只为了运行一两个命令的话，它的加载速度非常快。从本章开始，本书使用功能强大的 RStudio IDE 来学习 R。尽管如此，本章中讨论的诸多特性都可以直接通过 R GUI 实现，只不过这些特性在 R GUI 中的名称或行为会稍有不同。

## 2.1.2 RStudio IDE

RStudio 是一家美国公司，致力于为 R 用户开发好用的软件工具。其中，RStudio 就是一个极受欢迎的 R 集成开发环境（如图 2.1 所示）。2011 年，RStudio 环境的第一个版本问世，有桌面和服务器两种模式供下载。其中服务器版本可通过浏览器访问。从那以后，RStudio 的开发进度稳定，其 IDE 超过了许多其他环境，一跃成为最受欢迎的 R 语言集成开发环境。

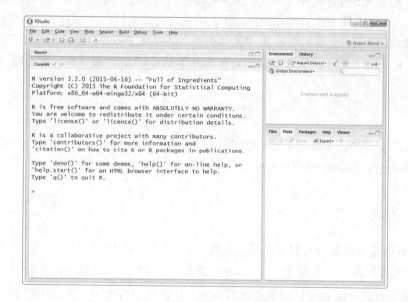

图 2.1

RStudio 环境

现在，RStudio 仍然是开源的，可获得桌面和服务器产品。两种产品的商业版本中添加了一些额外的特性，如安全性和商业支持。

要根据自己的操作系统，安装与之匹配的最新版本 RStudio Desktop。RStudio 由 4 个主要的面板和窗格组成。单击并拖曳两个窗格之间的区域，很容易上下或左右调整各窗格的大小。但是，要通过菜单选项才能改变窗格的布局：选择 Tools（工具）> Global Options（全局选项），然后，单击左边栏中的 Panes Layout（窗格布局）按钮。RStudio 中的结构化窗格布局是 RStudio 区别于标准 R GUI 的特性之一。新用户通常意识不到，这些窗格（如，Packages 和 Environment）提供了 R 核心功能的用户界面。总的来说，RStudio 环境帮助了许多新用户以轻松愉快的心情使用 R，这些用户很可能是因为之前受不了 R GUI 的界面才放弃的。

本章将讲述 RStudio 中最相关和最有用的特性。RStudio 产品在不断地改进，随时都会添加新的特性。它的所有文档均可在 RStudio 产品网站下载，也可通过 RStudio 中的 Help（帮助）菜单访问。

### 2.1.3　其他开发环境

R GUI 和 RStudio 不是唯一两种与 R 交互的界面。除此之外，大家对 Notepad++一定不陌生，这是非常流行的通用文本编辑器，它也能理解 R 语法。你甚至可以用从 SourceForge下载的 NppToR 插件，通过该编辑器提交代码。与此类似，ESS 是一个用于加强 Emacs 文本编辑器功能的扩展包，使其能与 R 交互。高度定制的 Vim 编辑器也有一个 R 插件。

Eclipse 是一个非常流行的开发平台，由 Eclipse 基金会负责维护。该基金会为许多编程语言提供支持。StatET 插件能让用户创建定制的 R 环境。带有 StatET 插件的 Eclipse 在处理大型的多语言项目时特别好用。不过，休闲用户会觉得与 R GUI 相比，这家伙有点臃肿了。另外，还有 Rattle（这是一款开源 GUI，用于 R 中的数据挖掘）和 Tinn-R（一款用于 Windows的 R GUI 和开发环境）。

由于篇幅有限，无法列出所有的开发环境。这里只是想告诉大家，可以从许多不同的应用软件和环境中调用 R。比如，从 Excell 中用 RExcell 调用 R。与此类似，许多大型商业智能供应商都提供自己的脚本编辑器，允许用户在 R 中编写扩展。其中，甲骨文、惠普和天睿资讯都能在其数据库中运行 R。2015 年 5 月微软宣布，将在 SQL Server 2016 中提供相同的功能。

## 2.2　R 语法

R 语言的基本语法有点类似于其他数学/统计学的脚本语言，如 Matlab 和 Python。本节，我们来了解一下 R 控制台，输入一些简单的命令，看看交互式 R 会话是如何运作的。

### 2.2.1　控制台

R GUI 和 RStudio 通过 R 控制台访问 R 会话。这种控制台本质上相当于运行一个命令行的 R会话。在 R 控制台中直接输入一行 R 命令，按下 Enter 键后，命令的结果便显示在下一行。

启动 R 会话，便会出现一些欢迎使用的初始启动消息。消息中给出了正在使用的 R 版本信息和一系列 R 核心开发团队希望用户了解的命令，如图 2.2 所示。在启动消息下面的是>符号，通常被称为命令提示符。

图 2.2

R 控制台

```
R version 3.2.0 (2015-04-16) -- "Full of Ingredients"
Copyright (C) 2015 The R Foundation for Statistical Computing
Platform: x86_64-w64-mingw32/x64 (64-bit)

R is free software and comes with ABSOLUTELY NO WARRANTY.
You are welcome to redistribute it under certain conditions.
Type 'license()' or 'licence()' for distribution details.

R is a collaborative project with many contributors.
Type 'contributors()' for more information and
'citation()' on how to cite R or R packages in publications.

Type 'demo()' for some demos, 'help()' for on-line help, or
'help.start()' for an HTML browser interface to help.
Type 'q()' to quit R.

>
```

　　命令提示符右侧闪烁的光标，表示 R 已经准备好随时为用户提交待处理的新命令。下面演示一则在 R 控制台中进行的简单数学运算：

```
> 4*5      # 一条简单的命令
[1] 20
>
```

　　这里我们请求 R，对表达式 4*5 求值。正确的答案是 20，显示在命令的下一行，光标出现在运算结果下一行的命令提示符后面。[1]指的是 R 打印向量的方式，第 3 章将详细介绍相关内容。注意上面代码中的#符号，其后是我们给代码写的注释。R 将忽略第 1 个#号后面一整行的所有内容。

　　R 处理完整行代码后，命令提示符会再次出现。如果提供的一行代码不完整，下一行将出现一个"延续"提示符+，如下所示：

```
> 4*      # 不完整的一行
+
```

　　这种情况经常出现在漏写右括号或右引号的时候。当然，我们有时出于其他原因会故意利用这一特性把代码分成多行。R 是以语义完整的"一行"代码来处理语句的，而不是以显示的一行代码为单位来处理，所以，不完整的多行代码不一定导致语法错误。如果这是故意为之，或者如果我们知道如何把代码补充完整，直接补全代码并按下 Enter 键即可。如果犯了比较严重的错误或者不确定是什么错误，按下 Esc 键即可取消当前语句并回到标准命令提示符。

#### 使用 R 控制台

请按下面的步骤在 R 控制台中输入一些命令。

（1）打开 RStudio，等待出现命令提示符。

（2）输入一则待求值的数学表达式，如 20/4。

（3）按下 Enter 键。

正确的结果将显示在[1]之后，光标将出现在命令提示符>后面。

### 2.2.2 脚本

专业级代码很少直接在控制台或命令行开发。可读性好、文档完整和结构清晰的大型代码应该在 R 脚本中开发。RStudio 环境提供一个增强的文本编辑器（见图 2.3），可用于开发 R 脚本。RStudio 把这个文本编辑器称为 Source（源代码）窗格。在 RStudio 中，通过 File（文档）> New

File（新文档）> R Scripts（R 脚本）或者相应的按钮和快捷键，便可打开脚本窗口。

图 2.3

脚本编辑器和控制
台窗口

在脚本开发期间，单击 Source 窗格顶部的 Run 按钮，控制台便开始执行 Source 窗格中的代码。这相当于 Windows 中的 Ctrl+Enter 快捷键或 OS X 中的 Command+Return 快捷键。在默认情况下，提交的代码将被逐行执行。RStudio 将提交光标所在位置的完整代码行，而不是光标所在的那一行。这里需要强调的是，如果只运行完整代码行中的一部分或多行代码，要明确选择待提交给控制台执行的代码。

本书的示例大都很简单，可以直接用 R 控制台运行。尽管如此，我们还是建议读者在学习过程中把自己编写的所有代码都储存为一系列脚本。单击 File（文档）> Save As（另存为），或者直接单击 Source 窗格顶部的 Save 快速访问按钮，即可把当前脚本编辑器的内容储存为文档。我们将在第 7 章中开始学习如何编写函数，到时就要用到脚本。

## 2.3　R 对象

R 语言经常被描述成一门松散的面向对象编程语言。如果你有计算机科学领域的教育背景，就一定用过真正的面向对象语言（如 Java），也许觉得 R 算不上是面向对象语言。如果你和本书作者一样，有分析学教育背景的话，会对 R 手册中多处提到的"对象"摸不着头脑。

刚一开始不理解什么是对象，很正常。本书将在第 16 章、第 21 章和第 22 章中详细介绍 R 语言中的面向对象。现在大家只需要理解，任何东西都有一个名称，而且可被分为不同类型的"对象"。例如，有"函数"对象、"数据"对象和"统计模型"对象。本书首先重点讨论"数据"对象，然后着重讲解具体"函数"对象的用法。

### 2.3.1　R 包

R "包" 中储存了成套的 R "对象"。所谓的包是指储存数据、函数和其他信息的结构化元素。在安装 R 时就默认配备了一组核心包，可以在安装 R 的 "library" 子目录中查看。实际上在启动 R 会话时，只会加载一小部分已安装包的子集。这是为了减少 R 的启动时间，避免屏蔽行为（详见第 2.4 节）。

### 2.3.2　搜索路径

开始一个 R 会话，一组"默认"包便被自动加载进当前的环境中，以便用户能立即访问

绝大多数常用的 R 函数和其他对象。加载进环境中的包列表叫做 R 的"搜索路径"，用 search()
函数可以查看该搜索路径。已加载包的物理位置可以用 searchpaths() 函数查看。代码清单
2.1 中演示了这些函数。

**代码清单 2.1  搜索路径**

```
 1: > search()
 2:  [1] ".GlobalEnv"          "tools:rstudio"       "package:stats"
 3:  [4] "package:graphics"    "package:grDevices"   "package:utils"
 4:  [7] "package:datasets"    "package:methods"     "Autoloads"
 5: [10] "package:base"
 6:  > searchpaths()
 7:  [1] ".GlobalEnv"
 8:  [2] "tools:rstudio"
 9:  [3] "C:/Program Files/R/R-3.1.2/library/stats"
10:  [4] "C:/Program Files/R/R-3.1.2/library/graphics"
11:  [5] "C:/Program Files/R/R-3.1.2/library/grDevices"
12:  [6] "C:/Program Files/R/R-3.1.2/library/utils"
13:  [7] "C:/Program Files/R/R-3.1.2/library/datasets"
14:  [8] "C:/Program Files/R/R-3.1.2/library/methods"
15:  [9] "Autoloads"
16: [10] "C:/PROGRA~1/R/R-31~1.2/library/base"
```

**注意：文本包装**

如代码清单 2.1 所示，调用了 search() 函数后，以每行 3 个元素打印
输出，而 searchpaths() 函数的输出稍长，一行只打印 1 个元素。方括号
中的数字表示该元素在搜索路径中的位置。

*By the Way*

**注意：RStudio 工具**

"tools:rstudio"是 RStudio 的特有项，它包含 RStudio IDE 要用的许
多隐藏对象。普通的 R 用户不会用到这里面的对象。

*By the Way*

### 2.3.3  列出对象

每个加载的包都包含了许多可访问的 R 对象。R 有许多函数都可用于列出包中这些对象，
其中一个常用的函数是 objects()，该函数可以列出包含在指定包中的对象。如果要列出某
包中的对象，只需调用该函数，并指定该包在搜索路径中的位置即可。如果不知道包的具体
搜索路径，可以使用"包:[包名]"语法。具体做法是：先运行 search() 函数，查看输出的结
果，然后在 objects() 函数中指定其中的一个元素即可。例如，想查看 graphics 包中所包含
的对象名，用下面两种方法都没问题：

```
objects(4)                      # 假设 graphics 包在搜索路径中的位置是第 4
objects("package:graphics")     # 假设不知道具体的搜索路径
```

ls.str() 函数提供包中每个对象的简要信息清单（如果对象是函数的话，通常会列出该
函数的参数）。调用 ls.str() 函数的方式和 objects() 函数相同，即指定包在搜索路径中的

位置或者 search() 函数输出的文本。

> **By the Way**
>
> **注意：查找隐藏对象**
>
> 用这种方法列出包中的对象时，所列的是包开发者选好可以给用户查看的对象。
>
> 如果要查看一个包中的所有对象，可以在 objects() 函数中使用 all.name 参数，设定 all.names = TRUE。

### 2.3.4　R 的工作空间

搜索路径中并不是每一项都是 R 包。特别是用 search() 和 searchpaths() 返回的第 1 个项：".GlobalEnv"。该项指的是所谓的"全局环境"（或"工作空间"）。这是一个储存盒，里面储存着用户在 R 会话期间创建的所有对象，可能是用户读入 R 的数据或者自己编写的函数。一开始，工作空间里是空的，用户可以随意创建自己的对象。给一个对象赋名的标准做法是使用<和-字符组成的一个箭头（<-）。箭头左侧是待创建新对象的名称，右侧是给对象储存的指定值。如下所示：

```
> x <- 3*4
> x
[1] 12
```

> **By the Way**
>
> **注意：动态输入**
>
> R 是"动态类型"的编程语言。这意味着给一个对象赋值之前不用先指定类型（或类）。与静态类型语言相比（如 Java 和 C），虽然动态类型语言写入速度更快，但是运行速度较慢。

除了用向左的箭头表示赋值外，还可以用=号。一些人认为向左的箭头能更清晰地表达新对象被创建，而另一些人则认为=号所表达的赋值概念与其他编程语言更为一致。大多数情况下，这两种用法的区别很小，但是资深的 R 包开发人员更倾向于使用向左箭头。鉴于此，本书的示例中也使用向左箭头来表示这一概念。

> **By the Way**
>
> **注意：向右赋值**
>
> 赋值箭头两个方向都起作用。例如，可以创建一个变量 x，输入 9-> x 也可以为其赋值 9。但实际上，很少有人用向右箭头来赋值。通常建议不要这样用。

#### 1.　命名对象

在 R 语言中，对象名可以是任何字母、数字、.、_字符的组合，而且 R 对于对象名的长度没有要求。唯一的限制是不能以数字或"_"开头。以点（.）开始的对象是可访问的隐藏对象。这里要注意，R 语言区分大小写。因此，myObject 和 myobject 是完全不同的两个对象名。

> **By the Way**
>
> **注意：用引号命名对象**
>
> 严格来说，对象名以数字或下划线开始是可以的，甚至以空格开始也可以。但是，通常禁止以这种形式命名。必须使用 3 种引号的其中一种来识别非标准对象名：单引号（'）、双引号（"）或反引号（`）。如果以这种方式命名对象，R 语言的标准做法是使用反引号。

R 语言对命名风格没有硬性规定，R 用户也没有统一命名风格约定。本书主要采用"驼峰式大小写"，这也是在 Mango Solutions 公司的编码标准中被采用得最多的一种命名约定。驼峰式大小写风格规定，对象名中除第 1 个单词以外，每个单词的首字母都要大写。谷歌的 R 编程风格指南《Google's R Style Guide》对该约定的变体进行了讨论，给有需要的人提供建议和帮助，有助于规范专业级 R 代码的书写风格。

---

**提示：移除对象**

　rm() 函数可用于移除工作空间中的对象，如 rm(x)。

　objects() 和 ls() 函数的默认作用范围是搜索路径中的第 1 项（即全局环境）。因此，rm(list=object()) 或 rm(list=ls()) 可以删除全局环境中的每一个对象。

*Did you Know?*

---

### 2．工作目录

在 R 语言中，工作目录是导入文件和写入信息的默认路径。理解如何询问和更改工作目录有助于更好地与他人协作、共享代码。如果代码的结构良好，且始终都使用相对文件路径（与绝对文件路径相对）的话，就只需在启动 R 会话时设置一次工作目录即可。

---

**提示：导航文件系统**

　R 函数 list.files() 可用于列出特定目录中的所有文件和文件夹，返回文件/目录或者完整的文件路径。

*Did you Know?*

---

可以用 getwd() 函数查看当前工作目录，用 setwd() 函数更改工作目录。在 RStudio 中，通过 Session（会话）> Set Working Directory（设置工作目录）菜单项更新工作目录。另外，也可通过 Files（文件）窗格来设置。

注意，代码清单 2.2 中用正斜杠（/）指定目录路径。R 每次读到反斜杠（\），就会跳到下一个字符并尝试解析"转义序列"。因此，从 Windows 浏览器复制目录路径是件苦差事。简单的做法是，把每一个反斜杠替换成正斜杠或双反斜杠（\\），包括服务器的路径。例如，Windows 的路径\\server，在 R 中要变成\\\\server 或//server。

**代码清单 2.2　工作目录**

```
 1: > # 打印当前工作目录
 2: > getwd()
 3: [1] "C:/Users/username/Desktop/STY"
 4: > # 用绝对路径更改当前工作目录
 5: > setwd("C:/Users/username/Desktop")
 6: > getwd()
 7: [1] "C:/Users/username/Desktop"
 8: > # 用相关路径更改当前工作目录
 9: > setwd("STY")
10: > getwd()
11: [1] "C:/Users/username/Desktop/STY"
```

反斜杠本身也被称为转义字符。转义字符在编程中有特殊的地位，它改变了随后字符的行为（假设转义序列已知）。双反斜杠（\\）是 R 语言中转义序列的一个用法。在后续章节中，我们将讲解诸如\n 和\t 这样的转义序列。

### 3．保存工作空间中的对象

在 R 会话期间，用户在全局环境中创建的对象都储存在内存中。关闭 R 时，必须选择是把这些对象储存到磁盘中以备后续使用，还是删除它们。

当用户决定退出 RStudio 时（并因此关闭他们的 R 会话），会出现一个与图 2.4 类似的对话框，询问用户是否要"把工作空间映像保存至~/.RData 中"。下面有 3 个选项：Save（是）、Don't Save（否）、Cancel（取消）。如果选择"Save"，RStudio 会在当前工作目录中创建一个.RData 文件。这是一个压缩格式，R 利用它就能在全局环境中重新生成已保存的对象。RStudio 会自动保存一个.Rhistory 文件，该文件中包含 R 会话期间输入的所有命令的列表。在 RStudio 的 History 窗格中可以看到该文件。

图 2.4

保存或不保存

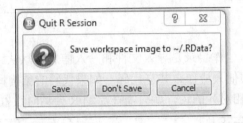

**Did you Know?**

> **提示：保存大型对象**
>
> 在 R 会话期间，可以随时使用 save() 函数。例如，它可用于创建自定义的.RData 文件，其中包含用户直接指定的对象。在处理大型数据集时，save()函数和它的配对函数 load() 很好用。因为加载那些储存为.RData 文件的对象比从 CSV 文件或其他格式的文件中读取数据要快一个数量级。

在专业环境中经常要处理多个项目，每个项目都有自己的目录结构。在 RStudio 中，可以通过 IDE 右上角的按键创建项目。在指定的目录中创建一个新项目时，RStudio 会把一些信息储存在与当前项目相关的目录中。创建新项目会重新启动 R 会话，而且工作目录将被设置为新项目的目录。在关闭 RStudio 后重新回到项目时，会重新打开程序关闭之前打开的所有文件，让用户能接着之前的进度继续工作。这不是 RStudio 的特例，像 Eclipse 和 StarET 这样的工具还提供更丰富的项目启动，能根据打开的项目关联特定版本的 R。

## 2.4 使用 R 包

安装 R 时，配备了大约 30 个基础包（也叫做"核心包"或"推荐包"），实现了大量基础的功能。当然，R 的成功也离不开成千上万附加包作者的贡献，他们以附加包的形式提交新的功能。

R 包的主要资源都在 CRAN 上。截至 2015 年，CRAN 上的 R 包数量已超过 7000 个。另外，还有一个面向 R 开发者的专业资源库：R-Forge。不过，越来越多的作者选择在更通用的 GitHub 上共享包的开发版本。除了这些基本的资源库之外，生物信息学领域还有自己的资源库：Bioconductor，提供分析和理解高通量基因数据的工具。Bioconductor 社区非常强大，甚至定期举办该领域的 BioC 讨论会。

### 2.4.1 查找合适的包

CRAN 资源库发展得非常迅速。2011 年我开始教授 R 语言课程时，CRAN 上只有不到 2000 个包。到 2015 年，包的数量就已经超过了 7000 个。R 核心开发团队一直在想办法限制包的数量，希望 R 基金会的建立能控制一下包数量暴涨的局面。现在还没有查找合适包的标准方法。我们先从了解 CRAN 的 Task View（任务检视）开始，如图 2.5 所示。

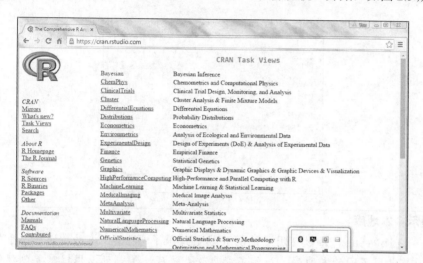

图 2.5

CRAN 的 Task View（任务检视）

在撰写本书时，CRAN 的 Task View 中有 33 个分类项。每个分类项都由 R 社区的成员手动维护，这些成员对所负责的主题特别擅长或特别感兴趣。由于涵盖的领域众多，各分类项中的内容会有很多重叠的情况。这个不难理解，通常开发的包都可用于多个领域。反之，CRAN 上并不是所有的包都出现在 Task View 中。

CRAN 的开源无法避免重复劳动，两个独立的开发者很可能绞尽脑汁地解决了同一个问题。结果就是多个包都针对同一个问题而开发，只是解决的方法稍有不同。确保大家在某个项目上更好地合作是将来 R 基金会的主要目标之一。CRAN 的 Task View 旨在告诉用户有哪些包可用，而不是以任何方式给包排名。可以说，通过 CRAN 查找合适的包是件极具挑战的事！

2012 年，RStudio 开始维护自己的 CRAN 镜像，并公布通过该镜像下载的所有包的下载日志。鉴于目前 RStudio 的受欢迎程度（默认从该镜像下载），从这份包下载日志中就能知道现在哪些包最流行。Gábor Csárdi 的 METACRAN（http://www.r-pkg.org/）汇总了 RStudio 的包下载日志，以更友好的交互方式总结了 RStudio 下载日志。本书将讨论许多流行的常用包。

### 2.4.2 安装 R 包

RStudio 中的 Packages（包）窗格为用户提供了一个友好的界面来安装和下载 R 包。在安装 R 包时，实质是在用户的机器中创建一个目录。一旦包安装成功，只要不删除它，包就一直储存在用户的机器中。

---

**提示：删除包**

用 `remove.packages()` 函数可以删除系统中的包。

*Did you Know?*

用户安装第 1 个包时，会被询问是否要创建自己的本地库。所谓库，就是一个包含 R 包的集合名称。当你以标准用户的身份登入操作系统，没有管理员的所有权限又要在 R 中创建新文件时，本地库的作用就体现出来了。如果有本地库，RStudio 中的 Packages 窗格会以"User Liberary"（用户库）和"System Library"（系统库）来分类显示包的安装位置。

在 RStudio 中安装 R 包最快的方式是单击 Packages 窗格的 Install 按钮，然后会弹出一个窗口，如图 2.6 所示。

图 2.6

安装 R 包时弹出的窗口

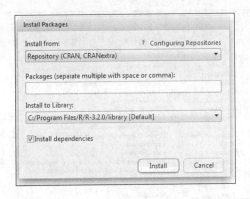

**提示：本地库**

.libPaths()函数可用于询问 R 当前使用了哪些库。该函数还可用于指定 R 使用不同的本地库。虽然不能更改系统库，但是可以根据需要创建任意多的本地库。

如果在载入包时不指定包的位置，R 将依次遍历所有的库来查找用户指定的包名。

### 1. 从 CRAN 安装

要从 CRAN 安装包，必须确定图 2.6 中的"Install from"区域是指向 CRAN。如果是在命令行操作或者使用 R GUI，就要先选择 CRAN 镜像。RStudio 帮用户完成了这一步，所以不必担心选择镜像的问题。如果当前机器连接着互联网且防火墙允许，就只需在 Packages 下面的框中输入要安装的包名，接下来 RStudio 将自动完成整个安装过程。值得注意的是，虽然 RStudio 默认安装至本地库，但是如果机器中有多个库，你可以指定安装到哪一个库中。

**警告：包的质量**

能放到 CRAN 上的包都通过了层层检查，所以我们自然认为 CRAN 就是包质量的保证。从某种程度上看，没错。但是，从 CRAN 下载的包并不全是经过测试的，或者并不都是在"有效"环境中开发的。只有"核心包"和"推荐包"才是经过 R 核心开发团队测试的。

为了不给日后添麻烦，我们建议勾选弹出窗口中的"Install Dependencies"（安装依赖包），除非你特别在意安装了什么到系统中。如果不安装依赖包，在载入包时会失败。一些流行包的依赖包通常不少于 10 个。如果不勾选这一项，以后就要一个一个手动安装，相信你不会自找麻烦。

注意到 Install Packages 工具在 Console 窗格中生成了一行代码，即调用 R 函数

install.packages()。该函数包含于 utils 包中，启动 R 时已经默认载入。在任何会话中都可以调用这个函数。

### 2. 从包存档文件（二进制）安装包

CRAN 是 R 用户的主要包资源库，但不是唯一的资源库。许多商业组织会创建自己的实用包供内部使用，而不是在内联网中使用发布的二进制包。这里的"二进制"是指被收录在档案库里待安装的包（Windows 中是".zip"，OS X 中是".tgz"）。直接从 CRAN 安装包时，要根据机器的操作系统选择合适的二进制包。先把包下载到一个临时位置，然后"打开"并安装。手动安装二进制包，就跳过了 CRAN 部分，直接通过 R 解包。值得注意的是，构建二进制包的目的是为了用 R 来解包，你不用自己去解压缩安装包。

### 3. 从源安装包

因为 R 是开源的，所以我们可以获得源代码，而且源代码可以作为".tar.gz"文件发布。除了从二进制包安装外，还可以直接从包源安装。Linux 的用户必须从源安装，Windows 和 OS X 的用户则不必这样做，除非他们要创建自己的包。还有一些其他情况也能从包源安装，但是从源安装比从二进制安装费时，而且可能需要其他工具。例如，Windows 用户要安装一个与当前 R 版本匹配的 Rtools 版本。Rtools 的使用说明详见附录 A。

为了用 RStudio GUI 从源安装包，Linux 用户只需要按照上面介绍的安装包存档文件的指令进行即可。而 Windows 或 OS X 的用户，则先要把"tar.gz"文件下载到本地，然后像安装本地二进制包一样进行安装。如果无视操作系统，则可以直接从控制台安装，运行添加了参数 type = "source"的 install.packages()函数。

> **提示：从 GitHub 安装**
> devtool 包中的 install_github()函数能帮助用户从 GitHub 的资源库中直接安装。当然，也可以使用 install.packages()函数从其他资源库中直接安装包。

## 2.4.3　载入 R 包

启动 R 时，实际上只有那些已安装的子集才会被载入 R 会话。这样能减少 R 的启动时间和避免屏蔽行为。为了使用其他已安装包的功能，必须将其载入环境中。RStudio 的 Packages 窗格中列出了 R 会话可载入的所有包。只需勾选包名前面的小方框，就能载入这些已选中的包了。勾选小方框相当于生成一行调用 library()函数的 R 代码。当然，也可以直接在 R 控制台中调用 library()函数。

在开发可重复使用的产品级代码时，最好尽量避免使用随意的"单击"行为。标准的做法是，在 R 脚本顶部放置多个 library()函数的调用，这样能方便其他用户运行你的代码。如果找不到指定的包库，library()函数只会抛出一条错误消息，不方便后续执行。另一种较好的做法是，用 require()函数替换 library()函数。如果待载入的包不存在，require()函数给出操作建议并抛出一条警告。可以利用该函数的返回信息进一步控制脚本的行为。比如，"do this, but only if package X has successfully been loaded"（只有 X 包成功载入后才这样做）。我们将在第 7 章和第 8 章详细讲解错误、警告和控制流。在专业开发环境中，检查包是否存在还不够，因为包的版本不同或者操作系统版本不同也会导致错误。我们在后面的章节中再详述相关的内容。

### 1. 依赖包

在开发包的过程中，把所需的函数全都从头实现几乎是不可能的。通常都要使用其他包中定义好的一个或多个函数。这里的"使用"并不是把函数的代码全都复制到自己的包中，而是只需指定"依赖"其他包就行了。这样避免了代码重复，确保了只在一个地方修复 bug。加载一个有依赖包的 R 包时，该包的依赖包也会载入和添加在搜索路径中。值得注意的是，这意味着必须把 R 包的依赖包也安装到机器中。

### 2. 屏蔽

如果搜索路径上的多个"环境"中有多个同名对象，在搜索时就会发生屏蔽（mask）。无论何时用输入名称的方式来引用一个对象，R 都会在搜索路径上已载入的环境中依次查找该对象，从全局环境开始。如果找到了一个对象，R 就停止搜索。而其他与之同名的对象都被隐藏或"屏蔽"了。

可以删除自己工作空间中的对象，但是不能删除 R 包中的对象，我们只能屏蔽它们。如果不小心屏蔽了一个对象，可以用另一个不同的名称复制那个对象，然后用 rm() 函数删除工作空间中的原始对象即可，这样就为原来隐藏的对象解除了屏蔽。

**Did you Know?**

> **提示：确保使用正确的对象**
>
> 　　绝大多数 R 的新用户都觉得屏蔽的问题很棘手，其实远没有那么多屏蔽问题。这很大程度上归因于包名称空间，我们将在第 19 章和第 20 章中详细讨论相关内容。为了避免潜在的屏蔽问题，可以使用[包名]::[对象名]语法直接在包中引用一个对象，如 base::pi。

## 2.5　内部帮助

help() 函数可用于显示一个函数的帮助，或者更确切地说是，显示任何 R 对象的帮助。RStudio 的用户可以通过 Help 选项卡导航 R 的帮助文件。如果查找的内容与当前会话中可的 R 对象完全匹配，该函数将返回该对象的帮助文件。否则，它将继续在你的包库（包括那些未载入的包）中搜索。

**By the Way**

> **注意：通过控制台获取帮助**
>
> 　　RStudio 的 Help 窗格把 utils 包中的功能进行了包装。在控制台中，用 help.search() 函数或??可对待查对象进行帮助文件的模糊查找。类似地，如果知道待查的具体对象名，就可直接用 help() 函数或?查看帮助文件。

如果不熟悉标准术语，帮助文件看上去就有点吓人。图 2.7 是 mean() 函数的帮助文件截图，其中很多地方都用到了诸如"object""vector""mathods"等这样的术语。

包维护人员鼓励所有的包作者把帮助页面中的每一项都补充完整，但实际上有些会偷工减料。例如，要在 CRAN 上发布一个包，就必须通过"R CMD 检查"。这要求该包帮助文档中 Examples（示例）部分的所有示例都运行无误。而实际上，不包含示例部分就能通过检查！

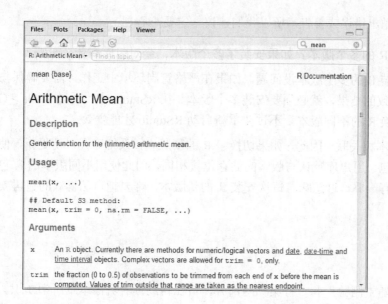

图 2.7

mean()函数的帮助页

## 2.6  本章小结

本章讲解了如何获得 R 环境，重点介绍了 RStudio 环境。进一步了解了 R 语言的组成，如何通过大量的核心包和推荐包构建起来，以及如何通过在资源库（如 CRAN）下载额外的包来扩展 R 的功能。本章的"课后研习"和"补充练习"部分，将要求读者载入 RStudio，学会使用 R 控制台和安装第一个 R 包。

在接下来的两章中，将陆续介绍 R 中的标准数据对象，从向量到数据框结构。这些对象是 R 语言的构建块。你将学会如何创建、组合和从这些结构中取子集。

## 2.7  本章答疑

**问：我用 x <- 5 这样的语法创建了一个具名对象，但是在运行 X + 2 这行代码时却报错："错误：找不到对象'X'"。这样的报错是否正确？**

答：如果用过类似 SAS 这样的语言，会认为这种报错很奇怪。但是，这样的报错没有问题。R 是区分大小写的语言，因此 x 和 X 是完全不同的。

**问：同事通过 .zip 文件发来一个 R 包，但是解压缩文件后发现没法安装这个包。这是为什么？**

答：R 包通常以二进制或".zip"文件发布。除非你想通过源代码创建自己的包，否则要给 R 提供二进制文件，也就是说不要解压缩该文件。

**问：是否可以把同一个包的两个不同版本安装到不同的库中？如果这样做，在载入时会出现什么情况？**

答：完全可以把同一个包的不同版本安装到不同的库中。如果未指定要载入哪一个，R 会在库路径中载入一个最高级版本。让人欣慰的是，一次只能载入一个版本。如果载入一个已载入的包，R 不会抛出错误或警告，所以我们建议一定要小心！

**问：是否能安装 R 的多个版本？如果安装了多个版本，会对包库有什么影响？**

**答：** 在机器中安装 R 的多个版本没问题。如果在严格管制环境中工作，需要确保与早期的 R 版本生成完全一致的结果，就必须要安装多个版本。在 RStudio 中，通过 Tools > Global Options...菜单可以切换 R 的不同版本。不过要重新启动 RStudio 才能生效。

系统库与 R 的版本相关联。因此，如果切换了 R 的新版本，系统库会自动更新，使用新版本的核心包和推荐包。用户库默认与版本的储存位置相同，因此使用不同版本的 R 包几乎没有风险。有一利就有一弊，这意味着每次安装 R 的新版本，都要把自己喜欢的包再安装一次。

## 2.8　课后研习

课后研习包含"随堂测验"和"答案"两部分，旨在帮助读者巩固本章所学知识。请读者先尝试回答"随堂测验"中的所有问题，再看后面的"答案"。

**随堂测验：**

1. 要与 R 进行交互，必须安装 RStudio。这样的说法对不对？

2. 下面哪一个不能用于 R 的赋值？

   A.　<-

   B.　_

   C.　->

   D.　=

3. objects(4)这行代码将输出什么内容？

4. 安装 R 包和载入 R 包的区别是什么？

5. Rhistory 和.RData 文件有什么区别？

6. 什么是屏蔽？

**答案：**

1. 不对。与 R 进行交互的方式多种多样，RStudio 只是目前最流行的一种方式。

2. 答案是 B。然而，你一定想不到在 R 之前，S 语言用下划线来赋值。

3. objects(4)这行代码生成一份对象列表，这是搜索路径第 4 项中包含的所有对象的列表。在本章的示例中，搜索路径第 4 个位置上是 graphics（图形）。当然，每个包所在的位置也不是固定不变的。如果载入一个新包，包在搜索路径中的位置会发生变化。

4. 安装一个 R 包就在机器中创建了一个永久目录。通常，每个 R 版本只需为所需的包安装一次。而载入 R 包才能在 R 会话中真正地使用它。

5. .Rhistory 文件包含一份在 R 会话中执行命令的列表。.RData 文件储存 R 对象，可用于重新创建上一次 R 会话中的全局环境对象。

6. 屏蔽发生在多个"环境"（通常是包）包含同名对象时。在控制台输入一个对象名时，只要 R 在上一级的搜索路径中发现了与之同名的对象，其余没有被找到的同名对象都被隐藏，或称为"屏蔽"。

## 2.9 补充练习

1. 打开 RStudio 开始一个 R 会话。

2. 显示出 R 会话的搜索路径。

3. 用 objects() 函数列出所有"datasets"包中的所有对象。

4. 在 Packages 窗格中从 CRAN 安装 mangoTraining 包。

5. 把 mangoTraining 包载入 R 会话。

6. 列出 mangoTraining 包中包含的对象。

# 第 3 章

# 单模式数据结构

**本章要点：**

- ➤ R 的常用数据类型
- ➤ 什么是向量对象
- ➤ 什么是矩阵对象
- ➤ 什么是数组对象

R 通常用图形或统计分析方法来处理和分析数据。掌握 R 的基本数据结构，才能有效地使用 R。本章先介绍 R 中使用的几种标准数据类型，然后详细介绍了用于储存这类数据的 3 种重要结构：向量、矩阵和数组，以及创建和管理这些结构的方法，重点讲解如何从这些数据结构中提取数据。

## 3.1  R 的数据类型

R 语言使用 4 种标准的数据类型。这些数据类型（或正式地称为"模式"）如下所示。

- ➤ 数值（整数和连续值）。
- ➤ 字符串。
- ➤ 逻辑值（TRUE 和 FALSE 值）。
- ➤ 复数（实部和虚部）。

下面的代码演示了这 4 种数据类型：

```
> 4 + 5          # 数值
[1] 9
> "Hello"        # 字符
[1] "Hello"
```

```
> 4 > 5          # 逻辑（4 大于 5）
[1] FALSE
> 3 + 4i         # 复数
[1] 3+4i
```

---

**注意：引号**

上面的代码中用双引号指定字符数据，也可以使用单引号来指定（但是不要同时使用）。

*By the Way*

---

### 3.1.1　mode()函数

前面介绍了 R 语言 4 种"模式"的数据。可以用 mode()函数直接查询任意对象中保存的数据的模式。代码如下所示：

```
> X <- 4 + 5     # 给 X 赋一个数值型的值
> X              # 打印 X 的值
[1] 9
> mode(X)        # X 的模式
[1] "numeric"

> X < 10         # 逻辑语句：X 小于 10？
[1] TRUE
> mode(X < 10)   # 该数据的模式
[1] "logical"
```

---

**注意：缺失值**

在 R 中，用"NA"表示缺失值。缺失值可以是"缺失的"数值、字符、逻辑或复数值。

*By the Way*

---

## 3.2　向量、矩阵和数组

在 R 中，有 3 种专门用于储存单一类型数据的数据结构，也叫做"单模式"数据结构。

➢　向量：一系列值。

➢　矩阵：由行和列组成的矩形结构。

➢　数组：更高维度的结构（例如，3D 和 4D 结构）。

这些单模式结构只能储存单一类型的数据。因此，可以创建数值型向量或字符型矩阵，但是不能创建一个同时包含数值型数据和逻辑型数据的数组。

## 3.3　向量

向量（vector）由一系列相同模式的值组成，是一种基本的 R 结构形式。R 的绝大部分函数都设计成能处理向量。本节我们学习以下内容。

➢　创建向量的一些方法。

➢　向量的属性。

> ➤ 从向量中提取信息的方式。

## 3.3.1 创建向量

在 R 语言中，创建向量有多种方法，许多函数都以返回的向量作为输出（例如，第 6 章中介绍的一些的函数族，用于创建服从统计分布的随机抽样）。本节重点讲解创建简单向量的 4 种方法。

### 1. 用 c()函数组合元素

c() 函数通过把相同模式的元素组合起来的方式创建简单的向量（注意 c 是小写）。只需在该函数中列出用逗号隔开的元素，便可将结果储存为对象，供后续使用。代码如下所示：

```
> numericVector <- c(2, 6, 8, 4, 2, 9, 4, 0)          # 数值型向量
> numericVector                              # 打印数值型向量
[1] 2 6 8 4 2 9 4 0
> mode(numericVector)                        # "numericVector"是什么模式
[1] "numeric"

> c("Hello", "There")                        # 字符型向量
[1] "Hello" "There"
> c(F, T, T, F, F, T, F, F)                   # 逻辑型向量
[1] FALSE TRUE TRUE FALSE FALSE TRUE FALSE FALSE
> c(3+4i, 5+9i, 3+7i)                        # 复数型向量
[1] 3+4i 5+9i 3+7i
```

**By the Way**

> **注意：逻辑值**
>
> 　　指定逻辑值时不需要使用引号，用 T 和 F 或者 TRUE 和 FALSE 即可，代码如下所示：
> ```
> > c(T, F, TRUE, FALSE)
> [1] TRUE FALSE TRUE FALSE
> ```

c() 函数不仅能组合单值，还能组合内含值的向量（因为单值实际上是长度为 1 的向量）。通过可以通过这种方式组合向量，代码如下所示：

```
> X <- c(1, 2, 3, 4, 5, 6, 7, 8, 9, 10)        # 创建一个简单的数值型向量
> X                                            # 打印该向量
 [1] 1 2 3 4 5 6 7 8 9 10
> c(X, X, X, X, X)                              # 组合向量
 [1] 1 2 3 4 5 6 7 8 9 10 1 2 3 4 5 6 7 8 9 10 1 2 3 4
[25] 5 6 7 8 9 10 1 2 3 4 5 6 7 8 9 10 1 2 3 4 5 6 7 8
[49] 9 10
```

**By the Way**

> **注意：带索引的输出**
>
> 　　在 R 中打印向量时会发现，打印的值前面有 [1] 这样的标号。这为向量中的值指定了一个索引。如果打印内含多个元素的向量，这种以索引形式打印的结果，可读性更高。如上代码所示，在输出的结果中，第 2 行的第一个 5 是该向量中的第 25 个值，所以在它前面标为 [25]。
>
> 　　以水平方向打印的向量让人觉得向量是按"行"排列的，其实这只是打印约定而已。实际上，向量没有结构，它只是由一系列的值组成。

---

**提示：多模式结构**

我们目前学习的向量是严格的单模式结构，也就是说，向量中只能包含单一类型的数据。如果尝试创建包含多种模式的数据，R 会把向量中的元素强制变成单模式，代码如下所示：

```
> c(1, 2, 3, "Hello")                    # 多模式
 [1] "1"     "2"     "3"     "Hello"
> c(1, 2, 3, TRUE, FALSE)                # 多模式
 [1] 1 2 3 1 0
> c(1, 2, 3, TRUE, FALSE, "Hello")       # 多模式
 [1] "1"     "2"     "3"     "TRUE"  "FALSE"  "Hello"
```

---

### 2. 创建 "整数" 序列

前面我们用 c() 函数创建了向量，接下来用 c() 创建一组整数序列：

```
> X <- c(1, 2, 3, 4, 5, 6, 7, 8, 9, 10)   # 创建一个简单的数值型向量
> X                                        # 打印该向量
 [1] 1  2  3  4  5  6  7  8  9  10
```

上面这行简单的代码创建了一个组从 1~10 的序列，间隔为 1。但是，如果用这种方法创建一个 1 到 100 的序列的话，工作量可想而知。下面我们介绍一种简单的方法，用:符号只需指定开始和结束的值即可创建一组整数序列。代码如下所示：

```
> 1:100          # 1~100 的序列值
  [1]   1   2   3   4   5   6   7   8   9  10  11  12  13  14  15  16  17  18
 [19]  19  20  21  22  23  24  25  26  27  28  29  30  31  32  33  34  35  36
 [37]  37  38  39  40  41  42  43  44  45  46  47  48  49  50  51  52  53  54
 [55]  55  56  57  58  59  60  61  62  63  64  65  66  67  68  69  70  71  72
 [73]  73  74  75  76  77  78  79  80  81  82  83  84  85  86  87  88  89  90
 [91]  91  92  93  94  95  96  97  98  99 100
```

实际上，:符号可用于创建任意给定始末数值且间隔为 1 的数值序列，代码如下所示：

```
> 1:5
[1] 1 2 3 4 5
> 5:1
[1] 5 4 3 2 1
> -1:1
[1] -1  0  1
> 1.3:5.3
[1] 1.3 2.3 3.3 4.3 5.3
```

我们可以把这两种创建向量的方法结合起来，创建更复杂的向量。下面的示例中使用了 c() 函数和:符号，创建了一个内含对称模式值的向量：

```
> c(0:4, 5, 4:0)
 [1] 0 1 2 3 4 5 4 3 2 1 0
```

通过操作向量可以创建间隔不是 1 的序列。例如，下面这行代码创建了从 2 到 20、间隔为 2 的序列值：

```
> 2*1:10
```

```
[1] 2 4 6 8 10 12 14 16 18 20
```

如果只是生成上面这种简单的序列，这个方法很好用。但是，要生成更复杂的数值序列（如 1.3 到 8.4，间隔为 0.3），就要使用其他的方法了。

> **By the Way**
>
> **注意：字母序列**
>
> 本节讨论了如何生成普通的数值序列（基本上都是整数），这种方法只适用于数值。比如，不能用 A:Z 这样的语法创建一个字母序列。不过，本章后面会介绍生成字母序列的方法。

### 3. 用 seq() 函数创建数值序列

上一小节，我们用 : 符号创建了间隔为 1 的数值序列。其实，执行这种操作更普遍的方法是使用 seq() 函数。该函数的前两个参数是开始值和结束值，默认间隔为 1。因此，以下两行代码是等价的：

```
> 1:10
 [1] 1 2 3 4 5 6 7 8 9 10
> seq(1, 10)
 [1] 1 2 3 4 5 6 7 8 9 10
```

用 seq() 函数的好处是，它还有一个参数 by，用于指定两个连续数列值之间的间隔。代码如下所示：

```
> seq(1, 10, by = 0.5)        # 从 1 到 10、间隔为 0.5 的序列
 [1]  1.0 1.5 2.0 2.5 3.0 3.5 4.0 4.5 5.0 5.5 6.0 6.5
[13]  7.0 7.5 8.0 8.5 9.0 9.5 10.0

> seq(2, 20, by = 2)          # 从 2 到 20、间隔为 2 的序列
 [1] 2 4 6 8 10 12 14 16 18 20

> seq(5, -5, by = -2)         # 从 5 到 -5、间隔为 -2 的序列
[1]  5 3 1 -1 -3 -5
```

上面的示例都很简单，它们的起始值和结束值都是整数。接下来，我们创建的一个从 1.3 到 8.4、间隔为 0.3 的数值序列：

```
> seq(1.3, 8.4, by = 0.3)       # 从 1.3 到 8.4 的序列，间隔为 0.3
 [1] 1.3 1.6 1.9 2.2 2.5 2.8 3.1 3.4 3.7 4.0 4.3 4.6 4.9 5.2 5.5
[16] 5.8 6.1 6.4 6.7 7.0 7.3 7.6 7.9 8.2
```

值得注意的是，要生成的是从 1.3 到 8.4 的序列，而示例输出的最后一个值是 8.2。这里，最后的值不是 8.4 的原因是，开始值和结束值的差不能被 0.3 整除（0.3 是指定的“间隔”）。

除了用参数 by 设置序列的间隔外，该函数还能根据指定的向量长度创建序列（即生成内含指定数量数值的向量）：

```
> seq(1.3, 8.4, length = 10)        从 1.3 到 8.4 的 10 值序列
 [1] 1.300000 2.088889 2.877778 3.666667 4.455556 5.244444
 [7] 6.033333 6.822222 7.611111 8.400000
```

#### 4. 创建重复值的序列

在"用 **c()**函数组合元素"这一节中，通过组合向量的方式创建了一个重复的序列值：

```
> X <- c(1, 2, 3, 4, 5, 6, 7, 8, 9, 10)        # 创建一个简单的数值型向量
> X                                            # 打印该向量
 [1] 1 2 3 4 5 6 7 8 9 10

> c(X, X, X, X, X)                             # 组合向量
 [1] 1 2 3 4 5 6 7 8 9 10 1 2 3 4 5 6 7 8 9 10 1 2 3 4
[25] 5 6 7 8 9 10 1 2 3 4 5 6 7 8 9 10 1 2 3 4 5 6 7 8
[49] 9 10
```

在 R 中，可以使用 rep() 函数创建内含重复值的向量。该函数的前两个参数分别是待重复的值和重复的次数，代码如下所示：

```
> rep("Hello", 5)            # 重复 "Hello" 5 次
 [1] "Hello" "Hello" "Hello" "Hello" "Hello"
```

在该示例中，重复的是一个单独的值。其实，rep()函数的第 1 个参数也可以是向量。因此，可以用 rep() 函数重新创建之前的重复序列向量（即用 c() 函数组合的多个向量示例）

```
> X <- c(1, 2, 3, 4, 5, 6, 7, 8, 9, 10)
> rep(X, 5)                  # 重复 X 向量 5 次
 [1] 1 2 3 4 5 6 7 8 9 10 1 2 3 4 5 6 7 8 9 10 1 2 3 4
[25] 5 6 7 8 9 10 1 2 3 4 5 6 7 8 9 10 1 2 3 4 5 6 7 8
[49] 9 10
```

在"创建'整数'序列"一节中提到可以用:符号创建一组整数序列。接下来，我们用 rep()函数进一步简化上面的示例：

```
> X <- 1:10
> rep(X, 5)                     # 重复 X 向量 5 次
 [1] 1 2 3 4 5 6 7 8 9 10 1 2 3 4 5 6 7 8 9 10 1 2 3 4
[25] 5 6 7 8 9 10 1 2 3 4 5 6 7 8 9 10 1 2 3 4 5 6 7 8
[49] 9 10
```

或者，甚至可以直接这样做：

```
> rep(1:10, 5)              # 重复 1:10 5 次
 [1] 1 2 3 4 5 6 7 8 9 10 1 2 3 4 5 6 7 8 9 10 1 2 3 4
[25] 5 6 7 8 9 10 1 2 3 4 5 6 7 8 9 10 1 2 3 4 5 6 7 8
[49] 9 10
```

上面的示例都把一组序列值重复打印了指定的次数。rep()的强大之处是，可以把不同数值分别打印不同次数。把待打印的向量作为第 1 个参数，然后提供一个与该向量长度相同的向量作为第 2 个参数：

```
> rep( c("A", "B", "C"), c(4, 1, 3))
 [1] "A" "A" "A" "A" "B" "C" "C" "C"
```

该例重复打印了"A"4 次，"B"1 次，"C"3 次。用相同的方法，可以任意替换向量中每个值要重复打印的次数。代码如下所示：

```
> rep( c("A", "B", "C"), c(3, 3, 3))
```

```
[1] "A" "A" "A" "B" "B" "B" "C" "C" "C"
```

如上所示，如果作为第二个参数的向量是一组重复的值，也可以这样写：

```
> rep( c("A", "B", "C"), rep(3, 3))
[1] "A" "A" "A" "B" "B" "B" "C" "C" "C"
```

还有一种更简单的方式：在 rep() 函数中添加一个参数 each，也能得到相同的结果：

```
> rep( c("A", "B", "C"), each = 3)
[1] "A" "A" "A" "B" "B" "B" "C" "C" "C"
```

可以看到，rep() 函数利用重复序列可创建各种不同的向量。我们归纳一下本节 rep() 的 3 种用法：

```
> rep( c("A", "B", "C"), 3)              # 重复向量 3 次
[1] "A" "B" "C" "A" "B" "C" "A" "B" "C"

> rep( c("A", "B", "C"), c(4, 1, 3))     # 重复向量中每个值指定次数
[1] "A" "A" "A" "A" "B" "C" "C" "C"

> rep( c("A", "B", "C"), each = 3)       # 重复每个值 3 次
[1] "A" "A" "A" "B" "B" "B" "C" "C" "C"
```

**Watch Out!**

> **警告：嵌套调用**
>
> 本节有下面一行代码：
>
> ```
> > rep( c("A", "B", "C"), rep(3, 3))
> [1] "A" "A" "A" "B" "B" "B" "C" "C" "C"
> ```
>
> 这可能是读者目前见过最复杂的一行代码了，其中包含了嵌套调用，即 rep() 的输入来源于 c() 函数和 rep() 函数的调用。这种类型的语法在 R 中很常见，但是注意不要过度使用复杂的嵌套调用，否则代码很难懂。可以考虑把代码分成较小的部分，分开注释，如下所示：
>
> ```
> > theVector <- c("A", "B", "C")      # 待重复的向量
> > repTimes <- rep(3, 3)              # 重复向量的次数
> > rep(theVector, repTimes)           # 重复向量
> [1] "A" "A" "A" "B" "B" "B" "C" "C" "C"
> ```

### 3.3.2　向量属性

向量有许多属性，R 有一组简单的函数专门用来查询这些属性，特别是向量的长度、模式和元素名。

本章一开始就介绍了 mode() 函数，以向量输入作为参数，返回该向量中的数据的模式。代码如下所示：

```
> X <- c(6, 8, 3, 1, 7)      # 创建一个简单的向量
> X                          # 打印该向量
[1] 6 8 3 1 7
> mode(X)                    # 该向量的模式
[1] "numeric"
```

如果要查看一个向量的元素个数，用 `length()` 函数：

```
> length(X)                    # 向量中元素的个数
[1] 5
```

---

**注意：缺失值**

如果一个向量有一个或多个缺失值，这些值也算在该向量的长度内：

```
> Y <- c(4, 5, NA, 1, NA, 0)
> Y
[1] 4 5 NA 1 NA 0
> length(Y)
[1] 6
```

该向量的第 3 个和第 5 个元素是存在的，只不过我们不知道它们的值罢了。

---

`names()` 函数可用于查询向量中的元素（注意，我们没有为之前创建的向量指定名称）。代码如下所示：

```
> X <- c(6, 8, 3, 1, 7)        # 创建一个简单的向量
> X                            # 打印该向量
[1] 6 8 3 1 7
> names(X)                     # X 的元素名
NULL
```

在 R 中，`NULL` 表示一个空的结构。这里，调用 `names()` 函数的结果表明，向量 X 没有元素名。在两种情况下可以看到带元素名的向量，一是在调用函数返回结果时，二是直接为向量中的元素赋名时。

假设我们创建了一个统计性别的向量，内含男性和女性的性别计数。输入该对象名时，其中的数字将作为向量返回，代码如下所示：

```
> genderFreq            # 性别计数
[1] 165 147
```

`genderFreq` 返回的向量有两个值（165 和 147）。虽然这两个值与性别统计相关，但是由于没有标签，我们不知道哪个值表示什么性别。如果 `genderFreq` 中包含标签，R 就会返回一个具名向量（即已命名的向量），代码如下所示：

```
> genderFreq
Female    Male
   165     147
```

要创建一个内含具名元素的向量，可以在创建向量时直接指定元素的名称，或者用 `names()` 函数为它们赋名：

```
> genderFreq <- c(Female = 165, Male = 147)      # 创建一个内含具名元素的向量
> genderFreq
Female    Male
   165     147

> genderFreq <- c(165, 147)                        # 创建一个没有元素名的向量
```

```
> genderFreq
[1] 165 147
> names(genderFreq) <- c("Female", "Male")     # 给向量中的元素赋名
> genderFreq
Female    Male
   165     147
```

用 names() 函数查询"已命名"的向量，返回的是一个内含元素名称的向量（字符向量）：

```
> genderFreq                    # 打印向量
Female    Male
   165     147
> names(genderFreq)             # 返回元素名
[1] "Female" "Male"
```

我们把用于查询向量属性的 3 个函数总结在表 3.1 中。

表 3.1　查询向量属性的函数

| 函数 | 用法 |
| --- | --- |
| mode() | 返回向量的（数据）模式 |
| length() | 返回向量中的元素个数 |
| names() | 返回向量中的元素名（如果其元素没有赋名则返回 NULL） |

### 3.3.3　索引向量

本节介绍如何从向量中提取子集。通常，只要是访问向量中的部分或个别元素，都称为索引向量，用方括号 [] 来实现。代码如下所示：

　　向量名[待返回子集数据的输入]

读者可以给向量传入 5 种输入作为下标，见表 3.2。

表 3.2　向量的几种下标输入

| 输入 | 效果 |
| --- | --- |
| 空白 | 返回向量中的所有值 |
| 内含正整数的向量 | 用作返回值的索引 |
| 内含负整数的向量 | 用作忽略值的索引 |
| 内含逻辑值的向量 | 只返回与 TRUE 相对应的值 |
| 内含字符值的向量 | 返回指定的具名元素 |

**Watch Out!**

> **警告：方括号和圆括号**
>
> 　　调用函数用圆括号，如之前的例子所示，c()、seq() 和 rep()。访问或索引对象的数据用方括号。如果在访问对象时用错了括号的类型，R 将认为我们要调用函数而不是访问数据：
>
> ```
> > X      # 一个名为 X 的向量
> [1] 6 8 3 1 7
> > X[]  # 使用方括号（索引 X 向量中的数据）
> [1] 6 8 3 1 7
> ```

```
> X()   # 错用成圆括号（调用函数）
Error: could not find function "X"  （错误：找不到函数"X"）
```

### 1. 空格下标

对向量的下标而言，最简单的输入是"空格"，其结果是返回整个向量的值：

```
> X <- c(6, 8, 3, 1, 7)     # 创建一个简单的向量

> X                         # 打印向量的值
[1] 6 8 3 1 7

> X [ ]                     # 输入空格
[1] 6 8 3 1 7
```

> **提示：空白**
>
> R 忽略空白（除非在引号中作为字符串的一部分）。因此，在本例中，命令 X [ ]与 X []甚至 X[]都等价。作为惯例，本书会在合适的地方使用空白以提高代码的可读性。

*Did you Know?*

### 2. 正整数下标

如果给向量传入一个整数向量，将返回对应位置上的元素：

```
> X                         # 打印 X 向量的所有值
[1] 6 8 3 1 7
> X [ c(1, 3, 5) ]          # 返回 X 向量中的第 1 个、第 3 个和第 5 个元素
[1] 6 3 7
```

除了在方括号中直接用正整数向量作为索引，还可以另外创建一个向量来索引数据：

```
> index <- c(1, 3, 5)      # 创建 index 向量
> X [ index ]              # 返回 X 向量中的第 1 个、第 3 个和第 5 个元素
[1] 6 3 7
```

用这种方法，还能指定向量中要忽略的值。例如，要返回除第 3 个值以外的所有值，可以这样做：

```
> X [ c(1:2, 4:5) ]         # 返回 X 向量中的第 1 个、第 2 个、第 4 个和第 5 个元素
[1] 6 8 1 7
```

### 3. 负整数下标

在上面的示例中，我们通过正整数向量下标移除了返回向量中的一个值（也就是说，在返回值中忽略一个值）。然而，对于大型向量，这种方法不够灵活。

如果传入一个负整数向量，返回时会忽略对应位置上的值，代码如下所示：

```
> X                         # 原始向量
[1] 6 8 3 1 7
> X [ c(1:2, 4:5) ]         # 用正整数下标忽略 X 向量中的第 3 个值
[1] 6 8 1 7
> X [ -3 ]                  # 用负整数下标忽略 X 向量中的第 3 个值
[1] 6 8 1 7
```

如果想忽略更多位置的值，甚至可以提供一个负整数向量或在正整数向量前面加一个负号。因此，下面两行代码是等价的：

```
> X [ c(-2, -4) ]          # 忽略第 2 个和第 4 个值
[1] 6 3 7
> X [ -c(2, 4) ]           # 忽略第 2 个和第 4 个值
[1] 6 3 7
```

在其他应用中，该语法允许我们以另外一个向量为基础，从一个向量中排除值，代码如下所示：

```
> Y                        # 子集的值向量
 [1] 6 9 4 3 6 8 1 9 0 3 4 8 7 4 5
> outliers                 # 要忽略的值索引
[1]  4 7 9 11 15
> Y [ -outliers ]          # 忽略 outliers 中指定的值
 [1] 6 9 4 6 8 9 3 8 7 4
```

### 4．逻辑值下标

可传入方括号的第 4 种输入是内含逻辑值的向量，而且与原始向量的长度相同。以这种方式索引向量时，只返回与 TRUE 相对应的值，代码如下所示：

```
> X                        # 原始向量
[1] 6 8 3 1 7
> c(T, T, F, F, T)         # 内含逻辑值的向量
[1] TRUE TRUE FALSE FALSE TRUE
> X [ c(T, T, F, F, T) ]   # 只返回与 TRUE 相对应的值
[1] 6 8 7
```

上面的示例中，逻辑型向量的第 1 个、第 2 个和第 5 个位置上是 TRUE，所以返回与这些位置上对应的值（6、8 和 7）。

虽然本例"机械地"演示了在传入逻辑型向量时 R 如何返回值，但是实际上很少这样做（也就是说，我们一般不会用这种方式把 TRUE 和 FALSE 值手动输入向量中）。

我们通常使用简单的逻辑语句创建内含逻辑值的向量来作为输入，代码如下所示：

```
> X                 # 原始向量
[1] 6 8 3 1 7
> X > 5             # 逻辑语句：X 中的值是否大于 5
[1] TRUE  TRUE  FALSE  FALSE  TRUE
> X [ X > 5 ]       # X 中大于 5 的子集
[1] 6 8 7
```

对照该示例，除了通过 X > 5 返回的逻辑向量来索引向量外，还可以使用其他的逻辑语句：

```
> X > 6             # 大于 6
[1] FALSE TRUE FALSE FALSE TRUE
> X >= 6            # 大于或等于 6
[1] TRUE TRUE FALSE FALSE TRUE
> X < 6             # 小于 6
[1] FALSE FALSE TRUE TRUE FALSE
> X <= 6            # 小于或等于 6
```

```
[1] TRUE FALSE TRUE TRUE FALSE
> X == 6                    # X 等于 6
[1] TRUE FALSE FALSE FALSE FALSE
> X != 6                    # X 不等于 6
[1] FALSE TRUE TRUE TRUE TRUE
> X > 2 & X <= 6            # 在 2（不包含 2）和 6 之间（包含 6）
[1] TRUE FALSE TRUE FALSE FALSE
> X < 2 | X > 6            # 小于 2 或大于 6
[1] FALSE TRUE FALSE TRUE TRUE
```

由于这些语句生成的逻辑型向量（根据定义）与传入向量的长度相同，所以它们都可以用于提取原始向量的子集。

```
> X                        # 原始向量
[1] 6 8 3 1 7
> X [ X <= 6 ]            # 小于或等于 6 的值
[1] 6 3 1
> X [ X != 6 ]            # 不等于 6 的值
[1] 8 3 1 7
> X [ X >= 3 & X <= 7 ]    # 在 3 和 7 之间的值
[1] 6 3 7
```

对于以上这些示例，值得注意的是，R 执行了两个步骤：解析传入的向量并返回逻辑向量，然后根据逻辑向量来索引原始向量。

于是，我们可以基于第 2 个或第 3 个向量索引一个向量，代码如下所示：

```
> ID                      # ID 值向量
[1] 1001 1002 1003 1004 1005
> AGE                     # 年龄向量
[1] 18 35 26 42 22
> GENDER                  # 性别向量
[1] "M" "F" "M" "F" "F"

> AGE [ AGE > 25 ]                    # AGE 中大于 25 的值
[1] 35 26 42
> ID [ AGE > 25 ]                     # AGE 中大于 25 所对应的 ID 值
[1] 1002 1003 1004
> ID [ AGE > 25 & GENDER == "F" ]     # AGE 中大于 25 且 GENDER 为"F"的 ID 值

[1] 1002 1004
```

### 5. 字符值下标

如果一个向量有元素名，就可以用内含字符的向量进行索引。我们先给原向量添加元素名，然后再用内含字符值的向量进行索引：

```
> names(X) <- c("A", "B", "C", "D", "E")      # 添加元素名

> X                                            # 原始向量
A B C D E
6 8 3 1 7

> X[c("A", "C", "E")]                          # 根据元素名索引向量的值
```

```
A C E
6 3 7
```

### 6. 向量下标：总结

到目前为止，我们介绍了 5 种通过指定传入的向量引用原始向量数据的方法，如表 3.2 所示。接下来再用一些简单的示例总结一下。

```
> X [ ]                            # 空白：返回向量的所有值
A B C D E
6 8 3 1 7
> X [ c(1, 3, 5) ]                 # 正整数：返回指定位置的值
A C E
6 3 7
> X [ -c(1, 3, 5) ]               # 负整数：忽略指定位置的值
B D
8 1
> X [ X > 5 ]                      # 逻辑值：返回 TRUE 对应的值
A B E
6 8 7
> X [ c("A", "C", "E") ]          # 字符值：返回对应的具名元素
A C E
6 3 7
```

**Did you Know?**

> **提示：字母的序列**
>
> 之前提到过，不能用:符号直接创建字母序列（例如，A:Z）。尽管如此，R 中有两个内置向量（分别是 letters 和 LETTERS），内含按字母顺序排列的字母（分别是小写和大写）：
>
> ```
> > letters
>  [1] "a" "b" "c" "d" "e" "f" "g" "h" "i" "j" "k" "l" "m"
> [14] "n" "o" "p" "q" "r" "s" "t" "u" "v" "w" "x" "y" "z"
> > LETTERS
>  [1] "A" "B" "C" "D" "E" "F" "G" "H" "I" "J" "K" "L" "M"
> [14] "N" "O" "P" "Q" "R" "S" "T" "U" "V" "W" "X" "Y" "Z"
> ```
>
> 可以用本节介绍的方法来引用这些字母。有了这两个向量，就能创建小写字母或大写字母的序列了：
>
> ```
> > letters [ 1:5 ]              # 前 5 个字母（小写）
> [1] "a" "b" "c" "d" "e"
> > LETTERS [ 1:5 ]              # 前 5 个字母（大写）
> [1] "A" "B" "C" "D" "E"
> ```

## 3.4 矩阵

矩阵（matrix）是内含相同模式值的二维结构。按照第 3.3 节的思路，本节将学习以下内容。

➢ 创建矩阵的一些方法。

➢ 矩阵的属性。

➢ 从矩阵中提取信息的方式。

## 3.4.1 创建矩阵

通常用下面两种基本方式创建矩阵。

➢ 通过组合一系列向量形成行或列。
➢ 通过把一个单独的向量读入一个矩阵结构。

### 1. 用组合向量的方式创建矩阵

cbind()函数可用于组合多个向量，以形成一个多列的矩阵。例如，创建一个 3 行 4 列的矩阵，代码如下所示：

```
> cbind(1:3, 3:1, c(2, 4, 6), rep(1, 3))
     [,1] [,2] [,3] [,4]
[1,]    1    3    2    1
[2,]    2    2    4    1
[3,]    3    1    6    1
```

> **注意：资源回收**
>
> 注意，上面的示例中用 4 个长度相同的向量创建了一个矩阵。然而，如果用来创建矩阵的向量长度不同，R 将把较短长度的向量重复至最长的向量长度，再创建矩阵。因此，我们可以把该例第 4 列的 3 个重复值替换为 1，重新创建刚才的矩阵：
>
> ```
> > cbind(1:3, 3:1, c(2, 4, 6), 1)
>      [,1] [,2] [,3] [,4]
> [1,]    1    3    2    1
> [2,]    2    2    4    1
> [3,]    3    1    6    1
> ```
>
> 在本例中，较短长度的向量长度为 1，R 很容易重复这个向量以创建长度为 3 的向量。如果较短长度的向量不能准确创建所需的长度，R 将抛出一条警告。考虑下面示例的第 3 列：
>
> ```
> > cbind(1:3, 3:1, c(2, 4), 1)
>      [,1] [,2] [,3] [,4]
> [1,]    1    3    2    1
> [2,]    2    2    4    1
> [3,]    3    1    2    1
> Warning message:
> In cbind(1:3, 3:1, c(2, 4), 1) :
>    number of rows of result is not a multiple of vector length (arg 3)
> ```
>
> （警告消息：在 cbind(1:3, 3:1, c(2, 4), 1) 中，其输出行的数量不是第 3 个参数向量长度的整数倍）
>
> 如上所示，由于输出行的数量不是较短向量长度的整数倍，所以生成了一条警告消息，但还是重复了 2 和 4。

By the Way

除了用 cbind() 函数，还可以用 rbind() 函数指定矩阵的行。这次，我们用相同的向量创建一个 4 行 3 列的矩阵：

```
> rbind(1:3, 3:1, c(2, 4, 6), rep(1, 3))
     [,1] [,2] [,3]
[1,]    1    2    3
[2,]    3    2    1
[3,]    2    4    6
[4,]    1    1    1
```

**提示：转置矩阵**

t() 函数可用于转置矩阵。因此，下面的命令是等价的：

```
> cbind(1:3, 3:1, c(2, 4, 6), rep(1, 3))
     [,1] [,2] [,3] [,4]
[1,]    1    3    2    1
[2,]    2    2    4    1
[3,]    3    1    6    1
> t(rbind(1:3, 3:1, c(2, 4, 6), rep(1, 3)))
     [,1] [,2] [,3] [,4]
[1,]    1    3    2    1
[2,]    2    2    4    1
[3,]    3    1    6    1
```

## 2. 用一个向量创建矩阵

从上面的示例可以看到，rbind() 函数和 cbind() 函数分别用于按行和按列创建矩阵。还有一种创建矩阵的方法是，用 matrix() 函数把一个向量中的数据"读入"矩阵的行和列中，以向量作为该函数的第 1 个参数：

```
> matrix(1:12)
      [,1]
 [1,]    1
 [2,]    2
 [3,]    3
 [4,]    4
 [5,]    5
 [6,]    6
 [7,]    7
 [8,]    8
 [9,]    9
[10,]   10
[11,]   11
[12,]   12
```

matrix() 函数还有两个参数（nrow 和 ncol），分别指定待创建矩阵的"维度"，代码如下所示：

```
> matrix(1:12, nrow = 3, ncol = 4)
     [,1] [,2] [,3] [,4]
[1,]    1    4    7   10
[2,]    2    5    8   11
```

```
[3,]    3    6    9   12
```

在该例中，用 nrow 和 ncol 指定了矩阵的维度（3 行 4 列）。以这种方式创建矩阵时，只需要指定一个维度（nrow 或者 ncol）即可，代码如下所示：

```
> matrix(1:12, nrow = 3)
     [,1] [,2] [,3] [,4]
[1,]    1    4    7   10
[2,]    2    5    8   11
[3,]    3    6    9   12
```

默认情况下，R 以列的方式把值读入矩阵，因此在上例中第 1 列中填充的数字是 1～3。这可以通过 matrix() 函数中的 byrow 参数来控制，该参数默认设置为 FALSE：

```
> matrix(1:12, nrow = 3, byrow = F)      # 默认行为: byrow = FALSE
     [,1] [,2] [,3] [,4]
[1,]    1    4    7   10
[2,]    2    5    8   11
[3,]    3    6    9   12
```

因此，可以设置 byrow 参数为 TRUE，这样就能把按列输入变成按行输入，代码如下所示：

```
> matrix(1:12, nrow = 3, byrow = TRUE)
     [,1] [,2] [,3] [,4]
[1,]    1    2    3    4
[2,]    5    6    7    8
[3,]    9   10   11   12
```

### 3.4.2　矩阵属性

创建好矩阵后，便可用一些实用函数查询矩阵的属性了。这些函数可以查询以下内容。

➢ 矩阵的模式。

➢ 矩阵的维度。

➢ 矩阵的行名/列名。

和向量类似，我们用 mode() 函数查询矩阵的模式：

```
> aVector <- c(4, 5, 2, 7, 6, 1, 5, 5, 0, 4, 6, 9)    # 创建一个向量
> X <- matrix(aVector, nrow = 3)                       # 创建一个矩阵
> X                                                    # 打印矩阵
     [,1] [,2] [,3] [,4]
[1,]    4    7    5    4
[2,]    5    6    5    6
[3,]    2    1    0    9
> mode(X)                                              # 矩阵的模式
[1] "numeric"
```

类似地，用 length() 函数返回矩阵中的元素数量：

```
> length(X)          # 元素的数量
[1] 12
```

虽然 length() 函数返回矩阵中所有元素的数量，但是没法用该函数查看矩阵的结构（也就是说，行和列的数量）。

想要知道矩阵中行和列的数量，要使用 dim() 函数，该函数返回一个长度为 2 的向量，分别表示矩阵的行数（第 1 个值）和列数（第 2 个值），代码如下所示：

```
> dim(X)              # 矩阵的维数
[1] 3 4
> dim(X)[1]           # 行的数量
[1] 3
> dim(X)[2]           # 列的数量
[1] 4
```

这里，我们在方括号中用正整数引用 dim() 返回的向量的位置（1 表示行，2 表示列）。还有另一种更直观的方法，即用 nrow() 函数和 ncol() 函数直接返回矩阵的行数和列数：

```
> nrow(X)       # 矩阵的行数
[1] 3
> ncol(X)       # 矩阵的列数
[1] 4
```

前面提到有些向量有元素名。对于矩阵，给每个元素赋名不太实际。尽管如此，还是有些矩阵有行名和列名。

有两种情况下可以看到带有行列名的矩阵，要么创建带行名和列名的矩阵（行名和列名也叫做"维度名称"），要么对矩阵进行某项操作后，其结果显示了维度名称（这种情况更为常见）。

假设创建了一组不同年龄组的性别统计数据。这些数据以矩阵形式返回，代码如下所示：

```
> freqMatrix           # 不同年龄组的性别统计
     [,1] [,2]
[1,]  75   68
[2,]  52   49
[3,]  38   30
```

可以看到该矩阵有 6 个与年龄组和性别相关的统计数据。由于没有标签，我们不知道这些值分别表示什么。如果矩阵有行名和列名，R 就返回一个带有维度名称的矩阵，代码如下所示：

```
> freqMatrix
      Female  Male
18-35    75    68
26-35    52    49
36+      38    30
```

如果想创建一个带有维度名称的矩阵，要使用 dimnames() 函数为其赋名。该函数接受一个带有行名和列名的"列表"结构（我们将在第 4 章中介绍列表）。下面是一个示例：

```
> freqMatrix                    # 原始矩阵（没有行名，没有列名）
     [,1] [,2]
[1,]  75   68
[2,]  52   49
```

```
[3,] 38 30

> dimnames(freqMatrix) <- list(c("18-35", "26-35", "36+"),
+    c("Female", "Male"))       # 给维度赋名

> freqMatrix                    # 赋名后的矩阵
        Female  Male
18-35       75    68
26-35       52    49
36+         38    30
```

矩阵有了维度名称后，就可以用 dimnames()函数查询它的维度名称了。该函数返回一个内含两个字符型向量的"列表"：

```
> dimnames(freqMatrix)          # freqMatrix 的维度名
[[1]]
[1] "18-35" "26-35" "36+"

[[2]]
[1] "Female" "Male"
```

### 3.4.3　索引矩阵

在前面学习向量时（第 3.3.3 节），总结了可导入方括号提取数据的 5 种输入，讲解了下面这些示例。

➢　选择前 5 个元素。

➢　选择除第 6 个元素以外的所有元素。

➢　选择大于 5 的所有元素。

➢　选择"A"、"C"和"E"元素。

矩阵有行和列，提取数据的方式似乎与向量不太相关。然而，提取矩阵中的数据要指定具体的行和列，可以在方括号中传入两个单独的输入，并用逗号隔开：

矩阵 [ 指定返回行的输入，指定返回列的输入 ]

#### 1. 索引矩阵：空格、正数和复数

首先，来看一下行和列都是空白下标的情况。下面的示例返回所有的行和列：

```
> X [ , ]      # 行为空白，列为空白
    [,1] [,2] [,3] [,4]
[1,]   4    7    5    4
[2,]   5    6    5    6
[3,]   2    1    0    9
```

接下来，用内含整数的向量分别指定行和列来索引矩阵：

```
> X [ 1:2 , c(1, 3, 4) ]        # 行为正整数，列为正整数
    [,1] [,2] [,3]
[1,]   4    5    4
[2,]   5    5    6
```

在上面的示例中，返回原矩阵的前两行（第 1 行和第 2 行）和第 1 列、第 3 列和第 4 列。

**注意：列索引**

在该例中，注意到我们选择 1 和 2 行以及 1、3、4 列，该矩阵返回了正确的矩阵子集。新矩阵的列索引是 [,1] [,2] [,3]。

这是因为原矩阵的子集是一个完整的新矩阵，有自己的列索引，它"不记得"自己是以何种方式被创建的（也就是说，新矩阵的索引不是"1、3、4"）。但是，如果原来的矩阵有维度名称的话，行名/列名将会保留在子矩阵中。

到目前为止，我们在矩阵的方括号中使用了空格和正整数来表示索引的行和列。除此之外，还可以用不同的输入类型表示行和列，代码如下所示：

```
> X [ , -2 ]       # 行为空格，列为负整数
      [,1] [,2] [,3]
[1,]    4    5    4
[2,]    5    5    6
[3,]    2    0    9
```

本例中，用空格表示索引的行（即返回所有的行），用一个负整数标识索引的列（表示返回除第 2 列以外的所有列）。

### 2．降维

虽然前面的多个示例都从 3×4 的矩阵中索引数据，但是都返回至少 2 行/列。如果只索引一行或一列，矩阵输出的维数就要减少，返回的就是一个更简单的结构（实际上是一个向量）：

```
> X [ , 1:2 ]      # 返回前两列（返回的是一个矩阵）
      [,1] [,2]
[1,]    4    7
[2,]    5    6
[3,]    2    1
> X [ , 1 ]        # 返回第 1 列（返回的是一个向量）
[1] 4 5 2
```

由于绝大多数 R 函数都能使用向量，通常这样的"降维"也正是我们需要的。但是，如果既要访问数据又要确保不降维，则要在方括号中使用 drop 参数，代码如下所示：

```
> X [ , 1 ]                   # 返回一个向量
[1] 4 5 2
> X [ , 1, drop = FALSE ]     # 使用 drop 参数维持原来的维度
      [,1]
[1,]    4
[2,]    5
[3,]    2
```

### 3．索引矩阵：逻辑值

与向量类似，用逻辑值也能索引矩阵。前提是要给矩阵的下标提供一个逻辑型向量，长度和行/列的数量相同。下面演示一个简单的示例：

```
> X                           # 原始矩阵
      [,1] [,2] [,3] [,4]
```

```
[1,]    4   7    5   4
[2,]    5   6    5   6
[3,]    2   1    0   9

> X [ c(T, F, T), ]        # 行是逻辑值，列为空格
     [,1] [,2] [,3] [,4]
[1,]    4   7    5   4
[2,]    2   1    0   9
```

如上代码所示，矩阵的下标中使用了一个逻辑型向量。该向量的长度为 3，只返回与 TRUE 值相应的行（即第 1 行和第 3 行）。

手动指定向量太麻烦了，其实可以用一个逻辑语句来排除某一列后再索引矩阵。例如，考虑下面的代码，只提取第 1 列中不是 5 的所有行：

```
> X [ , 1]                   # 第 1 列
[1] 4 5 2

> X [ , 1 ] != 5            # 第 1 列的值是否不等于 5
[1] TRUE FALSE TRUE

> X [ X [ , 1 ] != 5 , ]    # 用于索引矩阵（返回第 1 列不是 5 的所有行）
     [,1] [,2] [,3] [,4]
[1,]    4   7    5   4
[2,]    2   1    0   9
```

最后一行代码看上去特别复杂（X [ X [ , 1 ] != 5 , ]），这种语法形式很少用到。单模式矩阵的性质说明，它不是一个储存标准矩形数据的好结构。更合适储存这种类型数据的结构将在第 4 章中介绍（即 data.frame 结构），这种结构引用数据子集的语法简单得多。

#### 4. 索引矩阵：字符值

到目前为止，我们讨论了矩阵可以用空格、正整数、负整数和逻辑值输入来访问。如果我们有一个带行名和列名的矩阵，我们还可以使用内含字符的向量来直接访问希望返回的行和列。首先，我们要给矩阵示例添加维度名称：

```
> dimnames(X) <- list( letters[1:3], LETTERS[1:4] )
> X
  A B C D
a 4 7 5 4
b 5 6 5 6
c 2 1 0 9
```

现在，我们可以使用字符型向量访问矩阵的行/列了。例如，访问"a"行和"c"行的所有列：

```
> X [ c("a", "c"), ]      # 行为字符，列为空格
  A B C D
a 4 7 5 4
c 2 1 0 9
```

在下面的示例中，我们使用一个字符型向量访问想要返回的列和所有行：

```
> X [ , c("A", "C", "D") ]    # 行为空格，列为字符
  A C D
```

```
a 4 5 4
b 5 5 6
c 2 0 9
```

## 3.5　数组

在学习本节之前，我们把向量作为一个保存一系列相同模式值的结构来介绍。接着，把矩阵作为有行和列的单模式结构来学习。

数组（array）也是一种单模式结构，可以有任何数量的维度（因此，在 R 中矩阵实际上是一个简单的二维数组）。

与前面讨论的向量和矩阵类似，本节将学习以下内容。

➢　创建数组的一些方法。

➢　数组的属性。

➢　从数组中提取信息的方式。

本章重点学习三维数组，任何维数数组的原理都与此类似。

### 3.5.1　创建数组

在 R 中，创建数组用 array() 函数，要为其提供一个向量输入和待创建数组的维度（整数向量）。下面创建了一个二维数组（也就是一个矩阵）：

```
> aVector <- c(4, 5, 2, 7, 6, 1, 5, 5, 0, 4, 6, 9)   # 创建一个向量
> X <- array(aVector, dim = c(3, 4))                 # 创建一个二维数组（矩阵）
> X                                                  # 打印矩阵
     [,1] [,2] [,3] [,4]
[1,]    4    7    5    4
[2,]    5    6    5    6
[3,]    2    1    0    9
```

如果要创建一个三维数组，就要指定 dim 参数为长度是 3 的向量，代码如下所示：

```
> aVector <- c(4, 5, 2, 7, 6, 1, 5, 5, 0, 4, 6, 9)   # 创建一个向量
> X <- array(rep(aVector, 3), dim = c(3, 4, 3))      # 创建一个三维数组
> X                                                  # 打印该数组
, , 1
     [,1] [,2] [,3] [,4]
[1,]    4    7    5    4
[2,]    5    6    5    6
[3,]    2    1    0    9


, , 2
     [,1] [,2] [,3] [,4]
[1,]    4    7    5    4
[2,]    5    6    5    6
[3,]    2    1    0    9
```

```
, , 3
      [,1] [,2] [,3] [,4]
[1,]    4    7    5    4
[2,]    5    6    5    6
[3,]    2    1    0    9
```

### 3.5.2 数组属性

查询数组属性和查询矩阵属性的方法完全相同。下面的例子演示了如何查询数组的属性：

```
> mode(X)            # 数组的模式
[1] "numeric"
> length(X)          # 数组中元素的数量
[1] 36
> dim(X)             # 数组的维度
[1] 3 4 3
```

和矩阵类似，用 dimnames() 函数指定矩阵的维度名称：

```
> dimnames(X) <- list(letters[1:3], LETTERS[1:4], c("X1", "X2", "X3"))
> X
, , X1

  A B C D
a 4 7 5 4
b 5 6 5 6
c 2 1 0 9

, , X2

  A B C D
a 4 7 5 4
b 5 6 5 6
c 2 1 0 9

, , X3

  A B C D
a 4 7 5 4
b 5 6 5 6
c 2 1 0 9
```

### 3.5.3 索引数组

要提取数组的数据，就要为数组的每个维度都提供一个输入。因此，索引三维数组就要提供 3 个输入，而且可以是不同的输入类型（如空格、正整数、负整数、逻辑值、字符）。

我们用三维数组作为索引数组的示例，代码如下所示：

```
> X [ , ,1]              # 空格/空格/正整数
  A B C D
```

```
a 4 7 5 4
b 5 6 5 6
c 2 1 0 9
> X [ -1, 1:2, 1:2 ]          # 负整数/正整数/正整数
, , X1

  A B
b 5 6
c 2 1

, , X2

  A B
b 5 6
c 2 1
```

## 3.6  单模式数据对象之间的关系

到目前为止，本章介绍了 R 中的 3 种"单模式"数据结构：向量、矩阵和数组。我们学习了如何创建这些数据结构，如何查询它们的属性，以及如何提取其中的数据。

表 3.3 总结了这些结构的基本情况。

**表 3.3  单模式数据结构比较**

| 属性 | 向量 | 矩阵 | 数组 |
| --- | --- | --- | --- |
| 模式 | 单模式 | 单模式 | 单模式 |
| 结构 | 无结构 | 二维 | N 维 |
| 测量长度的函数 | 返回元素的数量 | 返回元素的数量 | 返回元素的数量 |
| 通过下标索引结构 | X [ 输入 ] | X [ 输入, 输入 ] | X [ 输入, 输入, 输入, ... ] |

通过本章的学习，读者应该注意到这三种结构比较相像，如表 3.3 所示。实际上，这 3 种结构的关系非常密切。从本质上看，它们都是向量。向量与矩阵、数组的唯一区别是各结构的维度。结构的维度不同，输入、管理和引用结构中的数据的方式也不同。

通过 dim() 函数指定维度，很容易从一个结构转换为另一个结构。代码如下所示，先将一个向量转换为矩阵，再将该矩阵转换为一个三维数组：

```
> X <- c(2, 6, 5, 1, 2, 8, 9, 4, 3, 1, 9, 4)    # 创建一个向量 X
> X                                               # 打印该向量
 [1] 2 6 5 1 2 8 9 4 3 1 9 4
> length(X)                                       # 该向量有 12 个元素
[1] 12
> dim(X)                                          # 该向量没有"维度"
NULL

> dim(X) <- c(3, 4)                               # 赋给 X 一个维度 (3×4)
> X                                               # 打印 X（现在 X 是一个矩阵）
     [,1] [,2] [,3] [,4]
[1,]    2    1    9    1
[2,]    6    2    4    9
```

```
    [3,]    5    8    3    4
> dim(X) <- c(2, 3, 2)                    # 赋给 X 一个新的维度 (2×3×2)
> X                                        # 打印 X（现在 X 是一个三维数组）
, , 1

       [,1] [,2] [,3]
[1,]    2    5    2
[2,]    6    1    8

, , 2

       [,1] [,2] [,3]
[1,]    9    3    9
[2,]    4    1    4
```

在今后的学习过程中，将会遇到一些简单的函数把矩阵视为向量来处理，例如：

```
> dim(X)            # X 是一个数组
[1] 2 3 2
> median(X)         # X 的中位数
[1] 4
```

## 3.7  本章小结

本章介绍了可以把 R 中 4 种不同"模式"的数据（数值型、字符型、逻辑型和复数型）储存在三种单模式结构中（向量、矩阵和数组），讨论了如何创建这 3 种结构、它们的属性以及如何引用这些结构中的子集。

虽然本章介绍了向量、矩阵和数组，但是学习的重点是向量。这从侧面反映了，在 R 中通常以向量作为主要的数据结构，因此，我们必须熟悉如何管理向量。

本章只讨论了"单模式"结构的一些情况（例如，这些结构只能保存相同模式的数据）。下一章，我们将学习可以储存不同模式数据的两种数据结构：列表和数据框。

## 3.8  本章答疑

**问：是否能在下标中混合 5 种类型作为输入？**

**答：**实际上不行，这样做会发生两种情况。R 将把下标输入中的所有元素转换为一种类型，或者如果混合使用正整数和负整数，R 将返回一条错误消息。

**问：为什么矩阵这种结构不适合储存标准矩形数据集？**

**答：**因为矩阵是一种单模式结构，它不能把数据集中的一列数值和一列字符储存到一起。在下一章中，将介绍更适合储存这种类型数据的结构。

**问：如果引用维度以外的数据会怎样？**

**答：**将返回缺失值，代码如下所示：

```
> X <- c(A = 1, B = 2, C = 3)
> X
A B C
1 2 3
> X[2:5]
   B   C <NA> <NA>
   2   3  NA   NA
> X[c("A", "C", "E")]
   A   C <NA>
   1   3  NA
```

**问：** 通过逻辑值引用缺失值对结果会有什么影响？

**答：** 如果在一条逻辑语句中使用含有缺失值的向量，其返回值也是 NA（因为不知道缺失值是否和条件匹配）。用这样的值作为下标时，将返回缺失值。参考下面的代码示例：

```
> ID
[1] 1 2 3 4 5
> AGE
[1] 18 35 25 NA 23
> AGE >= 25
[1] FALSE TRUE  TRUE  NA FALSE
> ID [ AGE >= 25 ]
[1]  2 3 NA
```

## 3.9 课后研习

课后研习包含"随堂测验"和"答案"两部分，旨在帮助读者巩固本章所学知识。请读者先尝试回答"随堂测验"中的所有问题，再看后面的"答案"。

**随堂测验：**

1. R 中的 4 种不同的数据"模式"是什么？

2. 为什么把向量、矩阵和数组称为"单模式"结构？

3. 什么函数可用于创建重复的序列？

4. 有哪 5 种不同的"下标"输入可用于引用向量的子集数据（即索引向量）？

5. cbind() 函数和 rbind() 函数有什么区别？

6. 用下标索引矩阵时，为什么在方括号中要使用逗号（例如，mat[1:2, -1]）？

7. 矩阵和数组有什么区别？

**答案：**

1. 4 种数据模式是：数值型、字符型、逻辑型和复数型。

2. 所谓"单模式"指的是，这些结构只能储存单一模式的数据（例如，"数值"向量或者"字符"数组）。向量、矩阵和数组都不能储存多种"模式"的数据，所以将其称为"单模式"结构。

3. rep() 函数可用于创建重复序列的向量。

4. 5 种"下标"输入类型是：空格、正整数向量、负整数向量、逻辑值向量和字符向量。

5. 这两个函数创建矩阵时都需要两个向量输入。cbind()函数根据传入的向量按列创建矩阵，rbind()函数根据传入的向量按行创建矩阵。

6. 在方括号中用逗号分隔"行"下标和"列"下标。因此，mat[1:2, -1]这行代码表示，将返回 mat 中除第 1 列以外的前两行。

7. 矩阵完全是一种二维结构（由行和列组成）。数组是一种可以任意扩展维度的结构（也就是说，可以创建三维、四维、十维，甚至一百维的数组）。二维数组完全等价于矩阵。

## 3.10 补充练习

1. 在 R 中，有一个内置对象 pi。pi 的模式是什么？长度是多少？

2. 在 R 中分别创建下面的向量：

```
[1] 6 3 4 8 5 2 7 9 4 5
[1] TRUE FALSE FALSE TRUE FALSE FALSE TRUE TRUE FALSE FALSE
[1] -1 0 1 2 3
[1] 5 4 3 2 1
[1] 0.0 0.1 0.2 0.3 0.4 0.5 0.6 0.7 0.8 0.9 1.0
[1] 1 2 3 1 2 3 1 2 3
[1] "A" "A" "A" "A"
[1] "A" "A" "A" "A" "B" "B" "B" "C" "C" "D"
```

3. 使用 LETTERS 向量，打印下面的内容。

   ➢ 前 4 个字母。

   ➢ 除前 4 个字母以外的所有字母。

   ➢ "奇数"字母（也就是，A、C、E、G、…）。

4. 用 1 到 9 的整数列创建一个长度为 10 的字符型向量。以 letters 作为向量的元素名。使用该向量完成以下操作。

   ➢ 选择向量的第 1 个值和最后一个值。

   ➢ 选择向量中大于 3 的值。

   ➢ 选择 2～7 之间的所有值。

   ➢ 选择除 5 以外的所有值。

   ➢ 选择向量中的"D""E"和"G"元素。

5. 创建一个 3×4 的数值型矩阵。打印矩阵的前两行和除最后一列以外的所有列。

# 第 4 章

# 多模式数据结构

**本章要点：**

➢ 什么是列表对象

➢ 如何创建和操控数据框

➢ 如何对数据结构进行初步探索

绝大部分数据源都包含不同类型的数据，我们需要以一个简单、有效的格式来储存这些数据。在第 3 章介绍的"单模式"结构是非常有用的基本数据对象，但是它们无法储存包含多种"模式"的数据。本章将重点介绍两种能储存"多模式"数据的数据结构：列表和数据框，讲解如何创建和管理这两种结构，重点学习如何从中提取数据。除此之外，还将介绍如何将这两种数据结构应用于日常生活中。

## 4.1 多模式结构

第 3 章讨论了 R 中 3 种用于储存数据的结构。

➢ 向量：内含一系列值。

➢ 矩阵：由行和列组成的矩形结构。

➢ 数组：更高维度的结构（例如，3D 和 4D 结构）。

虽然这些对象能提供了许多有用的功能，但是它们受限于只能储存单一"模式"的数据。我们通过以下的代码来解释：

```
> c(1, 2, 3, "Hello")                # 多种模式
[1] "1"    "2"    "3"    "Hello"
> c(1, 2, 3, TRUE, FALSE)            # 多种模式
[1] 1 2 3 1 0
> c(1, 2, 3, TRUE, FALSE, "Hello")   # 多种模式
```

```
[1] "1" "2" "3" "TRUE" "FALSE" "Hello"
```

如上代码所示，如果尝试在单模式结构中储存多种模式的数据，这些对象（及其储存的内容）将被转换为一种模式。

前面的示例用向量解释了这种行为。假设要用矩阵储存一个矩形"数据集"。比如，创建一个矩阵，储存未来 5 天纽约的温度预报。

```
> weather <- cbind(
+ Day      = c("Saturday", "Sunday", "Monday", "Tuesday", "Wednesday"),
+ Date     = c("Jul 4", "Jul 5", "Jul 6", "Jul 7", "Jul 8"),
+ TempF    = c(75, 86, 83, 83, 87)
+ )
> weather
     Day          Date      TempF
[1,] "Saturday"   "Jul 4"   "75"
[2,] "Sunday"     "Jul 5"   "86"
[3,] "Monday"     "Jul 6"   "83"
[4,] "Tuesday"    "Jul 7"   "83"
[5,] "Wednesday"  "Jul 8"   "87"
```

输出结果中的双引号清楚地表明，R 已经把所有的数据都转换成了字符值，也可以通过查询该矩阵结构的模式来验证：

```
> mode(weather)            # 矩阵的模式
[1] "character"
```

看来，必须得用能储存多种模式数据的数据结构。R 提供了两种"多模式"数据结构。

➤ 列表：可储存任何对象。

➤ 数据框：由行和列组成的矩形结构。

## 4.2 列表

大多数人都认为，列表是 R 中最复杂的数据对象，许多 R 的程序员千方百计避免在自己的程序中使用列表。这种认为列表过于复杂而避之不及的想法，可能源于对列表的"样子"缺乏清晰的了解。其他结构（如向量和矩阵）都比较好理解，所以大家都比较喜欢用。

学完本节你会发现，列表并没有想象中那么难以使用，它是一种可用于执行许多复杂，操作的简单结构。

### 4.2.1 列表是什么

列表可以储存任意类型和任意模式的对象（例如，"矩阵"或"向量"），是其他对象的容器。因此，可以创建包含多种模式对象的列表。例如，在创建的列表中包含以下内容。

➤ 字符型向量。

➤ 数值型矩阵。

> ➢ 逻辑型数组。

> ➢ 其他列表。

在谈到列表时，有些人喜欢用盒子来做类比。比如，可以做如下事情。

> ➢ 创建一个空盒子。

> ➢ 把一些"东西"放进盒子里。

> ➢ 查看盒子中有什么东西。

> ➢ 从盒子中取回一些东西。

本章，我们按同样的方式来学习列表。

> ➢ 创建一个空列表。

> ➢ 把对象放进列表中。

> ➢ 查看列表中对象的数量（和名称）。

> ➢ 提取列表中的元素。

## 4.2.2　创建空列表

用 list() 函数可以创建一个列表。最简单的就是创建一个空列表，如下所示：

```
> emptyList <- list()
> emptyList
list()
```

接下来，我们看看如何在空列表中添加元素。

## 4.2.3　创建非空列表

通常在创建一个列表的同时就会为其添加初始元素。可以在 list() 函数中用逗号分隔作为参数的一系列对象：

```
> aVector <- c(5, 7, 8, 2, 4, 3, 9, 0, 1, 2)
> aMatrix <- matrix( LETTERS[1:6], nrow = 3)
> unnamedList <- list(aVector, aMatrix)
> unnamedList
[[1]]
 [1] 5 7 8 2 4 3 9 0 1 2

[[2]]
     [,1] [,2]
[1,] "A"  "D"
[2,] "B"  "E"
[3,] "C"  "F"
```

在本例中，创建了两个对象（aVector 和 aMatrix），然后创建了一个列表（unnamedList）用于储存两个对象的副本。

---

**注意：原始对象**

以这种方式创建列表时，列表中储存的是原始对象（本例中是 aVector 和 aMatrix）的副本。原始对象不会因后续的操作受到影响（也就是说，原始对象没有被编辑、移动、改变和删除）。

---

如果只用到列表中的对象，可以在指定列表的时候创建对象：

```
> unnamedList <- list(c(5, 7, 8, 2, 4, 3, 9, 0, 1, 2),
+                     matrix( LETTERS[1:6], nrow = 3))
> unnamedList
[[1]]
[1] 5 7 8 2 4 3 9 0 1 2

[[2]]
     [,1]   [,2]
[1,] "A"    "D"
[2,] "B"    "E"
[3,] "C"    "F"
```

### 4.2.4 创建有元素名的列表

创建列表时，可以选择是否给元素赋名。有元素名的列表在以后引用元素时很方便。

```
> namedList <- list(VEC = aVector, MAT = aMatrix)
> namedList
$VEC
 [1] 5 7 8 2 4 3 9 0 1 2

$MAT
     [,1] [,2]
[1,] "A"  "D"
[2,] "B"  "E"
[3,] "C"  "F"
```

和单模式结构一样，可以在创建列表时就创建具名对象：

```
> namedList <- list(VEC = c(5, 7, 8, 2, 4, 3, 9, 0, 1, 2),
+                   MAT = matrix( LETTERS[1:6], nrow = 3))
> namedList
$VEC
 [1] 5 7 8 2 4 3 9 0 1 2

$MAT
     [,1] [,2]
[1,] "A"  "D"
[2,] "B"  "E"
[3,] "C"  "F"
```

### 4.2.5 创建列表：总结

介绍完一些创建列表的不同方式后，我们在这里用一些具体的例子来巩固一下。

```
> # 创建一个空列表
> emptyList <- list()

> # 创建内含未命名元素列表（内含一个向量和一个矩阵）的两种方法
> unnamedList <- list(aVector, aMatrix)
> unnamedList <- list(c(5, 7, 8, 2, 4, 3, 9, 0, 1, 2),
+                      matrix( LETTERS[1:6], nrow = 3))

> # 创建内含具名元素列表（内含一个向量和一个矩阵）的两种方法
> namedList <- list(VEC = aVector, MAT = aMatrix)
> namedList <- list(VEC = c(5, 7, 8, 2, 4, 3, 9, 0, 1, 2),
+                    MAT = matrix( LETTERS[1:6], nrow = 3))
```

在这些示例中，我们创建了 3 个列表，将在稍后用作我们的示例：

```
> emptyList                    # 空列表
list()

> unnamedList                  # 列表内的未命名元素
[[1]]
 [1] 5 7 8 2 4 3 9 0 1 2

[[2]]
     [,1] [,2]
[1,] "A"  "D"
[2,] "B"  "E"
[3,] "C"  "F"
> namedList                    # 列表内的具名元素
$VEC
 [1] 5 7 8 2 4 3 9 0 1 2

$MAT
     [,1] [,2]
[1,] "A"  "D"
[2,] "B"  "E"
[3,] "C"  "F"
```

**By the Way**

> **注意：打印样式**
>
> 　　注意，有元素名的列表和无元素名的列表打印出来的样式不同。打印无元素名的列表时，用双方括号来索引（例如，[[1]]）；打印有元素名的列表时，用美元符号来索引（例如，$VEC）。

## 4.2.6　列表属性

与单模式数据结构一样，R 也有一套用于查询列表属性的函数。特别是，我们可以使用 length() 函数查询列表中的元素数量，用 name() 函数返回元素的名称。

length() 函数返回列表中元素的数量，代码如下所示：

```
> length(emptyList)
```

```
[1] 0
> length(unnamedList)
[1] 2
> length(namedList)
[1] 2
```

name()函数返回列表中的元素名称,如果没有元素或者没有为元素赋名,则返回 NULL:

```
> names(emptyList)
NULL
> names(unnamedList)
NULL
> names(namedList)
[1] "VEC" "MAT"
```

在单模式数据结构中,我们用 mode()函数可以返回结构中所存数据的类型。但是,由于列表是多模式结构,其中储存的不再是单一的数据模式,因此用 mode()函数返回的类型是"list":

```
> mode(emptyList)
[1] "list"
> mode(unnamedList)
[1] "list"
> mode(namedList)
[1] "list"
```

### 4.2.7 索引列表

通过列表的下标可执行以下操作。

➢ 创建一个列表的子集,返回更小的列表。

➢ 单独引用列表中的某个元素。

### 4.2.8 索引列表的子集

可以使用方括号选择现有列表中的子集,其返回的对象本身就是一个列表。

列表 [待返回列表子集的输入]

和向量一样,可以在方括号中传入 5 种不同的输入,见表 4.1。

表 4.1 列表中的下标输入

| 输入 | 效果 |
| --- | --- |
| 空白 | 返回列表中的所有值 |
| 正整数向量 | 用作返回的列表元素的索引 |
| 负整数向量 | 用作忽略的列表元素的索引 |
| 逻辑值向量 | 只返回与 TRUE 值相应的列表元素 |
| 字符值向量 | 返回指定的具名列表元素 |

接下来，将用之前创建的 nameList 对象来讲解如何提取列表的子集。

### 1．空格下标

如果使用空格下标，将返回整个列表：

```
> namedList [ ]              # 空格下标
$VEC
 [1] 5 7 8 2 4 3 9 0 1 2

$MAT
     [,1] [,2]
[1,] "A"  "D"
[2,] "B"  "E"
[3,] "C"  "F"
```

### 2．正整数下标

如果使用正整数向量作为下标，该向量将作为返回元素的索引：

```
> subList <- namedList [ 1 ]     # 返回第 1 个元素
> subList                        # 打印新对象
$VEC
[1] 5 7 8 2 4 3 9 0 1 2

> length(subList)                # 列表中的元素数量
[1] 1
> class(subList)                 # 查看对象的"类"
[1] "list"
```

通过上面的示例可以看出，返回的对象（这里指的是 subList）本身就是一个列表。另外，可以使用 class() 函数查看对象的类型，进一步确认了 subList 确实是一个列表对象。

> **By the Way**
>
> **注意：对象的类**
>
> 　　这是我们在本书中第一次提到 class() 函数。该函数返回对象的类型，而 mode() 函数返回对象中所储存数据的类型。下面用数值型矩阵来说明它们的区别：
>
> ```
> > aMatrix <- matrix(1:6, nrow = 2)     # 创建一个数值型矩阵
> > aMatrix                              # 打印矩阵
>      [,1] [,2] [,3]
> [1,]    1    3    5
> [2,]    2    4    6
>
> > mode(aMatrix)                # aMatrix 对象中所存数据的类型
> [1] "numeric"
>
> > class(aMatrix)               # aMatrix 对象的类型（或"类"）
> [1] "matrix"
> ```

### 3．负整数下标

在方括号中传入一个负整数的向量，可指定需要忽略的列表元素索引：

```
> namedList
```

```
$VEC
 [1] 5 7 8 2 4 3 9 0 1 2

$MAT
     [,1] [,2]
[1,] "A"  "D"
[2,] "B"  "E"
[3,] "C"  "F"
> namedList [ -1 ]                # 返回除第 1 个元素外的所有元素

$MAT
     [,1] [,2]
[1,] "A"  "D"
[2,] "B"  "E"
[3,] "C"  "F"
```

### 4. 逻辑值下标

使用一个内含逻辑值的向量作为下标，可指定返回和忽略的列表元素：

```
> namedList
$VEC
 [1] 5 7 8 2 4 3 9 0 1 2

$MAT
     [,1] [,2]
[1,] "A"  "D"
[2,] "B"  "E"
[3,] "C"  "F"

> namedList [ c(T, F) ]       # 内含逻辑值的向量
$VEC
 [1] 5 7 8 2 4 3 9 0 1 2
```

### 5. 字符值下标

如果列表有元素名，就可以提供一个内含字符值的向量以显示需要返回的具名元素：

```
> namedList
$VEC
 [1] 5 7 8 2 4 3 9 0 1 2

$MAT
     [,1] [,2]
[1,] "A"  "D"
[2,] "B"  "E"
[3,] "C"  "F"

> namedList [ "MAT" ]            # 内含字符值的向量
$MAT
     [,1] [,2]
[1,] "A"  "D"
[2,] "B"  "E"
[3,] "C"  "F"
```

### 4.2.9 引用列表的元素

上一节详细讲解了如何用方括号引用列表的子集（也就是说，返回只包含原始元素子集的列表）。通常，我们还需要引用列表中的指定元素。

可以通过以下两种方式引用列表中的元素。

➤ 使用双方括号。

➤ 如果列表有元素名，可以使用$符号。

#### 1. 双方括号引用

用双方括号可以直接引用列表中的一个元素。虽然双方括号有许多用法，但是最普遍的用法是为待引用的元素提供一个整数索引：

```
> namedList                  # 原始列表
$VEC
 [1] 5 7 8 2 4 3 9 0 1 2

$MAT
     [,1] [,2]
[1,] "A"  "D"
[2,] "B"  "E"
[3,] "C"  "F"

> namedList[[1]]             # 引用列表中的第一个元素
 [1] 5 7 8 2 4 3 9 0 1 2
> namedList[[2]]             # 引用列表中的第二个元素
     [,1] [,2]
[1,] "A"  "D"
[2,] "B"  "E"
[3,] "C"  "F"

> mode(namedList[[2]])       # 第二个元素所储存数据的模式
[1] "character"
```

以这种方式使用双方括号是直接引用列表中所包含的对象。上面代码中，mode()函数的调用结果也证明了这一点。值得注意的是，使用单括号提取的是列表本身的子集：

```
> namedList [1]              # 返回的是列表，该列表有一个元素
$VEC
 [1] 5 7 8 2 4 3 9 0 1 2

> namedList [[1]]            # 返回的是列表的第一个元素（一个向量）
 [1] 5 7 8 2 4 3 9 0 1 2
```

#### 2. 用$引用具名元素

如果列表中包含具名元素（即已命名的元素），就可以用$符号直接引用它们。因此，要引用 namedList 对象的第一个元素（即 VEC 元素），可以用以下两种方法：

```
> namedList                  # 打印原始列表
$VEC
```

```
 [1] 5 7 8 2 4 3 9 0 1 2

$MAT
     [,1] [,2]
[1,] "A"  "D"
[2,] "B"  "E"
[3,] "C"  "F"

> namedList[[1]]              # 引用列表的第一个元素
 [1] 5 7 8 2 4 3 9 0 1 2
> namedList$VEC               # 引用"VEC"元素
 [1] 5 7 8 2 4 3 9 0 1 2
```

### 3. 双方括号和$对比

与双方括号相比，用$符号引用列表中的具名元素看上去更直观，更美观。通常，如果列表中的元素没有名称，则使用双方括号；如果列表中的元素已命名，则使用$。下面是用法示例：

```
> unnamedList               # 列表中的元素没有名称
[[1]]
 [1] 5 7 8 2 4 3 9 0 1 2

[[2]]
     [,1] [,2]
[1,] "A"  "D"
[2,] "B"  "E"
[3,] "C"  "F"

> unnamedList[[1]]          # 引用第一个元素
 [1] 5 7 8 2 4 3 9 0 1 2

> namedList                 # 列表中的元素有名称
$VEC
 [1] 5 7 8 2 4 3 9 0 1 2

$MAT
     [,1] [,2]
[1,] "A"  "D"
[2,] "B"  "E"
[3,] "C"  "F"

> namedList$VEC             # 引用"VEC"元素
 [1] 5 7 8 2 4 3 9 0 1 2
```

**提示：$的懒惰引用**

*Did you Know?*

在使用$符号时，不用全部写出元素的名称，只写元素名的前一两个字母也可以。只要 R 能理解你要引用哪一个元素就行。我们通过下面的代码来解释：

```
> aList <- list( first = 1, second = 2, third = 3, fourth =
  4 )
```

```
> aList$s            # 返回第二个
[1] 2
> aList$fi           # 返回第一个
[1] 1
> aList$fo           # 返回第四个
[1] 4
```

也许这种懒惰的引用方式颇受欢迎，但是它会降低代码的可读性和可维护性。在编写代码时最好不要这样做。

## 4.2.10  添加列表元素

给列表添加元素有两种方法。

➢   用指定名称或在指定位置上直接添加元素。

➢   把列表组合在一起。

### 1. 直接添加列表元素

可以通过给列表赋指定索引或名称的方式添加一个元素。语法参照 4.2.9 节中的 "(3) 双方括号和$对比" 中的内容。例如，在空列表中添加一个元素：

```
> emptyList                         # 空列表
[[1]]
[1] "A" "B" "C" "D" "E"

> emptyList[[1]] <- LETTERS[1:5]    # 添加一个元素

> emptyList                         # 原来的空列表已更新（现在不是空列表了）
[[1]]
[1] "A" "B" "C" "D" "E"
```

除了用双方括号，还可以使用$符号把具名元素添加到列表中：

```
> emptyList <- list()               # 重新创建空列表
> emptyList                         # 空列表
list()
> emptyList$ABC <- LETTERS[1:5]     # 添加新元素
> emptyList                         # 原来的空列表已更新（现在不是空列表了）
$ABC
[1] "A" "B" "C" "D" "E"
```

**By the Way**

> **注意：添加不连续的元素**
>
> 　　在前面的示例中，我们使用方括号或$符号把元素添加到空列表的 "第一个" 位置。如果把一个元素添加到后面的位置，R 将插入许多 NULL 元素来填充列表中的空缺：
>
> ```
> > emptyList <- list()          # 重新创建一个空列表
> > emptyList                    # 空列表
> list()
> > emptyList[[3]] <- "Hello"    # 赋给列表中的第 3 个元素
> ```

```
> emptyList
[[1]]
NULL

[[2]]
NULL

[[3]]
[1] "Hello"
```

### 2. 组合列表

用 c() 函数可以组合列表，代码如下所示：

```
> list1 <- list(A = 1, B = 2)        # 创建 list1
> list2 <- list(C = 3, D = 4)        # 创建 list2
> c(list1, list2)                    # 组合两个列表
$A
[1] 1

$B
[1] 2

$C
[1] 3

$D
[1] 4
```

## 4.2.11 列表语法总结

到目前为止，根据列表中的元素是否有名称，列表的用法稍有不同。在这里总结一下创建和管理这两种不同列表结构的语法。

### 1. 未命名元素概览

这里用内含未命名元素的列表作为例子，总结了一些关键的语法。首先，创建一个列表，并查看该列表的属性：

```
> unnamedList <- list(aVector, aMatrix)    # 创建一个列表

> unnamedList                              # 打印该列表
[[1]]
 [1] 5 7 8 2 4 3 9 0 1 2

[[2]]
     [,1] [,2] [,3]
[1,]    1    3    5
[2,]    2    4    6

> length(unnamedList)                      # 该列表中的元素数量
[1] 2
```

```
> names(unnamedList)                     # 没有元素名
NULL
```

我们可以用单括号访问列表的子集，用双方括号引用列表的元素：

```
> unnamedList[1]                         # 访问列表的子集
[[1]]
 [1] 5 7 8 2 4 3 9 0 1 2
```

```
> unnamedList[[1]]                       # 引用第一个元素
 [1] 5 7 8 2 4 3 9 0 1 2
```

```
> unnamedList[[3]] <- 1:5                # 添加一个新元素
```

```
> unnamedList
[[1]]
 [1] 5 7 8 2 4 3 9 0 1 2

[[2]]
     [,1] [,2] [,3]
[1,]    1    3    5
[2,]    2    4    6

[[3]]
[1] 1 2 3 4 5
```

### 2. 具名元素概览

我们来看一个类似的例子，使用内含具名元素的列表。首先，创建一个列表，并查看该列表的属性：

```
> namedList <- list(VEC = aVector, MAT = aMatrix)   # 创建内含具名元素的列表
```

```
> namedList                              # 打印该列表
$VEC
 [1] 5 7 8 2 4 3 9 0 1 2

$MAT
     [,1] [,2] [,3]
[1,]    1    3    5
[2,]    2    4    6
```

```
> length(namedList)                      # 该列表中元素的数量
[1] 2
```

```
> names(namedList)                       # 元素的名称
[1] "VEC" "MAT"
```

可以通过单方括号访问列表的子集，或者通过$符号直接引用列表中的元素：

```
> namedList[1]                           # 访问列表的子集
$VEC
 [1] 5 7 8 2 4 3 9 0 1 2
```

```
> namedList$VEC                          # 引用列表的第一个元素
 [1] 5 7 8 2 4 3 9 0 1 2

> namedList$NEW <- 1:5                    # 添加一个新的元素

> namedList
$VEC
 [1] 5 7 8 2 4 3 9 0 1 2

$MAT
     [,1] [,2] [,3]
[1,]    1    3    5
[2,]    2    4    6

$NEW
[1] 1 2 3 4 5
```

## 4.2.12  为何要学习列表

熟悉并理解列表有助于在 R 中完成许多出色的任务。接下来，我们将通过两个依赖列表结构的例子来说明。注意，本节所用的语法在后面章节中才会讲到，在这里让大家先睹为快。

### 1. 灵活的模拟

假设我们要模拟若干极值（例如，每天的较大经济损失或者在药物试验中每位病人就某项测量得出的特别高的值），每次迭代都模拟出任意数量且服从某一给定分布的值。

列表可以提供一个灵活的结构，储存所有模拟出来的数据。考虑下面的代码示例：

```
> nExtremes <- rpois(100, 3)     # 模拟服从泊松分布的大量每日极值

> nExtremes[1:5]                  # 前 5 个数
[1] 0 3 5 7 3

> # 定义模拟"N"极值的函数
> exFun <- function(N) round(rweibull(N, shape = 5, scale = 1000))
> extremeValues <- lapply(nExtremes, exFun)      # 用该函数处理模拟出来的数

> extremeValues[1:5]              # 前 5 个模拟输出
[[1]]
numeric(0)


[[2]]
[1] 1305 948 1077


[[3]]
[1] 676 516 865 614 970


[[4]]
[1] 618 1217 818 1173 1205 1105 519
```

```
[[5]]
[1] 1026 933 657
```

从这个示例中可以发现，第一次生成的模拟输出没有"极值"，输出的结果是一个空的数值型向量（由 numeric(0) 表示）。由此可见，"未命名"元素的列表不影响数据储存的结构：

➤ 空向量（表明特定日子没有"极值"）。

➤ 大型向量储存许多模拟输出（模拟有"极值"出现的那些天）

鉴于这些信息被储存在列表中，可以用 median() 函数算出平均每天极值出现的次数和极值的平均值：

```
> median(sapply(extremeValues, length))      # 模拟出极值的平均次数
[1] 3
> median(sapply(extremeValues, sum))          # 平均极值
[1] 2634
```

**Did you Know?**

> **提示：应用族函数**
>
> 在上面的示例中，使用了诸如 lappy() 和 sapply() 这样的函数。lappy() 函数用于把指定函数应用于列表的每一个元素，sapply() 函数执行与 lappy() 函数相同的任务，但是简化了输出。我们将在第9章详述这些应用族函数。

### 2. 提取具名元素列表中的数据

在 R 中，大部分对象基本上都是列表。我们直接用 t.test() 帮助文件中的例子，使用 t.test() 函数执行一个简单的 T 检验：

```
> theTest <- t.test(1:10, y = c(7:20))       # 执行一个 T 检验
> theTest                                     # 打印输出


        Welch Two Sample t-test

data: 1:10 and c(7:20)
t = -5.4349, df = 21.982, p-value = 1.855e-05
alternative hypothesis: true difference in means is not equal to 0
95 percent confidence interval:
 -11.052802  -4.947198
sample estimates:
mean of x mean of y
     5.5      13.5
```

该例打印出来的是格式化好的文本摘要，告诉我们 T 检验的重要信息。但是，如果我们以后要使用该输出中的一个元素怎么办（例如，p 值）？查看该函数的帮助文件，其返回值的描述如下。

**Value**（值）

内含 htest 类数据的列表，由以下部分组成。

➤ **statistic**：t 统计量的值。

➤ **parameter**：t 统计量的自由度。

> ➢ **p.value**：检验的 p 值。

> ➢ **conf.int**：与指定的备择假设相符的平均值的置信区间。

> ➢ **estimate**：估计的平均值或平均差，取决于是单样本检验还是双样本检验。

> ➢ **null.value**：指定假设的平均值或平均差，取决于是单样本还是双样本检验。

> ➢ **alternative**：描述备择假设的字符串。

> ➢ **method**：指明执行 t 检验类型的字符串。

> ➢ **data.name**：给出数据名称的字符串。

这里关键要注意，返回的对象是一个列表。鉴于输出是列表，我们可以用 names() 函数查询列表的具名元素，发现输出的结果与帮助文件中描述的元素相匹配：

```
> names(theTest)          # 列表元素的名称
[1] "statistic"    "parameter"    "p.value"  "conf.int"  "estimate"
[6] "null.value"   "alternative"  "method"   "data.name"
```

考虑到这是有具名元素的列表，既然已经知道了各元素的名称，那么就可以使用$符号直接引用所需的信息：

```
> theTest$p.value          # 引用 p 值
[1] 1.855282e-05
```

使用这种方法，可以引用 R 输出中的不同元素。

---

**注意：打印方法**

**By the Way**

在上面的示例中，我们创建了一个复数对象（从根本上说，是一个有具名元素的列表），并以简洁的格式打印如下：

```
> theTest                    # 打印输出

        Welch Two Sample t-test

data: 1:10 and c(7:20)
t = -5.4349, df = 21.982, p-value = 1.855e-05
alternative hypothesis: true difference in means is not equal to 0
95 percent confidence interval:
 -11.052802 -4.947198
sample estimates:
mean of x mean of y
     5.5       13.5
```

这种简洁的输出格式由 t.test() 中与输出相关联的打印"方法"生成。如果对"原生的"底层结构感兴趣，则可以使用 print.default() 函数。上面的简洁格式是基于下面的结构：

```
> print.default(theTest)
$statistic
       t
-5.43493

$parameter
    df
```

```
21.98221

$p.value
[1] 1.855282e-05
...
```

## 4.3 数据框

上一节介绍的"列表"结构可用于存储一组任何模式的对象。与许多其他 R 对象类似，数据框是一种内含具名元素的列表。然而，数据框在具名元素列表结构的基础上还增加了许多限制。特别是，数据框规定具名元素列表只能储存长度相同的向量。

### 4.3.1 创建数据框

创建数据框要用 data.frame()函数，通过给该函数指定一组具名向量的方式创建一个数据框。比如，创建一个储存纽约未来 5 天的气温预报数据框：

```
> weather <- data.frame(                        # 创建一个数据库
+   Day   = c("Saturday", "Sunday", "Monday", "Tuesday", "Wednesday"),
+   Date  = c("Jul 4", "Jul 5", "Jul 6", "Jul 7", "Jul 8"),
+   TempF = c(75, 86, 83, 83, 87)
+ )
> weather                                        # 打印该数据框
        Day   Date  TempF
1   Saturday  Jul 4    75
2     Sunday  Jul 5    86
3     Monday  Jul 6    83
4    Tuesday  Jul 7    83
5  Wednesday  Jul 8    87
```

**By the Way**

> **注意：打印方法**
>
> 如前所述，该对象中的数据能被整齐地打印出来，是因为有数据框的打印"方法"。通过 print.default()函数查看数据框的原生结构，再次肯定了数据框实际上就是内含具名向量的列表。
>
> ```
> > print.default(weather)
> $Day
> [1] Saturday    Sunday    Monday    Tuesday    Wednesday
> Levels: Monday Saturday Sunday Tuesday Wednesday
>
> $Date
> [1] Jul 4 Jul 5 Jul 6 Jul 7 Jul 8
> Levels: Jul 4 Jul 5 Jul 6 Jul 7 Jul 8
>
> $TempF
> [1] 75 86 83 83 87
>
> attr(,"class")
> [1] "data.frame"
> ```

> **警告：向量长度不匹配**
>
> 如果用长度不同的向量来创建数据框，则 R 将抛出一条错误消息：
>
> ```
> > data.frame(X = 1:5, Y = 1:2)
> Error in data.frame(X = 1:5, Y = 1:2) :
>    arguments imply differing number of rows: 5, 2
> ```
>
> *Watch Out!*

### 4.3.2 查询数据框的属性

因为数据框实际上就是内含具名元素的列表，所以可用查询列表属性的方式查询数据框。

➢ length()函数返回列表中的元素数量（也就是列数）。

➢ names()函数返回元素（列）名。

下面的示例演示了这些函数的用法：

```
> length(weather)        # 列数
[1] 3
> names(weather)         # 列名
[1] "Day"  "Date"  "TempF"
```

### 4.3.3 选取数据框的列

像列表一样，我们可以用双方括号或$符号引用数据框中的单个数据（向量）：

```
> weather                        # 整个数据框
        Day   Date  TempF
1   Saturday  Jul 4    75
2     Sunday  Jul 5    86
3     Monday  Jul 6    83
4    Tuesday  Jul 7    83
5  Wednesday  Jul 8    87

> weather[[3]]                   # 数据框中的"第 3"列
[1] 75 86 83 83 87
> weather$TempF                  # 数据框中的"TempF"列
[1] 75 86 83 83 87
```

### 4.3.4 添加数据框的列

既然可以用这种方式引用数据框中的列，那么也可以用这种方式在数据框中添加新的一列。比如，在气温预报数据框中添加一列以摄氏度为单位的温度数据，名为 TempC：

```
> weather$TempC <- round( (weather$TempF - 32) * 5/9 )
> weather
        Day   Date  TempF  TempC
1   Saturday  Jul 4    75     24
2     Sunday  Jul 5    86     30
```

```
3    Monday  Jul 6     83     28
4    Tuesday Jul 7     83     28
5   Wednesday Jul 8    87     31
```

## 4.3.5  索引数据框的列

因为数据框中的每一列都是向量，所以可以用第 3 章介绍的方法，通过方括号用下标访问数据框中的列：

数据框$列名 [ 输入要返回的指定子集 ]

根据上一章所学的内容，可以在方括号中传入空格、正整数、负整数或逻辑值输入。值得注意的是，字符输入不能用于引用数据框中的列，因为列中的元素与元素名不相关。

### 1. 空格、正整数和负整数下标

以 weather 数据框为例，如下所示，如果在方括号中使用空格，将返回指定向量中的所有值：

```
> weather
          Day   Date  TempF   TempC
1   Saturday  Jul 4    75      24
2     Sunday  Jul 5    86      30
3     Monday  Jul 6    83      28
4    Tuesday  Jul 7    83      28
5  Wednesday  Jul 8    87      31

> weather$TempF [ ]              # TempF 列的所有值
[1] 75 86 83 83 87
```

如果在方括号中使用正整数的向量，则返回列（向量）中的指定元素：

```
> weather$TempF [ 1:3 ]          # TempF 列中的前 3 个值
[1] 75 86 83
```

如果在方括号中使用负整数的向量，则返回列（向量）中除指定元素以外的元素：

```
> weather$TempF [ -(1:3) ]       # 忽略 TempF 列中的前 3 个值（只返回后两个值）
[1] 83 87
```

### 2. 逻辑值下标

在方括号中用逻辑值的向量来进行索引，将只返回与 TRUE 值相对应的元素。代码如下所示：

```
> weather$TempF
[1] 75 86 83 83 87
> weather$TempF [ c(F, T, F, F, T) ]          # 逻辑值下标
[1] 86 87
```

当然，通常是用与单个向量相关的逻辑语句生成逻辑型向量。比如，下面的语句将返回所有大于 85 的 TempF 值：

```
> weather$TempF [ weather$TempF > 85 ]          # 逻辑值下标
[1] 86 87
```

另外，用这种方法还能通过逻辑语句引用数据框的列（因为数据框中所有列的长度都相同）：

```
> weather$Day [ weather$TempF > 85 ]          # 逻辑值下标
[1] Sunday    Wednesday
Levels: Monday Saturday Sunday Tuesday Wednesday
```

---

**注意：因子水平**

　　在上面的示例中，我们可以看到预测温度大于 85°F 的是星期天和星期三。然而，这次的输出有两个地方不一样：

　　➤　返回值（Sunday 和 Wednesday）没有用引号括起来。

　　➤　在输出中添加了一行 "Levels" 信息。

　　生成这种输出的原因是，用字符列（字符型向量）创建一个数据框时，这些列被转换成了 "因子"，这是一种 "类别" 列。数据框包含字符型向量时，这些向量将被自动转换为类别列。我们将在第 5 章中介绍与因子相关的内容。

---

## 4.3.6　作为矩阵引用

　　虽然把数据框看作是内含具名元素的列表结构，但是它的矩形输出却更像我们之前介绍的矩阵。就此而言，也可以把数据框当作矩阵来引用。

### 1．矩阵维度

　　既然可以把数据框看作是矩阵，那么就能用 nrow() 函数和 ncol() 函数来返回行数和列数：

```
> nrow(weather)          # 行数
[1] 5
> ncol(weather)          # 列数
[1] 4
```

### 2．作为矩阵进行索引

　　在第 3 章中，我们介绍了用方括号和两个输出（一个表示行，一个表示列）来索引矩阵。当然，也可以用相同的方法索引数据框。同样，可传入的输入有 5 种：

　　数据框 [ 待返回的行 ，待返回的列]

### 3．空格、正整数和负整数

　　如果在方括号中使用空格，则返回数据框所有的行和列：

```
> weather[ , ]          # 空格,空格
        Day    Date TempF TempC
1  Saturday Jul 4    75    24
2    Sunday Jul 5    86    30
3    Monday Jul 6    83    28
4   Tuesday Jul 7    83    28
5 Wednesday Jul 8    87    31
```

如果传入正整数的向量，则可用于作为待返回行和列的下标。下面这个例子使用正整数下标，返回了数据框的前4行和前3列：

```
> weather[ 1:4, 1:3 ]          # 正整数，正整数
       Day   Date TempF
1 Saturday  Jul 4    75
2   Sunday  Jul 5    86
3   Monday  Jul 6    83
4  Tuesday  Jul 7    83
```

使用负整数的向量，表示在返回的结构中需要忽略的行和列，代码如下所示：

```
> weather[ -1, -3 ]            # 负整数，负整数
        Day   Date TempC
2    Sunday  Jul 5    30
3    Monday  Jul 6    28
4   Tuesday  Jul 7    28
5 Wednesday  Jul 8    31
```

上面的示例中，在方括号中使用了相同的类型表示行和列。当然，也可以混合使用输入类型。我们用相同的例子来说明，选取数据框前4行所有的列：

```
> weather[ 1:4, ]              # 正整数，空格
       Day   Date TempF TempC
1 Saturday  Jul 4    75    24
2   Sunday  Jul 5    86    30
3   Monday  Jul 6    83    28
4  Tuesday  Jul 7    83    28
```

### 4. 逻辑值下标

逻辑值下标可用来引用数据框中待返回的特定行。要执行这个任务，需要为数据框的每一行都提供一个逻辑值：

```
> weather                                    # 原始数据
        Day   Date TempF TempC
1  Saturday  Jul 4    75    24
2    Sunday  Jul 5    86    30
3    Monday  Jul 6    83    28
4   Tuesday  Jul 7    83    28
5 Wednesday  Jul 8    87    31
```

```
> weather[ c(F, T, F, F, T), ]               # 逻辑值，空格
        Day   Date TempF TempC
2    Sunday  Jul 5    86    30
5 Wednesday  Jul 8    87    31
```

其实，更常用的方法是，对数据框中的列（向量）应用逻辑语句，生成逻辑向量：

```
> weather[ weather$TempF > 85, ]             # 逻辑值，空格
        Day   Date TempF TempC
2    Sunday  Jul 5    86    30
5 Wednesday  Jul 8    87    31
```

```
> weather[ weather$Day != "Sunday", ]          # 逻辑值，空格
          Day    Date  TempF  TempC
1   Saturday  Jul 4     75     24
3     Monday  Jul 6     83     28
4    Tuesday  Jul 7     83     28
5  Wednesday  Jul 8     87     31
```

**5. 字符下标**

我们经常使用字符串向量来指定需要返回的列。虽然数据框有"行名"，但是一般不用字符串引用行。下面的示例中选取数据框中的 Day 和 TempC 列，筛选返回气温大于 85°F 的行：

```
> weather[ weather$TempF > 85, c("Day", "TempC") ]          # 逻辑值，字符
          Day  TempC
2     Sunday    30
5  Wednesday    31
```

## 4.3.7  索引数据框总结

我们把用下标选取数据框子集的关键语法总结一下。特别是，考虑下面的代码：

```
> weather$Day [ weather$TempF > 85 ]                    # TempF > 85 的那些天
[1] Sunday         Wednesday
Levels: Monday Saturday Sunday Tuesday Wednesday

> weather[ weather$TempF > 85, ]                        # TempF > 85 的那些天
          Day    Date  TempF  TempC
2     Sunday  Jul 5     86     30
5  Wednesday  Jul 8     87     31

> weather[ weather$TempF > 85, c("Day", "TempC") ]   # TempF > 85 的两列
          Day  TempF
2     Sunday    86
5  Wednesday    87
```

第 1 个示例通过下标访问 weather$Day。这是一个向量，所以我们提供一个简单的输入（本例中是逻辑型向量），返回与 TempF 列中大于 85 相应的 Day 列的两个值。

第 2 个示例中从整个天气预报数据集中引用了数据。因此，提供了两个下标（一个表示行，一个表示列）。在本示例中，使用了一个逻辑型向量表示行，一个空格表示列，返回 TempF 大于 85 的两行的所有列。注意对比这两个示例中逗号的用法，第 1 个示例是从向量中（数据框中的 Day 列）引用数据，第 2 个示例是从整个数据框中引用数据。

第 3 个示例是第 2 个示例的延伸，用一个字符向量表示列，只选取 TempF 列大于 85 的两行中的 Day 列和 TempF 列。

## 4.4  探索数据

本节简要地介绍一些如何操控数据框完成一些简单的功能，有助于读者快速理解储存在数据框中的数据。

### 4.4.1　数据的顶部和底部

head()函数返回数据的前几行。如果有一个大型数据框，想先了解一下该数据框的具体结构，那么这个函数特别有用。head()函数接受任意数据框，并（默认）返回前 6 行。我们以内置的 iris 数据框为例（欲了解更多信息，请用?iris命令打开 iris 数据框的帮助文件）：

```
> nrow(iris)        # iris 中的行数
[1] 150
> head(iris)        # 只返回前 6 行
  Sepal.Length Sepal.Width Petal.Length Petal.Width Species
1          5.1         3.5          1.4         0.2  setosa
2          4.9         3.0          1.4         0.2  setosa
3          4.7         3.2          1.3         0.2  setosa
4          4.6         3.1          1.5         0.2  setosa
5          5.0         3.6          1.4         0.2  setosa
6          5.4         3.9          1.7         0.4  setosa
```

看到输出后，我们马上就对 iris 中的数据结构心里有数了。iris 数据框中有 5 列数据，其列名分别是 Sepal.Length、Sepal.Width、Petal.Length、Petal.Width 和 Species。除了 Species 列是字符（或“因子”，之前简单提到过），其他列看上去都是数值。

head()函数的第 2 个参数是待返回的行数。因此，我们可以指定查看多少行（更多或者更少）：

```
> head(iris, 2)        # 只返回前 2 行
  Sepal.Length Sepal.Width Petal.Length Petal.Width Species
1          5.1         3.5          1.4         0.2  setosa
2          4.9         3.0          1.4         0.2  setosa
```

如果想查看最后几行，可以使用 tail()函数。该函数和 head()函数的工作原理相同，以数据框作为第 1 个输入参数，以待返回的行数作为第 2 个输入参数（可选）：

```
> tail(iris)        # 只返回最后 6 行
    Sepal.Length Sepal.Width Petal.Length Petal.Width   Species
145          6.7         3.3          5.7         2.5 virginica
146          6.7         3.0          5.2         2.3 virginica
147          6.3         2.5          5.0         1.9 virginica
148          6.5         3.0          5.2         2.0 virginica
149          6.2         3.4          5.4         2.3 virginica
150          5.9         3.0          5.1         1.8 virginica
> tail(iris, 2)        # 只返回最后 2 行
    Sepal.Length Sepal.Width Petal.Length Petal.Width   Species
149          6.2         3.4          5.4         2.3 virginica
150          5.9         3.0          5.1         1.8 virginica
```

### 4.4.2　数据视图

如果使用 RStudio 界面，可以使用 View()函数以栅格视图的形式打开数据。这个特性在 RStudio 中的变化很快，所以读者实际看到的可能比本书截图出来的内容更丰富（本书采用的

RStudio 版本是 0.99.441），如图 4.1 所示。

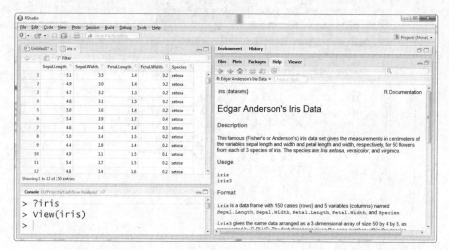

图 4.1

iris 数据集在RStudio
中的数据栅格视图

在 RStudio 中使用 View() 函数，将以栅格视图的形式打开数据：

> View(iris)      # 以数据栅格视图打开 iris 数据

这个窗口可以让用户滚动查看数据，并显示正在查看数据的范围（例如，在图 4.1 中，数据栅格视图窗口的底部左边显示，正在查看的 150 项中的 1~12 项）。

读者可以在搜索框（该窗口顶部右侧）中输入搜索整个数据集的搜索条件，根据搜索项的部分匹配交互式地筛选数据。为了便于读者理解，我们在搜索框中输入 4.5，其结果如图 4.2 所示。

图 4.2

使用数据栅格视图
中的搜索框

| | Sepal.Length | Sepal.Width | Petal.Length | Petal.Width | Species |
|---|---|---|---|---|---|
| 42 | 4.5 | 2.3 | 1.3 | 0.3 | setosa |
| 52 | 6.4 | 3.2 | 4.5 | 1.5 | versicolor |
| 56 | 5.7 | 2.8 | 4.5 | 1.3 | versicolor |
| 67 | 5.6 | 3.0 | 4.5 | 1.5 | versicolor |
| 69 | 6.2 | 2.2 | 4.5 | 1.5 | versicolor |
| 79 | 6.0 | 2.9 | 4.5 | 1.5 | versicolor |
| 85 | 5.4 | 3.0 | 4.5 | 1.5 | versicolor |
| 86 | 6.0 | 3.4 | 4.5 | 1.6 | versicolor |
| 107 | 4.9 | 2.5 | 4.5 | 1.7 | virginica |

如果单击数据栅格视图窗口顶部的 "Filter"（筛选）图标，每一项列名下面都会出现了一个筛选框，可以通过更简单的方式交互地索引数据框中的子集数据。接下来，就实际使用一下这个筛选特性。单击 Sepal.Length 下方的筛选框选择大于 5.5，并在 Species 筛选框中选择 "setosa"，得到的输出如图 4.3 所示。

图 4.3

在数据栅格视图中
筛选数据

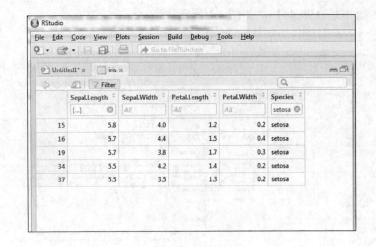

### 4.4.3 汇总数据

summary()函数可用于生成一系列统计汇总输出，概括分析我们的数据。summary()函数接受一个数据框作为参数，生成一份文本汇总（按列显示数据）：

```
> summary(iris)          # 生成一份文本汇总
   Sepal.Length       Sepal.Width        Petal.Length      Petal.Width            Species
 Min.    :4.300    Min.    :2.000    Min.    :1.000    Min.    :0.100   setosa    :50
 1st Qu. :5.100    1st Qu. :2.800    1st Qu. :1.600    1st Qu. :0.300   versicolor:50
 Median  :5.800    Median  :3.000    Median  :4.350    Median  :1.300   virginica :50
 Mean    :5.843    Mean    :3.057    Mean    :3.758    Mean    :1.199
 3rd Qu. :6.400    3rd Qu. :3.300    3rd Qu. :5.100    3rd Qu. :1.800
 Max.    :7.900    Max.    :4.400    Max.    :6.900    Max.    :2.500
```

注意，生成的汇总数据和每一列的类型相匹配（统计汇总为数值列，频率计数为因子列）

### 4.4.4 可视化数据

本书将介绍大量用于创建复杂图形输出的函数。现在，先来看一个能把 iris 数据框直接可视化的简单函数。

pairs()函数可用于为数据框创建一个散点矩阵图：

```
 > pairs(iris)           # iris 的散点图矩阵
```

生成的输出如图 4.4 所示，数据中的每一个变量都与另外一个变量绘制成一个点。例如，右上角的图形是由 Sepal.Length（y 轴）与 Species（x 轴）绘制而成。

从图中，我们能快速了解数据的大量特征。

➢ 数据框有 5 列，其列名显示在左上到右下方向的对角线小图中。

➢ Species 列是因子列，其余列都是数值列。

➢ 表格右侧是数值变量与 Species 的关系图，注意到数值数据看上去在 Species 的每一水平上都有所变化。

➤ `Petal.Length` 列和 `Petal.Width` 列看上去与高度相关。

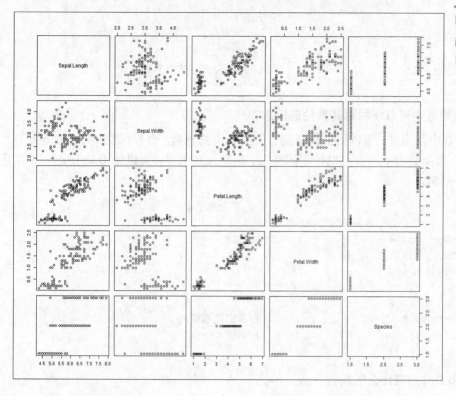

图 4.4

iris 数据框的散点图矩阵

## 4.5 本章小结

本章，我们着重讲解了两个用于储存"多模式"数据（即能储存多种数据类型）的结构。首先介绍了列表，可以储存任何数量不同模式的对象；然后，介绍了数据框，将其作为特殊"类型"的列表来讲解，它可以很好地储存矩形数据集。

虽然列表是一种功能强大的结构，但是把数据导入 R 时（第 10 章将介绍相关内容），这些数据是以数据框的形式储存的。因此，要对操作这种结构特别熟悉，多练习用方括号和$符号索引数据框的相关语法，这是用 R 语言解决问题要具备的基本技能。

## 4.6 本章答疑

**问：是否能创建嵌套列表？**

**答：**可以。因为列表能储存任何类型的对象，列表可以储存其他列表。代码如下所示：

```
> nestedList <- list(A = 1, B = list(C = 3, D = 4))     # 创建一个嵌套列表
> nestedList                                            # 打印该嵌套列表
$A
[1] 1

$B
$B$C
```

```
[1] 3

$B$D
[1] 4

> nestedList$B$C                              # 提取 B 元素中的 C 元素
[1] 3
```

**问：在双方括号中可以使用哪些其他的输入？**

**答：** 在上一章中介绍过，可以用整数直接引用列表中的元素。查看帮助文件（输入?"[["
打开帮助文件），里面列出了所有可以使用的输入。值得注意的是，可以使用单个字符串引用
列。下面是一个示例：

```
> weather                             # 整个数据集
        Day     Date   TempF   TempC
1  Saturday    Jul 4      75      24
2    Sunday    Jul 5      86      30
3    Monday    Jul 6      83      28
4   Tuesday    Jul 7      83      28
5 Wednesday    Jul 8      87      31
> col <- "TempC"                      # 我们选取的列
> weather[[col]]                      # 返回 TempC 列
[1] 24 30 28 28 31
```

**问：DF[ ]和 DF[ , ]有什么区别？**

**答：** 本章介绍了通过方括号索引数据框中的数据。下面是一个示例：

```
> weather [ , c("Day", "TempC") ]              # 所有行，两列
        Day  TempC
1  Saturday     24
2    Sunday     30
3    Monday     28
4   Tuesday     28
5 Wednesday     31
```

在上面的示例中，给数据框提供了两个下标：第一个是空格，表示返回的行（即返回所
有行）；第二个是一个字符向量，表示返回的列。两个下标由逗号分隔，如果去掉逗号，也会
返回相同的结果：

```
> weather [ c("Day", "TempC") ]              # 两个向量元素
        Day  TempC
1  Saturday     24
2    Sunday     30
3    Monday     28
4   Tuesday     28
5 Wednesday     31
```

这是因为数据框实际上是一个具名向量列表。在这种情况下，我们创建的是内含两列指
定列的"子列表"。

**问：为什么选取单一列时，返回的是一个向量？**

**答**：以方括号的方式选取单独一列时，实际上是以向量形式返回：

```
> weather [ , c("Day", "TempC") ]              # 两列（返回一个数据框）
        Day  TempC
1  Saturday    24
2    Sunday    30
3    Monday    28
4   Tuesday    28
5 Wednesday    31
> weather [ , "TempC" ]                         # 一列（返回一个向量）
[1] 24 30 28 28 31
```

在这种情况下，最后一行代码（weather [ , "TempC" ]）相当于 weather$TempC。当选取单独一列数据时，R 以类似第 3 章中介绍的矩阵降维的方式简化输出。如果一定要保持原来的纬度结构，则要在方括号中使用 drop 参数。代码如下所示：

```
> weather [ , "TempC", drop = F ]              # 一列（保持维度）
  TempC
1    24
2    30
3    28
4    28
5    31
```

如上输出所示，drop = F 使得输出保持了原来的结构，返回了一个 5×1 的数据框。

# 4.7　课后研习

课后研习包含"随堂测验"和"答案"两部分，旨在帮助读者巩固本章所学知识。请读者先尝试回答"随堂测验"中的所有问题，再看后面的"答案"。

**随堂测验：**

1. 什么是"列表"对象？

2. 如何引用列表中的元素？

3. 什么是列表的"模式"？

4. 列表和数据框有何区别？

5. 写出返回数据框行数的两种方法。

6. 如果运行下面的代码，则 result1 和 result2 输出的内容和结构分别是什么？

```
> myDf <- data.frame(X = -2:2, Y = 1:5)
> result1 <- myDf$Y [ myDf$X > 0 ]
> result2 <- myDf [ myDf$X > 0, ]
```

7. head()函数和 tail()函数的区别是什么？

**答案：**

1. "列表"是一种简单的 R 结构，可以保存任何"类"任意数量的对象。

2. 可以使用"双方括号"的方式引用列表的元素。通常，要提供想从列表返回的元素下标（例如，`myList[[2]]`表示要返回第 2 个元素）。如果列表有元素名，可以用另一种方法，即美元符号（`$`），指定列表元素的名称（例如，`myList$X` 返回 `myList` 的 X 元素）。

3. 因为列表是"多模式"对象，它没有确切的"模式"。如果查询一个列表的模式，则返回的是"列表"。

4. 列表可以保存任何类任意数量的对象，它的元素既可以是有名称的，也可以是没有名称的。数据框是"有元素名称"的列表，而且对所存的对象有限制，只能保存长度相同的向量。打印数据框时，它会用特定的方法以格式化的形式打印数据。

5. 一种方法是，用 `length()` 函数返回数据框的列数，因为返回的相当于是底层"列表"结构中向量元素的数量。既然可以把数据框视为矩阵，那么另一种方法是，可以用 `ncol()` 函数得到相同的结果。

6. `result1` 对象输出的是向量，内含 X 列大于 0 的行中 Y 列的值（即内含 4 和 5 这两个值的向量）；`result2` 对象输出的是数据框，内含两行，X 列大于 0 的行（所以是原始数据框中的 4 和 5 行）。

7. `head()` 函数（默认）返回数据框的前 6 行；`tail()` 函数（默认）返回数据框的后 6 行。

## 4.8　补充练习

1. 创建一个内含 3 个具名元素的列表。一个元素是内含 10 个值的数值型向量（名为 X）；一个元素是内含 10 个字符串的字符型向量（名为 Y）；一个元素是内含 1 至 10 的序列值（名为 Z）。用该列表：

   ➢ 打印元素的数量和元素名；

   ➢ 选取 X 元素；

   ➢ 选取 Y 元素；

   ➢ 选取 X 元素中大于 X 中位数的值；

   ➢ 选取与 X 元素中大于 X 中位数的值相对应的 Y 元素的值。

2. 调整你的代码，创建一个数据框，其中包含 3 列（X 列，内含 10 个元素的数值型向量；Y 列，内含 10 个元素的字符列；Z 列，内含 1~10 的整数）。使用该结构：

   ➢ 打印列数和列名；

   ➢ 选取 X 列；

   ➢ 选取 Y 列；

   ➢ 选取 X 列中大于 X 中位数的值；

   ➢ 选取与 X 中大于 X 中位数的值相对应的 Y 列的值。

3. 访问刚创建的数据框的子集：

   ➢ 选取 Z 大于 5 的所有行；

   ➢ 选取 Z 大于 3 且 X 大于 X 中位数的所有行；

> ➢ 只选取数据框中 Z 大于 5 的 X 列和 Z 列。

4. 打印内置 mtcars 数据框。查看 mtcars 的帮助文件，了解该数据框的来源。使用该数据框：

> ➢ 只打印前 5 行；
>
> ➢ 打印后 5 行；
>
> ➢ 该数据框中有多少行，多少列；
>
> ➢ 在 RStudio 中以数据栅格视图的形式查看该数据框（如果用 RStudio 的话）；
>
> ➢ 打印数据框中的 mpg 列；
>
> ➢ 打印数据框中 cyl 列是 6 的 mpg 列；
>
> ➢ 打印 cyl 为 6 的所有行；
>
> ➢ 在 mpg 大于 25 的所有行中，只打印 mpg 列 cyl 列；
>
> ➢ 创建数据的散点图矩阵；
>
> ➢ 只用数据框的前 6 列创建数据的散点图矩阵。

# 第5章

# 日期、时间和因子

**本章要点：**

- ➢ 如何创建日期对象
- ➢ 如何创建时间对象
- ➢ 如何操控数据和时间对象
- ➢ 什么是因子，如何创建因子
- ➢ 如何管理因子

本章我们来学习 R 中分别处理日期、时间和分类数据的其他特殊数据类型。

## 5.1 处理日期和时间

本节，我们学习如何把日期数据和时间数据转换为可以在 R 中识别和操控的格式。

### 5.1.1 创建日期对象

在 R 中，用 as.Date() 函数创建日期对象。我们可以用该函数创建日期向量，用第 3 章介绍的方法索引其中的数据。通常，与日期相关的数据都是字符串的格式，format 参数可用于把数据转换成指定为字符串中的数据结构。请看下面的代码示例：

```
> myDates <- c("2015-06-21", "2015-09-11", "2015-12-31")
> myDates <- as.Date(myDates, format = "%Y-%m-%d")
> myDates
[1] "2015-06-21" "2015-09-11" "2015-12-31"
> myDates[2:3]
[1] "2015-09-11" "2015-12-31"
```

```
class(myDates)
[1] "Date"
```

如上代码所示，创建了一个特殊的 Date 类型对象。把输出打印到屏幕上，可以看到输出的格式是年-月-日。这是 R 显示日期数据的标准格式。实际上，R 已经创建了一个对象，用整数表示从 1970 年 1 月 1 日起的每一天：

```
> as.numeric(myDates)
[1] 16607 16689 16800
```

> **提示：数据格式**
>
> 在上面的示例中，用 format 参数作为 as.Date() 的参数。该参数用于指定日期字符串的初始格式。欲详细了解 format 参数的说明，请查看 strptime() 函数的帮助文件。

*Did you Know?*

上面的示例中，给 as.Date() 函数传入的是一个字符型向量。如果给 as.Date() 函数传入一个数值，则还要指定一个开始计算的日期起始点。例如，如果要把 Microsoft Excel 生成的日期数据传过来，那么开始计算的日期就是 1900 年 1 月 1 日。必须要告诉 R 开始进行计算的最初日期。下面是一个示例：

```
> as.Date(42174, origin = "1900-01-01")
[1] "2015-06-21"
```

如果日期数据是数值格式（如 20150621），怎么办？这种情况下，首先要把数据转换成字符串，然后按照上面的示例，通过 format 参数指定数据的结构，将其转换成一个数据：

```
> myDates <- c(20150621, 20150911, 20151231)
> myDates <- as.character(myDates)
> myDates <- as.Date(myDates, format = "%Y%m%d")
> myDates
[1] "2015-06-21" "2015-09-11" "2015-12-31"
```

稍后，我们马上介绍如何操控和使用这些类型的对象。

## 5.1.2　创建包含时间的对象

如果有些数据中包含时间，就需要用不同类的对象把这些额外信息进行合并。这里，我们要用 "POSIXct" 和 "POSIXlt" 对象来储存数据。这两个类非常相似，虽然 POSIXct 对象更适合在数据框中储存数据，但是 POSIXlt 对象的格式更方便阅读。

用于创建这两个对象的函数分别是 as.POSIXct() 和 as.POSIXlt()。它们的工作原理和前面的 as.Date() 函数相同，所以这里以 as.POSIXct() 函数为例进行介绍：

```
> myTimes <- c("2015-06-21 14:22:00", "2015-09-11 10:23:32", "2015-12-31 23:59:59")
> myTimes <- as.POSIXct(myTimes, format = "%Y-%m-%d %H:%M:%S")
> myTimes
[1] "2015-06-21 14:22:00 BST" "2015-09-11 10:23:32 BST" "2015-12-31 23:59:59
   GMT"
```

```
> class(myTimes)
[1] "POSIXct" "POSIXt"
```

> **注意：时区**
>
> By the Way
>
> 读者应该注意到，上面的示例已经把日期和时间转化为英国夏令时和格林威治标准时间。POSIX 函数默认使用当前机器的本地时间，而且考虑了夏令时。但是，也可以用 tz 参数来控制时区。例如：
>
> as.POSIXct(myTimes, format = "%Y-%m-%d %H:%M:%S", tz = "US/Pacific")
>
> 欲详细了解如何定义时区，请查看 "timezones" 的帮助页面。

日期和时间都被储存为整数值，这个值是从世界协调时（UTC）的开始（1970 年 1 月 1 日，00:00:00）所经过的秒数。

### 5.1.3 操控日期和时间

只要把日期和时间转换为 R 格式，就可以这样做：

```
> myDates + 1
[1] "2015-06-22" "2015-09-12" "2016-01-01"
```

由于日期数据被储存为数值，这样做相当于加 1 天（或者，如果是 POSIX 对象，则增加 1 秒）。如果要添加其他数量的时间，会用到 lubridate 包，我们将在下一节中介绍。

许多函数都能提取诸如工作日、月份和季度等信息：

```
> weekdays(myDates)
[1] "Sunday"  "Friday"   "Thursday"
> months(myDates)
[1] "June"     "September" "December"
> quarters(myDates)
[1] "Q2" "Q3" "Q4"
```

然而，在处理日期和时间方面，更有用的函数是 diff() 和 difftime()。虽然这两个函数都是找出给定日期和时间的差值，但是它们的工作方式稍有不同。diff() 函数接受一个内含日期-时间的向量，并返回相邻值之间的差值。代码如下所示：

```
> diff(myDates)
Time differences in days
[1] 82  111
```

与此不同的是，difftime() 函数需要两个单独的数据对象，找出两者的差值。如果要找出一系列日期和特定日期的差值，这个函数就特别有用。例如，myDates 到给定向量之间的天数：

```
> difftime(myDates, as.Date("2015-07-04"))
Time differences in days
[1] -13  69  180
```

该函数的一个特性是，可以更改返回差值的单位，所以可以按周、天、小时、分或秒查看差值：

```
> difftime(myDates, as.Date("2015-07-04"), units = "weeks")
Time differences in weeks
[1] -1.857143    9.857143    25.714286
```

---

**提示：日期序列**

seq()函数可用于创建指定单位的日期和时间序列：

```
seq (as.Date("2015-01-01"), as.Date("2015-12-01"), by = "week")
```

该函数将创建从 2015 年 1 月 1 日到 2015 年 12 月 1 日之间按周递增的一组序列。

*Did you Know?*

---

## 5.2 lubridate 包

前面讨论的内容中所用到的函数都是基础包中的函数。除了用在安装 R 时就有的基础包，还可以用许多附加包来处理日期和时间。本节将介绍非常好用的 **lubridate** 包，该包对日期和时间的处理进行了简化，使其在 R 中更易于阅读和操控，特别是在遇到添加时间单元（一个单位的时间）时。该包不是在安装 R 时自动载入的，所以在使用之前要安装和载入它。如果安装过程和载入中有什么疑问，请查阅第 2 章的相关内容。

**lubridate** 包中有许多有用的函数，如 now() 函数返回当前的日期和时间：

```
> now()
```

这相当于 R 基础包中的 Sys.time() 函数。**lubridate** 包中的函数命名对用户比较友好，也就是说函数名都能反映其主要的功能。接下来，我们学习如何利用包中的函数把字符或数值转换成日期格式。**lubridate** 包中主要有 3 个用于转换日期的函数：ymd()函数、mdy()函数和 dmy()函数。这 3 个函数的名称本身就反映了它们各自处理日期的次序，要根据待转换日期的年月日次序选择相应的函数。如待转换的日期是年、月、日的次序，就要用 ymd()函数来处理。代码如下所示：

```
> myDates <- c("2015-06-21", "2015-09-11", "2015-12-31")
> myDates <- ymd(myDates)
> myDates
[1] "2015-06-21 UTC" "2015-09-11 UTC" "2015-12-31 UTC"
```

注意，我们只提供了内含日期的向量，不需要为日期提供分隔符或进行格式化。**lubridate** 包为了让数据更容易阅读，会自动根据调用的函数来决定采用什么格式显示日期。在上面的示例中，以年、月、日的格式显示日期。一般而言，这就没问题了。然而，在混合分隔符的情况下，可能无法确定数据的格式。此时，就会返回一个相应的警告，把这一情况告诉用户。

读者应该还注意到，上面输出的日期是 UTC 时区，即格林威治标准时间。和常用的日期函数一样，用参数 tz 便可在导入数据时更改函数所用的时区。另外，还能用 force_tz()和 with_tz()这两个有用的函数在转换日期的时更改时区。

如果要处理时间，也可以继续用这 3 个函数，只不过要在函数名后面加上 "_hms"，或者直接用 hm() 或 hms() 函数。下面是一个示例：

```
myTimes <- c("14:22:00", "10:23:32", "23:59:59")
myTimes <- hms(myTimes)
myTimes
[1] "14H 22M 0S" "10H 23M 32S" "23H 59M 59S"
```

用这些函数能更方便地处理一些非常规的日期-时间。例如，只能提供日期和小时数，而不是精确到秒的数据。

**lubridate** 包里还有一些其他函数也很好用，如 year() 函数、month() 函数和 day() 函数。这些函数用于给日期-时间指定一个时间段，如 2 秒或 3 个月：

```
newYearEve <- ymd_hms("2015-12-31 23:59:59")
newYearEve + seconds(2)
[1] "2016-01-01 00:00:01 UTC"
newYearEve + months(3)
[1] "2016-03-31 23:59:59 UTC"
newYearEve - years(1)
[1] "2014-12-31 23:59:59 UTC"
```

## 5.3 处理分类数据

在 R 中处理分类数据时，要使用一种特殊的数据类型：因子（factor）。所谓因子，就是由水平和标签组成的分类变量（categorical variable）。本节将介绍如何把分类数据转换成因子，以及如何操控这些特殊的对象以及如何用 cut() 函数把连续数据（continuous data）转换成因子。

### 5.3.1 创建因子

factor() 函数用于把数值向量或字符串向量转换成因子。该函数的默认行为是，使用使用以字母次序排列的特殊值作为因子的水平和标签。我们以代码清单 5.1 为例。

**代码清单 5.1 创建因子**

```
 1: > x <- c("B", "B", "C", "A", "A", "A", "B", "C", "C")
 2: > x
 3: [1] "B" "B" "C" "A" "A" "A" "B" "C" "C"
 4: > mode(x)
 5: [1] "character"
 6: > class(x)
 7: [1] "character"
 8: >
 9: > y <- factor(x)
10: > y
11: [1] B B C A A A B C C
12: Levels: A B C
13: > mode(y)
14: [1] "numeric"
```

```
15: > class(y)
16: [1] "factor"
```

代码清单 5.1 中的第 9 行，把一个内含字符串的向量传给 factor() 函数，创建了一个简单的因子。注意，该向量被转换成因子后，第 11、12 行的输出与第 3 行的输出不同。输出不只显示向量，还显示了因子的 levels。这里，有必要着重讲解一下因子的模式和水平。

首先要理解模式，也就是数据储存在因子中的方式。如代码清单中的第 13 行和第 14 行所示，该因子的模式是数值型。实际上，R 中的因子被储存为与 levels 匹配的整数值。例如，标签 "A" 的元素都储存为 1，标签 "B" 的元素都储存为 2，标签 "C" 的元素都储存为 3。一般而言，这不会影响用户处理因子的方式，但是，了解这一点有助于更好地理解因子。

---

**警告：数值型因子**　　　　　　　　　　　　　　　　　　　　　　　　　　　**Watch Out!**

在处理含有数值型水平的因子时，要注意，虽然标签显示的是表示各水平的数值，但是因子本身仍被储存为从 1 开始的整数值。如果想把因子转换回数值，先要将其转换成字符串，才能转换回数值。

---

其次要理解的是，因子水平的排序方式。之前提到过，生成因子时，水平默认以字母次序排序（如代码清单 5.1 所示）。在本例中，这没什么问题（A B C）。但是，考虑下面的例子。我们用 sample() 函数在一个向量中随机选取了 20 个值（第 6 章将详细介绍 sample() 函数）：

```
> ratings <- c("Poor", "Average", "Good")
> myRatings <- sample(ratings, 20, replace = TRUE)
> factorRatings <- factor(myRatings)
> factorRatings
 [1] Poor    Average Good    Poor  Good    Good    Good    Poor
 [9] Average Poor    Average Good Average Average Average Average
[17] Good    Average Poor    Good
Levels: Average Good Poor
```

从上面的输出可以看出，因子中的 levels 属性按字母次序排列。在该例中，这样的排序显然不合理（Average 排为第一位怎么都说不通）。如果调整因子水平的排序，会有一些影响（比如，在创建一个图形时）。我们可以用 levels 参数调整因子的水平次序，代码如下所示：

```
> factorRatings <- factor(myRatings, levels = ratings)
> factorRatings
 [1] Poor    Average Good    Poor  Good    Good    Good    Poor
 [9] Average Poor    Average Good Average Average Average Average
[17] Good    Average Poor    Good
Levels: Poor Average Good
```

注意，现在 levels 的次序是我们指定的。

---

**提示：重排因子**　　　　　　　　　　　　　　　　　　　　　　　　　　　　**Did you Know?**

用 reorder() 函数可以根据另一个向量更改因子水平的排序，这在创建图形时特别有用。

---

### 5.3.2 管理因子的水平

创建好因子后，就可以像处理其他字符向量一样处理它了，例如：

```
> y == "A"
[1] FALSE FALSE FALSE TRUE TRUE TRUE FALSE FALSE FALSE
```

然而，如果想更改因子的水平，不能只用一些标准的方法来索引和更改向量元素。我们举例说明，假设要更改评级示例中的水平，把"Poor"（差）改为"Negative"（负），R将抛出一条警告消息：

```
> factorRatings[factorRatings == "Poor"] <- "Negative"
Warning message:
In '[<-.factor'('*tmp*', factorRatings == "Poor", value = "Negative") :
invalid factor level, NA generated
```

因为我们在定义因子时，已经限制了因子水平的取值，所以不能用常规的方法来处理。这种情况下，必须通过 levels() 函数更改因子的一组 levels 值才行：

```
> levels(factorRatings)
[1] "Poor" "Average" "Good"
> levels(factorRatings) <- c("Negative", "Average", "Positive")
> factorRatings
 [1] Negative Average Positive Negative Positive Positive Positive
 [8] Negative Average Negative Average  Positive Average  Average
[15] Average Average Positive Average  Negative Positive
Levels: Negative Average Positive
```

> **Watch Out!**
>
> **警告：因子中的缺失值**
>
> 如果把缺失值引入到因子里，就要重新创建因子或者把缺失值替换成之前的值，否则，缺失值会一直存在因子中。

刚才，我们用 levels() 函数只更改了现有的水平名称。除此之外，还可以用该函数减少水平的元素。假设我们只对"负"元素感兴趣，不想区分"平均"和"正"，可以把这两个元素组合成因子的一个水平：

```
> levels(factorRatings) <- c("Negative", "Other", "Other")
> factorRatings
 [1] Negative Other    Other    Negative Other Other Other Negative
 [9] Other    Negative Other    Other    Other Other Other Other
[17] Other    Other    Negative Other
Levels: Negative Other
```

### 5.3.3 创建连续数据的因子

到目前为止，我们学习了如何从分类的数据中创建因子。但是，如何为连续变量创建因子？在这种情况下，cut() 函数就派上用场了。cut() 函数有许多用于精确控制分类的参数。表 5.1 列出了该函数的主要参数。

**表 5.1 cut()函数的主要参数**

| 参数 | 描述 | 默认值 |
|---|---|---|
| `x` | 待分类的数值型向量 | - |
| `breaks` | 分割点位置的向量，或者分割点数量的整数 | - |
| `labels` | 输出因子的水平标签 | NULL |
| `include.lowest` | 逻辑值：区间的临界点是否包含在区间内 | FALSE |
| `right` | 逻辑值：区间是否应该是左开右闭 | TRUE |
| `dig.lab` | 标签的有效位数 | 3 |
| `ordered_result` | 逻辑值：结果是否转换成有序的因子 | FALSE |

创建因子最简单的方法是，提供数据和 `breaks` 参数。因此，如果要创建有 3 个水平的因子，只需写 `breaks = 3`，代码如下所示：

```
> ages <- c(19, 38, 33, 25, 21, 27, 27, 24, 25, 32)
> cut(ages, breaks = 3)
   [1] (19,25.3]   (31.7,38] (31.7,38] (19,25.3] (19,25.3] (25.3,31.7]
   [7] (25.3,31.7] (19,25.3] (19,25.3] (31.7,38]
Levels: (19,25.3] (25.3,31.7] (31.7,38]
```

下面的示例中把数据划分为 3 个等距水平。示例是根据数据的值域而不是水平的数量来划分水平。水平直接用值域作为其名称。用户也可以通过为水平指定更低和更高的限制来更好地控制数据的范围。

```
> cut(ages, breaks = c(18, 25, 30, Inf))
 [1] (18,25] (30,Inf] (30,Inf] (18,25] (18,25] (25,30] (25,30] (18,25] (18,25]
[10] (30,Inf]
Levels: (18,25] (25,30] (30,Inf]
```

这样做时，要注意数据的整个值域是否被连续地断开，否则会引入缺失值。因此，在整个值域的最右端最好使用 Inf。参数 `include.lowest` 和 `right` 可用于精确控制断点的位置。最后，可以通过 `labels` 参数给出指定的水平。

```
> cut(data, breaks = c(18, 25, 30, Inf), labels = c("18-25", "25-30", "30+"))
 [1] 18-25 30+   30+   18-25 18-25 25-30 25-30 18-25 18-25 30+
Levels: 18-25 25-30 30+
```

综上所述，很容易把连续数据转换成分类数据。从表 5.1 中可以看出，还有很多其他参数可以用来更好地控制因子的创建，包括区间是左闭还是右闭（默认是左开右闭）。在处理数据和创建图形时会经常用到因子，特别是在第 14 章中使用 **ggplot2** 包时。

## 5.4 本章小结

本章介绍了一些其他的数据类型，可用于储存和处理日期、时间以及分类数据；讲解了如何把数值和字符值转换成日期-时间对象；还学习了如何在 R 中处理这些对象。除此之外，还介绍了一个有用的 `lubridate` 包，可以用来简化日期-时间数据的相关操作。最后，讲解了如何在 R 中管理分类数据，如何把数据转换成这种格式以及如何用连续数据创建自己的分类数据。下一章，我们将学习一些处理标准数据类型的函数。

## 5.5 本章答疑

**问**：我已经把数据转换成 **Date** 对象，但是只返回了一系列的 **NA**。为什么 **R** 不识别我的数据？

**答**：如果发现在把数据转换为日期或时间后返回的是一系列 NA，最有可能是在 format 参数里指定了错误的格式。不妨看一下 strptime() 函数的帮助文件，查看格式代码的所有列表，别忘了在日期中包含空格、连接号或斜杠。

**问**：为什么要那么麻烦地把我的数据转换成因子？

**答**：对于一般的数据处理任务，待处理的数据是否是因子，处理起来没什么区别。只有在需要重命名元素时才会有所不同。如果需要生成图形或为数据建模，把数据转换成因子类型就非常重要。因为在建模时，如果待处理数据是分类数据，却将其作为连续数据来处理，得出的结果将会大相径庭。除此之外，如果待处理的是大型数据，将其作为因子储存会更效率，因为数据将被分类储存为不同的值，而不是花大量时间重复储存它们。

## 5.6 课后研习

课后研习包含"随堂测验"和"答案"两部分，旨在帮助读者巩固本章所学知识。请读者先尝试回答"随堂测验"中的所有问题，再看后面的"答案"。

**随堂测验**：

1. R 在计算日期和时间时作为起始的日期是什么？

2. 创建 POSIX 对象的默认时区是什么？

3. 什么是因子？

4. 如何确定因子水平的排序？

5. 如果在 cut() 函数的参数中使用"breaks = 3"，因子的水平如何划分？

   A. 根据元素的数量，数据将被划分成大小相等的 3 等份（即每份的元素数量相同）

   B. 根据数据的值域，数据将被等距划分为 3 等份（即每份的值域范围相同）

**答案**：

1. 在 R 中，用于计算日期和时间的起点是世界协调时（UTC）：1970 年 1 月 1 日，00:00:00。

2. 默认时区取决于当前操作系统的本地时区。用户可以通过 tz 参数更改时区。如果与不同时区的人一起工作，要确保所用数据的正确时区，就要用到这个参数。

3. 因子是 R 储存分类数据的一种方式。

4. 如果不用 levels 参数提供指定的水平，数据中的不同元素（即因子的水平）将按字母顺序排列。

5. 答案是 B。根据数据的值域，数据将被等距划分为 3 等份。然而，每个水平的大小（即元素的数量）可能是不均匀的，或者可能在不合适的地方断点。

## 5.7 补充练习

1. 创建一个内含字符串的向量，其中包含当天日期、你下一次生日的日期和新年前夜的日期，并把该字符向量转换成 Data 对象。

2. 使用内含日期的向量分别算出离你下一次生日和新年前夜还有多少个星期。

3. 从现在开始到你下一次生日还有多少天？

4. 使用第 4 章中创建的气温预报数据，把 Day 一栏转换成因子，用一周的每一天作为因子水平的标签，从周一开始，确保标签的顺序正确。

5. 把 Day 因子栏的水平改为 "Weekend" 和 "Weekday"。

6. 用 cut() 函数在数据中创建新的一列，名为 "TempFactor"。把温度小于 25 ℃的值设置为 "low"，温度在 25～30 ℃的温度设置为 "medium"，温度高于或等于 30 ℃的设置为 "high"。所有温度单位均为摄氏度。

# 第6章

# 常用 R 函数

本章要点：

> ➢ 处理数值数据的常用函数
> ➢ 在 R 中如何模拟数据
> ➢ 简单的逻辑汇总
> ➢ 处理缺失值的函数
> ➢ 处理字符数据的函数

到目前为止，我们已经学习了如何创建不同模式的对象和如何处理特殊类型的数据。但是，如何处理数值型、逻辑型和字符型数据？如何处理缺失值？如何从数据中移除这些缺失值？如何模拟服从统计分布的数据？本章将通过介绍 R 中一些最常用的实用函数来解决这些问题。

## 6.1 R 函数的用法

在第 5 章中，我们已经使用了许多函数，如 seq()、matrix()、length()和 factor()。在学习更多有用的函数之前，我们先了解一下如何使用这些函数。

在 R 中调用一个函数时，要写出函数名和一些参数。参数放在紧跟函数名后面的圆括号中，用于把一些待处理的数据和控制运行的相关信息传递给函数。那么，如何知道函数的参数是什么？我们可以用?**函数名**或 **help**("**函数名**")查看帮助文件，或者调用 args()函数。该函数将在控制台中打印函数的参数。接下来，用 args()函数查看 sample()函数的参数是什么（sample()函数从内含给定值的向量中随机生成若干样本），代码如下所示：

```
> args(sample)
function (x, size, replace = FALSE, prob = NULL)
```

```
NULL
```

从打印的输出可以看到，sample() 函数有 4 个参数。注意，前两个参数是 x 和 size，并未赋初值，而后两个参数都通过"= 值"的方式赋有初值。这表明后两个参数有默认值，我们不必为其提供其他值。因为 x 和 size 没有默认值，所以必须告诉 R 我们要处理什么值。要进一步了解参数的用途，就要查看相应的帮助文件。在这个示例中，x 是要进行随机抽样的向量，size 是待处理样本的数量，replace 表示抽样值可放回，prob 用于设置抽取每个值的概率。

提到调用函数，我们可以通过多种方式给函数提供参数。用户可以把所有的参数名写出来并赋值：

```
> sample(x = c("red", "yellow", "green", "blue"), size = 2, replace = FALSE,
   prob =NULL)
```

由于"replace"和"prob"有默认值，所以不写出来也行。下面的代码和上面的代码的输出相同：

```
> sample(x = c("red", "yellow", "green", "blue"), size = 2)
```

如果采用这种写出参数名的方式，实际上可以不必按照原来参数的次序提供参数，下面的代码与原来的代码效果相同：

```
> sample(size = 2, x = c("red", "yellow", "green", "blue"))
```

这里要注意的是，在实际运行以上每一行代码时，生成的结果很可能会不同。这是因为，每次调用 sample() 函数，都会在 x 向量中随机抽取两个样本值。

如果严格按照 args() 参数返回的 sample() 函数参数的次序提供参数，就不用写出参数名。因此，像下面这样写也可以：

```
> sample(c("red", "yellow", "green", "blue"), 2)
```

实际上，不写参数名和写参数名的情况通常混用。因为一般情况下，我们更容易记住第一个参数而不是其他参数的次序。因此，经常会看到类似下面这样的代码：

```
> sample(c("red", "yellow", "green", "blue"), size = 2, replace = TRUE)
```

了解了如何调用函数，接下来，我们学习一些用于处理不同数据类型的常用函数。

## 6.2 处理数值数据的函数

R 有许多用于处理数值数据的函数，从数学函数（如对数函数）到模拟服从统计分布的函数。篇幅有限，不可能在此列举 R 中的所有函数，但是我们会介绍一些最常用的函数。

### 6.2.1 数学函数和运算符

相信读者对 R 函数中的一些基本运算已经很熟悉了，如+、-、*、/。在 R 中，这些符号叫做运算符（operator）。另外，还有其他常用的运算符，如^（求幂）和%%（求模）。其用法如下所示：

```
> 3^2
[1] 9
> 5 %% 3
[1] 2
```

表 6.1 中列出了其他常用的数学函数。

**表 6.1　数学函数**

| 函数 | 用途 | 函数 | 用途 |
|------|------|------|------|
| sqrt() | 平方根 | sin()/cos()/tan() | 正弦/余弦/正切 |
| log() | 对数 | asin()/acos()/atan() | 反正弦/反余弦/反正切 |
| exp() | 指数 | abs() | 绝对值 |

所有这些函数都只有一个参数 x，处理的数据通常是一个向量或矩阵。不过，对于对数函数，还需要提供基数，默认为指数基（自然对数）。例如，我们创建了一个内含数值的向量，将其传入这些函数：

```
> x <- seq(1, 4, by = 0.5)
> x
[1] 1.0 1.5 2.0 2.5 3.0 3.5 4.0
> sqrt(x)
[1] 1.000000 1.224745 1.414214 1.581139 1.732051 1.870829 2.000000
> log(x)
[1] 0.0000000 0.4054651 0.6931472 0.9162907 1.0986123 1.2527630 1.3862944
> sin(x)
[1] 0.8414710 0.9974950 0.9092974 0.5984721 0.1411200 -0.3507832 -0.7568025
```

如上所示，这些函数用起来都非常简单方便，它们都遵循标准的数学操作顺序（即括号、除法、乘法、加法、减法）

### 6.2.2　统计汇总函数

R 中有大量统计汇总函数，用这些函数可以对数据进行统计汇总分析。和上一节的数学函数一样，这些函数的用法都很简单，通常只需要把数据提供给函数即可。表 6.2 列出了一些最常用的统计汇总函数。

**表 6.2　统计汇总函数**

| 函数 | 用途 | 函数 | 用途 |
|------|------|------|------|
| mean | 平均值 | min | 最小值 |
| median | 中位数 | max | 最大值 |
| sd | 标准差 | Range | 值域（最小值，最大值） |
| var | 方差 | Length | 向量的长度（即元素的数量） |
| mad | 绝对中位差 | Sum | 总和 |

这些函数的第一个参数都是数据，应该是一个内含值的向量。代码如下所示：

```
> age <- c(38, 20, 44, 41, 46, 49, 43, 23, 28, 32)
> median(age)
[1] 39.5
```

```
> mad(age)
[1] 10.3782
> range(age)
[1] 20 49
```

用这些函数处理缺失值时，要多花点心思。看看下面这个示例：

```
> age[3] <- NA
> median(age)
[1] NA
```

如上代码所示，如果数据中有缺失值，median()函数（实际上，表6.2中所有的统计汇总函数）都将返回NA。虽然从技术上看，返回的值没问题，但是通常用户真正关心的是移除缺失值以后的那些值的汇总信息。这种情况下要使用na.rm参数：

```
> median(age, na.rm = TRUE)
[1] 38
```

本章后面会讲到不用这些函数如何移除向量中的缺失值。

### 6.2.3 模拟和统计分布

R提供了大量的函数处理所有的常用统计分布分析。这些函数的命名样式相同，都是首字母表示要做什么，随后是不同的分布名称在R中的分布代码。表6.3列出了一些最常用的分布，在安装R时一起安装时可获得。许多其他的分布（如帕累托分布）可以在其他贡献包中获得。

表6.3　统计分布在R中的分布代码

| 分布名称 | R中的分布代码 | 分布名称 | R中的分布代码 |
| --- | --- | --- | --- |
| 正态分布 | norm | 泊松分布 | pois |
| 二项分布 | binom | 指数分布 | exp |
| 均匀分布 | unif | 韦伯分布 | weibull |
| 贝塔分布 | beta | 伽马分布 | gamma |
| F分布 | f | 卡方分布 | chisq |

表6.3中并未列出所有的分布，许多其他的分布可以在帮助页面中搜索分布的名称进行查找。之前提到过，要把R中的分布代码和一个首字母组合起来才能确定要做什么，比如是抽样还是计算分位数。表6.4列出了一些首字母，并以正态分布为例演示函数名的结构。

表6.4　分布函数

| 首字母 | 描述 | 第一个参数 | 示例 |
| --- | --- | --- | --- |
| d | 机率密度函数 | x（分位数） | dnorm(1.64) |
| p | 累积概率密度函数 | q（分位数） | pnorm(1.64) |
| q | 分位函数 | p（概率） | qnorm(0.95) |
| r | 随机抽样 | n（样本大小） | rnorm(100) |

表6.4中标题栏的第一个参数，对于所有分布函数都是一样的，另外还有一些特殊分布所需的其他参数。例如，正态分布中的mean和sd参数用于设定标准正态分布的默认值（分

别是 0 和 1），而泊松分布的参数 lambda 却没有设置默认值。一般而言，这些函数中的参数都会设置相应分布的“标准”值。那些没有标准的分布，也不会设置默认值。例如，如果要模拟 5 个服从正态分布、泊松分布和指数分布的值，代码会是如下这样：

```
> rnorm(5)
[1] -0.23515046 -1.79043043 -0.03287786 -0.24937333 -1.00660505
> rpois(5, lambda = 3)
[1] 4 6 6 3 1
> rexp(5)
[1] 3.2443094 1.1198132 0.9365825 0.2731334 0.4363149
```

虽然可以直接模拟服从分布的值，但是我们通常会从现有数据中生成样本。前面提到了能胜任这项工作的 sample() 函数。的确如此，该函数可以指定从哪里提取样本向量、样品的数量、是否放回抽样值和是否更改抽取特定值的概率（默认情况下概率相等）。下面用 6.2.2 节中创建的 age 向量作为示例：

```
> sample(age, size = 5)
[1] 28 46 20 49 23
>sample(age, size = 5, replace = TRUE)
[1] 20 20 23 28 41
```

如上代码所示，如果设置 replace 为 TRUE（可放回抽样值），已抽样的值可再次被抽样；如果设置 replace 为 FALSE，被抽样过的值不能被再次抽样。

**By the Way**

> **注意：重新创建模拟值**
>
> 如果想要重新创建已生成的随机样本，就要设置随机种子。可以用 set.seed() 函数来完成，只需要传给该函数一个整数值表示所用的种子。还可以用这个函数更改生成器的随机数量类型。

## 6.3 处理逻辑数据的函数

大家对处理逻辑数据的印象可能还停留在第 3 章访问数据的子集时。在 R 中，有许多函数专门用于处理逻辑数据，特别是为满足某种条件计数。

首先要弄清 R 是如何储存逻辑数据的。前面的章节中提到过，逻辑型向量包含 TRUE 和 FALSE 两种值。在 R 中，这些逻辑值实际上是作为数值 0 和 1 来储存的。用户可以用 as.numeric() 函数强制逻辑值以数值形式显示，代码如下所示：

```
> as.numeric(c(TRUE, FALSE))
[1] 1 0
```

因此，如果有一个逻辑型向量，实际上可以用之前介绍的数值函数来处理。当然，通常很少有人对计算“TRUE”和“FALSE”的方差感兴趣吧，更多的是用 sum() 函数来统计“TRUE”出现的次数。不妨来看一个示例，在 age 向量中有多少个小于 30 的值：

```
> age
[1] 38 20 NA 41 46 49 43 23 28 32
> age < 30
[1] FALSE  TRUE    NA FALSE FALSE FALSE FALSE  TRUE  TRUE FALSE
```

```
> sum(age < 30, na.rm = TRUE)
[1] 3
```

还有一个计算 "TRUE" 和 "FALSE" 次数的函数是 table()：

```
> table(age < 30)

FALSE  TRUE
   6     3
> table(age < 30, useNA = "ifany")

FALSE  TRUE  <NA>
   6     3     1
```

实际上，可以用 table() 函数统计任何向量中所有不同元素的数量。但是，从上面的代码可以看出，该函数结合逻辑判断的应用范围更广。提醒大家注意的是，在默认情况下，该函数不会统计缺失值的数量。不过，如果把参数 useNA 设置为"ifany"，就会加上缺失值的计数了。

## 6.4 处理缺失数据的函数

在为数据绘图或拟合模型时，通常要去掉缺失数据。R 中有许多统计汇总函数都能轻松地移除计算中的缺失数据。但是，如果要识别缺失值怎么办？比如，如何确定数据中有多少个缺失值，或者设法替换它们？

如果能创建一个逻辑型向量表明哪些是缺失值，就可以用 6.3 节中介绍的 sum() 函数计算缺失值的数量了。但是要注意，如果只是用逻辑语句简单地测试 age 是否等于缺失值 NA，实际上返回的是一系列 NA。下面是一个例子：

```
> age <- c(38, 20, NA, 41, 46, 49, 43, 23, 28, 32)
> age == NA
 [1] NA NA NA NA NA NA NA NA NA NA
```

因为这样做相当于询问 R，向量中的每个值是否与一个不知道的值相等。结果是，R 当然不知道答案，全部返回 NA。确定一个值是否是缺失值，要用到 is.na() 函数。该函数实际上是 is.x() 系列函数的成员。这一系列函数用于测试数据是否是某种特殊的类型，本书后面还会用到该系列的其他函数成员。因此，要测试 age 向量中是否有缺失值，可以这样写：

```
> is.na(age)
 [1] FALSE FALSE  TRUE FALSE FALSE FALSE FALSE FALSE FALSE FALSE
```

现在，计算缺失数据项的数量或者分别列出缺失值和非缺失值的数量就没问题了。例如：

```
> sum(is.na(age))
[1] 1
> table(is.na(age))
FALSE  TRUE
   9     1
```

只知道缺失值的数量还不够，有时我们更希望用数据的平均值或其他值替换这些缺失值。这是 replace() 函数大显身手的好机会，虽然这个函数并不是专门为缺失数据定制的，但是用在这种场合没问题。该函数需要三部分信息：第一，向量数据；第二，返回"TRUE"和"FALSE"值的条件，以确定应该替换哪些值；第三，用于替换的值。假设我们要用 age 中其他值的平均值替换其中的缺失值：

```
> meanAge <- mean(age, na.rm = TRUE)
> missingObs <- is.na(age)
> age <- replace(age, missingObs, meanAge)
> age
[1] 38.00000 20.00000 35.55556 41.00000 46.00000 49.00000 43.00000
[8] 23.00000 28.00000 32.00000
```

当然，如果只想移除数据中的缺失值，可以结合 is.na() 函数和!操作符，再用上第 3 章介绍的标准下标访问技术。下面的代码演示了如何移除 age 向量中的缺失值：

```
> age[!is.na(age)]
[1] 38 20 41 46 49 43 23 28 32
```

*Did you Know?*

> **提示：处理缺失数据的其他函数**
>
> 在 zoo 包中有许多处理缺失数据的有用函数。其中包括 na.locf() 函数和 na.trim() 函数，前者用下一个观测值替换上一个缺失值，后者用于过滤含有 NA 的行。

## 6.5 处理字符数据的函数

我们经常要在 R 中处理字符串，包括创建字符串和在字符串中查找特定字符。本节将介绍 R 基础包中的一些函数。不过，如果对处理字符串特别感兴趣的话，不妨试试 stringr 包和 stringi 包。

### 6.5.1 处理简单的字符

计算字符个数、提取子串、组合多个元素以创建或更新字符串，都属于处理字符的一些基本操作。我们先从计算字符个数开始。只需给 nchar() 函数提供一个字符串，它就能返回该字符串中的字符个数。注意到 nchar() 函数计算了字符串中所有字符的个数，包括空格：

```
> fruits <- "apples, oranges, pears"
> nchar(fruits)
[1] 22
```

如果要提取字符串的子串，就要用到 substring() 函数。要给该函数提供待提取子串的起点和终点。用户可以用向量提供多个子串的起点和终点。

```
> substring(fruits, 1, 6)
[1] "apples"
> fruits <- substring(fruits, c(1, 9, 18), c(6, 15, 22))
> fruits
[1] "apples"  "oranges"  "pears"
```

最后要介绍的是 paste() 函数。该函数通过组合多个元素的方式创建或更新字符串。给

paste()函数提供任意数量的字符串和对象,该函数会把它们全都转换成字符数据并粘贴在一起。和许多 R 函数一样,可以给 paste()函数传递向量。下面是一个示例:

```
> paste(5, "apples")
[1] "5 apples"
> nfruits <- c(5, 9, 2)
> paste(nfruits, fruits)
[1] "5 apples" "9 oranges" "2 pears"
```

上面的例子演示的是默认情况。用 sep 参数可以更改待粘贴字符串之间的分隔符,代码如下所示:

```
> paste(fruits, nfruits, sep = " = ")
[1] "apples = 5" "oranges = 9" "pears = 2"
```

### 6.5.2 查找和替换

在处理字符数据时还会用到两个最常用的函数:grep()和 gsub()。grep()函数用于查找向量中特定组合的元素,gsub()函数用于把特定组合的元素替换成指定的字符串。我们用正则表达式搜索特定组合。

> **提示:正则表达式**
>
> regex()函数的 R 帮助页面中详细介绍了正则表达式。如果读者熟悉 Perl 语言的表达式,则可以通过设置参数 perl = TRUE 来使用这些表达式。

*Did you Know?*

我们先来学习 grep()函数。它的第一个参数是查找项,比如查找像"red"这样简单的字符串;第二个参数是需要进行查找的向量。

```
> colourStrings <- c("green", "blue", "orange", "red", "yellow",
+                    "lightblue", "navyblue", "indianred")
> grep("red", colourStrings, value = TRUE)
[1] "red"       "indianred"
```

这个示例中,grep()使用了一个额外的参数 value。该参数为 TRUE 时,函数返回向量中包含查找项的实际值,而不是简单地返回它们在向量中的位置索引。代码清单 6.1 中有更多 grep()函数和许多正则表达式的用例。

#### 代码清单 6.1 查找字符串

```
 1: > colourStrings <- c("green", "blue", "orange", "red", "yellow",
 2: +                    "lightblue", "navyblue", "indianred")
 3: >
 4: > grep("^red", colourStrings, value = TRUE)
 5: [1] "red"
 6: > grep("red$", colourStrings, value = TRUE)
 7: [1] "indianred"
 8: >
 9: > grep("r+", colourStrings, value = TRUE)
10: [1] "green"     "orange"     "red"        "indianred"
11: >
```

```
12: > grep("e{2}", colourStrings, value = TRUE)
13: [1] "green"
```

上面代码中的第 4 行和第 6 行中的^和$符号分别用于标识字符串的起点和终点。第 4 行中，指定查找以"red"开始的值，第 6 行中指定查找以"red"结束的值。该代码清单中的第 9 行和第 12 行演示了如何查找出现指定次数的内容。第 9 行中，+表明字母 r 在字符串中至少出现一次；e 后面的{2}表明在向量中查找出现了 2 次 e 的元素。

gsub()函数用于把查找项替换为指定的值。与 grep()函数非常类似，也可以在函数中使用正则表达式进行查找，只要多添加一个参数表示要替换的内容即可。如下所示：

```
> gsub("red", "brown", colourStrings)
[1] "green"      "blue"      "orange"      "brown"      "yellow"
[6] "lightblue"  "navyblue"  "indianbrown"
```

和 grep()函数一样，gsub()可以使用任何正则表达式匹配要替换的内容。

## 6.6    本章小结

本章介绍了许多在处理不同类型数据时常用的函数，一些是标准数学函数和统计函数，一些是模拟函数。另外，还讲解了如何处理字符串、逻辑值和缺失值。由于篇幅有限，无法列出 R 中的所有函数。读者应熟悉本章介绍的这些常用函数，本书后面的章节中会经常用到它们。下一章将讲解如何编写自己的函数执行自定义的操作。

## 6.7    本章答疑

**问**：我想模拟服从某种分布的数据，但是本章并未介绍这种分布，我应该怎么做？

**答**：本章并未列出所有的分布。首先，用分布的名称在帮助文档中搜索。如果不能立即在 R 基础包的帮助文档中找到，那么所需的分布函数可能包含在其他共享包中。例如，帕累托分布可以在 evir 包中找到。

**问**：我打算用正则表达式查找要替换的特定值，但是返回的是整个原始向量。为什么没有进行替换？

**答**：如果使用 gsub()函数时返回的是整个原始向量，最有可能的原因是查找项或正则表达式写得不够具体，导致无法找到。从查找项的起始点、是否有空格和出现指定内容的次数等方面来考虑，把查找项写得更具体一些。

## 6.8    课后研习

课后研习包含"随堂测验"和"答案"两部分，旨在帮助读者巩固本章所学知识。请读者先尝试回答"随堂测验"中的所有问题，再看后面的"答案"。

**随堂测验：**

1. 下面 3 个函数调用是否能得出相同的结果？

  A. `matrix(1:9, 3, 3)`

  B. `matrix(nrow = 3, ncol = 3, data = 1:9)`

  C. `matrix(data = 1:9, nrow = 3, ncol = 3)`

2. 在标准指数分布中找出 95%分位数要调用什么函数？

3. 在 R 中如何储存逻辑数据？

4. 测试数据中是否有缺失值，要使用什么函数？

5. `paste()`函数有什么用途？

**答案：**

1. 是的，3 个函数生成的矩阵相同。如果写出函数的参数名，可以忽略参数的次序；如果没有提供参数名，则要严格遵循函数原参数次序。通常见得比较多的是有参数名和无参数名对的组合。

2. 对于分位数，要使用 `q*()` 函数和相应的分布代码。本例指数分布的代码是 `exp`，所以要调用 `qexp()` 函数：

```
> qexp(0.95)
```

3. 虽然表面上逻辑型向量中储存的是 TRUE 和 FALSE，但实际上它们被分别储存为 1 和 0。所以，计算 TRUE 的数量非常方便。

4. 用 `is.na()`函数测试向量中是否有缺失值。

5. `paste()`函数把字符串和内含值的向量组合在一起。例如，要在图形的标题中创建数据中的固定字符串和值时，特别有用。

# 6.9  补充练习

1. 使用正态分布,模拟50个均值和标准差都相同的值作为`airquality`数据中的`Ozone`变量。

2. 练习 1 中模拟出的数据的值域是什么？

3. 模拟的数据中有多少个值大于数据的平均值？

4. R 中的 `colors()`函数返回一个向量，内含所有已知的颜色名。用 `grep()`函数创建一个向量，只包含有"blue"字符串的颜色名。

5. 在练习 4 中创建的向量中有多少个蓝色？

6. 用"green"替换向量中的所有"blue"。

# 第 7 章

# 编写函数：第一部分

---

**本章要点：**

➤　如何编写和使用简单的 R 函数

➤　如何从函数返回对象

➤　如何通过函数控制代码的执行流程

通过前几章的学习，我们已经使用了许多函数。例如，第 3 章中创建向量的函数 c()、seq() 和 rep()。R 语言的优势之一是，可以编写自己的函数，这样能方便用户创建专门执行特定任务的各种实用程序。本章将探讨如何创建自定义的函数，指定输入和把结果返回给用户。我们还将介绍 R 中的"if/else"结构，以及如何使用 this 控制函数中的执行流程。

## 7.1　为何要学习函数

读者已经看到了，用一条简单的命令就能在 R 函数中执行许多任务。这与其他的可编程语言类似，如 Visual Basic 中的"宏"和 SAS。

创建自己的函数是 R 的强大之处，用户可以把一系列步骤"包装"在一个简单的容器中。通过这种方式，可以在需要的时候直接获得常用的工作流程和实用程序，并调用它们，而不用重复编写许多冗长的代码，难以管理。

### 7.1.1　R 函数

在学习编写自己的函数之前，我们先进一步了解现有 R 函数的结构。例如，考虑一下 upper.tri() 函数，该函数用于识别矩阵上三角中的值：

```
> myMat                          # 一个简单的矩阵
     [,1] [,2] [,3]
```

```
[1,]    1    6    3
[2,]    1    3    8
[3,]    5    4    1
> upper.tri(myMat)                    # 上三角
        [,1]   [,2]   [,3]
[1,] FALSE  TRUE   TRUE
[2,] FALSE FALSE   TRUE
[3,] FALSE FALSE FALSE
> myMat [ upper.tri(myMat) ]          # 上三角的值
[1] 6 3 8
```

如上代码所示，我们可以通过圆括号调用 upper.tri() 函数，指定矩阵作为第一个输入参数。但是，如果只是想把 upper.tri() 函数中的内容打印出来，可以这样做：

```
> upper.tri                    # 打印 upper.tri() 函数
function (x, diag = FALSE)
{
    x <- as.matrix(x)
    if (diag) row(x) <= col(x)
    else row(x) < col(x)
}
```

该函数由两部分组成。

➤ 顶部定义函数的输入（本例中是 x 和 diag 输入）。

➤ 接下来用花括号括起来的部分是函数的主体。

以类似的方式，我们可以通过指定函数名定义函数的输入，指定要在函数体中进行的操作来创建自己的函数。

## 7.2 创建简单的函数

在 R 中，用关键字 function 可以创建一个简单的函数，并用花括号把函数体括起来。代码如下所示，创建了一个只接受一个输入的函数：

```
> addOne <- function(x) {
+   x + 1
+ }
```

这个新创建的 addOne() 函数为每一个输入对象加 1。函数创建完成后，就可以正常地调用它了：

```
> addOne(x = 1:5)              # 调用 addOne() 函数
[1] 2 3 4 5 6
```

---

**提示：保存输出**

如上代码所示，该函数返回的值是 2~6。如果要保存函数的输出以便稍后使用，就要将其赋给一个对象，如下所示：

```
> result <- addOne(1:5)
> result
[1] 2 3 4 5 6
```

创建的函数本身是一个 R 对象，存在于 R 的工作空间中。如果保存了工作空间的对象（第 2 章中介绍过），就能在将来会话中管理和复用。

addOne() 的函数体中只有一行代码。如果函数体中只有一行代码，可以省略花括号，如下所示：

```
> addOne <- function(x) x + 1
> addOne(x = 1:5)          # 调用 addOne() 函数
[1] 2 3 4 5 6
```

*By the Way*

> **注意：参数名称**
>
> 　　第 6 章介绍过，调用函数和定义参数的方式有多种。在上一个示例中，addOne(x = 1:5) 等价于 addOne(1:5)。为了方便初学者学习函数，本章在调用函数时会写出所有的参数名。不过在 R 中，惯例是不写出第一个参数的名称。

*Watch Out!*

> **警告：延续提示符**
>
> 　　在本书的很多示例中，除了经常见到熟悉的命令提示符（>）出现在函数第一行的开头，还有出现在函数体的代码前面的加号（+）。这些都是 R 的"延续"提示符，不属于代码的一部分（也就是说，在创建函数时不要输入这些符号）。

*Did you Know?*

> **提示：使用脚本窗口**
>
> 　　前面提到过，函数通常有多行代码。因此，我们建议大家在开发函数时最好使用脚本窗口（在 RStudio 或其他界面中）而不是控制台窗口。

## 7.2.1　命名函数

既然函数是 R 对象，那么就可以像其他 R 对象一样命名。因此，它的名称有以下规定：

➤　可以是任意长度；

➤　可以由字母、数字、下划线和句点这些字符组成；

➤　不能以数字开头。

然而，需要注意的是，创建函数时会导致现有函数被"屏蔽"。考虑下面的代码：

```
> X <- 1:5                              # 创建一个向量 X
> median(X)                             # 该向量的中位数是 3
[1] 3
> find("median")                        # "median" 函数在哪里
[1] "package:stats"

> median <- function(input) "Hello"     # 创建新的 "median" 函数
> median(X)                             # X 向量的中位数是 "Hello"
[1] "Hello"
> find("median")                        # "median" 函数在哪里
[1] ".GlobalEnv" "package:stats"
```

```
> rm(median)                          # 移除工作空间中新的"median"函数

> median(X)                           # X 向量的中位数是 3
[1] 3
```

该例在 R 的工作空间中创建了一个新的 median() 函数，因此把原来的 median() 函数"屏蔽"了，原来的函数仍然在 stats 包中。鉴于此，给函数命名时要多留心，以免把现有的关键函数"屏蔽"了。

## 7.2.2 定义函数的参数

上一节我们创建了一个简单的函数 addOne()，定义如下：

```
> addOne <- function(x) {
+   x + 1
+ }
```

注意到该函数有一个 x 参数。如果想要扩展该示例，可以添加第二个参数：

```
> addNumber <- function(x, number) {
+ x + number
+ }
> addNumber(x = 1:5, number = 2)
[1] 3 4 5 6 7
```

现在，新函数 addNumber() 接受两个参数（x 和 number），把这两个值加起来。但是要注意，该函数没有默认值，必须提供两个参数才能正常运行。因此，如果没有提供定义的两个参数，调用该函数就会生成一条错误消息：

```
> addNumber()                          # 调用时没有参数
Error in addNumber() : argument "x" is missing, with no default

> addNumber(x = 1:5)                    # 调用时只有"x"参数
Error in addNumber(x = 1:5) : argument "number" is missing, with no default

> addNumber(number = 2)                 # 调用时只有"number"参数
Error in addNumber(number = 2) : argument "x" is missing, with no default

> addNumber(x = 1:5, number = 2)        # 调用时有两个参数
[1] 3 4 5 6 7
```

如果想为函数的参数赋默认值，可以在定义参数时直接指定。代码如下所示：

```
> addNumber <- function(x, number = 0) {
+   x + number
+ }
> addNumber(x = 1:5)                    # 调用时 number 使用默认值(number = 0)
[1] 1 2 3 4 5
> addNumber(x = 1:5, number = 1)        # 调用时 number = 1
[1] 2 3 4 5 6
```

### 7.2.3 函数作用域规则

在定义函数时，可以在函数体里创建对象。这样能简化函数，提高代码的可读性。例如，在函数里创建一个返回结果的对象：

```
> addNumber <- function(x, number = 0) {
+    theAnswer <- x + number      # 创建"theAnswer"，储存"x"与"number"相加的和
+    theAnswer                    # 返回值
+ }
```

另外还要注意到，调用 addNumber() 函数执行完毕后就不能再访问 theAnswer 对象了：

```
> output <- addNumber(x = 1:5, number = 1)    # 调用函数创建"output"对象

> output                                       # 查看"output"的值
[1] 2 3 4 5 6

> theAnswer                                    # "theAnswer"对象不存在
Error: object 'theAnswer' not found
```

运行一个函数时，R 会把传入的参数和函数内创建的对象加载进一个单独、临时的内存区域（一个内存"框架"）。一旦函数执行完毕，返回输出后，这个临时内存区域就关闭了。鉴于此，通常认为在函数内部创建的对象是函数"局部的"，所以任何所需的输出必须从函数显式地返回。

### 7.2.4 返回对象

上一小节，我们在函数体内部创建了一个对象。现在把这个示例扩展一下，在函数体内部创建多个"局部"对象。在下面的示例中，我们将创建 plusAndMinus() 函数，在其中创建两个"局部"对象（PLUS 和 MINUS），并尝试返回两者。

```
> plusAndMinus <- function(x, y) {
+    PLUS <- x + y                # 定义"PLUS"
+    MINUS <- x - y               # 定义"MINUS"
+    PLUS                         # 返回"PLUS"
+    MINUS                        # 返回"MINUS"
+ }
> plusAndMinus(x = 1:5, y = 1:5)  # 调用函数
[1] 0 0 0 0 0
```

我们发现，只有后一个创建的对象（MINUS 对象）从函数返回了，而 PLUS 对象的值没有返回，也检索不到（前面刚介绍过，它是局部对象）。

R 函数只能返回一个对象，这也是调用 plusAndMinus() 函数后只返回一个对象值的原因。我们可以通过交换 PLUS 和 MINUS 的返回次序来进一步确定这一点：

```
> plusAndMinus <- function(x, y) {
+    PLUS <- x + y                # 定义"PLUS"
+    MINUS <- x - y               # 定义"MINUS"
+    MINUS                        # 返回"MINUS"
```

```
+    PLUS                              # 返回"PLUS"
+ }
> plusAndMinus(x = 1:5, y = 1:5)    # 调用函数
[1]  2  4  6  8  10
```

如果想从函数返回多个值（例如，返回 PLUS 和 MINUS 对象），就要将其组合成一个对象。我们在上一例的基础上尝试返回一个内含两个值的列表：

```
> plusAndMinus <- function(x, y) {
+    PLUS <- x + y                    # 定义"PLUS"
+    MINUS <- x - y                   # 定义"MINUS"
+    list(PLUS, MINUS)                # 返回列表中的"PLUS"的"MINUS"
+ }
> plusAndMinus(x = 1:5, y = 1:5)    # 调用函数
[[1]]
[1]  2  4  6  8  10

[[2]]
[1]  0  0  0  0  0
```

这次，plusAndMinus()函数返回了一个内含两个元素的列表。以这种方式返回列表时，最好为列表中的元素命名，以便稍后方便引用它们的值：

```
> plusAndMinus <- function(x, y) {
+    PLUS <- x + y                          # 定义"PLUS"
+    MINUS <- x - y                         # 定义"MINUS"
+    list(plus = PLUS, minus = MINUS)      # 返回内含"PLUS"和"MINUS" 的列表
+ }
> output <- plusAndMinus(x = 1:5, y = 1:5)      # 调用函数，保存输出
> output                                          # 打印输出
$plus
[1]  2  4  6  8  10

$minus
[1]  0  0  0  0  0

> output$plus                                    # 打印"plus"元素
[1]  2  4  6  8  10
```

看来，用列表结构返回多个向量很合适。但是，如果要从函数返回若干单一值，直接用向量更加合适。考虑下面的代码，我们把一些汇总统计量（summary statistics）作为一个向量返回：

```
> summaryFun <- function(vec, digits = 3) {
+
+    # 创建一些汇总统计量
+    theMean <- mean(vec)
+    theMedian <- median(vec)
+    theMin <- min(vec)
+    theMax <- max(vec)
+
+    # 把它们组合成一个单独的向量，并将结果四舍五入为指定位数
```

```
+    output <- c(Mean = theMean, Median = theMedian, Min = theMin, Max = theMax)
+    round(output, digits = digits)
+ }
>
> X <- rnorm(50)                    # 生成 50 个服从正态分布的样本
> summaryFun(X)                     # 生成向量的统计汇总
  Mean  Median   Min     Max
-0.214  -0.051  -2.633  1.764
```

**By the Way**

> **注意：检查函数输入**
>
> 　　在前面的示例中，我们都假设传入函数的结构正确。例如，假设传入
> summaryFun() 函数的 vec 是数值型对象（否则，像 mean 这样的对象就说
> 不通）。稍后在第 8 章中，我们将介绍如何检查函数的输入，包括检查传入
> 函数的结构，以及发现与函数不匹配的输入时生成错误或警告消息。

## 7.3 If/Else 结构

在本章介绍的函数示例中，函数体内部的"执行流程"完全是线性和顺序的。然而，我们也可以用"if/else"语句来控制它们。

**By the Way**

> **注意："If/Else"是什么意思？**
>
> 　　如果你不熟悉编程，我们用下面的伪代码来解释。if/else 语句是一种常
> 见的结构，根据某一条件确定代码执行还是不执行。考虑下面的伪代码示例：
>
> 　　如果（IF）我有足够的钱，就买一罐汽水和一根棒棒糖
>
> 　　否则（ELSE）我就只买一罐汽水
>
> 　　通常，只需要一条"IF"语句。注意上面伪代码中"如果"和"否则"
> 二者择一的情况，这两种情况都包含买一罐汽水。所以，我们也可以不用
> "ELSE"语句：
>
> 　　买一罐汽水
>
> 　　IF 我有足够的钱，就再买一根棒棒糖
>
> 　　还可以像这样嵌套语句：
>
> 　　IF 我有足够的钱，就买一罐汽水和一根棒棒糖
>
> 　　ELSE {
>
> 　　　　　　IF 棒棒糖是我最喜欢的口味，我就只买一根
>
> 　　　　　　ELSE 我就只买一罐汽水
>
> 　　}
>
> 　　可以在自己的代码中使用类似的结构，根据特定条件来控制函数内部的
> 代码执行流程。

在 R 中，if/else 语句的基本结构如下：

```
 if (条件为 TRUE) {
```

```
        执行这里的代码
}
else {
        执行这里的代码
}
```

和函数一样，我们用花括号把函数体中的代码括起来。然而，如果只有一行语句，就可以省略花括号，代码如下所示：

```
if (条件为 TRUE) 执行这里的代码
else   执行这里的代码
```

在 if 语句中的"测试"部分叫做"条件"（即"条件为 TRUE"的部分），其值只能是 TRUE 或 FALSE。

### 7.3.1  一个简单的 R 示例

我们来看一个简单的示例。这个示例中要用到 cat() 函数，该函数根据传入数字的正负，把相应的文本打印在屏幕上。

```
> posOrNeg <- function(X) {
+   if (X > 0) {
+     cat("X is Positive")
+   }
+   else {
+     cat("X is Negative")
+   }
+ }
> posOrNeg(1)          # 1 是正数还是负数
X is Positive
> posOrNeg(-1)         # -1 是正数还是负数
X is Negative
> posOrNeg(0)          # 0 是正数还是负数
X is Negative
```

**By the Way**

> **注意：脚本中的 If/Else**
>
> 注意，上面示例中的 if/else 包含在函数中。如果 if/else 代码交互式运行或作为脚本的一部分，其中的 if 部分将被解析为一条单独的命令，运行到 else 语句时会解析失败：
>
> ```
> > X <- 1
> > if (X > 0) {
> + cat("X is Positive")
> + }
> X is Positive
> > else {
> Error: unexpected 'else' in "else"
> >   cat("X is Negative")
> X is Negative
> > }
> Error: unexpected '}' in "}"
> ```

> 为了防止这样的情况发生，我们重写命令，把 else 语句写在 if 部分的右花括号后面，代码如下所示：

```
> X <- 1
> if (X > 0) {
+   cat("X is Positive")
+ } else {          # 注意："else"与 "if"的右花括号在同一行
+   cat("X is Negative")
+ }
X is Positive
```

### 7.3.2　嵌套语句

在上一节的示例中，posOrNeg()函数处理正数和负数，并根据传入的数字返回相应的消息。然而，它将 0 视为负数，这是不对的（一般认为 0 既不是正数也不是负数）。

我们用嵌套 if/else 语句来改进这个示例：

```
> posOrNeg <- function(X) {
+   if (X > 0) {
+     cat("X is Positive")
+   }
+   else {
+     if (X == 0) cat("X is Zero")
+     else cat("X is Negative")
+   }
+ }
> posOrNeg(1)        # 1 是正数还是负数？
X is Positive
> posOrNeg(0)        # 0 是正数还是负数？
X is Zero
```

### 7.3.3　使用一个条件

考虑下面的示例：

```
> posOrNeg <- function(X) {
+   if (X > 0) {
+     cat("X is Positive")
+   }
+   else {
+     cat("")
+   }
+ }
> posOrNeg(1)          # 1 是正数还是负数
X is Positive
> posOrNeg(0)          # 0 是正数还是负数
```

在这个示例中，if/else 语句的 else 部分什么也没做，所以可以直接去掉这部分，简化如下：

```
> posOrNeg <- function(X) {
+   if (X > 0) {
+     cat("X is Positive")
+   }
+ }
> posOrNeg(1)              # 1是正数还是负数
X is Positive
> posOrNeg(0)              # 0是正数还是负数
```

### 7.3.4 多个测试值

在上面的示例中，posOrNeg()函数的参数是 X，if 语句的条件为 X > 0。如果在 if/else 语句外面运行这个条件，将返回一个逻辑值：

```
> X <- 1          # 把X设置为1
> X > 0           # X是否大于0
[1] TRUE
```

```
> X <- 0          # 把X设置为0
> X > 0           # X是否大于0
[1] FALSE
```

如果给这个函数提供一个内含值的向量，会得到下面的警告消息：

```
> posOrNeg <- function(X) {
+   if (X > 0) cat("X is Positive")
+   else cat("X is Negative")
+ }
> posOrNeg(-2:2)       # X是正数还是负数
X is Negative
Warning message:
In if (X > 0) cat("X is Positive") else cat("X is Negative") :
  the condition has length > 1 and only the first element will be used
```

这种情况下，在 if/else 语句外部运行语句的条件，得到的结果是逻辑型向量：

```
> X <- -2:2       # 把X设置为-2:2
> X > 0           # X是否大于0
[1] FALSE  FALSE  FALSE  TRUE  TRUE
```

if/else 结构相当于进行一种"单选"（也就是说，是运行"if"部分还是"else"部分？）。在本例中，if/else 语句的条件返回了 5 个"答案"（FALSE FALSE FALSE TRUE TRUE）。

R 处理这种多余匹配的情况时，通常只使用第一个"答案"，也就是 FALSE。因此，输出的结果是"X is Negative"，然后给出警告提示（如上面的警告消息所示），告诉用户条件的长度大于 1，只使用了第一个元素。

### 7.3.5 汇总成一个逻辑值

在上一个示例中，如果 if/else 语句的条件部分生成了多个逻辑值，会发生意想不到的行为并抛出警告消息。条件部分应该只返回一个 TRUE 或 FALSE 值才行。

　　用 all() 函数和 any() 函数可以处理这种情况，把内含多个逻辑值的向量压缩成一个
TRUE 或 FALSE 值：

```
> X <- -2:2        # 把 X 设置为 -2:2
> X > 0            # X 是否大于 0
[1] FALSE FALSE FALSE TRUE TRUE
> all(X > 0)       # X 中所有的值是否都大于 0
[1] FALSE
> any(X > 0)       # X 中是否有大于 0 的值
[1] TRUE
```

我们可以在条件中直接使用这些函数：

```
> posOrNeg <- function(X) {
+   if (all(X > 0)) cat("All values of X are > 0")
+   else {
+       if (any(X > 0)) cat("At least 1 value of X is > 0")
+       else cat("No values are > 0")
+   }
+ }
> posOrNeg(-2:2)
At least 1 value of X is > 0
> posOrNeg(1:5)
All values of X are > 0
> posOrNeg(-(1:5))
No values are > 0
```

## 7.3.6　简化逻辑输入

　　有时我们希望调用者自己进行选择。在这种情况下，我们把传递给函数的逻辑参数直接
提供给 if/else 语句中的条件：

```
> logVector <- function(vec, logIt = FALSE) {
+   if (logIt == TRUE) vec <- log(vec)
+   else vec <- vec
+   vec
+ }
> logVector(1:5)
[1] 1 2 3 4 5
> logVector(1:5, logIt = TRUE)      # 调用函数，第二个参数是 logIt = TRUE
[1] 0.0000000 0.6931472 1.0986123 1.3862944 1.6094379
```

和之前的例子一样，if/else 语句中的 "else" 部分可以删除：

```
> logVector <- function(vec, logIt = FALSE) {
+   if (logIt == TRUE) vec <- log(vec)
+   vec
+ }
> logVector(1:5)
[1] 1 2 3 4 5
```

```
> logVector(1:5, logIt = TRUE)   # 调用函数，第二个参数是 logIt = TRUE
 [1] 0.0000000 0.6931472 1.0986123 1.3862944 1.6094379
```

还可以进一步简化上面的代码。先考虑下面的条件：

➢    如果 logIt 是 TRUE，那么 logIt == TRUE 为真；

➢    如果 logIt 是 FALSE，那么 logIt == TRUE 为假。

由此可知，无论条件得到什么结果，logIt == TRUE 都返回与 logIt 相同的值。因此，可以把条件简化如下：

```
> logVector <- function(vec, logIt = FALSE) {
+   if (logIt) vec <- log(vec)
+   vec
+ }
> logVector(1:5)
[1] 1 2 3 4 5
> logVector(1:5, logIt = TRUE)      # 调用函数，第二个参数是 logIt = TRUE
[1] 0.0000000 0.6931472 1.0986123 1.3862944 1.6094379
```

### 7.3.7  反转逻辑值

使用 all() 函数和 any() 函数可以像下面这样汇总逻辑型向量：

```
> X <- -2:2       # 把 X 设置为-2:2
> X > 0           # X 是否大于 0
[1] FALSE FALSE FALSE TRUE TRUE
> all(X > 0)      # X 中所有的值是否都大于 0
[1] FALSE
> any(X > 0)      # X 中是否有大于 0 的值
[1] TRUE
```

在任意逻辑语句前面使用!符号可以把 TRUE 值反转为 FALSE 值，把 FALSE 值反转为 TRUE 值。如下代码所示：

```
> X <- -2:2       # 把 X 设置为-2:2
> X > 0           # X 是否大于 0
[1] FALSE FALSE FALSE TRUE TRUE
> !(X > 0)        # 反转逻辑值
[1] TRUE TRUE TRUE FALSE FALSE
```

也可以在 all() 函数和 any() 函数前面使用!符号，得到与函数返回值相反的结果：

```
> posOrNeg <- function(X) {
+   if (all(X > 0)) cat("\nAll values of X are greater than 0")
+   if (!all(X > 0)) cat("\nNot all values of X are greater than 0")
+   if (any(X > 0)) cat("\nAt least 1 value of X is greater than 0")
+   if (!any(X > 0)) cat("\nNo values of X are greater than 0")
+ }
> posOrNeg(1:5)                # 所有值均大于 0

All values of X are greater than 0
```

```
At least 1 value of X is greater than 0
> posOrNeg(-2:2)                # 一些值大于 0，一些值小于或等于 0

Not all values of X are greater than 0
At least 1 value of X is greater than 0
> posOrNeg(-(1:5))              # 所有值均小于或等于 0

Not all values of X are greater than 0
No values of X are greater than 0
```

> **注意：换行字符**
>
> 上一个示例的 cat() 函数中使用了 \n 字符，这表明要另起一行。因此，\n 后面的内容将在新的一行开始打印。我们用下面的示例再演示一遍：
>
> ```
> > cat("Hello\nthere")
> Hello
> there
> ```

### 7.3.8 混合条件

到目前为止，所有的示例中都只有一个条件。如果有多个条件，可以用&或|符号把这些条件组合起来。下面的示例仅用于演示这两个符号的用法：

```
> betweenValues <- function(X, Min = 1, Max = 10) {
+   if (X >= Min & X <= Max) cat(paste("X is between", Min, "and", Max))
+   if (X < Min | X > Max) cat(paste("X is NOT between", Min, "and", Max))
+ }
> betweenValues(5)
X is between 1 and 10
> betweenValues(5, Min = -2, Max = 2)
X is NOT between -2 and 2
```

还可以把从来自不同渠道的条件组合起来。考虑下面的示例，把用户传入函数的内容作为条件的一部分组合起来了：

```
> logVector <- function(vec, logIt = FALSE) {
+   if (all(vec > 0) & logIt) vec <- log(vec)
+   vec
+ }
> logVector(1:5, logIt = TRUE)          # 求数据的自然对数
[1] 0.0000000 0.6931472 1.0986123 1.3862944 1.6094379
> logVector(-5:5, logIt = TRUE)            # 未满足第一个条件，不求自然对数
[1] -5 -4 -3 -2 -1 0 1 2 3 4 5
```

### 7.3.9 控制与/或语句

用 "&" 或 "|" 组合多个条件时，每个条件都单独求值，所得的结果都会进行比较。我们用下面的例子来说明：

```
> logVector <- function(vec) {
```

```
+   if (all(vec > 0) & all(log(vec) <= 2)) cat("Numbers in range")
+   else cat("Numbers not in range")
+ }
> logVector(1:10)          # 提供的有些值的自然对数大于 2
Numbers not in range
> logVector(1:5)           # 提供的所有值都在值域范围内
Numbers in range
```

两个条件判断的执行流程如下所示：

➤   对 all(vec > 0) 语句求值，结果是 TRUE；

➤   对 all(log(vec) <= 2) 语句求值，结果也是 TRUE；

➤   比较两条语句的结果：TRUE&TRUE = TRUE。

现在，考虑下面的示例：

```
> logVector(-2:2)
Numbers not in range
Warning message:
In log(vec) : NaNs produced
```

上面的示例返回了一个值（"Numbers not in range"）和一条警告消息。对两个条件进行求值和比较后，生成了这条消息。第一个条件返回 FALSE，但是第二个条件导致生成了一条警告消息。因为 logVector() 函数试图计算负数的自然对数，这在数学中是不可能的。

可以使用 "&" 或 | 操作符的 "控制" 版本来解决这些问题。即，用 "&&" 或 "||" 符号构造 "控制的" 与/或语句。这将改变函数内部的执行流程，如果第一个条件为假，则不再对第二个条件求值。接下来，我们用 "&&" 符号更新 logVector() 函数：

```
> logVector <- function(vec) {
+   if (all(vec > 0) && all(log(vec) <= 2)) cat("Numbers in range")
+   else cat("Numbers not in range")
+ }
> logVector(-2:2)
Numbers not in range
```

从上面的输出可以看到，把 "&" 替换成 "&&" 后，就没有警告消息了。现在，控制的代码执行流程如下所示。

➤   对 all(vec > 0) 语句求值，结果是 FALSE。

➤   因为第一个条件为 FALSE，整个语句必为 FALSE，所以不用对第二个条件求值就返回 FALSE 值。

## 7.3.10  提前返回

在 7.2.4 节中讲过，函数生成的返回值是对最后一行代码解析的结果。考虑下面的例子：

```
> verboseFunction <- function(X) {
+   if (all(X > 0)) output <- X      # 如果 X 的所有值都大于 0，则把输出设置为 X
```

```
+   else {
+     X [ X <= 0 ] <- 0.1              # 把所有小于或等于 0 的值都设置为 0.1
+     output <- log(X)                 # 求 X 的自然对数，把结果作为输出
+   }
+   output                             # 返回输出的值
+ }
> verboseFunction(-2:2)               # 调用函数
 [1] -2.3025851 -2.3025851 -2.3025851 0.0000000 0.6931472
```

如果 X 的所有值都大于 0，就把输出设置为 X。此时（即函数体的第一行）我们已经知道需要从函数返回的值了。如果希望在函数结束之前返回，可以使用 return() 函数强制执行。于是，我们重写上面的函数：

```
> verboseFunction <- function(X) {
+   if (all(X > 0)) return(X)         # 如果 X 的所有值均大于 0，则提前返回
+
+     # 如果不提前返回就继续执行
+     X [ X <= 0 ] <- 0.1             # 把所有小于或等于 0 的值都设置为 0.1
+     log(X)                          # 返回 X 值的自然对数
+ }
> verboseFunction(-2:2)
 [1] -2.3025851 -2.3025851 -2.3025851 0.0000000 0.6931472
```

这样做能清楚地指明，在函数中满足某些条件时，结果在何处提前返回，提高了代码的可读性。

### 7.3.11　示例

到目前为止，本章给出的所有示例都非常简单（而且也没什么实际的用途）。这些简单的例子有助于把注意力集中在 R 函数的基本语法上。在练好基本功后，我们来看一个更加复杂且更实用的示例，顺便复习一下本章所学的内容。

下面的函数对一个数值型对象进行了汇总，计算了各种统计量：

```
> summaryFun <- function(vec, digits = 3) {
+   N <- length(vec)                           # 计算"vec"中有多少个值
+   if (N == 0) return(NULL)                    # 如果"vec"中没有元素，则返回 NULL
+
+   testMissing <- is.na(vec)                   # 查找缺失值
+   if (all(testMissing)) {
+     output <- c( N = N, nMissing = N, pMissing = 100)
+     return(output)                            # 如果全都是缺失值，返回简单汇总
+   }
+
+   nMiss <- sum(testMissing)                   # 计算缺失值的数量
+   pMiss <- 100 * nMiss / N                    # 计算缺失值的百分比
+   vec <- vec [ !testMissing ]                 # 移除向量中的缺失值
+   someStats <- c(Mean = mean(vec), Median = median(vec), SD = sd(vec),
+       Min = min(vec), Max = max(vec))         # 计算不同的统计量
+
+   output <- c(someStats, N = N, nMissing = nMiss, pMissing = pMiss)
```

```
+    round(output, digits = digits)
+ }

> summaryFun(c())                              # 空向量
NULL
> summaryFun(rep(NA, 10))                      # 缺失值向量
      N nMissing pMissing
     10       10      100
> summaryFun(1:10)                             # 基本数值型向量
   Mean  Median      SD    Min     Max       N nMissing pMissing
  5.500   5.500   3.028  1.000  10.000  10.000    0.000    0.000
> summaryFun(airquality$Ozone)                # 内含缺失值的向量
   Mean  Median      SD    Min     Max       N nMissing pMissing
 42.129  31.500  32.988  1.000 168.000 153.000   37.000   24.183
```

## 7.4　本章小结

　　本章介绍了 R 函数的基本结构，讲解了如何创建自定义的简单函数。特别介绍了如何指定函数的输入，定义函数用输入"做"什么，以及如何从函数返回结果。除此之外，还介绍了 if/else 结构，这种结构很方便控制函数内部的执行流程。

## 7.5　本章答疑

　　**问**：**在 R 中，函数的命名有什么约定？**

　　**答**：在 R 的历史中，曾经有许多不同的命名约定。当前的命名约定（也是本章遵循的）是以小写字母开头，采用驼峰式规则（如 myFunction）。不过，R 对函数应该如何命名并没有具体的规定。

　　**问**：**如何加载和共享自己编写的函数？**

　　**答**：函数也是 R 对象。所以，在创建函数时，这些函数存在于当前会话的工作空间中。如果保存这个工作空间并在相同的工作目录中重新启动，你的函数（和其他）对象应该都还在。如果想把这些函数共享给其他用户，或者在其他项目中复用你的函数，可以这样做：

　　➢　把函数定义保存为脚本，然后在其他会话中打开并重新执行这些函数。

　　➢　把函数保存在自己的"包"中，这些包可以被加载进 R，以实现共享（第 19 章将详述相关内容）。

　　**问**：**是否可以"全局赋值"局部变量，使其稍后还能可见？**

　　**答**：可以。使用 assign() 函数就行。但是，不推荐这样做。我们建议用户应使用本章介绍的方式返回结果。

　　**问**：**cat() 函数和 print() 函数有何区别？**

　　**答**：为了演示函数的执行流程，本章在 if/else 语句中多次使用了 cat() 函数。该函数

只打印对象的值，不打印对象的结构。print()函数打印对象的值和结构。代码如下所示：

```
> cat("Hello")
Hello
> print("Hello")
[1] "Hello"
```

**问**：缺失值如何影响"条件"？

**答**：如果条件是一个缺失值，会返回一条错误消息：

```
> testMissing <- function(X) {
+   if (X > 0) cat("Success")
+ }
> testMissing(NA)
Error in if (X > 0) cat("Success") :
  missing value where TRUE/FALSE needed
```

如果把内含缺失值的条件传给 all()函数，返回的结果也是 NA。这将导致生成一个错误消息（因为不知道是否"所有的"条件都满足）：

```
> allMissings <- rep(NA, 5)          # 全是缺失值
> someMissings <- c(NA, 1:4)         # 有一些是缺失值
> all(allMissings > 0)
[1] NA
> all(someMissings > 0)
[1] NA
```

如果传给 any()函数的都是缺失值，那么返回的结果也是 NA；如果把一个并不是所有值都是缺失值的向量传给 any()函数，就会返回 TRUE。因为该向量也算是满足了一些条件：

```
> any(allMissings > 0)
[1] NA
> any(someMissings > 0)
[1] TRUE
```

## 7.6 课后研习

课后研习包含"随堂测验"和"答案"两部分，旨在帮助读者巩固本章所学知识。请读者先尝试回答"随堂测验"中的所有问题，再看后面的"答案"。

**随堂测验**：

1. 如何为函数指定默认输入？

2. 执行下面的代码后，result1 对象中储存的值是什么？

```
> qaFun <- function(X) {
+   addOne <- X + 1
+   minusOne <- X - 1
+   addOne
+   minusOne
+ }
```

```
> result1 <- qaFun(1)
```

3. 执行下面的代码后，result2 对象中储存的值是什么？

```
> qaFun <- function(X) {
+     addOne <- X + 1
+     minusOne <- X - 1
+     c(ADD = addOne, MINUS = minusOne)
+ }
> result2 <- qaFun(1)
```

4. if/else 语句中的"条件"将返回什么对象？

5. all(X > 0) 和 !all(x > 0) 的区别是什么？

6. 条件中的 & 和 && 有什么区别？

7. 要提前返回一个对象（即在执行完函数之前）需要使用什么函数？

**答案：**

1. 用 = 在输入语句中直接指定默认值即可（例如，function(x = 1)）。

2. result1 对象的值是 0，因为只有最后一行被返回（即 minusOne 的值，由 X - 1 = 0 创建）。

3. rusult2 对象储存的是长度为 2 的向量，内含 2 和 0 两个值。向量中的两个元素名分别是 ADD 和 MINUS。

4. 条件应该返回一个逻辑值。如果返回多个逻辑值，会发生意想不到的行为。

5. 如果所有的 X 值都大于 0（且没有缺失值），all() 函数就返回 TRUE 值。!all 的前缀 ! 能反转逻辑值，所以如果 X "并非所有"的值都大于 0（也就是说，至少有一个小于或等于 0），!all() 将返回 TRUE。

6. 如果使用 &，其两侧的条件都会被求值，且进行比较，看是否同时满足这两个条件。因此，如果是 test1 & test2，那么 test1 和 test2 都会被求值，然后进行比较。如果使用 &&（例如，test1 && test2），那么第一个条件（test1）被求值，只有在第一个条件为 TRUE 时才会对第二个条件（test2）求值。

7. 可以使用 return() 函数在函数调用中提前返回一个结果。

## 7.7　补充练习

1. 创建一个接受两个输入（X 和 Y）的函数，返回 X+Y 的值。通过调用有 X 和 Y 输入的函数测试你的函数。

2. 更新你的函数，给 Y 赋一个默认值。通过调用只有一个 X 输入的函数来测试已更新的函数，然后尝试为 Y 指定一个值。

3. 创建一个名为 firstLast 的函数，接受一个向量，并返回向量的第一个和最后一个值。测试你的函数。

4. 更新 firstLast() 函数，如果向量输入只有一个值（也就是说，向量的长度是 1），就只返回一个值。

5. 更新 firstLast() 函数，如果向量的所有值都小于 0，则向用户打印一条消息说明情况。

6. 更新 firstLast() 函数，如果向量中有缺失值，把第一个值、最后一个值和缺失值的数量返回给用户。

# 第8章

# 编写函数：第二部分

本章要点：

> ➢ 如何检查函数输入是否合适
>
> ➢ 如何从函数返回错误和警告
>
> ➢ 如何使用函数"省略号"

本章将进一步探讨编写函数的一些高级主题，如返回错误消息、检查函数的输入是否正确，以及如何使用函数"省略号"。

## 8.1 错误和警告

函数偶尔会向用户返回错误消息或警告消息，通知用户发生了意外，而且对函数的执行产生了一些影响（例如，导致函数停止处理或者在某些假设的前提下继续执行）。

首先，我们考虑一个简单的函数。下面的示例会出现意想不到的行为：

```
> logRange <- function(X) {
+   logX <- log(X)               # 求 X 的自然对数
+   round(range(logX), 2)        # 返回已四舍五入的值域
+ }
> logRange(1:5)                  # 输入的数据都是正整数
[1] 0.00 1.61
> logRange(-2:2)                 # 输入的数据有正整数和负整数
[1] NaN NaN
Warning message:
In log(X) : NaNs produced
```

给 logRange() 函数传入正整数时，函数运行正常。然而，传入负整数时，该函数会导致意外的行为：返回了两个 NaN 值和生成一条警告消息。

> **By the Way**

> **注意：添加 na.rm 参数**
>
> 我们可以通过移除缺失值（用 is.na() 函数）或者计算没有缺失值的值域（使用 range() 函数，并将参数 na.rm 设置为 TRUE）来改进这个函数。然而，我们特意用错误和警告消息演示 R 的这些行为。

## 8.1.1 错误消息

如果在传入的数据中发现了负整数，则返回一条错误消息，并停止执行函数。我们可以用 stop() 函数，接收一条返回的错误消息：

```
> logRange <- function(X) {
+   stop("Negative Values found!")          # 返回一条错误消息
+   logX <- log(X)                          # 求 X 的自然对数
+   round(range(logX), 2)                   # 返回已四舍五入的值域
+ }
> logRange(1:5)                             # 输入的数据都是正整数
Error in logRange(1:5) : Negative Values found!
> logRange(-2:2)                            # 输入的数据有正整数和负整数
Error in logRange(-2:2) : Negative Values found!
```

直接添加 stop() 函数的结果是，无论传入什么数据，都向用户返回一条错误消息。接下来，我们用第 7 章学到的 is/else 结构，让 logRange() 函数在满足特定条件时才返回错误消息：

```
> logRange <- function(X) {
+   if (any(X <= 0)) stop("Negative Values found!")
+   logX <- log(X)                          # 求 X 的自然对数
+   round(range(logX), 2)                   # 返回已四舍五入的值域
+ }
> logRange(1:5)                             # 输入的数据都是正整数
[1] 0.00 1.61
> logRange(-2:2)                            # 输入的数据有正整数和负整数
Error in logRange(-2:2) : Negative Values found!
```

现在，只有当 X 中的值小于或等于 0 时才会返回错误消息。这样，只会在需要引起用户注意的情况下才生成消息，而不是什么情况都生成消息。注意到，logRange() 函数一旦发现 x <= 0 就会停止执行，而且没有返回值。我们可以用 cat() 函数来进一步核实是否和我们的分析一致：

```
> logRange <- function(X) {
+   if (any(X <= 0)) stop("Negative Values found!")
+   cat("Made it this far!!\n")
+   logX <- log(X)                          # 求 X 的自然对数
+   round(range(logX), 2)                   # 返回已四舍五入的值域
+ }
> logRange(1:5)                             # 输入的数据都是正整数
Made it this far!!
[1] 0.00 1.61
> logRange(-2:2)                            # 输入的数据有正整数和负整数
```

```
Error in logRange(-2:2) : Negative Values found!
```

## 8.1.2 警告消息

上一个示例中，在满足特定条件的前提下（即有负值出现）停止了函数的执行流程。有时，我们希望先警告用户出了状况，通知用户如何继续，然后执行函数的剩余部分。比如，希望函数检查是否有负值，如果有的话，就进行以下操作：

➢ 移除负值；

➢ 通知用户已经移除负值，并继续执行。

我们用 warning() 函数替换 stop() 函数，接收一条要显示给用户的消息：

```
> logRange <- function(X) {
+   if (any(X <= 0)) {
+     warning("Some values were <= 0. We will remove them")
+     X <- X [ X > 0 ]
+   }
+   logX <- log(X)                  # 求 X 的自然对数
+   round(range(logX), 2)           # 返回已四舍五入的值域
+ }
> logRange(1:5)                     # 输入的数据都是正整数
[1] 0.00 1.61
> logRange(-2:2)                    # 输入的数据有正整数和负整数
[1] 0.00 0.69
Warning message:
In logRange(-2:2) : Some values were <= 0. We will remove them
```

注意上例中传入的两个实例，logRange() 函数都继续执行并返回结果。只不过，发现传入负整数时会向用户生成一条警告消息。

我们可以进一步拓展这个例子，通知用户移除了多少个值：

```
> logRange <- function(X) {
+   lessTest <- X <= 0              # 测试值 <= 0
+   if (any(lessTest)) {
+     nLess <- sum(lessTest)        # 有多少个值
+     outMessage <- paste(nLess, "values were <= 0. We will remove them")
+     warning(outMessage)
+     X <- X [ X > 0 ]
+   }
+   logX <- log(X)                  # 求 X 的自然对数
+   round(range(logX), 2)           # 返回已四舍五入的值域
+ }
> logRange(1:5)                     # 输入的数据都是正整数
[1] 0.00 1.61
> logRange(-2:2)                    # 输入的数据有正整数和负整数
[1] 0.00 0.69
Warning message:
In logRange(-2:2) : 3 values were <= 0. We will remove them
```

如果输入的数据全部是负数，那么在移除所有负数后应该返回错误消息，并停止执行。所以，可以继续改进 logRange() 函数，把处理"错误"和"警告"的方法结合在一起，让函数能根据不同的输入情况生成不同的消息：

```
> logRange <- function(X) {
+   lessTest <- X <= 0       # 测试传入的数据是否小于或等于 0，如果小于或等于 0，返回
                             # TRUE；否则，返回 FALSE（lessTest 是逻辑型向量）
+   if (all(lessTest)) stop("All values are <= 0")  # 如果传入的值全都小于或等
                                                     # 于 0，就停止执行
+   if (any(lessTest)) {
+     nLess <- sum(lessTest)         # 计算有多少个值
+     outMessage <- paste(nLess, "values were <= 0. We will remove them")
+     warning(outMessage)
+     X <- X [ X > 0 ]
+   }
+   logX <- log(X)                   # 求 X 的自然对数
+   round(range(logX), 2)            # 返回已四舍五入的值域
+ }
> logRange(1:5)                      # 输入的数据都是正整数
[1] 0.00 1.61
> logRange(-2:2)                     # 输入的数据有正整数和负整数
[1] 0.00 0.69
Warning message:
In logRange(-2:2) : 3 values were <= 0. We will remove them
> logRange(-(1:5))                   # 所有的输入都是负数
Error in logRange(-(1:5)) : All values are <= 0
```

> **警告：缺失值**
>
> 在前面的示例中没有考虑传入数据有缺失值的情况，我们把这个问题留到 8.2 节讨论。

## 8.2 检查输入

在上一个示例中，我们检查了 X 的值是否小于或等于 0，并通过错误消息或警告消息把出现的状况告知用户。其实这个示例中，我们假定了给函数输入的是数值对象。考虑一下，如果给 logRange() 函数传入一个字符向量会怎样：

```
> logRange <- function(X) {
+   if (any(X <= 0)) stop("Negative Values found!")
+   logX <- log(X)             # 求 X 的自然对数
+   round(range(logX), 2)      # 返回已四舍五入的值域
+ }
> logRange(LETTERS)           # 字符向量
Error in log(X) : non-numeric argument to mathematical function
```

由于我们经常编写函数来处理特定类型的数据结构，因此，最好能在函数开始时检查传入的数据类型是否与函数期望的类型相匹配。为此，R 提供了大量以"is."开头的函数：

```
> apropos("^is\\.")          # 显示所有以"is."开头的对象
 [1] "is.array"      "is.atomic"              "is.call"
```

```
  [4] "is.character"        "is.complex"        "is.data.frame"
  [7] "is.double"           "is.element"        "is.empty.model"
 [10] "is.environment"      "is.expression"     "is.factor"
 [13] "is.finite"           "is.function"       "is.infinite"
 [16] "is.integer"          "is.language"       "is.leaf"
 [19] "is.list"             "is.loaded"         "is.logical"
 [22] "is.matrix"           "is.mts"            "is.na"
...
```

"is." 函数接收一个对象,根据该对象是否与测试的模式或类相匹配,返回 TRUE 或 FALSE 值。我们来看一些例子:

```
> letters                     # 字母向量
[1] "a" "b" "c" "d" "e" "f" "g" "h" "i" "j" "k" "l" "m" "n" "o"
[16] "p" "q" "r" "s" "t" "u" "v" "w" "x" "y" "z"
> mode(letters)               # 字符型向量
[1] "character"
> is.vector(letters)          # 是否是向量
[1] TRUE
> is.character(letters)       # 是否是字符
[1] TRUE
> is.matrix(letters)          # 是否是矩阵
[1] FALSE
> is.numeric(letters)         # 是否是数值
[1] FALSE
```

我们可以在函数继续执行之前,用这些函数检查输入的模式或类:

```
> logRange <- function(X) {
+   if (!is.numeric(X) | !is.vector(X)) stop("Need a numeric vector!")
+   if (any(X <= 0)) stop("Negative Values found!")
+   logX <- log(X)                # 求 X 的自然对数
+   round(range(logX), 2)         # 返回已四舍五入的值域
+ }
> logRange(1:10)                  # 输入数值向量
[1] 0.0 2.3
> logRange(LETTERS)               # 输入字符向量
Error in logRange(LETTERS) : Need a numeric vector!
> logRange(airquality)            # 输入数据框
Error in logRange(airquality) : Need a numeric vector!
```

> **注意: 转换对象**  *By the Way*
>
> 　　除了 "is." 函数用于检查对象的模式和类之外,还有一套 "as." 函数可以把对象从一种模式/类转换为另一种。下面举例说明:
>
> ```
> > charNums <- c("1.65", "2.03", "9.88", "3.51") # 创建字符向量
> > charNums
> [1] "1.65" "2.03" "9.88" "3.51"
> > is.numeric(charNums)                          # 是否是数值
> [1] FALSE
> > convertNums <- as.numeric(charNums)           # 转换为数值
> > is.numeric(convertNums)                       # 现在是否是数值
> [1] TRUE
> ```

```
> is.matrix(convertNums)                  # 是否是矩阵
[1] FALSE
> matNums <- as.matrix(convertNums)       # 转换为矩阵
> is.matrix(matNums)                       # 现在是否是矩阵
[1] TRUE
> matNums                                  # 打印该矩阵
     [,1]
[1,] 1.65
[2,] 2.03
[3,] 9.88
[4,] 3.51
```

## 8.3　省略号

在 6.1 节中提到，可以用 args() 函数来检查函数的输入。考虑两个函数：runif() 函数（用于创建服从均匀分布的样本）和 paste() 函数（用于组合字符串）。我们先使用 runif() 函数：

```
> args(runif)                            # 查看 runif() 函数的参数
function (n, min = 0, max = 1)
NULL
> runif(n = 10, min = 1, max = 100)      # 调用 runif() 函数
 [1] 84.95420 51.39096 66.54084 91.43757 88.51552 66.70264 45.44668
 [8] 19.76205 82.41349 36.74277
```

如上代码所示，我们指定了 n、min 和 max 这 3 个参数来生成一些随机数字。接下来，使用 paste() 函数：

```
> fruits <- c("apples", "bananas", "pears", "peaches")
> paste("I like", fruits[1])
[1] "I like apples"
> paste("I like", fruits[1], "and", fruits[2])
[1] "I like apples and bananas"
> paste("I like", fruits[1], "and", fruits[2], "and", fruits[3])
[1] "I like apples and bananas and pears"
> paste("I like",fruits[1],"and",fruits[2],"and",fruits[3],"and",fruits[4])
[1] "I like apples and bananas and pears and peaches"
```

如上代码所示，paste() 函数可以接收任意数量的输入，并将其简单地"粘贴"在一起。既然 paste() 函数能接收"任意数量的输入"，那么它的参数是什么样的？不妨来看一下：

```
> args(paste)
function (..., sep = " ", collapse = NULL)
NULL
```

paste() 函数的第一个参数是"..."，这是"省略号"。这里的省略号是指"一个或更多的输入"，该函数的帮助文件中描述了如何处理这些输入。paste() 函数帮助文件中的参数部分，如下所示。

- ...：一个或多个对象，将被转换为字符向量。
- sep：用于分隔各项的字符串，不能是 NA_character_。
- collapse：用于分隔结果的可选字符串，不能是 NA_character_。

因此，我们可以在省略号的位置传入"一个或多个 R 对象"。

## 8.3.1 使用省略号

要在我们的函数定义中使用省略号，就要先在函数的参数中指定它，然后指定输入被传入函数体后又被传到哪里。考虑下面的示例，允许用户生成服从特定分布（三者选一）的随机样本：

```
> genRandoms <- function(N, dist, mean = 0, sd = 1, lambda, min, max) {
+    switch(dist,
+      "norm" = rnorm(N, mean = mean, sd = sd),
+      "pois" = rpois(N, lambda = lambda),
+      "unif" = runif(N, min = min, max = max))
+ }
> genRandoms(10, "norm", mean = 5)
 [1]   4.071533 5.212119 5.610405 6.527552 4.519315 4.333632 4.518676
 [8]   5.242985 3.050987 5.969838
> genRandoms(10, "unif", min = 1, max = 10)
 [1]   2.830932 8.213797 5.294915 1.089826 4.190719 9.482410 2.877680
 [8]   1.398005 9.294324 9.313718
```

本例中，我们定义的许多参数同时也是分布函数的参数（mean、sd、lambda、min 和 max），然后用诸如 mean = mean、sd = sd 这样的语法，把它们直接传递给分布函数。

除了用这种方式定义输入，还可以用省略号来定义，如下所示：

```
> genRandoms <- function(N, dist, ...) {
+    switch(dist,
+           "norm" = rnorm(N, ...),
+           "pois" = rpois(N, ...),
+           "unif" = runif(N, ...))
+ }
> genRandoms(10, "norm", mean = 5)
 [1]   4.812319 4.330495 5.369091 4.205875 5.072567 4.029603 5.116522
 [8]   4.163062 6.231766 5.481158
> genRandoms(10, "unif", min = 1, max = 10)
 [1]   2.141485 5.552706 5.114769 2.800839 9.396432 8.006636 3.249285
 [8]   7.320116 4.525931 9.238757
```

**提示：切换流**
上一个示例中使用了 switch() 函数，该函数有许多不同的执行流程，会根据传入的内容来匹配。详见帮助文件（?switch）。

## 8.3.2 用省略号传递图形参数

接下来，我们看几个使用省略号的图形函数示例。hist()函数（稍后用在示例中）可以生成一个简单的直方图，hist()函数的 col 和 main 两个参数分别控制图形的颜色和主标题。接下来，我们用 1000 个服从正态分布的样本生成一个直方图，其输出如图 8.1 所示。

```
> hist(rnorm(1000), main = "Nice Red Histogram", col = "red")
```

图 8.1

服从正态分布样本
的直方图

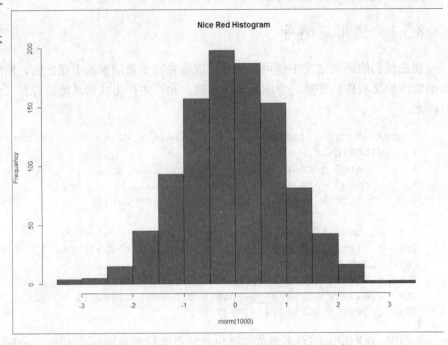

注意：**图形**

By the Way

我们将在第 13 章介绍一些像 hist() 函数这样的用于创建图形的函数。不过，本章用这些函数来演示函数省略号的用法也很不错。鉴于此，读者在学习本节时不用在意图形函数的用法，主要关注省略号的用法。

现在，我们用 args() 函数来查看一下 hist() 函数的参数：

```
> args(hist)
function (x, ...)
NULL
```

查看 hist() 函数的帮助文件可知，col 和 main 两个参数是通过省略号传入的，被认为是"传入用于绘制直方图的其他图形参数"。

如果想创建一个绘制特定图形的函数，可以用相同的方式，通过省略号来传入图形参数。考虑下面的示例，我们定义了一个 histFun() 函数，创建一个直方图，并且在中位数位置添加一条垂线（可选）。该函数的输出如图 8.2 所示。

```
> histFun <- function(X, addLine = TRUE, col = "lightblue", main = "Histogram"){
+     hist(X, col = col, main = main)
+     if (addLine) abline(v = median(X), lwd = 2)
+ }
> histFun(rnorm(1000), main = "New Title")
```

虽然用这种方式可以表示许多图形参数，但是我们必须在用户传入图形参数之前就定义好它们。如果遗漏了一些参数，用户在使用过程中就会出问题。省略号能很好地解决这个问题。在下面的示例中，我们改进了 hitFun() 函数，在参数列表中添加了省略号，然后把那些输入直接传递给 hist() 函数。该例的输出如图 8.3 所示。

```
> histFun <- function(X, addLine = TRUE, ...) {
+   hist(X, ...)
+   if (addLine) abline(v = median(X), lwd = 2)
+ }
> histFun(rnorm(1000), col = "plum", xlab = "X AXIS LABEL")
```

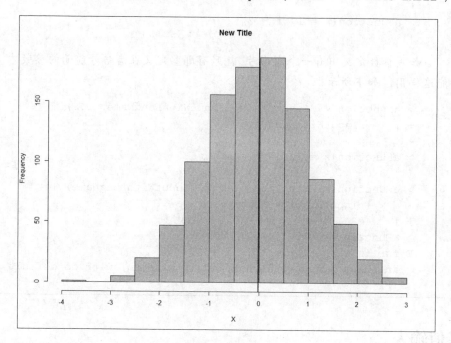

图 8.2

histFun() 函数的输出：服从正态分布样本的直方图

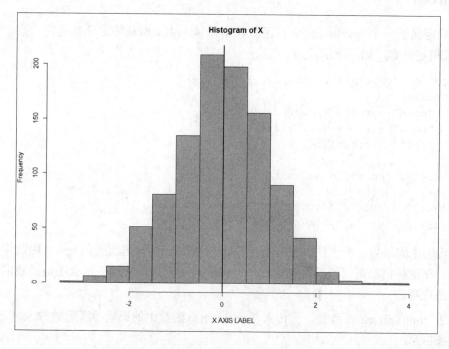

图 8.3

histFun() 创建的紫红色直方图

**警告：懒惰的参数调用方式**

Watch
Out!

在 4.2.9 节中提到过$的懒惰引用。与此类似，像下面这样调用函数时不写出参数的全名也可以：

```
> aFunction <- function(x, inputWithLongName) {
+    x + inputWithLongName
+ }
> aFunction(x = 1, i = 2)
[1] 3
```

如果参数定义中有一个省略号，就只有那些定义在省略号前面的参数才能这样用，如下所示：

```
> aFunction <- function(x, inputWithLongName, ...) {
+    x + inputWithLongName
+ }
> aFunction(x = 1, i = 2)
[1] 3
> aFunction <- function(..., x, inputWithLongName) {
+    x + inputWithLongName
+ }
> aFunction(x = 1, i = 2)
Error in aFunction(x = 1, i = 2) :
   argument "inputWithLongName" is missing, with no default
```

## 8.4　检查多值输入

上一节，我们定义了一个 genRandoms() 函数，根据输入生成服从特定分布的随机数。我们用 dist 参数指定分布，如下所示：

```
> genRandoms <- function(N, dist, ...) {
+   switch(dist,
+         "norm" = rnorm(N, ...),
+         "pois" = rpois(N, ...),
+         "unif" = runif(N, ...))
+ }
> genRandoms(10, "norm", mean = 5)
 [1] 4.152562 4.330108 6.580539 5.708272 5.872492 4.533635 4.295672
 [8] 5.654961 3.838976 4.474047
> genRandoms(10, "Normal", mean = 5)
```

注意，上面代码中的最后一个实例，我们指定分布为"Normal"，但是 switch() 函数中没有匹配的选项。在这种情况下，函数没有执行任何任务。这无论是从代码本身还是函数的反馈来看都不是很直观。

我们可以改进 genRandoms() 函数，当传入与 switch() 函数中的选项不匹配的输入时，就给用户显示一条信息：

```
> genRandoms <- function(N, dist, ...) {
```

```
+        switch(dist,
+              "norm" = rnorm(N, ...),
+              "pois" = rpois(N, ...),
+              "unif" = runif(N, ...),
+              stop(paste0("Distribution \"", dist, "\" not recognized")))
+ }
> genRandoms(10, "norm", mean = 5)
  [1] 3.213303 5.564620 4.029048 6.004051 4.965648 3.395951 5.754919
  [8] 5.019788 5.627128 4.528970
> genRandoms(10, "Normal", mean = 5)
Error in genRandoms(10, "Normal", mean = 5) :
  Distribution "Normal" not recognized
```

以上代码生成了一条错误消息，告诉用户"Normal"未识别。除此之外，还可以用 match.arg()函数来处理这种情况。该函数提供一种简洁的检查机制，检查输入是否"有效"。match.arg()函数最简单的用法是，把待匹配项作为第一个参数，把候选匹配向量作为第二个参数：

```
> match.arg("norm", choices = c("norm", "pois", "unif"))
[1] "norm"
> match.arg("NORM", choices = c("norm", "pois", "unif"))
Error in match.arg("NORM", choices = c("norm", "pois", "unif")) :
  'arg' should be one of "norm", "pois", "unif"
```

我们可以把这个函数放入 genRandoms()函数中，检查输入是否有效：

```
> genRandoms <- function(N, dist, ...) {
+   dist <- match.arg(dist, choices = c("norm","pois","unif"))    #检查dist
+   switch(dist,
+          "norm" = rnorm(N, ...),
+          "pois" = rpois(N, ...),
+          "unif" = runif(N, ...))
+ }
> genRandoms(10, "norm", mean = 5)
 [1] 4.503535 4.971087 3.758512 4.580493 6.297477 2.688116 5.637076
 [8] 4.921771 4.408372 4.484797
> genRandoms(10, "Normal", mean = 5)
Error in match.arg(dist, choices = c("norm", "pois", "unif")) :
  'arg' should be one of "norm", "pois", "unif"
```

除了这种方法以外，还可以使用"单参数形式"的 match.arg()函数。我们在 genRandoms()函数的参数列表中为 dist 设置好作为候选项的默认值，根据输入的内容进行匹配：

```
> genRandoms <- function(N, dist = c("norm", "pois", "unif"), ...) {
+   dist <- match.arg(dist)              # 如果传入"dist"输入，则检查其有效性
+   switch(dist,
+          "norm" = rnorm(N, ...),
+          "pois" = rpois(N, ...),
+          "unif" = runif(N, ...))
+ }
> genRandoms(10, "norm", mean = 5)
 [1] 6.243477 4.173172 6.449329 3.768405 5.283295 4.849446 5.190646
 [8] 4.464281 6.497654 3.584767
```

```
> genRandoms(10, "Normal", mean = 5)
Error in match.arg(dist) : 'arg' should be one of "norm", "pois", "unif"
```

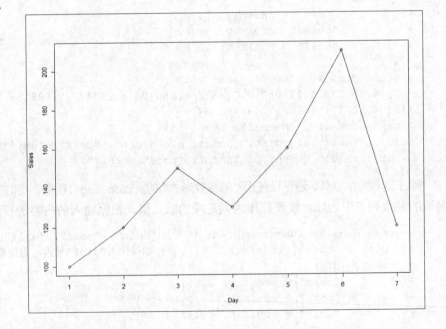

**Did you Know?**

> **提示：巧用 get()函数**
>
> 　　如果感兴趣的话，可以把 genRandoms()函数写得更简洁一些。用 get()函数返回一个函数对象（以字符串作为函数名）。因此，可以重写 genRandoms()函数，如下所示：
>
> ```
> > genRandoms <- function(N, dist = c("norm", "pois", "unif"), ...) {
> +   dist <- match.arg(dist)      # 如果有"dist"输入，检查其有效性
> +   randFun <- get(paste0("r", dist)) # 获得指定的函数[1]
> +   randFun(N, ...)                    # 运行该函数
> + }
> > genRandoms(10, "norm", mean = 5)
>  [1]5.698743 5.463239 6.596608 4.385926 5.288524 6.200866 5.537720
>  [8]3.854999 4.781841 5.588260
> > genRandoms(10, "pois", lambda = 3)
>  [1] 5 3 1 1 2 2 3 2 2 1
> ```

## 8.5　使用输入定义

考虑下面的代码，把两个变量作为散点来绘制。其输出如图 8.4 所示。

```
> Day <- 1:7
> Sales <- c(100, 120, 150, 130, 160, 210, 120)
> plot(Day, Sales, type = "o")
```

图 8.4

Sales 和 Day 的简单线条图

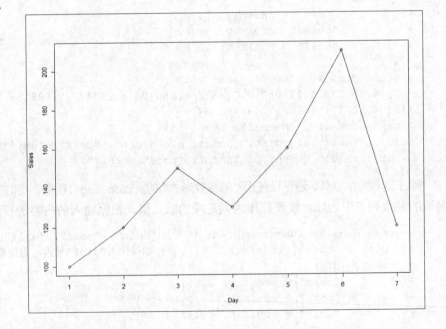

---

1　如果输入的是"norm"，那么 get()函数返回的就是 rnorm()函数对象。　　　　　　——译者注

注意，X 轴的标签是"Day"，Y 轴的标签是"Sales"。这是因为 R 可以访问参数定义，并将用户传入的输入作为轴的标签。用修改后的示例能进一步说明这一点，下面代码的输出结果如图 8.5 所示。

```
> plot(Day - 1, log(Sales), type = "o")
```

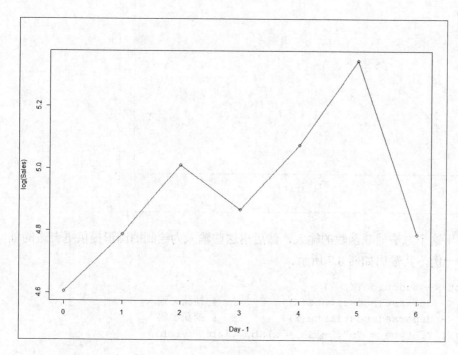

图 8.5

log(Sales)和 "Day−1" 的简单线条图

如图 8.5 所示，X 和 Y 轴的标签都反映了修改后的输出。这种捕获（capture）信息的能力不仅体现在捕获输入值上，还能应用于捕获定义。例如，考虑一下根据 plot() 函数创建一个新的函数，并用新创建的函数创建一个 Sales 数据的图形，如图 8.6 所示。

```
> nicePlot <- function(X, Y) {
+    plot(X, Y, type = "o")
+ }
> nicePlot(Day, Sales)
```

在本例中，plot() 函数使用参数定义中的 X 和 Y 作为轴标签。如果要捕获输入定义（Day 和 Sales）并将其作为轴标签，应该怎么做？

这要用到 substitute() 函数和 deparse() 函数。substitute() 函数执行捕获定义的行为，然后 deparse() 函数将其转换成字符：

```
> x <- 1 + 2                          # 两数相加
> substitute(x <- 1 + 2)              # 捕获输入的内容
x <- 1 + 2
> deparse(substitute(x <- 1 + 2))     # 将捕获的内容转换成字符
[1] "x <- 1 + 2"
```

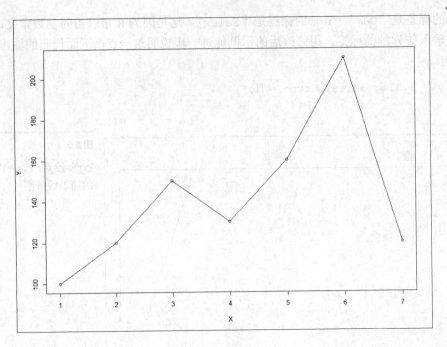

图 8.6

Y 和 X 的简单线条
图

我们可以使用这个方法捕获函数的输入，然后用这些输入为绘制的图形提供更合适的轴标签。下面试举一例，其输出如图 8.7 所示。

```
> nicePlot <- function(X, Y) {
+    xLab <- deparse(substitute(X))        # 捕获 X 输入
+    yLab <- deparse(substitute(Y))        # 捕获 Y 输入
+    plot(X, Y, type = "o", xlab = xLab, ylab = yLab)
+ }
> nicePlot(Day, Sales)
```

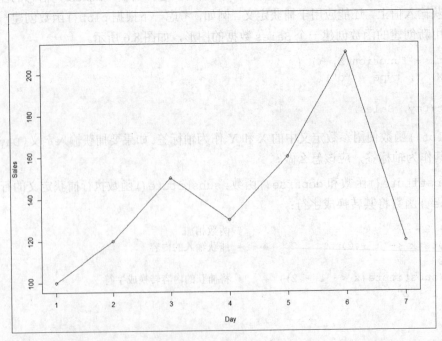

图 8.7

带正确轴标签的
Salse 和 Day 简单
线条图

## 8.6 本章小结

本章我们进一步学习了如何使用 R 函数。特别是，重点介绍了检查函数输入的方法，并在输入有问题时给函数用户提供反馈。下一章，我们将学习如何用循环结构以重复的方式执行任务，以及如何将其扩展到框架层面，用更复杂的方式把函数应用到一些结构中。

## 8.7 本章答疑

**问**：是否可以删除"调用信息"，以简化错误消息？

**答**：在默认情况下，错误消息包含导致生成错误的函数信息。如下面错误消息中包含的"in logFun(-2:2)"：

```
> logFun <- function(X) stop("Your Error Message here!")
> logFun(-2:2)
Error in logFun(-2:2) : Your Error Message here!
```

可以在 stop()函数中添加一个 call.参数（接受一个逻辑值），用于移除错误消息中的调用信息。注意，call.中的句点（.）也是参数名的一部分，该参数可用于 stop()函数和 warning()函数。

```
> logFun <- function(X) stop("Your Error Message here!", call. = F)
> logFun(-2:2)
Error: Your Error Message here!
```

**问**：在打印出函数的基本情况时，有些函数输出的内容中有"**environment**"标签，这是什么标签？

**答**：每个函数（除了底层的基本函数外）都有一个"环境"，函数被创建时就激活了环境。

**问**：何时打印警告消息？

**答**：默认情况下，函数在执行完毕后打印警告消息。所以，警告消息通常出现在输出的最后一行：

```
> addFun <- function(x, y) {
+   warning("This is a warning!")
+   x + y
+ }
> addFun(1, 2)
[1] 3
Warning message:
In addFun(1, 2) : This is a warning!
```

当然，我们也可以在 warning()函数中使用 immediate.参数，让警告消息出现在输出的第一行：

```
> addFun <- function(x, y) {
+   warning("This is a warning!", immediate. = T)
```

```
+   x + y
+ }
> addFun(1, 2)
Warning in addFun(1, 2) : This is a warning!
[1] 3
```

如果想详细了解如何控制警告消息，请查阅 getOption() 函数帮助文件中的 warn 选项。

**问：是否可以在函数体中的多处使用省略号？**

**答：**可以。但是一定要确保省略号中的输入适用于接收输入的函数。

**问：是否可以捕获省略号中包含的输入？**

**答：**可以。用 X <- list(...) 这行代码就能直接捕获输入值，然后用合适的方式处理。下面是一个例子：

```
> getDots <- function(...) {
+   list(...)
+ }
> getDots(1, 2)
[[1]]
[1] 1

[[2]]
[1] 2

> getDots(x = 1, y = 2)
$x
[1] 1

$y
[1] 2
```

## 8.8 课后研习

课后研习包含"随堂测验"和"答案"两部分，旨在帮助读者巩固本章所学知识。请读者先尝试回答"随堂测验"中的所有问题，再看后面的"答案"。

**随堂测验：**

1. stop() 函数和 warning() 函数有什么不同？

2. 如何检查函数的输入是否是字符矩阵？

3. is.data.frame() 和 as.data.frame() 有何区别？

4. 省略号由多少个点组成？

5. 本书介绍的两种使用 match.arg() 函数的方法是什么？

6. substitute() 函数和 deparse() 函数的用途是什么？

**答案：**

1. stop() 函数和 warning() 函数都用于给用户显示消息。其主要的区别是，stop()

函数引起函数执行停止，而 `warning()` 函数在报告警告消息后不妨碍函数继续执行，除非用 `getOption("warn")` 显式控制。

2. 可以用 `is.character & is.matrix` 作为条件。

3. `is.data.frame()` 函数接收一个对象，如果该对象是数据框则返回 `TRUE` 值。`as.data.frame()` 函数接收一个对象，并尝试将其转换成数据框。

4. 省略号由 3 个点组成。

5. 第一种方法是，以待匹配的输入作为 `match.arg()` 的第一个参数，以候选匹配向量作为第二个参数。第二种方法是，使用 `match.arg()` 的单参数模式，只需在输入参数中定义好候选项，然后把输入传递给函数即可。代码如下所示：

```
> genRandoms <- function(N, dist = c("norm", "pois", "unif"), ...) {
+   dist <- match.arg(dist)        # 如果传入"dist" 输入，则检查其有效性
+   dist
+ }
```

6. `substitute()` 函数执行捕获信息的行为，返回传入该函数的字面内容。`deparse()` 函数把 `substitute()` 的输出转换成字符格式。两个函数结合在一起用，可以用合适的（字符）格式访问函数调用的定义：

```
> theCall <- function(x) {
+   deparse(substitute(x))
+ }
> theCall(x = mean(Sales))
[1] "mean(Sales)"
```

## 8.9　补充练习

1. 创建一个函数，接受一个向量输入 X，并返回 X 的平均值和中位数。

2. 改进练习 1 中创建的函数，当 X 中有缺失值时生成一条警告消息。

3. 改进练习 2 中创建的函数，当 X 中没有值时生成一条错误消息。

4. 改进练习 3 中创建的函数，确保 X 是数值型变量，如果不是则返回一条错误消息。

5. 在练习 4 创建的函数中添加一个名为 `funs` 的参数，确保输入是 `mean`、`median`、`sd`、`min` 或 `max`。当调用函数时，将用 `funs` 中定义的匹配函数返回 X 的汇总信息。

6. 查看 `match.arg()` 函数的 `several.ok` 参数。更新练习 5 中创建的函数，使其能返回多项汇总（即 `funs` 的多个值）。

7. 更新练习 6 中创建函数，在返回汇总信息之前用 `cat()` 函数打印 X 的定义（即用于定义 X 输入的函数调用）。

# 第 9 章

# 循环和汇总

本章要点：

> ➤ 如何在 R 中执行迭代 "循环" 技术
> ➤ 如何对复杂的数据结构使用函数
> ➤ 如何根据一个或多个变量计算度量

本章我们将在 "应用" 层面上学习如何编码以及简单函数的用法；学会如何用简洁有效的方式对数据执行重复的操作。

## 9.1 重复的任务

想象一下，如果要多次执行相同的任务，比如，处理数据集 df 中的每一行。我们先创建一个简单的函数 performAction()，然后编写一些冗长的 R 脚本：

```
> performAction(df[1,]) # 处理第 1 行
> performAction(df[2,]) # 处理第 2 行
> performAction(df[3,]) # 处理第 3 行
> performAction(df[4,]) # 处理第 4 行
...
```

照这样下去，会写出大量脚本，而且很难管理。例如，如果要更改函数名称，就要更改若干次。这种形式的代码也完全没有体现代码的重复利用，为数据集中的每一行都指定一次调用，如果在不同的数据结构中应用这种代码，那行数可能会相同。

我们可以用 "循环" 来代替这种超级繁琐的编码方式。

### 9.1.1 循环

循环（loop）是一种以重复的方式执行相同任务的编程结构。R 中有两种循环类型：for

循环和 while 循环。

### 1．什么是 for 循环

for 循环对一组预先设定的输入的每一项执行相同的任务。假设有一包薯片，里面有 100 片，我们决定把它们全部吃掉，每次吃一片。那么，for 循环的结构应该是：

> 对 100 片薯片中的每一片都进行这样的操作：
>> 把手伸进包装袋
>> 拿出一片薯片
>> 吃这片薯片

这是一个简单的重复模式。但是，一定要提前指定需要迭代的具体内容。比如，如果不知道包装袋中薯片的确切数量，就不能使用这种方法。

### 2．什么是 while 循环

与 for 循环不同的是，while 循环是在满足一定条件之前重复执行相同的任务。假设我们同样要吃光一包薯片，可以这样编写 while 循环：

> 当袋子里还有薯片时：
>> 把手伸进袋子里
>> 拿出一片薯片
>> 吃这片薯片

这是一个简单的结构，其处理过程也非常符合我们吃薯片的实际情况。然而，可以确定的是，没人会递给我们一包吃不完的薯片，否则我们就无法"离开"吃薯片这个循环，一直吃下去。

## 9.1.2　for 循环

在 R 语言中，for 循环的结构如下所示：

```
for (variable in set_of_values) {
  # 执行的具体操作
}
```

已定义的 *variable* 将迭代地使用 set_of_values 中的每一个值，然后 for 循环的主体执行具体的操作。代码如下所示：

```
> for (i in 1:5) {
+   cat("\n Hello")    # 打印 Hello
+ }

  Hello
  Hello
  Hello
  Hello
  Hello
```

这是一个非常简单的示例，i 被依次迭代设置为向量 1:5 中的每个值，然后循环主体中的内容，其结果是打印"Hello"5 次。

> **By the Way**
>
> **注意：使用花括号**
>
> 在本例中，我们用花括号把主体中的代码括起来。与编写函数一样，如果主体中只有一行代码，就可以省略花括号。因此，上面的示例也可以这样写：
>
> ```
> > for (i in 1:10) cat("\n Hello")            # 打印 Hello
> ```
>
> 根据约定，本章将使用花括号。当然这也是良好的编程习惯。

### 1. 使用循环变量

上面的示例中，i 被依次设置为向量 1:5 的每一个值。如果在循环体中使用 i，就能清楚地看到这个过程：

```
> for (i in 1:5) {
+   cat("\n i has been set to the value of", i)
+ }

 i has been set to the value of 1
 i has been set to the value of 2
 i has been set to the value of 3
 i has been set to the value of 4
 i has been set to the value of 5
```

来看一个稍微不同的示例，这次我们用字符代替数字：

```
> for (let in LETTERS[1:5]) {
+   cat("\n The Letter", let)
+ }

 The Letter A
 The Letter B
 The Letter C
 The Letter D
 The Letter E
```

### 2. 通过循环引用数据

循环常用于遍历数据源，在数据中分组执行操作。我们以 R 内部的 airquality 数据集为例，其中包含了 1973 年 5 月～9 月的空气质量监测数据：

```
> head(airquality)
  Ozone  Solar.R  Wind  Temp  Month  Day
1    41      190   7.4    67      5    1
2    36      118   8.0    72      5    2
3    12      149  12.6    74      5    3
4    18      313  11.5    62      5    4
5    NA       NA  14.3    56      5    5
6    28       NA  14.9    66      5    6
```

Month 列储存月份（5 月～9 月，5 表示 5 月，9 表示 9 月）。用 unique() 函数可以生成一组不含重复值的月份值向量：

```
> unique(airquality$Month)
[1]  5  6  7  8  9
```

如果要打印 Ozone 列每个月的平均值怎么做？没有循环，可能要编写类似这样的代码：

```
> # 执行 5 月的汇总
> ozoneValues <- airquality$Ozone [ airquality$Month == 5 ]      # 访问子集
> theMean <- round(mean(ozoneValues, na.rm = TRUE), 2)          # 计算均值
> cat("\n Average Ozone for month 5 =", theMean)                # 打印消息

  Average Ozone for month 5 = 23.62
>
> # 执行 6 月的汇总
> ozoneValues <- airquality$Ozone [ airquality$Month == 6 ]      # 访问子集
> theMean <- round(mean(ozoneValues, na.rm = TRUE), 2)          # 计算均值
> cat("\n Average Ozone for month 6 =", theMean)                # 打印消息

  Average Ozone for month 6 = 29.44
>
> # 打印 7 月的汇总
> ozoneValues <- airquality$Ozone [ airquality$Month == 7 ]      # 访问子集
> theMean <- round(mean(ozoneValues, na.rm = TRUE), 2)          # 计算均值
> cat("\n Average Ozone for month 7 =", theMean)                # 打印消息

  Average Ozone for month 7 = 59.12
```

注意，以上几部分代码中只有 Month 的值不同。我们可以遍历每一个（不重复的）月份值，计算特定月份的汇总，代码如下所示：

```
> for (M in unique(airquality$Month)) {
+   ozoneValues <- airquality$Ozone [ airquality$Month == M ]     # 访问子集
+   theMean <- round(mean(ozoneValues, na.rm=TRUE),2)            # 计算并四舍五入均值

+   cat("\n Average Ozone for month", M, "=", theMean)          # 打印消息
+ }

  Average Ozone for month 5 = 23.62
  Average Ozone for month 6 = 29.44
  Average Ozone for month 7 = 59.12
  Average Ozone for month 8 = 59.96
  Average Ozone for month 9 = 31.45
```

在本例中，遍历了 Month 中不重复的值。我们使用迭代器变量 M 来访问数据集的子集，把每次迭代的结果都储存到 ozoneValues 向量中，然后根据这个向量计算均值并打印结果。

### 3．嵌套循环

在 R 中，可以执行"嵌套"循环操作，遍历多组值。我们再次以 airquality 数据集为例，对其中的子集进行循环操作，不过这次要分别打印每个月 Ozone、Wind 和 Solar.R 列的平均值。我们可以把上面最后一个循环扩展如下：

```
> for (M in unique(airquality$Month)) {
+
+   cat("\n\n Month =", M, "\n =========")               # 打印月份
+   subData <- airquality [ airquality$Month == M, ]      # 访问子集
+
```

```
+    theMean <- round(mean(subData$Ozone, na.rm = TRUE), 2)    # 计算均值
+    cat("\n   Average Ozone =\t", theMean)                     # 打印消息
+
+    theMean <- round(mean(subData$Wind, na.rm = TRUE), 2)      # 计算均值
+    cat("\n   Average Wind =\t", theMean)                      # 打印消息
+
+    theMean <- round(mean(subData$Solar.R, na.rm = TRUE), 2)   # 计算均值
+    cat("\n   Average Solar.R =\t", theMean)                   # 打印消息
+
+ }

Month = 5
=========
  Average Ozone =          23.62
  Average Wind =           11.62
  Average Solar.R =        181.3

Month = 6
=========
  Average Ozone =          29.44
  Average Wind =           10.27
  Average Solar.R =        190.17

Month = 7
=========
  Average Ozone =          59.12
  Average Wind =            8.94
  Average Solar.R =        216.48

Month = 8
=========
  Average Ozone =          59.96
  Average Wind =            8.79
  Average Solar.R =        171.86

Month = 9
=========
  Average Ozone =          31.45
  Average Wind =           10.18
  Average Solar.R =        167.43
```

**Did you Know?**

**提示：制表符**

　　注意，上面的示例中使用了制表符 \t。我们用这种方法在打印文本时插入"制表"符号。例如，它能左对齐打印的均值。如果要右对齐这些值，就要调用 format() 函数，把数值转换成格式化好的字符输出。

接下来，我们不遍历 month 的值了，而是用嵌套循环遍历 Month 中的每一列，代码如下所示：

```
> for (M in unique(airquality$Month)) {
+
+   cat("\n\n Month =", M, "\n =========")           # 打印月份
+   subData <- airquality [ airquality$Month == M, ]  # 访问子集
```

```
+
+    for (column in c("Ozone", "Wind ", "Solar.R")) {        # 遍历各列
+      theMean <- round(mean(subData[[column]],na.rm = TRUE),2)  # 计算均值

+      cat("\n Average", column, "=\t", theMean)             # 打印消息
+    }
+
+ }

Month = 5
=========
  Average Ozone =          23.62
  Average Wind  =  11.62
  Average Solar.R =        181.3

Month = 6
=========
  Average Ozone =          29.44
  Average Wind  =  10.27
  Average Solar.R =        190.17

Month = 7
=========
  Average Ozone =          59.12
  Average Wind  =  8.94
  Average Solar.R =        216.48
Month = 8
=========
  Average Ozone =          59.96
  Average Wind  =  8.79
  Average Solar.R =        171.86

Month = 9
=========
  Average Ozone =          31.45
  Average Wind  =  10.18
  Average Solar.R =        167.43
```

---

**注意：引用列**                                                    *By the Way*

　　注意，我们在上面的示例中使用了双方括号，而不是$。这是因为不能用$来把值参数化，代码如下所示：

```
> airquality$Wind[1:5]          # Wind 列
[1]  7.4 8.0 12.6 11.5 14.3
> airquality$"Wind"[1:5]        # 这没问题
[1]  7.4 8.0 12.6 11.5 14.3
> whichColumn <- "Wind"         # 设置列名
> airquality$whichColumn        # 用列名引用
NULL
```

因此，必须使用第4章介绍的双方括号（或者使用[ ,whichColum]）来表示。

> **By the Way**
>
> **注意：循环的性能**
>
> 我们将在第 18 章中再次讲到循环时探讨循环的性能和效率。

我们并不推荐用本节介绍的方法循环访问数据框，第 12 章将介绍更简单、更有效的方法循环访问数据框的行或列。不过，`for` 循环的概念在程序设计中应用广泛，能有效地减少代码重复，而且方便维护代码。

### 9.1.3　while 循环

在 R 语言中，`while()` 循环的结构如下：

```
while (condition) {
    # 执行的具体操作
}
```

该循环将一直迭代到 condition 不再是 TRUE 为止。当然，如果 condition 一直为 TRUE，while 循环就一直迭代下去，不会停止。所以，我们在使用时要特别谨慎。

下面来看一个简单示例：

```
> index <- 1                    # 把 index 的值设置为 1
> while(index < 6) {
+   cat("\n Hello")             # 打印 Hello
+   index <- index + 1          # 更新 index 的值
+ }

Hello
Hello
Hello
Hello
Hello
```

在该例中，index 的值最初被设置为 1。然后，迭代打印相同的内容，并递增 index。循环继续迭代，直到条件（index < 6）不为真。

我们改进一下打印的内容，就能清楚地看到这一过程：

```
> index <- 1                                            # 把 index 的值设置为 1
> while(index < 6) {
+   cat("\n Setting the value of index from", index)    # 打印消息
+   index <- index + 1                                  # 更新 index 的值
+   cat(" to", index)                                   # 打印消息
+ }

Setting the value of index from 1 to 2
Setting the value of index from 2 to 3
Setting the value of index from 3 to 4
Setting the value of index from 4 to 5
Setting the value of index from 5 to 6
```

## 9.2 "应用"函数家族

R 中绝大部分函数都有简单的关联，而且是专门针对单模式结构设计的。比如，用于计算数值型数据对象（通常是向量）中位数的 median() 函数。我们来看一下该函数的参数和一个简单的示例：

```
> args(median)
function (x, na.rm = FALSE)
NULL
> median( airquality$Wind )        # Wind 列的中位数
[1] 9.7
```

通过 args() 函数可知，median() 函数有两个参数（x 和 na.rm），一个指定计算中位数所需的值，另一个逻辑值指定在计算中位数之前是否要移除缺失值。

如果要用这个函数进行更复杂的操作，应该怎么做？比如要计算：

➢ 矩阵的行或列的中位数

➢ 列表中各元素的中位数

➢ 一个或多个分组变量的每一组中某些变量中位数（如不同年龄组的平均销售额）

本章前面讲过，循环结构提供了一种迭代调用函数的方法（例如，为数据对象的子集调用函数）。但是从前面的示例可以看出，用循环方式所写的代码中，大部分篇幅只是为了引用那些迭代对象中的子集。

其实，R 有一组函数能提供更简洁、更自然的结构，能将待应用的简单函数以更加巧妙的方式应用于数据结构。

### 9.2.1 "应用"函数族

在 R 中，许多函数都可以看作是"应用"函数家族的成员。我们先从"xapply"形式的一组函数开始，x 是一个可替换的字母，相当于占位符。我们用 apropos() 函数查看所有以"apply"结尾的对象：

```
> apropos("^[a-z]?apply$")          # 查找以"apply"结尾的所有对象
[1] "apply"  "eapply"  "lapply"  "mapply"  "rapply"
[6] "sapply"  "tapply"  "vapply"
```

**注意：　"应用"家族中的其他函数**　　　　　　　　　　　　　　*By the Way*

"apply"家族中还包含诸如 by() 和 aggregate() 这样的函数。我们将在第 11 章中介绍 aggregate() 函数，但是不会在本书中涉及 by() 函数。我们有许多更好的方法解决 by() 函数能处理的问题。

**提示：正则表达式**　　　　　　　　　　　　　　　　　　　*Did you Know?*

如 apropos() 调用中所示，R 的正则表达式在查找字符型向量时非常有用。

根据上面的示例，调用 apropos() 函数后返回了 8 个函数，如表 9.1 所示。

表 9.1　"应用"函数组

| 函数名 | 用法 |
| --- | --- |
| apply | 应用函数遍历数组的维度 |
| lapply | 应用函数遍历列表或向量的元素 |
| sapply | 应用函数遍历列表或向量中的元素，然后简化输出 |
| tapply | 将函数应用于一个或多个因子的每个水平的向量 |
| mapply | sapply() 的多元版本 |
| rapply | lapply() 的递归版本 |
| eapply | 应用函数遍历"环境"的具名元素 |
| vapply | 类似于 sapply()，但是提供了第 3 个参数指定返回值的预设类型 |

接下来，主要介绍表 9.1 中所列的前 4 个函数（apply()、lapply()、sapply() 和 tapply()）。

## 9.3　apply() 函数

apply() 函数用于遍历数据对象的维度。该函数接收的输入包括任何有"维度"的对象，例如，矩阵、数据框和数组。apply() 函数的参数情况如下所示：

```
> args(apply)
function (X, MARGIN, FUN, ...)
NULL
```

表 9.2 详细列出了 apply() 函数的参数情况。

表 9.2　apply() 函数的参数

| 参数名 | 描述 |
| --- | --- |
| X | 供函数处理的有维度的数据对象 |
| MARGIN | 需要应用函数遍历的"维度数"（稍后详述） |
| FUN | 待应用的函数 |
| ... | 函数的其他参数 |

### 9.3.1　MARGIN

apply() 函数的第二个参数是 MARGIN，该参数表示应用函数进行遍历的"维度数"[1]，具体内容见表 9.3。

表 9.3　MARGIN 值

| MARGIN 值 | 描述 |
| --- | --- |
| 1 | 结构的行（即第一维） |
| 2 | 结构的列（即第二维） |
| 3 | 第三维（结构至少有三维） |
| 4 | 第四维（结构至少有四维） |
| ... | ... |

---

1　这里的"维度数"是指一维或多维度中的某一个维度。比如，第一个维度用 1 表示，第二个维度用 2 表示，以此类推，而不是表示一维、二维等。——译者注

MARGIN 通常是单个整数值或内含整数值的向量。

> **注意：具名维度**
>
> 如果结构中的维度是有名称的（即具名维度），也可以给 MARGIN 提供字符向量。不过，通常还是提供整数向量。

## 9.3.2 简单的 apply()用例

描述 apply() 函数最好的方式就是举例说明。首先，我们创建一个有维度的结构：

```
> myMat <- matrix(rpois(20, 3), nrow = 4)      # 创建一个简单的矩阵
> myMat                                        # 打印 myMat

     [,1] [,2] [,3] [,4] [,5]
[1,]    5    6    4    2    2
[2,]    1    7    3    1    6
[3,]    2    3    0    3    4
[4,]    2    2    4    3    4
> dim(myMat)                                    # myMat 的维度
[1] 4 5
```

我们首先调用 apply()。在该例中，计算 myMat 矩阵中每列（维度数为 2）的最大值：

```
> apply(myMat, 2, max)          # 每一列的最大值
[1] 5 7 4 3 6
```

得到的结果是一个向量，其中每一个元素都对应每一列的最大值（例如，第二列的最大值是 7）。

> **注意：随机数的使用**
>
> 本节以及后续节中均使用像 rpois() 这样的函数来生成随机样本。由于数据都是随机生成的，所以读者运行相同代码时得到的结果会有所不同。

apply() 函数根据 MARGIN 的值对结构进行"分割"操作，然后对已分割结构的"每一份"应用指定的函数。在该例中，myMat 矩阵被按列分割成 5 列，然后对每一列都应用 max() 函数，如图 9.1 所示。

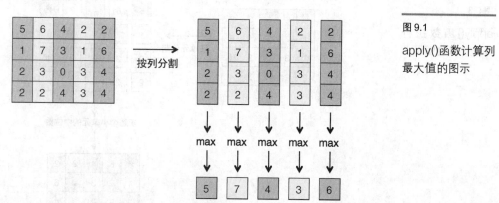

图 9.1

apply()函数计算列最大值的图示

再来看一个简单的示例。这次，我们计算 myMat 矩阵每行（维度数为 1）的最小值：

```
> apply(myMat, 1, min)                 # 每行最小值
[1] 2 1 0 2
```

输出的结果也是一个向量,内含 myMat 矩阵中每行的最小值(例如,第三行的最小值是 0)。这次,apply() 函数把结构按行"分割",然后对结构的每一行都应用 min() 函数,如图 9.2 所示。

图 9.2

apply() 函数计算
行最小值的图示

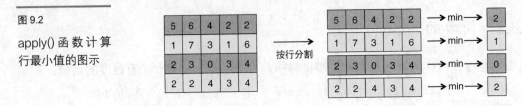

### 9.3.3 使用多个 MARGIN

前面的这些示例中,每次函数调用都只用了一个 MARGIN 值(1 表示行,2 表示列)。当然也可以使用多个值,如下所示:

```
> myMat
     [,1] [,2] [,3] [,4] [,5]
[1,]    5    6    4    2    2
[2,]    1    7    3    1    6
[3,]    2    3    0    3    4
[4,]    2    2    4    3    4

> apply(myMat, c(1, 2), median)       # 按单元分割后求每部分的中位数
     [,1] [,2] [,3] [,4] [,5]
[1,]    5    6    4    2    2
[2,]    1    7    3    1    6
[3,]    2    3    0    3    4
[4,]    2    2    4    3    4
```

本例根据 MARGIN 的值(1 和 2)计算了按单元分割(即按列分割和按行分割后)每部分的中位数。这相当于为矩阵的每个元素求中位数(即 5 的中位数还是 5),然后返回了一个和原来矩阵完全相同的矩阵。这个过程如图 9.3 所示。

图 9.3

apply() 函数执行
单元计算的图示

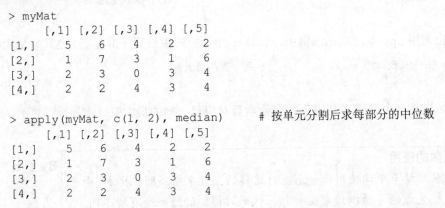

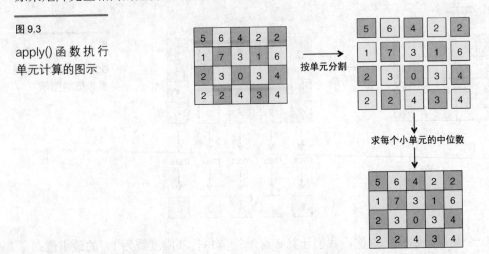

看起来似乎没什么用，但是这进一步演示了 apply() 函数的工作方式。

### 9.3.4 更高维结构使用 apply()

虽然在二维结构（即矩阵或数据框）中使用多个 MARGIN 值没什么作用，但是在处理更高维度的结构时就起作用了。我们创建一个三维数组来说明：

```
> myArray <- array( rpois(18, 3), dim = c(3, 3, 2))    # 创建数组
> myArray                                               # 打印 myArray
, , 1

     [,1] [,2] [,3]
[1,]    2    2    4
[2,]    4    3    1
[3,]    4    1    1

, , 2

     [,1] [,2] [,3]
[1,]    0    6    3
[2,]    4    3    1
[3,]    1    5    1

> dim(myArray)              # myArray 的维度
[1] 3 3 2
```

现在，用 apply() 函数对这个三维结构进行遍历：

```
> apply(myArray, 3, min)
[1] 1 0
```

该例中，apply() 函数根据 MARGIN 参数的值（即维度数为 3），首先把 myArray 数组分割成两个二维结构。然后分别对两个部分调用 min() 函数，如图 9.4 所示。

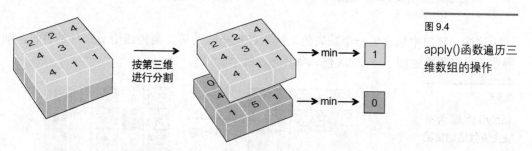

图 9.4

apply()函数遍历三维数组的操作

还可以提供多个 MARGIN 值。例如，给 MARGIN 传入 c(1, 2)，并应用 max() 函数：

```
> apply(myArray, c(1, 2), max)
     [,1] [,2] [,3]
[1,]    2    6    4
[2,]    4    3    1
[3,]    4    5    1
```

这次，三维数组按第一维和第二维分割，生成了一个矩阵输出，如图9.5所示：

**图 9.5**

apply()函数对三维数组的第一维和第二维进行操作

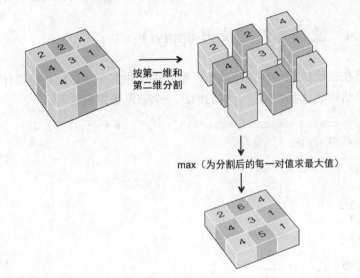

按第一维和第二维分割

max（为分割后的每一对值求最大值）

## 9.3.5 给"待应用"函数传递其他参数

我们回到矩阵的示例，这次要给示例插入一个缺失值：

```
> myMat[2, 2] <- NA          # 把一个缺失值赋给矩阵[2，2]位置
> myMat                       # 打印该矩阵
     [,1] [,2] [,3] [,4] [,5]
[1,]    5    6    4    2    2
[2,]    1   NA    3    1    6
[3,]    2    3    0    3    4
[4,]    2    2    4    3    4
```

接下来，我们再次应用apply()函数，计算这个矩阵每一列（维度数为2）的最大值：

```
> apply(myMat, 2, max)        # 每一列的最大值
[1]  5 NA  4  3  6
```

这次，输出中包含了一个缺失值。因为在把矩阵的第二列传递给max()函数时，缺失值导致max()函数返回了一个NA值，如图9.6所示。

**图 9.6**

apply()处理含有缺失值数据的情况

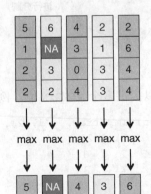

按列分割

直接把矩阵的第二列拿出来单独计算最大值,可以更清楚地看到这种行为:

```
> max(myMat[,2])                # 第二列的最大值
[1] NA
```

前面介绍过,像max()函数有一个na.rm参数,用于指定是否先移除数据中的缺失值再执行计算:

```
> max(myMat[,2], na.rm = TRUE)            # 第二列的最大值
[1] 6
```

如果要把额外的参数传给待调用的函数,apply()中的省略号参数就派上用场了,代码如下所示:

```
> args(apply)                            # 第 4 个参数是省略号
function (X, MARGIN, FUN, ...)
NULL
> apply(myMat, 2, max, na.rm = TRUE)      # 每一列的最大值
[1] 5 6 4 3 6
```

如上代码所示,在调用 max()函数时,它的参数 na.rm 被设置为 TRUE。所以,第二列的最大值(移除了缺失值)打印正确。

我们还可以传递许多所需的其他参数。例如,用 quantile()函数计算一个稍大矩阵的分位数:

```
> biggerMat <- matrix( rpois(300, 3), ncol = 3) # 创建一个 100×3 的矩阵

> head(biggerMat)                              # 显示矩阵的前 6 行
     [,1] [,2] [,3]
[1,]    4    2    3
[2,]    5    3    5
[3,]    4    7    1
[4,]    5    3    3
[5,]    3    3    4
[6,]    1    5    4

> apply(biggerMat, 2, quantile)               # 列的分位数
     [,1] [,2] [,3]
0%      0    0    0
25%     2    2    2
50%     3    3    3
75%     4    4    4
100%    8    8    8
```

接下来,我们故意添加一些缺失值。因此,这种情况下要给 quantile()函数传递额外的 na.rm 参数:

```
> biggerMat [ sample( 1:300, 50) ] <- NA      # 把一些元素随机替换成缺失值

> head(biggerMat)                             # 显示矩阵的前 6 行
     [,1] [,2] [,3]
[1,]    4    2   NA
[2,]    5    3   NA
[3,]    4    7    1
```

```
[4,]    5    3    3
[5,]   NA   NA    4
[6,]    1   NA    4

> apply(biggerMat, 2, quantile, na.rm = TRUE)        # 列的分位数
      [,1] [,2] [,3]
0%      0    0    0
25%     2    2    2
50%     3    3    3
75%     4    4    4
100%    8    8    8
```

quantile()函数有一个 probs 参数，用于指定待返回的不同分位。接下来，我们传递 probs 参数，指定一套新的分位数：

```
> apply(biggerMat, 2, quantile,
+   probs = c(0, .05, .5, .95, 1), na.rm = TRUE)        # 列的分位数
      [,1]  [,2]  [,3]
0%      0  0.00    0
5%      0  1.00    1
50%     3  3.00    3
95%     6  6.15    6
100%    8  8.00    8
```

### 9.3.6　在自定义函数中使用 apply()

前几节中，我们用简单的函数演示了 apply()函数的用法（如求行最小值、列最大值）。实际上，有几个实用函数是专门针对这些操作设计的，例如 rowMeans()、colMeans()、rowSums() 和 colSums()。当然，除了“应用”这些函数遍历维度数，我们也可以创建自己的函数。

这是我们之前创建的矩阵：

```
> myMat
     [,1] [,2] [,3] [,4] [,5]
[1,]    5    6    4    2    2
[2,]    1    7    3    1    6
[3,]    2    3    0    3    4
[4,]    2    2    4    3    4
```

假设要计算每一列有多少个值大于 3。R 中可没有现成的函数返回“大于 3 的值的数量”，所以，我们要自己设计一个函数：

```
> above3 <- function(vec) {
+   sum(vec > 3)
+ }
> above3( c(1, 6, 5, 1, 2, 3) )        # 测试一下自定义的函数
[1] 2
```

像以前一样，可以用 apply()函数根据 MARGIN 值对这个矩阵进行操作。所以，下面的代码可以计算每列大于 3 的值有多少个：

```
> apply(myMat, 2, above3)        # 每列大于 3 的值的个数
```

```
[1] 1 2 2 0 3
```

在该例中，我们创建了 above3() 函数，并用它来处理 myMat 矩阵中的数据。如果想让其他用户也使用 above3() 函数，就应该这样做。不过，如果只使用这个函数一次，可以直接在 apply() 函数调用中定义这个函数（这样，被定义的函数就绝对不会作为一个 R 对象创建在会话中）。我们只需要在定义中替换原来的函数对象即可，代码如下所示：

```
> apply(myMat, 2, function(vec) {
+     sum(vec > 3)
+ })
[1] 1 2 2 0 3
```

> **提示：单行函数定义**
>
> 如前所述，如果函数定义只有一行，就可以省略花括号 { }。因此，上面的代码也可以这样写：
>
> ```
> > apply(myMat, 2, function(vec) sum(vec > 3))
> [1] 1 2 2 0 3
> ```
>
> 根据约定，我们在本章使用花括号。

### 9.3.7 给函数传递额外参数

如 9.3.5 节中讲过，如果要给待应用的函数传递额外的参数，可以直接列在该函数调用的后面，用逗号隔开。当然也可以在自定义函数中操作。接下来，我们改进之前创建的函数，给它传递第二个参数用于控制计数的阈值：

```
> aboveN <- function(vec, N) {
+     sum(vec > N)
+ }
> someValues <- c(1, 6, 5, 1, 2, 3)
> aboveN( someValues, N = 3 )        # 大于 3 的数有多少个
[1] 2
> aboveN( someValues, N = 5 )        # 大于 5 的数有多少个
[1] 1
```

如果把该函数"应用"于 myMat 矩阵的各列，需要传递 N 参数：

```
> myMat                             # 打印 myMat 矩阵
     [,1] [,2] [,3] [,4] [,5]
[1,]    5    6    4    2    2
[2,]    1    7    3    1    6
[3,]    2    3    0    3    4
[4,]    2    2    4    3    4
> apply(myMat, 2, aboveN, N = 3)     # 大于 3 的数有多少个
[1] 1 2 2 0 3
> apply(myMat, 2, aboveN, N = 4)     # 大于 4 的数有多少个
[1] 1 2 0 0 1
```

另一种方法是，在 apply() 调用中直接定义函数，只需把额外的参数列在定义后面即可：

```
> apply(myMat, 2, function(vec, N) {
```

```
+    sum(vec > N)
+ }, N = 3)
[1] 1 2 2 0 3
```

### 9.3.8  应用于数据框

本章到目前为止讲解的示例中，都以单模式结构（矩阵和数组）作为 apply() 函数的输入。其实，并不局限于单模式结构，可以使用任何有维度的结构，还可以把 apply() 函数应用于数据框。接下来，仍然以 airquality 数据框为例，对每一列"应用"median() 函数：

```
> head(airquality)                              # 前 6 行
  Ozone  Solar.R  Wind  Temp  Month  Day
1    41      190   7.4    67      5    1
2    36      118   8.0    72      5    2
3    12      149  12.6    74      5    3
4    18      313  11.5    62      5    4
5    NA       NA  14.3    56      5    5
6    28       NA  14.9    66      5    6

> apply(airquality, 2, median, na.rm = TRUE)        # 每一列的中位数
  Ozone  Solar.R  Wind  Temp  Month  Day
   31.5    205.0   9.7  79.0    7.0  16.0
```

这行命令返回了每一列的中位数（虽然 Month 的中位数和 Day 的中位数可能没什么用）。接下来，我们用 iris 数据框作为第二个示例：

```
> head(iris)
  Sepal.Length  Sepal.Width  Petal.Length  Petal.Width  Species
1          5.1          3.5           1.4          0.2   setosa
2          4.9          3.0           1.4          0.2   setosa
3          4.7          3.2           1.3          0.2   setosa
4          4.6          3.1           1.5          0.2   setosa
5          5.0          3.6           1.4          0.2   setosa
6          5.4          3.9           1.7          0.4   setosa

> apply(iris, 2, median, na.rm = TRUE)
Sepal.Length  Sepal.Width  Petal.Length  Petal.Width  Species
          NA           NA            NA           NA       NA
Warning messages:
1: In mean.default(sort(x, partial = half + 0L:1L)[half + 0L:1L]) :
  argument is not numeric or logical: returning NA
2: In mean.default(sort(x, partial = half + 0L:1L)[half + 0L:1L]) :
  argument is not numeric or logical: returning NA
3: In mean.default(sort(x, partial = half + 0L:1L)[half + 0L:1L]) :
  argument is not numeric or logical: returning NA
4: In mean.default(sort(x, partial = half + 0L:1L)[half + 0L:1L]) :
  argument is not numeric or logical: returning NA
5: In mean.default(sort(x, partial = half + 0L:1L)[half + 0L:1L]) :
  argument is not numeric or logical: returning NA
```

这次的输出返回了缺失值，还有许多警告消息，这是怎么回事？

我们应用函数遍历单模式结构（如矩阵和数组）的维度数时，很清楚传入函数的数据"模式"在每次调用时都相同（也就是说，如果传入一个数值型矩阵，我们知道每一列一定是数值）。

不同的是，数据框是多模式结构，每一列数据的模式不一定相同。当我们调用 apply() 函数时，R 将首先分割数据框中的数据，并将其储存到一个单模式结构中。此时，所有的数据都被强制转换成单模式，这可能会和函数的输入不匹配。

对于上面 airquality 的示例，apply() 函数首先把数据处理为单模式（数值型）对象，然后对每一列都应用 median() 函数。而对于 iris 数据框，Species 列不是数值数据，所以将数据处理为单模式对象后，得到的数据不再是数值数据。我们对 iris 数据框中的每一列应用 class() 函数：

```
> apply(iris, 2, class)
 Sepal.Length  Sepal.Width  Petal.Length  Petal.Width     Species
  "character"  "character"   "character"  "character"  "character"
```

因此，稍后当 R 尝试为每一列应用 median() 函数时，就生成了缺失值和警告消息。

虽然我们可以对数据框使用 apply() 函数，但是必须注意，待处理的所有数据是否能完全合并为单模式。例如，如果想计算 iris 数据框中数值列的中位数，可以用这个方法：

```
> # 应用 median() 函数分别遍历计算 iris 的前 4 列
> apply(iris[,-5], 2, median, na.rm = TRUE)
Sepal.Length  Sepal.Width  Petal.Length  Petal.Width
        5.80         3.00          4.35         1.30
```

## 9.4 lapply()函数

lapply() 函数用于把指定的待应用函数应用于列表的每一个元素，并返回列表结构的输出。例如，我们要创建一个数值型向量的列表，并计算每一个元素的中位数。首先，创建列表：

```
> myList <- list(P1 = rpois(10, 1), P3 = rpois(10, 3), P5 = rpois(10, 5))
> myList
$P1
 [1] 1 2 2 2 1 0 0 1 1 4

$P3
 [1] 0 1 4 0 2 3 2 2 1 6

$P5
 [1] 5 4 9 6 6 4 6 5 3 5
```

然后使用 lapply() 函数。我们只传入了列表和待应用的函数（这里没有传入 MARGIN 值，因为数据已经"划分"成列表元素了）：

```
> lapply(myList, median)
$P1
[1] 1

$P3
[1] 2
```

```
$P5
[1]  5
```

### 9.4.1　split()函数

从上面的示例可以看出，调用 lapply()实际上比创建样本列表还要简单。在下一个
lapply()的用例中会用到一个创建列表的函数，我们先来了解一下 split()函数。

split()函数根据一个或多个分组变量，把数据结构分成单独的各部分。split()的输
出是一个列表。我们以 airquality 数据集为例，根据 Month 的因子水平对 Wind 列进行分
组。这要用到 split()函数，把 Wind 列作为第一个参数，"分组"列（Month）作为第二个
参数。注意，该函数的输出是一个列表：

```
> spWind <- split(airquality$Wind, airquality$Month)
> $`5`
 [1]   7.4  8.0 12.6 11.5 14.3 14.9 8.6 13.8 20.1 8.6  6.9  9.7  9.2
[14] 10.9 13.2 11.5 12.0 18.4 11.5 9.7  9.7 16.6 9.7 12.0 16.6 14.9
[27]  8.0 12.0 14.9  5.7 7.4

$`6`
 [1]   8.6  9.7 16.1  9.2 8.6 14.3  9.7 6.9 13.8 11.5 10.9 9.2 8.0
[14] 13.8 11.5 14.9 20.7 9.2 11.5 10.3 6.3  1.7  4.6  6.3 8.0 8.0
[27] 10.3 11.5 14.9  8.0

$`7`
 [1]   4.1  9.2 9.2 10.9 4.6 10.9  5.1 6.3 5.7  7.4 8.6 14.3 14.9
[14] 14.9 14.3 6.9 10.3 6.3  5.1 11.5 6.9 9.7 11.5 8.6  8.0  8.6
[27] 12.0  7.4 7.4  7.4 9.2
```

考虑到这个结构是一个列表，与 lapply()函数的输入相匹配，所以可以用该函数计算
spWind 列表中每一个元素的中位数：

```
> lapply(spWind, median)
$`5`
[1] 11.5

$`6`
[1] 9.7

$`7`
[1] 8.6

$`8`
[1] 8.6

$`9`
[1] 10.3
```

输出结果如上所示，lapply()函数根据 Month 的每个因子水平计算了 Wind 的中位数，

这个结果也可以叫做"根据 Month 分组的 Wind 中位数"。

---

**注意：lapply()函数和 split()函数的嵌套调用**

*By the Way*

现在，大家对 lapply() 函数和 split() 函数有了一定的了解。当然，我们也可以把这两个函数组合到一个单独的调用中，如下所示：

```
> lapply(split(airquality$Wind, airquality$Month), median)
```

或者

```
> with(airquality, lapply(split(Wind, Month), median))
```

---

### 9.4.2　分割数据框

在上一个示例中，我们用 split() 函数根据另一个指定向量（Month）中的因子水平，分割了一个向量（Wind）。除此之外，split() 函数还可以分割数据框。下面，我们基于 Month 分割 airquality 中的数据：

```
> spAir <- split(airquality, airquality$Month)       # 分割数据

> length(spAir)                                       # 列表的长度
[1] 5
> names(spAir)                                        # 元素名
[1] "5" "6" "7" "8" "9"

> head(spAir[[1]])                                    # 第一个元素
  Ozone Solar.R Wind Temp Month Day
1    41     190  7.4   67     5   1
2    36     118  8.0   72     5   2
3    12     149 12.6   74     5   3
4    18     313 11.5   62     5   4
5    NA      NA 14.3   56     5   5
6    28      NA 14.9   66     5   6
```

如上所示，创建了一个长度为 5 的列表，里面每一个元素都包含一个装有一个月数据的数据框。现在，可以用 lapply() 函数对储存在列表中的每一个数据框应用一个函数。我们想查看每个月（5月～9月）前 3 天的情况，于是以 head() 作为待应用的函数，对 spAir 列表中的每一个元素进行操作，返回每一个数据框中的前 3 行：

```
> lapply(spAir, head, n = 3)
$`5`
  Ozone Solar.R Wind Temp Month Day
1    41     190  7.4   67     5   1
2    36     118  8.0   72     5   2
3    12     149 12.6   74     5   3
$`6`
   Ozone Solar.R Wind Temp Month Day
32    NA     286  8.6   78     6   1
33    NA     287  9.7   74     6   2
34    NA     242 16.1   67     6   3
```

```
$`7`
     Ozone    Solar.R  Wind    Temp    Month   Day
62    135        269    4.1      84       7     1
63     49        248    9.2      85       7     2
64     32        236    9.2      81       7     3


$`8`
     Ozone    Solar.R  Wind    Temp    Month   Day
93     39         83    6.9      81       8     1
94      9         24   13.8      81       8     2
95     16         77    7.4      82       8     3


$`9`
     Ozone    Solar.R  Wind    Temp    Month   Day
124    96        167    6.9      91       9     1
125    78        197    5.1      92       9     2
126    73        183    2.8      93       9     3
```

另外，或许还可以对每个数据框应用 lapply() 函数。例如，创建一个函数，为 Ozone、Solar.R、Wind 和 Temp 变量计算列中位数。

```
> lapply(spAir, function(df) {
+    apply(df[,1:4], 2, median, na.rm = TRUE)
+ })
$`5`
  Ozone   Solar.R   Wind    Temp
   18.0     194.0   11.5    66.0

$`6`
  Ozone   Solar.R   Wind    Temp
   23.0     188.5    9.7    78.0

$`7`
  Ozone   Solar.R   Wind    Temp
   60.0     253.0    8.6    84.0

$`8`
  Ozone   Solar.R   Wind    Temp
   52.0     197.5    8.6    82.0

$`9`
  Ozone   Solar.R   Wind    Temp
   23.0     192.0   10.3    76.0
```

该例中，spAir 的每一个元素都作为输入（df）被传入我们定义的函数中。然后，将计算每一个 df 前 4 列的列中位数。

> **By the Way**
>
> **注意：按多个变量划分**
>
> 前面的示例中，我们用 split() 函数根据另一个向量的值，把数据结构划分成内含多个元素的列表。除此之外，还可以通过传入一个因子列表，根据多个分组变量进行分割：

```
> split(airquality$Wind,list(airquality$Month,cut(airquality$Temp,3)))
$`5.(56,69.7]`
[1] 7.4 11.5 14.3 14.9 8.6 13.8 20.1 8.6 9.7 9.2 10.9 13.2 11.5 12.0 18.4
11.5 9.7
[18] 9.7 9.7 12.0 16.6 14.9 8.0 12.0

$`6.(56,69.7]`
[1] 16.1 9.2

$`7.(56,69.7]`
numeric(0)

...
```

　　然后，把 split() 返回的结果传入 lapply() 函数中，就可以根据多个
分组变量计算汇总了。

### 9.4.3　用 lapply()函数处理向量

　　9.4 节一开始就提到，lapply() 函数用于把一个函数应用于列表中的每个元素。但是，
如果把一个向量传递给 lapply() 函数，它会用 as.list() 函数将其转换成一个列表：

```
> as.list(1:5)
[[1]]
[1] 1

[[2]]
[1] 2

[[3]]
[1] 3

[[4]]
[1] 4

[[5]]
[1] 5
```

　　这说明我们可以用 lapply() 函数把一个函数应用于向量的每一个元素。下面来看一个
简单的例子，我们对 1:5 使用 rnorm() 函数：

```
> lapply(1:5, rnorm)
[[1]]
[1] 0.8168998

[[2]]
[1] -0.8863575  -0.3315776

[[3]]
[1] 1.1207127 0.2987237  0.7796219
```

```
[[4]]
[1]  1.4557851  -0.6443284  -1.5531374  -1.5977095

[[5]]
[1]  1.8050975  -0.4816474  0.6203798  0.6121235  -0.1623110
```

这等价于下面的代码：

```
> list(
+     rnorm(1),
+     rnorm(2),
+     rnorm(3),
+     rnorm(4),
+     rnorm(5)
+ )
[[1]]
[1]  0.8118732

[[2]]
[1]  2.196834  2.049190

[[3]]
[1]  1.6324456  0.2542712  0.4911883

[[4]]
[1]  -0.32408658  -1.66205024  1.76773385  0.02580105

[[5]]
[1]  1.1285108  -2.3803581  -1.0602656  0.9371405  0.8544517
```

接下来，我们为 rnorm() 函数添加第二个参数，指定一个正态分布的均值。

```
> lapply(1:5, rnorm, mean = 10)
[[1]]
[1]  11.46073

[[2]]
[1]  8.586901  10.567403

[[3]]
[1]  10.583188  8.693201  9.459614

[[4]]
[1]  11.947693  10.053590  10.351663  9.329023

[[5]]
[1]  10.277954  10.691171  10.823795  12.145065  7.653056
```

### 9.4.4　"应用"输入的次序

当 lapply() 函数（以及其他所有的"应用"函数）给待应用函数传递数据时，这些数据将依次作为待应用函数的第一个参数，而且是没有名称的。所以，上一个示例相当于：

```
> list(
+     rnorm(1, mean = 10),
+     rnorm(2, mean = 10),
+     rnorm(3, mean = 10),
+     rnorm(4, mean = 10),
+     rnorm(5, mean = 10)
+ )
[[1]]
[1] 10.14959

[[2]]
[1] 8.657469 10.553303

[[3]]
[1] 11.589963  9.413120  8.167623

[[4]]
[1] 10.888139 11.593488 10.516855  8.704328

[[5]]
[1] 10.054616  9.215351  8.950647 12.330512 11.402705
```

我们用 args()函数查看一下 rnorm()函数的参数：

```
> args(rnorm)
function (n, mean = 0, sd = 1)
NULL
```

rnorm()的第一个参数是样本值的数量，参数名为 n。虽然 lapply()函数没有给传入 n 的数据"命名"，但是，根据没有指明传入哪一个参数时按传入的参数次序分配，这意味着第一个传入 rnorm()函数的就是"n"输入，即 1~5。如果把别的参数指定为第一个参数（n），会怎么样？

```
> lapply(1:5, rnorm, n = 5)
[[1]]
[1] 1.9426009 1.8262583 0.1884595 1.4762483 2.0212584

[[2]]
[1] 2.645383 3.043144 1.695631 4.477111 2.971221

[[3]]
[1] 4.867099 3.672042 2.692047 3.536524 3.824870

[[4]]
[1] 3.036099 3.144917 5.886947 3.608181 3.019367

[[5]]
[1] 5.687332 4.494956 7.157720 4.400202 4.305453
```

这次，输出的结果稍有不同，列表中的每个元素都包含了 5 个服从正态分布的样本。上例中的 lapply()调用相当于：

```
> list(
```

```
+   rnorm(1, n = 5),
+   rnorm(2, n = 5),
+   rnorm(3, n = 5),
+   rnorm(4, n = 5),
+   rnorm(5, n = 5)
+ )
[[1]]
[1] 1.2239254  -0.1562233  1.4224185  -0.3247553  1.1410843

[[2]]
[1] 1.463952  1.688394  3.556110  1.551967  2.321124

[[3]]
[1] 1.769828  1.675941  4.261242  4.319232  2.919246

[[4]]
[1] 3.494910  3.947846  4.628861  6.180002  3.930983

[[5]]
[1] 6.544864  6.321452  5.322152  6.530955  4.578760
```

该例中，我们显式写出了第一个参数（n）的名称，并设置为 5，所以返回的是每个列表元素中的 5 个样本。而我们传递给 rnorm() 函数的 1:5 则相当于作为第二个输入，即服从正态分布样本的均值。换言之，这次返回的信息如下。

➢ 服从正态分布且均值为 1 的 5 个样本。

➢ 服从正态分布且均值为 2 的 5 个样本。

➢ 服从正态分布且均值为 3 的 5 个样本。

➢ 服从正态分布且均值为 4 的 5 个样本。

➢ 服从正态分布且均值为 5 的 5 个样本。

可以继续拓展一下，如果指定 n 和 mean 输入，那么 1～5 的每一个值将移至 rnorm() 的第 3 个参数（标准差）。

### 9.4.5 用 lapply()函数处理数据框

我们在第 4 章提到过，数据框相当于是向量列表。因此，我们可以用 lapply() 为数据框的每一列应用指定的函数，代码如下所示：

```
> lapply(airquality, median, na.rm = TRUE)
$Ozone
[1] 31.5

$Solar.R
[1] 205

$Wind
[1] 9.7
```

```
$Temp
[1] 79

$Month
[1] 7

$Day
[1] 16
```

lapply()函数的处理过程类似于用 apply()函数把待应用函数遍历应用于数据框中的各列。它们主要有两个区别：

➢ lapply()函数总是返回一个列表。

➢ 用 apply()函数进行处理之前时，数据结构会先被放入一个单模式结构中，而 lapply()函数在处理过程中不会把各列组合起来。

其中，第二点可以用下面的示例来说明，我们用 class()函数查看数据框中每一列的类：

```
> apply(airquality, 2, class)
     Ozone    Solar.R       Wind       Temp      Month        Day
 "numeric"  "numeric"  "numeric"  "numeric"  "numeric"  "numeric"
> lapply(airquality, class)
$Ozone
[1] "integer"

$Solar.R
[1] "integer"

$Wind
[1] "numeric"

$Temp
[1] "integer"

$Month
[1] "integer"

$Day
[1] "integer"
```

注意，在 class()函数应用于第一个例子时，apply()函数已经把数据构造成单模式结构了（所以，所有的数据被强制转换成相同的模式）。用 lapply()函数不会发生这种强制转换，所以从输出中可以看到 Wind 列是数值型，其他列是整数型。

## 9.5  sapply()函数

sapply()函数是经过简单包装的 lappy()函数。实际上，查询 sapply()函数的实现代码可以清楚地看到，第二行代码调用了 lappy()函数：

```
> sapply
```

```
function (X, FUN, ..., simplify = TRUE, USE.NAMES = TRUE)
{
    FUN <- match.fun(FUN)
    answer <- lapply(X = X, FUN = FUN, ...)
    if (USE.NAMES && is.character(X) && is.null(names(answer))) names(answer)<- X
    if (!identical(simplify, FALSE) && length(answer))
        simplify2array(answer, higher = (simplify == "array"))
    else answer
}
```

因此，和 lapply() 一样，可以用 sapply() 函数把指定函数应用于列表（或向量）的各元素。它们的主要区别是：lapply() 总是返回一个列表，而 sapply()（默认情况下）会用 simplity2array() 函数简化返回的对象。

为了解释这一点，我们来看之前的一个用 lapply() 函数和 split() 函数根据 Month 的因子水平计算 Wind 列中位数的示例：

```
> lapply(split(airquality$Wind, airquality$Month), median)
$`5`
[1] 11.5

$`6`
[1] 9.7

$`7`
[1] 8.6

$`8`
[1] 8.6

$`9`
[1] 10.3
```

如果把用 lapply() 函数替换成 sapply() 函数，可以得到一个更简洁的输出（该例中，返回的是一个内含具名元素的向量）：

```
> sapply(split(airquality$Wind, airquality$Month), median)
   5    6    7    8    9
11.5  9.7  8.6  8.6 10.3
```

再举一例，我们用 sapply() 函数对 iris 数据框中每一列应用 class() 函数，以查看它们的类。

```
> sapply(iris, class)
Sepal.Length  Sepal.Width  Petal.Length  Petal.Width   Species
  "numeric"    "numeric"     "numeric"    "numeric"    "factor"
```

### 9.5.1　从 sapply() 返回

sapply() 函数的返回值常让人难以捉摸。虽然 sapply() 会尝试简化返回的结构（这使得返回的结果是一个工整的格式化结构），但是却经常没法做到真正意义上的简化（有时返回的仍是一个列表）。表 9.4 根据"应用"函数返回值的数量，总结了该函数的返回值。

表 9.4  sapply()函数的返回值

| 函数的返回值数量 | 返回的结构 |
| --- | --- |
| 总是返回一个值 | 一个向量（如果列表中是具名元素，则同时返回元素的名称） |
| 总是返回相同数量的值（>1） | 一个矩阵（内含与各列元素相应的输出［如果列表中是具名元素，则列名由各元素名指定］）和对行进行遍历处理的函数的多个返回值（如果函数的输出有名称，则行名是其输出名） |
| 返回值的数量可变 | 视具体情况而定。如果函数返回的汇总是可变数量的值，则返回一个列表（也就是说，不执行简化）；如果返回的值都相同，那么 sapply()函数将把返回结构进行简化 |

下面各示例演示了表 9.4 中提到的各种不同的返回对象：

```
> myList <- list(P1 = rpois(5, 1), P3 = rpois(5, 3), P5 = rpois(5, 5))
>
> # 待应用函数总是返回单个值，sapply()输出向量
> sapply(myList, median)
P1  P3  P5
 1   3   4

> # 待应用函数总是返回两个值，sapply()输出矩阵
> sapply(myList, range)
      P1 P3 P5
[1,]   0  1  3
[2,]   3  4  6

> # 待应用函数总是返回 5 个值，sapply()输出矩阵
> sapply(myList, quantile)
      P1 P3 P5
0%     0  1  3
25%    0  3  4
50%    1  3  4
75%    2  3  5
100%   3  4  6

> # 待应用函数的返回值数量可变，sapply()输出列表
> sapply(myList, function(X) X [ X > 2 ])
$P1
[1] 3

$P3
[1] 3 3 3 4

$P5
[1] 3 5 4 4 6

> # 待应用函数的返回值数量可变，
> # 但是，只有在返回值和实例的长度相同时，
> # sapply()才会简化输出
> sapply(myList, function(X) min(X):max(X))
      P1 P3 P5
[1,]   0  1  3
```

```
[2,]  1  2  4
[3,]  2  3  5
[4,]  3  4  6
```

## 9.5.2　为何要使用 sapply()

既然 sapply()能返回"更简洁的"输出，为何还要使用 lapply()函数？

用 lapply()函数代替 sapply()函数的关键是，要确切地知道返回的结构。lapply()函数一定会返回一个列表，而你可能不知道 sapply()函数会返回什么，特别是待应用函数可以返回可变数量的值时（如上面的示例）。在编写代码时，要确切地知道返回什么结构，这样才能很好地处理返回的结构。例如，编写一个脚本，期望调用 sapply()返回的输出是一个列表，但是它竟然返回了一个简化过的数组（如上例所示）。

然而，更多时候我们要明确表示不进行输出简化。请看下面一个包含两个矩阵的列表：

```
> matList <- list(
+    P3 = matrix( rpois(8, 3), nrow = 2),
+    P5 = matrix( rpois(8, 5), nrow = 2)
+ )
> matList
$P3
     [,1] [,2] [,3] [,4]
[1,]    8    1    1    4
[2,]    4    2    8    2


$P5
     [,1] [,2] [,3] [,4]
[1,]    5    4    3    2
[2,]    1    7    7    1
```

接下来，我们用 lapply()函数和 sapply()函数提取每个矩阵的第一行：

```
> lapply(matList, head, 1)
$P3
     [,1] [,2] [,3] [,4]
[1,]    8    1    1    4

$P5
     [,1] [,2] [,3] [,4]
[1,]    5    4    3    2

> sapply(matList, head, 1)
     P3 P5
[1,]  8  5
[2,]  1  4
[3,]  1  3
[4,]  4  2
```

从上面的代码可以看出，lapply()函数返回一个列表，而 sapply()函数简化了输出，把结果合并成一个单独的结构（矩阵）。如果要在两个不同的系统中度量这两个矩阵，我们要确保输出的分析结果是相互独立的，所以在这种情况下把它们合并成一个结构并不合适。

## 9.6 tapply()函数

tapply()用于把指定的待应用函数应用于向量的每个元素，按一个或多个其他变量的因子水平分类。tapply()函数的主要参数见表 9.5 中。

**表 9.5 tapply()函数的主要参数**

| MARGIN | 描述 |
| --- | --- |
| X | 待汇总的数据，通常是一个向量 |
| INDEX | 一个因子或因子列表，待应用函数根据该项分组执行 |
| FUN | 应用于 X 的函数 |
| ... | FUN 的其他参数 |

我们来看一个简单的示例，继续使用 airquality 数据集，用 tapply() 函数计算按 Month 的因子水平分类的 Wind 列的中位数：

```
> tapply(airquality$Wind, airquality$Month, median)
    5    6    7    8    9
 11.5  9.7  8.6  8.6 10.3
```

如上代码所示，tapply() 函数返回了一个内含具名元素的向量，每个元素的值是各月的 Wind 列的中位数。

> **注意：类似于 split() + sapply()**
>
> 这与我们之前在 sapply() 中使用 split() 的例子非常类似：
>
> ```
> > sapply(split(airquality$Wind, airquality$Month), median)
>     5    6    7    8    9
>  11.5  9.7  8.6  8.6 10.3
> ```
>
> 实际上，tapply() 函数就相当于是调用 split() 和 sapply() 这两个函数的包装版本（从技术上看，lapply() 函数简化了步骤）。

**By the Way**

### 9.6.1 多个分组变量

如果提供含有多个因子的列表而不是只有一个因子的列表，就要处理多个分组变量的数据。我们计算一下按 Month 和已分组的 Temp 进行分类的 Wind 列的中位数，其中要用到 cut() 函数来创建 Temp 分组：

```
> tapply(airquality$Wind,
+        list(airquality$Month, cut(airquality$Temp, 3)), median)
  (56,69.7] (69.7,83.3] (83.3,97]
5     11.50        8.0       NA
6     12.65        9.7      9.2
7       NA         9.2      7.4
8       NA        10.3      7.4
9     12.05       10.3      6.0
```

这个函数返回的是一个矩阵，内含第一分组变量（Month）的因子水平（设置为行，维度数为1）和第二分组变量（Temp）的因子水平（设置为列，维度数为2）。

**Watch Out!**

> **警告：返回的结构有缺失值**
>
> 在上面的示例中，返回了一些缺失值。通常，缺失值表示"存在"未知的值。如果不认真分析，很难确定缺失值是如何产生的。分析该例中5月份的高温值（即处于(83.3,97]区间的温度）的缺失值，有两种情况会导致生成缺失值。
>
> ➤ Month为5的高温数据中，Wind列包含缺失值，我们不知道这些缺失值的中位数。
>
> ➤ Month为5的数据中，没有高温值（也就是说，没有数据）。
>
> 实际上，该例中第二种情况是真的，Month为5的数据中，Temp列没有大于83.3的值（也就是说，5月份没有哪一天的温度高于83.3℉）。这种情况下，缺失值表示数据"缺乏"，而不是数据"未知"。所以，在解释结果时要特别注意。

我们稍微扩展一下这个示例，根据Temp和Solar.R的因子水平计算每月的Wind列的中位数。

```
> tapply(airquality$Wind,
+        list(airquality$Month, cut(airquality$Temp, 3), cut(airquality$Solar.R, 2)),
+        median)
, , (6.67,170]

   (56,69.7]   (69.7,83.3]   (83.3,97]
5     12.60         10.3         NA
6      9.20          8.0         NA
7       NA           8.6      11.45
8       NA           9.7       8.60
9     13.45         10.3       7.40

, , (170,334]

   (56,69.7]   (69.7,83.3]   (83.3,97]
5     10.90        11.15         NA
6     16.10        12.65         9.2
7       NA          9.70         7.4
8       NA         10.90         8.0
9     12.05        10.30         4.6
```

这次，输出了一个三维数组，3个分组变量分别对应一个维度。

## 9.6.2 多值返回

在前面的示例中，我们用总是返回单个值的median()函数演示了tapply()函数的用法。如果待应用的函数返回多个值，tapply()的输出就无法预料，有时甚至非常复杂。我们先从一个简单的示例开始，这次计算每月Wind列的分位数。

```
> tapply(airquality$Wind, airquality$Month, quantile)
```

```
$`5`
    0%    25%    50%    75%   100%
  5.70   8.90  11.50  14.05  20.10

$`6`
   0%  25%  50%  75% 100%
  1.7  8.0  9.7 11.5 20.7

$`7`
   0%  25%  50%  75% 100%
  4.1  6.9  8.6 10.9 14.9

$`8`
   0%  25%  50%  75% 100%
  2.3  6.6  8.6 11.2 15.5

$`9`
    0%    25%    50%    75%   100%
 2.800  7.550 10.300 12.325 16.600
```

从上面的输出可以看到，没有执行简化，返回的是一个列表。这相当于下面的代码：

```
> lapply(split(airquality$Wind, airquality$Month), quantile)
$`5`
    0%    25%    50%    75%   100%
  5.70   8.90  11.50  14.05  20.10

$`6`
  0%  25%  50%  75% 100%
 1.7  8.0  9.7 11.5 20.7

$`7`
  0%  25%  50%  75% 100%
 4.1  6.9  8.6 10.9 14.9

$`8`
  0%  25%  50%  75% 100%
 2.3  6.6  8.6 11.2 15.5

$`9`
    0%    25%    50%    75%   100%
 2.800  7.550 10.300 12.325 16.600
```

接下来，我们扩展一下这个示例，根据 Temp 的分组计算每月 Wind 列的分位数：

```
> tapply(airquality$Wind,
+        list(airquality$Month, cut(airquality$Temp, 3)), quantile)
  (56,69.7]   (69.7,83.3] (83.3,97]
5 Numeric,5   Numeric,5   NULL
6 Numeric,5   Numeric,5   Numeric,5
7 NULL        Numeric,5   Numeric,5
8 NULL        Numeric,5   Numeric,5
9 Numeric,5   Numeric,5   Numeric,5
```

这次，"简化"处理把输出强制转为一个矩阵，创建了一个"内含列表的矩阵"。这是一个很复杂的结果，而且不是我们需要的：

```
> X <- tapply(airquality$Wind,
+             list(airquality$Month, cut(airquality$Temp, 3)), quantile)
> class(X)
[1] "matrix"
> X
  (56,69.7]  (69.7,83.3]  (83.3,97]
5 Numeric,5  Numeric,5    NULL
6 Numeric,5  Numeric,5    Numeric,5
7 NULL       Numeric,5    Numeric,5
8 NULL       Numeric,5    Numeric,5
9 Numeric,5  Numeric,5    Numeric,5
> X[1,1]
[[1]]
    0%     25%     50%     75%     100%
 7.400   9.700  11.500  13.925   20.100
```

### 9.6.3　从 tapply()返回值

和 sapply() 函数一样，tapply() 函数的返回值通常很难预测。tapply() 函数根据待应用函数返回值的数量和分组变量的数量返回不同的对象，具体情况如表 9.6 所列。

表 9.6　tapply()的返回值

| 待应用函数的返回值数量 | 分组变量的数量 | | |
|---|---|---|---|
| | 1 | 2 | >2 |
| 总是返回一个值 | 一个向量 | 一个矩阵 | 一个数组 |
| 总是返回相同数量的值（>1） | 一个列表 | 一个"列表矩阵"（即列表组成的矩阵） | 一个"列表数组"（即列表组成的数组） |
| 返回可变数量的值 | 一个列表，或者一个向量（如果函数的返回值恰好都是单值） | 一个"列表矩阵"，或者一个矩阵（如果函数的返回值恰好都是单值） | 一个"列表数组"，或者一个数组（如果函数的返回值恰好都是单值） |

考虑到无法预计 tapply() 函数的返回值，我们推荐使用 lapply() 函数和 split() 函数代替 tapply() 函数，除非能够保证待应用函数的返回值数量。

---

**Did you Know?**

**提示：plyr 包**

　　plyr 包由知名的 R 包作者 Hadley Wickham 设计和维护。于 2008 年第一次在 CRAN 发布，至今仍然是非常流行的 R 包，现在很多包都依赖于 plyr 包的功能。plyr 包根据待应用函数的输入和输出结构，提供了更加一致的"应用"语法。该包中，有些函数遵循 ioply 形式的命名方式，其中 i 和 o 都是占位符，分别表示输入格式和输出格式。例如，llply() 函数需要一个列表输入，并生成一个列表输出：

```
> air <- split(airquality, airquality$Month)
> llply(air, dim)
```

　　除了提供一个备选的应用框架，plyr 还提供了一些数据操作功能，如合并（merge）和整合（aggregation）。不过，为了能更好地处理数据框，第 12 章介绍的 dplyr 包提供了更好用的方法来操作和整合数据。

## 9.7　本章小结

本章介绍了许多以更智能的方式把简单函数应用于数据结构的方法，尤其是重点介绍了循环遍历数据对象的用法和丰富的"应用"函数族。

结合以上两点，提供了大量的汇总数据和以重复方式执行任务的能力。接下来的几章，我们将以此为基础，讲解的内容涵盖更高级的处理和聚合数据的机制，重点介绍如何汇总数据框中的内容。第 18 章，我们将从代码效率和性能方面再次讨论循环和"应用"函数。

## 9.8　本章答疑

**问**：如果满足某个条件，如何停止 **for** 循环？

**答**：可以使用 break 结构停止 for 循环，代码如下所示：

```
> for (i in 1:100) {
+   cat("\n Hello") # 写一条消息
+   if (runif(1) > .9) {
+     cat(" - STOP!!")
+     break         # 如果生成的均匀分布随机数大于 0.9，则停止循环
+   }
+ }
  Hello
  Hello
  Hello
  Hello
  Hello
  Hello
  Hello
  Hello
  Hello - STOP!!
```

**问**：如果程序卡在 **while** 无限循环中，如何停止这个过程？

**答**：在交互模式下，可以按下 Esc 键停止循环过程。

**问**：如何对多个列表同时应用指定的函数？

**答**：mapply() 函数是 sapply() 函数的多元版本，用于把指定的函数同时应用于多个列表。例如，把 rpois() 函数应用于元素 1:5（样本值的数量）和 5:1（使用的 lambda 值）：

```
> mapply(rpois, n = 1:5, lambda = 5:1)
[[1]]
[1] 2

[[2]]
[1] 7 3

[[3]]
[1] 4 1 1
```

```
[[4]]
[1] 1 0 2 4

[[5]]
[1] 3 0 1 0 2
```

**问**：与 "应用" 函数相比，**for** 循环的性能如何？

**答**：用（嵌套）`for` 循环很有可能写出性能非常糟糕的代码。总的来说，R 语言优化了向量操作。"应用" 函数族在性能和代码维护方面都有所提高，这些我们到第 18 章再讨论。

## 9.9 课后研习

课后研习包含 "随堂测验" 和 "答案" 两部分，旨在帮助读者巩固本章所学知识。请读者先尝试回答 "随堂测验" 中的所有问题，再看后面的 "答案"。

**随堂测验：**

1. `for` 循环和 `while` 循环有什么区别？

2. 如果用 `for` 循环迭代有列名（字符）的向量，如何在数据框中引用每一个值？

3. 使用 `apply()` 函数时，`MARGIN` 参数控制什么？

4. 如何向待应用函数传递额外的参数？

5. `sapply()` 函数和 `lapply()` 函数有什么区别？

6. `split()` 函数用来做什么？如何把它和 `lapply()` 函数/`sapply()` 函数一起使用？

7. 使用 `tapply()` 函数时，如何根据多个变量指定汇总？

**答案：**

1. `for` 循环将对一组预定义的值进行迭代操作。`while` 循环在条件不为假之前一直执行迭代操作。

2. 如果对条件求值的结果中有一个缺失值，就返回错误消息：

```
> testMissing <- function(X) {
+    if (X > 0) cat("Success")
+ }
> testMissing(NA)
Error in if (X > 0) cat("Success") :
  missing value where TRUE/FALSE needed
```

如果 `all()` 函数的条件中有任何缺失值，那么返回的结果也是缺失值，因此会生成错误消息（因为不知道是否满足 "所有的" 条件）：

```
> allMissings <- rep(NA, 5)      # 所有值都是缺失值
> someMissings <- c(NA, 1:4)     # 有部分值是缺失值
> all(allMissings > 0)
[1] NA
> all(someMissings > 0)
[1] NA
```

　　如果 any() 函数的条件是全都是缺失值，那么返回的结果是一个缺失值。然而，如果使用带有向量（没有缺失值）的 any() 函数，会满足一些条件：

```
> any(allMissings > 0)
[1] NA
> any(someMissings > 0)
[1] TRUE
```

3. MARGIN 参数控制待应用函数遍历的维度数（例如，1 表示行，2 表示列）。

4. 每一个"应用"函数都有一个省略号参数，用于列出额外的参数。例如，apply(Y, X min, na.rm = TRUE)。

5. lapply() 函数对列表（或向量）的元素应用指定函数，并将其结果放在列表中返回。sapply() 函数的行为完全相同，但是，有可能会尝试简化输出（例如，把结果作为向量或数组输出）。

6. split() 函数根据一个或多个分组变量，把数据对象（通常是向量或数据框）分割成多个部分，并把结果储存为列表。当结果被分割成列表结构，就可以用 lapply() 函数或 sapply() 函数把指定函数应用于每个元素。例如，可以用以下代码根据 X 的因子水平计算 Y 的均值：

```
sapply(split(Y, X), mean)
```

7. 可以用列表来指定多个分类变量，使用列表，代码如下所示：

```
tapply(Y, list(X1, X2), mean)
```

## 9.10　补充练习

1. 创建一个 for 循环，在新的一行迭代打印 LETTERS 的每个元素。

2. 创建一个 for 循环，根据 **mtcars** 数据集中 carb 变量的因子水平打印 mpg 的均值。

3. 查看 R 自带的 WorldPhones 矩阵，内含 1951～1961 年间世界不同地区的电话数量。使用 apply() 函数计算每年的电话总数和每个地区的最大电话数量。

4. 创建一个内含 3 个数值向量的列表。使用 lapply() 函数或 sapply() 函数打印列表中每个元素的中位数。

5. 使用 split() 函数和 sapply() 函数，根据 **mtcars** 数据集中 carb 的因子水平计算 mpg 的中位数。

6. 使用 split() 函数和 lapply() 函数根据 Species 的因子水平计算 iris 数据的汇总。

# 第 10 章

# 导入和导出

本章要点：

> ➤ R 中的数据存储
>
> ➤ 如何处理平面文件
>
> ➤ 连接到数据库
>
> ➤ 处理 Microsoft Excel

本章将介绍导入和导出数据的常用方法。在本章的末尾，将介绍如何用 R 读写平面文件，如何连接到数据库管理系统（Database Management System，DBMS）和 Microsoft Excel。

## 10.1 处理文本文件

R 用户几乎每天都要导入和导出以逗号分隔值（Comma Separated Value，CSV）的文件和其他文本基格式的"平面文件"。当然，任何分析工具都可以打开和生成文本文件。在 R 中导入和导出平面文件非常简单和直接。

**Did you Know?**

> **提示：文件导航**
>
> `file.choose()` 函数使用当前操作系统的标准浏览界面来浏览和选择需要导入的文件。

在 RStudio 中通过菜单系统导入文本文件也许是最简单的导入方式。导入向导可以从导航 Tools > Import Dataset > From Text File 开始，然后导航至待导入的文件。导入向导将查看待导入的文件是否有文件头，以及文件中的分隔字符是什么。大多数情况下，采用默认设置都没什么问题。准备好待导入的数据后，单击导入按钮即可。

### 10.1.1 读入文本文件

当然，RStudio 的导入特性是 RStudio 特有的。然而，像 RStudio 中的许多其他菜单特性一样，单击导入按钮后，会在控制台生成一行要求读入数据的代码。现在，我们来看导入向导用到的 read.table() 函数和 read.csv() 函数。

read.table() 函数是读取文本数据的泛型函数（generic function），它会对数据进行一些假设。比较重要的假设（或默认）是：数据集没有一行列标题（即 header = FALSE），其中的元素都用空格分隔（即 sep = " "）。还有一些函数参数，用于指定代表缺失数据的符号，以及用于标记字符数据的字符。除此之外，还可以选择从哪一行开始读取和读取到哪一行，这在实际开始读取前输出前几行元信息的文本时非常有效。

read.table() 函数读取文本文件中的表格信息，并返回一个数据框。代码清单 10.1 给出了 read.table() 函数的用法示例，读取 mangoTraining 包中内置的 djiData.csv。在该例中，为了简化文件的引用路径，我们假设数据已被复制到当前的工作目录。注意，在调用 read.table() 时创建了一个具名 R 对象（djiData）。以后需要引用该数据集时，就可以直接访问这个对象。如果不这样做，R 会把整个数据集打印在屏幕上，以后也没法访问。

**代码清单 10.1　读入文本文件**

```
1: > djiData <- read.table("djiData.csv", header = TRUE, sep = ",")
2: > head(djiData, 3)
3:         Date DJI.Open DJI.High  DJI.Low DJI.Close DJI.Volume DJI.Adj.Close
4: 1 12/31/2014 17987.66 18043.22 17820.88  17823.07   82840000      17823.07
5: 2 12/30/2014 18035.02 18035.02 17959.70  17983.07   47490000      17983.07
6: 3 12/29/2014 18046.58 18073.04 18021.57  18038.23   53870000      18038.23
```

代码清单 10.1 中的第一行代码之所以能成功运行[1]，是因为我们把 djiData.csv 复制到了我们的工作目录中。然后，R 使用相关路径查找并导入数据。如果把文件放在工作目录的"data"目录中，可以用下面的代码导入：

```
> djiData <- read.table("data/djiData.csv", header = TRUE, sep = ",")
```

另外，也可以提供文件的全文件路径。但这会影响代码的可移植性，特别是当导入多个文件时，我们将不得不为导入的每个数据集改变文件路径。第 2 章中提到过，在引用文件路径时，要记得使用正斜杠（/）。

---

**提示：包数据**　

在代码清单 10.1 中，为了读入数据，我们把 mangoTraining 包中的数据复制到工作目录中。这也体现了把数据导入工作目录非常简单。

我们通常用 system.file() 函数中的 package 参数从 R 包中提取数据：

```
> system.file(package = "mangoTraining", "extdata/djiData.csv")
```

---

[1] 为了不与稍后介绍的 read.csv() 函数的默认设置弄混淆，请注意该例中 read.table() 函数的 header 和 sep 参数的默认设置分别为 FALSE 和 ""。由于待读入的是 CSV 文件，所以必须把 header 设置为 TRUE，sep 设置为","。否则，将以 CSV 格式读入文件。——译者注

```
[1] "C:/Program Files/R/R-3.1.2/library/mangoTraining/extdata/
    djiData.csv"
```
利用 system.file() 函数中的 package 参数，能编写不依赖当前操作
系统的代码。因此，可移植性更好。

**Watch Out!**

**警告：文件路径的大小写**

R 中用于导入和导出的函数直接和操作系统接触。如果所用的操作系统
（如 Windows）不区分大小写，就没必要匹配文件路径的大小写。也就是说，
djiData.csv 和 djidata.csv 是完全相同的。但是，如果所用的系统（如
Linux）区分大小写，就必须注意文件路径中的大小写。

read.table() 函数是读取文本数据的泛型函数，该函数在操作时对数据进行了一些假
设。最重要（或默认）的假设是：数据集没有列名（header = FALSE），其中的元素都用空
格隔开（sep = " "）。该函数还有一些其他参数，用于指定表示缺失数据的符号和用于标记
字符数据的字符。另外，我们可以选择从数据的哪一行开始，到哪一行停止，这在一些文本
输出中特别有用。比如，在有些文本中，具体数据的前几行通常是元信息。

**Did you Know?**

**提示：Windows 剪贴板**

在 Windows 中，可以利用"剪贴板"将数据复制并粘贴到 R 中。把
read.table() 函数的 file 参数设置为"clipboard"。设置 sep = "\t"，
指定 tab 分隔符，就能从 Excel 中直接复制和粘贴。然而，我们通常不鼓励
这样做，这会导致代码不能复用。

**Did you Know?**

**提示：麻烦的因子**

第 5 章介绍过，R 创建一个数据框时，将默认把所有非数值数据都转换成
因子。这意味着你不得不仔细地处理日期和其他已被转换成因子的列，还要为一
些因子重新排序和整理因子水平。如果这占据了工作中的大部分时间，那不妨试
试将 read.table() 函数中的 stringsAsFactors 参数设置为 FALSE。这不仅可
以防止任何列被转换成因子，还有助于更好地控制如何在 R 中表示数据。

## 10.1.2　读入 CSV 文件

如果经常用 read.table() 函数处理 CSV 文件，迟早都会对每次读取数据集输入 header
= TRUE, sep = "," 感到厌烦。read.csv() 函数相当于是经过简单包装后的 read.table()
函数，假设待处理的数据集有标题栏，且以逗号为分隔符。注意，虽然 read.csv() 函数假
定待读入的文件扩展名正确，但是在指定待读入文件时，仍然要写出 ".csv" 文件扩展名：

```
> djiData <- read.csv("djiData.csv", header = TRUE, sep = ",")
```

**By the Way**

**注意：以逗号作为小数点**

一些欧洲国家以及世界上的其他国家，常用逗号而不是句点表示小数
点，用分号来分隔数据元素。如果需要处理这类数据，不妨试试专门设计用
于处理这类数据的 read.csv2() 函数。

### 10.1.3　导出文本文件

write.csv()函数或 write.table()函数可以把数据框分别输出为 CSV 或其他简单的文本格式。和 read.csv()、read.table()一样，write.csv()函数是 write.table()函数的包装版本，在输出.CSV 文件时降低了对参数数量的要求。这两个函数都期望第一个参数是待导出的数据框，第二个参数是接收导出数据的文件名。

和 read.*函数一样，write.*函数也有大量其他有用的参数，以便更好地输出数据。特别是，设置为 FALSE 的 row.names 参数可防止把行名（通常是数字）写入到输出文件中。而且，还可以控制是否对字符数据和表示缺失数据的字符使用双引号。这里，我们把 R 内置的 airquality 数据集输出到我们的工作目录中：

```
> write.csv(airquality, "airquality.csv", row.names = FALSE)
```

### 10.1.4　更快导入和导出

data.table 包有一个 fread()函数，用于快速处理大型文件。fread()函数的用法通常比 read.table()还简单。因为 fread()能猜测数据的分隔符，而且能解析那些常给 R 用户带来麻烦的列类型。第 12 章将详细讲解 data.table 包和 fread()函数。

另一个处理平面文件的包是 readr，由知名的 R 包作者 Hadley Wickham 在 2015 年发布于 CRAN。和 fread()函数一样，readr 包中的函数主要用于改善（大型）CSV 文件和其他平面文件的处理速度。这些文件能被读入 R，也能被解析为常见的列类型，节约 R 用户的后处理（post-processing）时间。利用该包还能生成"tbl_df"格式的数据框，为使用 dplyr 包做好准备（第 12 章中将介绍 dplyr 包）。readr 包中把.CSV 文件读入 R 的主要函数是 read_csv()。

data.table 包和 readr 包都不是 R 的基础包，没有随 R 一同安装，所以在使用前必须单独安装。

### 10.1.5　高效数据存储

第 2 章提到过，在熟悉 R（或 RStudio）后，可以自己选择工作空间的储存位置。我们在工作空间中储存对象，就把这些对象从内存移动到一个储存在磁盘的单独".RData"文件中。当我们启动一个新的 R 会话时，工作空间将恢复到关闭 R 时的状态。

> **警告：恢复会话**　　　　　　　　　　　　　　　　　　　　　　　　Watch Out!
>
> 在使用.RData 文件启动一个新会话时，将恢复之前用过的所有对象，但是并未重新加载之前用过的包。很明显，如果这些对象依赖载入的包，在使用时会出现一些问题。因此，从.RData 文件启动一个新会话，要确保重新加载所需的包。

为了避免错误和确保代码可复用，通常使用干净的环境比依赖已保存的工作空间更好。.RData 格式是 R 独有的，不合适在应用程序中转换数据。但是，可以在分析数据时作为储存大型临时数据集的高效方法来用。类似的 .rds 格式可用于储存个人数据集。

为了解释 .RData 和 .rds 格式的效率，我们创建一个内含一千万行数据的数据框，并将其输出为 .CSV、.RData 和 .rds 格式：

```
> longData <- data.frame(ID = 1:10000000, Value = rnorm(10000000))
> write.csv(longData, "longData.csv", row.names = F)
> save(longData, file = "longData.RData")
> saveRDS(longData, file = "longData.rds")
```

我们从删除会话中的 longData 对象开始。现在读入 .CSV 文件，并调用 system.time() 函数计算读入操作所花费的时间：

```
> rm(longData)
> system.time(longData <- read.csv("longData.csv"))
   user   system  elapsed
 118.04    1.03    119.31
```

例如，当前使用的机器是 8GB 的 RAM，运行 64 位的 R，花了将近 2 分钟，可以说是相当慢了。那么，用 load() 执行 .RData 和 .rds 文件的速度怎么样？

```
> rm(longData)
> system.time(load("longData.RData"))
   user   system  elapsed
   0.78    0.03     0.81
> rm(longData)
> system.time(load("longData.RData"))
   user   system  elapsed
   0.81    0.03     0.84
```

看来，操作时间直接减少到不到 1 秒，这差距很大。顺带一提，用 readr 包中的 read_csv() 函数和 data.table 包中的 fread() 函数都管理相同的 .CSV 输入均小于 10 秒。我们将在第 11 章和第 12 章中介绍一些其他的 R 包，专门用于提高大型数据的处理速度和效率。此外，第 18 章在谈到代码效率时也会涉及相关内容。

## 10.1.6  所有权和其他格式

如果读者以前用过其他统计软件语言（如 SAS 或 SPSS），可能需要把 .SAS7BDAT 或 .SAV 文件读入 R 中。有一种方法是，先通过 SAS 或 SPSS 把文件输出为 CSV 文件，然后用 R 读入即可。然而，这种方法有时不一定奏效，你可能发现需要把 SAS、SPSS、Stata、Minitab 等的数据读入 R 中。在绝大多数情况下，这种数据可以使用 foreign 包读入 R 中，该包是"推荐的" R 包，因此每个版本的 R 都有这个包。

foreign 包是一个小型的函数集，用于把数据读写成大家熟悉的一些数据格式。这个包中的函数非常好用，但是它受限于专有格式。例如，为了把数据写入 SAS，foreign 包实际上生成了一个中介文本文件和相应的 SAS 脚本（为了把文本读入 SAS，要调用 SAS 安装文件中的函数）。

> **注意：SAS 用户**
>
> **By the Way**
>
> 　　如果你是 SAS 用户，就要找到专门用于读写.SAS7BDAT 文件的 sas7bdat 包。然而，应该要意识到这个包是用于某些领域实验用途的，并不是在所有情况下都起作用。如果要处理运输文件，SASxport 包提供了从 R 输出为 SAS 运输文件的工具。

　　haven 包把 Evan Willer 的 ReadStat C 库进行了包装，成为了一个 foreign 包的候选包。haven 包仍然还处于起步阶段，并受限于 SAS、SPSS 和 Stata。但是，与 foreign 包不同的是，它可以读取专属的.SAS7BDAT 格式，而且像 readr 包一样，能正确地解析一些数据格式并生成供 dplyr 包使用的数据。

## 10.2　关系数据库

　　遗憾的是，在 R 中没有用于处理关系数据库的"万全之策"。

　　在 R 中，不同数据库包的方法非常相似。通常有一个或多个函数用于帮助连接数据库，还有大量能在 SQL 中执行的实用函数，负责处理常见任务。如果熟悉 SQL，则可能更喜欢直接写 SQL，大部分相关的包都允许你这样做。

### 10.2.1　RODBC

　　RODBC 包可能是从 R 连接到数据库最好用的方法。注意，这个包默认不随 R 一同安装，所以在使用前必须单独安装和加载。它实现了与标准 ODBC 数据库连通性，因此，可以用 RODBC 来连接到所有的流行数据管理系统：甲骨文、Microsoft Access、SQL Server 和 PostgreSQLhe SQLite，甚至可以用 RODBC 连接到 Excel 电子表格。

　　我们使用熟知的 training 数据库（由 Microsoft Access 发布）来看一个 RODBC 工作流的示例：Northwind.mdb。通过本书介绍的网站或 mangoTraining 包可以获得该包。我们使用下面的代码在 mangoTraining 包中查找文件：

```
> system.file(package = "mangoTraining", "extdata/Northwind.mbd")
```

　　RODBC 包中有一个通用的 odbcConnect() 函数，用于连接任何数据库。不过，对于 Access，我们可以使用经过包装的 odbcConnectAccess() 函数。和平常一样，从 R 导入或连接外部数据时，为了稍后能引用数据，一定要记得为连接命名。如果要求有用户名和密码，则可以使用参数 uid 和 pwd。我们从加载 RODBC 包开始，并连接数据库。在下面的示例中，假设数据库已被放入当前的工作目录。因此，我们在代码中只给出了文件名。当然，也可以指定全名文件路径。

```
> library(RODBC)
> nWind <- odbcConnectAccess("Northwind.mdb")
```

**Watch Out!**

> **警告：Windows 架构**
>
> odbcConnectAccess() 函数只能处理 32 位版本的微软驱动，在 64 位 R 中就不能使用了。Access 2007 以前的版本，有选项安装 64 位的驱动，虽然驱动不能和 32 位驱动同时安装。这些兼容的问题让 RODBC 很难在托管的 IT 环境中建立连接。如果遇到这类问题，请先用 Sys.getenv("R_ARCH") 检查运行的 R 是 32 位还是 64 位。

RODBC 包有许多实用函数，例如用于访问数据库的 sqlTables()。这些实用函数的第一个参数一定是连接的名称：

```
> nwTableData <- sqlTables(nWind)
> nwTableData[1:3, c("TABLE_NAME", "TABLE_TYPE")]        # 预览主要信息
          TABLE_NAME    TABLE_TYPE
1 MSysAccessObjects SYSTEM TABLE
2          MSysACEs SYSTEM TABLE
3      MSysCmdbars SYSTEM TABLE
```

另一个实用的函数是 sqlColums()，该函数返回特定表的列信息：

```
> sqlColumns(nWind, "Orders")
```

为了提取数据库中的数据，我们可以使用包装，如 sqlFetch() 导入整个表或行的子集，或者可以通过 sqlQuery 直接使用 SQL 命令：

```
> orderQuery <- "SELECT OrderID, EmployeeID, OrderDate, ShipCountry FROM Orders"
> keyOrderInfo <- sqlQuery(nWind, orderQuery)
> head(keyOrderInfo, 3)
  OrderID EmployeeID   OrderDate ShipCountry
1   10248          5  1996-07-04      France
2   10249          6  1996-07-05     Germany
3   10250          4  1996-07-08      Brazil
```

还有一些其他的实用函数，例如 sqlClear() 函数用于清理表中的行，sqlDrop() 可用于删除整个表，sqlSave() 函数用于添加新表。我们处理完数据库后，一定要记得关闭连接，如下所示：

```
> odbcClose(nWind)
```

如果进行了多个连接，可以用使用一条单独的命令调用 odbcCloseAll() 函数，关闭所有的连接。

## 10.2.2 DBI

RODBC 是一个极其受欢迎且经过良好测试的包，但是这不是唯一好用的包，我们还有其他选择。除了 RODBC，还有大量的 R 包为连接数据库实现了标准数据库接口（Database Interface，DBI）。诸如 ROracle、RJDBC、RPostgreSQL、RMySQL 和 RMySQLite 以及许多其他接口，都包装在 DBI 这个 R 包中。

DBI 包的目标是确保数据库操作的一致性。每个使用接口的包中都有一组常用的函数，无论使用哪一个包或连接哪一个数据库，这些函数的行为都相同，唯一不同的是连接本身。

标准函数集的命名遵循 db*格式（例如，dbReadTable）。这种标准化的命名方式使得在包与包之间切换非常容易。标准化的好处还体现在，一旦读者学会使用一个包的函数，就能轻松使用其他包的函数。另外，可以通过 RSQLite 直接使用 DBI，如代码清单 10.2 所示。可以看到，RODBC 与 DBI 的用法非常相似。

**代码清单 10.2　直接使用 DBI**

```
 1: > library(DBI)
 2: > library(RSQLite)                # 创建一个 SQLite DB
 3: > # 在内存中创建一个新的 SQLite 数据库
 4: > dbiCon <- dbConnect(SQLite(), dbname = ":memory:")
 5: >
 6: > # 把 airquality 作为新表写入 DB
 7: > dbWriteTable(dbiCon, "airquality", airquality)
 8: [1] TRUE
 9: >
10: > # 检查 airquality 表中有哪些列（字段）
11: > dbListFields(dbiCon, "airquality")
12: [1] "Ozone"   "Solar.R"  "Wind"   "Temp"   "Month"   "Day"
13: >
14: > # 发出一条询问并返回结果
15: > aQuery <- "SELECT * FROM airquality WHERE Month = 5 AND Wind > 15"
16: > dbiQuery <- dbSendQuery(dbiCon, aQuery)
17: > dbFetch(dbiQuery)
18:   Ozone Solar.R  Wind  Temp  Month  Day
19: 1    8      19   20.1   61     5     9
20: 2    6      78   18.4   57     5    18
21: 3   11     320   16.6   73     5    22
22: 4   NA      66   16.6   57     5    25
23: >
24: > dbClearResult(dbiQuery)              # 进行清理工作
25: [1] TRUE
```

## 10.3　操作 Microsoft Excel

在阅读本书时，你或你的同事极有可能一直都在用 Excel 处理日常数据分析。为什么不用？只要没超出使用范围，Excel 是一款不错的工具，使用方便，能生成简单的汇总统计量。很少有分析师会弃用它。因此，有许多 R 包（至少超过 10 个）都用于连接 R 和 Excel，而且它们的连接方式也大同小异。

### 10.3.1　从 Excel 连接到 R

要连接 R 和 Excel，既可以从 Excel 中调用 R，也可以从 R 中调用 Excel。从 Excel 调用 R 比较常见，因为很多分析同行对 Excel 都相当满意，喜欢在 Excel 里面分析数据。这在保险行业中尤其普遍，保险从业人员平时使用的一些高级算法是精算师通过 Excel 前端在 R 中开发的。

从 Excel 调用 R 的方法很多，这取决于你对相关操作的熟练程度。在某些情况下，微软语言（如 VBA 或 C#）要求通过命令行或使用像 RServe 这样的技术调用 R。本书讨论的重点是 R，所以要介绍一些从 R 连接到 Excel 的方法。

### 1. 从 Excel 读取结构化数据

结构化数据（structured data）是整齐排布的，这样工作簿的每一个工作表标签（tab）只包含一个单独的数据表，单击工作表左上角的保存按钮即可保存数据。从 Excel 读取数据，有许多高效的方法。其中一个就是 10.2.1 节介绍的 RODBC 包。使用 RODBC 包中的 odbcConnectExcel()函数（针对.XLS 文件）和 odbcConnectExcel2007()函数（针对.XLSX文件）连接到工作簿。然后，把工作薄作为一个小型的数据库。

每一个工作表标签就是一个独立的表。对于其他类型的数据库，所有的标准 SQL 包装函数的工作原理相同。RJDBC 包连接和读写 Excel 的方式类似。

另一种方法是，使用 Hadley Wickham 专门为在 Excel 中操作结构化数据而设计的 readxl 包，该包于 2015 年发布。与 readr 包类似，该包是为了提高从 Excel 读取数据的速度。同样也生成可供 dplyr 包使用的 tbl_df 输出。

我们使用 airquality.xlsx 工作簿，从一个简单的示例开始。在 mangoTraining 包中可以找到这个工作簿。和本章其他示例一样，可以用下面的代码定位该包中的文件：

```
> system.file(package = "mangoTraining", "extdata/airquality.xlsx")
```

该工作簿有一个名为"data"的工作表[1]，内含整个 airquality 数据框的副本。我们先加载包，然后用 excel_sheet()函数返回工作表的名称：

```
> library(readxl)
>
> # 工作薄中包含的工作表是什么
> excel_sheets("airquality.xlsx")
[1] "data"
```

接下来，使用 read_excel()函数读取 airquality.xlsx 文件，把待读入的工作表名作为第二个参数传递给该函数。另一种方法是，提供工作表的位置。因为工作表的编号默认从 1 开始，所以在该例中可以把"data"直接替换为 1。由于该工作簿中只有一个工作表，在下面的示例中也可以直接省略 sheet 参数。

```
> # 读入 "data" 工作表
> air <- read_excel("airquality.xlsx", sheet = "data")
> head(air, 3)
  Ozone  Solar.R  Wind  Temp  Month Day
1    41      190   7.4    67      5   1
2    36      118   8.0    72      5   2
3    12      149  12.6    74      5   3
```

read_excel()函数在找到包含数据的单元之前，会自动忽略空行和空列。不过，我们可

---

1 查看 mangoTraining 包中的 airquality.xlsx 工作簿，没有 "data" 工作表，只有 "air" 工作表。为了让后面的代码示例能正常运行，又不过多改动原书代码，请读者朋友们在 mangoTraining 包的 extdata 文件夹中，打开 airquality.xlsx 工作簿，重命名该工作表，把 air 改成 data。——译者注

以用 `skip` 和 `col_names` 参数分别控制开始读取的行和列，用 `col_types` 参数指定每一列所包含的数据类型，包括日期类型（`"date"`）。readxl 包还可以处理以前的 `.xls` 格式。但是，如果要把数据写入 Excel 工作簿就不能用这个函数。要写入数据需要一个"全能"包。

### 2. 从 R 连接到 Excel

谈到从 R 把数据读写到 Excel 中，就不得不说 4 个可读可写的"全能型"包。其中，XLConnect 和 xlsx 这两个包的用法非常相似，都通过 rJava 包用 Java 在底层建立连接；另外两个是 openxlsx 包和 excel.link 包，在用法上差异很大。

这 4 个包中，XLConnect、xlsx 和 openxlsx 所涉及的工作流相似，只不过各自实现的方式和所用的函数名稍有不同。工作流包括在 R 中创建工作簿映像，可以在把任何更改保存回工作簿或保存到一个新文件之前进行操作。excel.link 包使用 RDCOMClient 包打开一个 Excel 工作簿，并用 R 代码直接编辑它。

### 3. XLConnect 包

我们用 XLConnect 包来介绍一下典型的工作流分析。该工作流中采用下面的步骤。

（1）连接一个工作簿。

（2）导入一个工作表标签的数据。

（3）生成一些关键列的统计汇总。

（4）创建一个简单的绘图（使用 graphics 包中的 plot() 函数，第 13 章介绍）。

（5）把汇总数据和绘图写回工作簿的新工作表标签中。

（6）以新的文件名保存工作簿。

建立连接的结果是创建一个具名 R 对象，在包里使用任何其他函数时必须引用的。注意，从严格意义上来说，实际上并未建立连接，我们使用的只是储存在内存中的工作簿副本而已。我们在 R 中进行改动时，仍然可以打开和编辑工作簿。另外，还可以用 `loadWorkbook()` 函数创建新的工作簿：

```
> airWB <- loadWorkbook("airquality.xlsx")
```

---

**警告：Java 依赖**　　　　　　　　　　　　　　　　　　　　　　　　　 *Watch Out!*

　　加载 XLConnect 包和直接加载其他包不同，因为他还依赖 rJava 包，而该包本身又依赖 Java 的 SE Development Kit，通常简称为 JDK。如果没有安装 JDK，R 就找不到 `JAVA_HOME`，而且 XLConnect 包也会加载失败。在大多数情况下，要根据当前的操作系统和架构（即 32 位还是 64 位版本）安装正确的 JDK 版本（rJava 要求 JDK 的版本大于 1.4），并接受所有的默认修复。请浏览 http://www.oracle.com，查看 JDK 的版本安装说明和执行要求。

---

一旦建立好连接，就可以使用 getSheets() 或 getDefinedNames() 这样的函数来访问工作簿了：

```
> getSheets(airWB)
[1] "data"
```

查看完后，可以使用 readWorksheet()、readNamedRegion() 或 readTable() 这样的函数来读取工作簿中的数据。本例使用 readWorksheet() 函数，该函数在找到包含数据的单元之前会自动忽略空行和空列。另外，我们可以使用参数 startRow、endRow、startCol 和 endCol 指定工作表中数据的准确位置。注意，第二个参数如何表示工作表名，当然还可以使用工作表编号。

```
> air <- readWorksheet(airWB, "data")
> head(air)
  Ozone  Solar.R  Wind  Temp  Month  Day
1    41      190   7.4    67      5    1
2    36      118   8.0    72      5    2
3    12      149  12.6    74      5    3
4    18      313  11.5    62      5    4
5    NA       NA  14.3    56      5    5
6    28       NA  14.9    66      5    6
```

**Did you Know?**

> **提示：索引列**
>
> 在 Excel 中，引用行用数值，而引用列则用字母。在 R 中，我们倾向于通过数值来引用行和列，XLConnect 包也是这样。col2idx() 函数可用于把像 AA 这种用字母表示的列转换成等价的数值位置：
>
> ```
> > col2idx("AA")
> [1] 27
> ```

接下来，我们用 aggregate() 函数（第 11 章中介绍）汇总数据，并用 graphics 包（第 13 章中介绍）中的 plot() 函数在我们的工作目录中创建绘图。

```
> # 汇总数据
> averageOzone <- aggregate(data = air, Ozone ~ Month, mean, na.rm = T)
>
> # 以 png 格式绘图
> png("Ozone_Levels.png")
> hist(air$Ozone, col = "lightblue",
+      main = "Histogram of Ozone Levels in New York\nMay to September 1973",
+      xlab = "Ozone (ppb)")
> dev.off()
```

然后，用 createSheet() 函数创建一个新的工作表，将其与汇总数据和刚创建的绘图一并加载。注意，要用 createName() 函数在工作簿中创建一个新的具名域，用于稍后放置绘制的图。还要注意的是，把 addImage() 函数中的 originalSize 参数设置为 TRUE。这是为了确保图像是原始尺寸，而不是为适应具名域调整图像的大小。

```
> # 新的工作表标签
> createSheet(airWB, "Summary")
>
> # 写入汇总数据
> writeWorksheet(airWB, averageOzone, "Summary", startRow = 2, startCol = 2)
>
> # 添加绘图
> createName(airWB, "PlotGoesHere", "Summary!$E$2")
> addImage(airWB, filename = "Ozone_Levels.png", name = "PlotGoesHere",
+          originalSize = TRUE)
```

最后，我们设置 Summary 工作表标签为当前的活动标签（这样在下一次打开这个工作簿时，直接看到的就是这个标签），然后保存该工作簿。图 10.1 是在 Excel 中打开已完成好的工作簿截图。

```
> # 设置活动工作表并保存该工作簿
> setActiveSheet(airWB, "Summary")
> saveWorkbook(airWB, "air_summary.xlsx")
```

XLConnect 包有许多其他特性，其中很多都使用与 xlsx 包和 openxlsx 包类似的函数名。这些特性包括格式化、编写 Excel 公式，以及合并单元。

根据我们的经验，XLConnect（和 xlsx）最大的限制是，在处理 Excel 工作簿时要占用大量内存。还好有其他办法能解决内存的问题，如果最终内存不够用，就要求助于其他办法了。

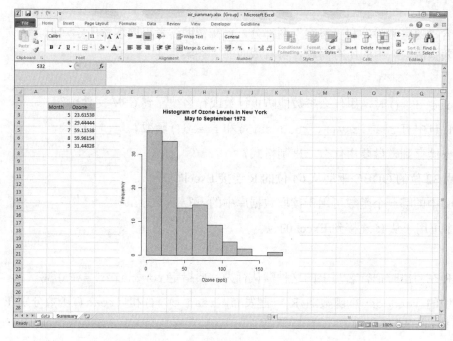

图 10.1

从 R 把数据和绘图写入 Excel

## 10.4 本章小结

本章介绍了一些把数据导入 R 进行分析的主要方法，讲解了如何用 read.table() 和 read.csv() 函数轻松地读写文本文件。如果要处理大型数据，可以使用 data.table 包和 readr 包中速度更快的函数。本章还介绍了如何把 R 中的 .RData 格式作为在磁盘中储存数据的高效方法。

本章详细讲解了如何使用 RODBC 和 DBI 语法从 R 连接和编辑数据管理系统（DBMS），如何使用 XLConnect 包连接 Excel 电子表格。大家可以在本章末的"补充练习"部分中自己练习如何使用这些工具。

## 10.5 本章答疑

问：同事使用 **xlsx** 连接 **Excel**，我是否可以将其转换成 **XLConnect**？

**答**：安装好 xlsx 和 XLConnect 这两个包后（或者 openxlsx），它们之间的区别微乎其微。在某些情况下，你可能发现其中一个包在使用过程中有某些限制。如果你的同事用 xlsx，而你对 XLConnect 的熟悉程度仅限于本章介绍的这些，那么可以开始学一下 xlsx。

**问：RODBC 包可用于读取 Excel 中的结构化数据，是否也能把数据写入 Excel？**

**答**：当然可以。考虑到效率因素，其默认行为不是写入，但是如果在调用 `odbcConnectExcel()` 函数和 `odbcConnectExcel2007()` 函数时指定 `readOnly = FALSE`，就能覆盖默认设置，把表格写入到电子表格中。

## 10.6 课后研习

课后研习包含"随堂测验"和"答案"两部分，旨在帮助读者巩固本章所学知识。请读者先尝试回答"随堂测验"中的所有问题，再看后面的"答案"。

随堂测验：

1. 使用 `write.csv()` 时，用什么参数能防止行数或行名被写到 CSV 文件中？
2. 哪一个 R 包中有 `read.csv()`、`read_csv()` 和 `fread()` 函数？
3. 把 R 对象储存到磁盘要用什么二进制格式？
4. 是否能用 32 位的 ODBC 驱动从 64 位的 R 连接 Excel？
5. RMySQL 中的哪一个函数可用于读取数据库中的表？
6. 写出 3 个可用于从 R 连接到 Excel 的包。

答案：

1. 要防止 R 在写出时把行名写上的这种默认行为，要指定 `row.names = FALSE`。
2. utils 包中的 `read.csv()` 函数随 R 一起发布。`read_csv()` 和 `fread()` 函数分别在 readr 包和 data.table 包中。
3. 使用 .RData 格式可以把任意数量的对象从工作空间保存到磁盘中。这一功能可以方便以后加载。
4. 不能。要确保 R 的架构与所用的 ODBC 驱动架构匹配。
5. 本章并未专门介绍 RMySQL，但是它是一个 DBI 包，所以可以使用 `dbReadTable()` 函数。
6. 本章介绍了一些相关的包：XLConnect、xlsx、openxlsx、excel.link、RODBC 和 readxl。另外，还有一个 gdata 包，为数据操作提供泛型编程工具。

## 10.7 补充练习

1. 读取 NST-EST2014-01.csv 数据，包含 2010 年 4 月 1 日～2014 年 7 月 1 日期间美国常住人口的年度预算，区域、州、波多黎各，由美国人口调查局提供。
2. 把 R 内置的 quakes 数据集写为一个 .CSV 文件。确保不要把行名写上去。

3. 模拟 100 万条人口统计数据框记录，各列分别是 ID、年龄、性别、体重和身高，然后将数据保存为一个 .RData 文件。

4. 与 Northwind 数据库建立连接：

   ➤ 创建 Order Details 和 Orders tables 的数据表；

   ➤ 根据 Order ID 合并两个表；

   ➤ 计算 Customer ID 的平均单价；

   ➤ 把数据保存回 Northwind 数据库中。

5. 使用 XLConnect 包创建一个内含 R 内置的 mtcars 数据的 Excel 工作簿：

   ➤ 从 http://oracle.com 安装 JDK；

   ➤ 安装并加载 XLConnect 包；

   ➤ 用 loadWorkbook() 创建一个新的文件；

   ➤ 把 mtcars 数据集写入这个文件；

   ➤ 保存这个工作簿。

# 第 11 章

# 数据操控和转换

**本章要点：**

> ➤ 排序
>
> ➤ 设置和合并
>
> ➤ 处理重复值
>
> ➤ 重组数据框
>
> ➤ 数据整合

上一章讲解了把数据导入 R 和从 R 导出数据的各种方法，包括处理平面文件、R 的 .RData 格式、数据库和 Microsoft Excel。然而，把数据读入 R 只是分析数据的开始。作为数据科学家和统计学家，我们很少去控制数据的结构和格式。在第 5 章和第 6 章中介绍了一些处理数据格式的实用函数，讲解了日期、时间、因子和缺失值的相关概念。除此之外，还学习了一些处理数值数据和字符数据的常用函数。现在，我们来进一步探讨数据的结构。

分析师往往喜欢引用数据分析过程中通过数据操作（或者越来越多的人称之为"数据再加工"）产生的各种比例数字。然而，枯燥的数据处理过程所耗费的时间远远大于分析结果所需的时间。学习本章有助于你成为一名资深的数据处理专家！

随着时间的推移，在 R 本身演化的过程中，也产生了许多操作数据的方法。本章先讲解如何用"传统的"方法完成数据排序、设置和合并的数据操作任务。然后介绍流行的数据重组包 reshape、reshape2 和 tidyr。第 12 章将继续探讨数据操作主题，学习两个最流行的数据操作和数据整合包：dplyr 和 data.table。

## 11.1 排序

在 R 中，很少出现为使用一个特定的函数而排序数据的情况。如果真的需要，R 的许多函数都有这样的功能。但是，如果只是计算累积量和分析时间序列，或者只是想以我们更好的理解方式预览一下数据，那么就要对数据进行排序。R 的基础包中有一个 sort() 函数能帮助我们轻松地排序向量。在默认情况下，该函数按从低到高（从小到大）的升序排序向量。可以通过设置 decreasing = TRUE 来指定函数对数据进行降序排列。

```
> sort(airquality$Wind)[1:10]
 [1] 1.7 2.3 2.8 3.4 4.0 4.1 4.6 4.6 4.6 4.6
```

可惜 sort() 函数只能处理向量，如果要排序数据框，就要使用 order() 函数。

### 11.1.1 数据框排序

order() 函数返回一个向量，包含如果给待处理数据排序后各元素对应的位置或索引。我们先创建一个简单的数值型向量 myVec，然后查看将其传递给 order() 函数后的输出：

```
> myVec <- c(63, 31, 48, 82, 51, 20, 72, 99, 84, 53)
> order(myVec)
 [1]  6  2  3  5 10  1  7  4  9  8
```

如上所示，输出的向量中第一个值是 6。这意味着如果把 myVec 中的数据从低到高升序排列的话，原向量中的第一个值（63）应该在第 6 个值（20）的位置上。接下来，原向量的第二个值 31 仍在第二的位置不动，以此类推。order() 函数生成的排序结果可用于排列向量。在代码清单 11.1 中，用 order() 函数根据 Wind 列整个 airquality 数据框进行排序。我们把 order() 函数放在下标中用于选择行。

**代码清单 11.1　数据框排序**

```
 1: > sortedByWind <- airquality[order(airquality$Wind), ]
 2: > head(sortedByWind, 10)
 3:     Ozone Solar.R Wind Temp Month Day
 4: 53     NA      59  1.7   76     6  22
 5: 121   118     225  2.3   94     8  29
 6: 126    73     183  2.8   93     9   3
 7: 117   168     238  3.4   81     8  25
 8: 99    122     255  4.0   89     8   7
 9: 62    135     269  4.1   84     7   1
10: 54     NA      91  4.6   76     6  23
11: 66     64     175  4.6   83     7   5
12: 98     66      NA  4.6   87     8   6
13: 127    91     189  4.6   93     9   4
```

使用 order() 函数的另一个好处是，它能根据多个变量排序多个数据。再来看一下代码清单 11.1，最后 4 行输出的 Wind 值都是 4.6。像这样要匹配两个以上的值才能进一步排序时，R 使用数据的原始次序。要指定第二个排序变量，只需把变量添加在 order() 函数的第二个参数上即可。以这种方式，还可以继续添加更多排序变量。

### 11.1.2 降序排列

order() 函数有一个 decreasing 参数，将其设置为 TRUE 时便可按照从高到低的降序排列，而非默认的升序排列。然而，这只有控制一个变量排序或者所有的变量都按降序排列时才有效。如果要指定一些变量按升序排列，一些变量按降序排列，就要接受默认的 decreasing = FALSE，并在需要降序排列的变量前加上一个负号（-）。代码清单 11.2 就给出了这样的例子，该例中 airquality 数据集按 Wind 列升序排序，然后按 Temp 列的值降序排列。

**代码清单 11.2　降序排序**

```
 1: > sortedByWindandDescTemp<-airquality[order(airquality$Wind,-airquality$Temp), ]
 2: > head(sortedByWindandDescTemp, 10)
 3:      Ozone Solar.R Wind Temp Month Day
 4: 53  NA          59  1.7   76    6  22
 5: 121 118        225  2.3   94    8  29
 6: 126 73         183  2.8   93    9   3
 7: 117 168        238  3.4   81    8  25
 8: 99  122        255  4.0   89    8   7
 9: 62  135        269  4.1   84    7   1
10: 127 91         189  4.6   93    9   4
11: 98  66          NA  4.6   87    8   6
12: 66  64         175  4.6   83    7   5
13: 54  NA          91  4.6   76    6  23
```

## 11.2　附加

附加（append）通常也被称为组合或设置。如果每隔一段时间就要获取一部分数据，并且要把新数据放入原数据中，就要进行附加操作。我们最终接收的数据集与原数据集的结构相同，只不过包含了一行或多行新数据。因此，我们要做的是把新行附加到现有数据中。在 R 中，可以用 rbind() 函数来完成，该函数在第 3 章的 3.4.1 节中提到过。如果用 rbind() 函数处理数据框，要确保原数据框和附加新行后的数据框的列名和每列数据的类型都相匹配。rbind() 函数比较智能，可以解决一些潜在的因子水平问题。

```
> # 每月要添加新的数据
> jan <- data.frame(Month = "Jan", Value = 46.4)
> feb <- data.frame(Month = "Feb", Value = 55.2)
> rbind(jan, feb)
  Month Value
1   Jan  46.4
2   Feb  55.2
```

## 11.3　合并

鉴于一些原因，在合并数据方面最好不要拿 R 与其他语言（如，SAS）相提并论。作为 R 和 SAS 的用户，我发现在 R 中合并数据要比在 SAS 中稍微容易一些，而且完胜 Excel。在 R 中，合并数据之前不需要先排序。在许多情况下，甚至不用指定变量也可以进行合并。在 R 中，用于合并数据的函数是 merge()。

merge() 函数根据一个或多个共有变量（common variable）把两个数据集进行合并。该函数有许多参数用于控制合并变量和匹配每个数据集的行。表 11.1 中列出了这些参数。

**表 11.1** merge()函数的参数

| 参数 | 用法 |
| --- | --- |
| x | 合并的第一个数据集 |
| y | 合并的第二个数据集 |
| by | 根据列字符向量进行合并 |
| by.x | 根据 x 中的列进行合并 |
| by.y | 根据 y 中的列进行合并 |
| all | 逻辑标记，包括所有行 |
| all.x | 逻辑标记，包括 x 的所有行 |
| all.y | 逻辑标记，包括 y 的所有行 |
| suffixes | 相匹配列名的后缀 |

### 11.3.1 合并示例

下面我们用 mangoTraining 包中的 demoData 和 pkData 两个数据集演示 merge()函数的用法。数据框中包含的数据是虚构的临床试验记录，包括 33 位受测试者服用一种药物的一定剂量后，每隔一段时间进行监测的数据。首先，预览一下这两个数据框：

```
> head(demoData, 3)
  Subject Sex Age Weight Height  BMI Smokes
1       1   M  43     57    166 20.7     No
2       2   M  22     71    179 22.2     No
3       3   F  23     72    170 25.1     No
> head(pkData, 7)
  Subject Dose Time   Conc
1       1   25    0   0.00
2       1   25    1 660.13
3       1   25    6 178.92
4       1   25   12  88.99
5       1   25   24  42.71
6       2   25    0   0.00
7       2   25    1 445.55
```

对于 demoData 中的 33 位受测试者，在 pkData 中有 5 个相应的记录（分别为 0、1、6、12、24），分别表示在虚拟研究过程中采集血液样本的时间。为了建立药物浓度（Conc，作为 Dose 的反应）与每位受测试者的人口统计信息的模型，要创建一个单独的数据框包含所有相关信息。于是，我们根据 Subject 列合并这两个数据框：

```
> fullPk <- merge(x = demoData, y = pkData, by = "Subject")
```

merge()函数要求至少有 x 和 y 参数，用于分别指定待合并的两个数据框。这里，指定 by = "Subject"是为了演示我们根据两个数据框共有的变量 Subject 来进行合并。不过，正是由于该变量是两个数据框共有的，我们可以省略该参数，让 R 寻找共有变量进行合并：

```
> fullPk <- merge(x = demoData, y = pkData)
```

当要根据两个数据框中不同的变量名进行合并时，by.x 和 by.y 两个参数才起作用。其中的 x 和 y 分别指的是函数的前两个参数。因此，如果 Subject 在 pkData 数据框（即 "y"数据框）中的标签是 ID，可以指定 by.x = "Subject"，by.y = "ID"。

### 11.3.2　缺失值

如果在合并两个数据框时，by 变量的一个值只出现在一个数据框中，那么要用 all、all.x 和 all.y 3 个参数控制合并哪些内容。默认情况下，这些参数都被设置为 FALSE，意思是只有 by 变量的值都出现在两个数据框中才会进行合并。在数据库的术语中，这通常叫做内联结（inner jion）。也许还是要用示例才能解释清楚。假设我们有 demoData 和 pkData 两个数据框的子集，只取 demoData 中的前两个测试者和 pkData 中的受测试者 2 和受测试者 3。

```
> demo1and2 <- demoData[demoData$Subject %in% 1:2, ]
> pk2and3 <- pkData[pkData$Subject %in% 2:3, ]
>
> demo1and2
  Subject Sex Age Weight Height   BMI  Smokes
1       1   M  43     57    166  20.7     No
2       2   M  22     71    179  22.2     No
> pk2and3
   Subject Dose Time   Conc
6        2   25    0    0.00
7        2   25    1  445.55
8        2   25    6  129.31
9        2   25   12   93.33
10       2   25   24   46.11
11       3   25    0    0.00
12       3   25    1  500.65
13       3   25    6  146.04
14       3   25   12  116.93
15       3   25   24   68.25
```

默认情况下，merge()函数只会为 subject 2 合并数据，因为这是唯一在两个数据框中都出现的受测试者：

```
> merge(demo1and2, pk2and3)
  Subject Sex Age Weight Height  BMI Smokes Dose Time   Conc
1       2   M  22     71    179 22.2    No    25    0    0.00
2       2   M  22     71    179 22.2    No    25    6  129.31
3       2   M  22     71    179 22.2    No    25   12   93.33
4       2   M  22     71    179 22.2    No    25   24   46.11
5       2   M  22     71    179 22.2    No    25    1  445.55
```

指定 all.x = TRUE，将保留 "x" 中的所有记录（即 demo1and2），不管这些数据是否出现在 pk2and3（也叫做 "左联结"）。指定 **all.y** = TRUE 将保留 "y" 中的所有记录，不管这些数据是否出现在 demo1and2 中（也叫做 "右联结"）。指定 all = TRUE 时，则无视两个数据框中是否有相匹配的值，直接进行合并（即是 "外联结"）。下面的示例就演示了外联结。注意，如果根据共有变量进行合并时，"y" 数据框中这些变量的一些值在 "x" 数据框中没有，那么 "y" 数据框中的这些值都将被设置为 NA，反之亦然。

```
> merge(demo1and2, pk2and3, all = TRUE)
   Subject  Sex  Age  Weight  Height   BMI  Smokes  Dose  Time    Conc
1        1    M   43      57     166  20.7      No    NA    NA      NA
2        2    M   22      71     179  22.2      No    25     0    0.00
3        2    M   22      71     179  22.2      No    25     6  129.31
4        2    M   22      71     179  22.2      No    25    12   93.33
5        2    M   22      71     179  22.2      No    25    24   46.11
6        2    M   22      71     179  22.2      No    25     1  445.55
7        3 <NA>   NA      NA      NA    NA    <NA>    25    12  116.93
8        3 <NA>   NA      NA      NA    NA    <NA>    25     0    0.00
9        3 <NA>   NA      NA      NA    NA    <NA>    25     1  500.65
10       3 <NA>   NA      NA      NA    NA    <NA>    25     6  146.04
11       3 <NA>   NA      NA      NA    NA    <NA>    25    24   68.25
```

> **注意：命名共有变量**
>
> 如果两个数据集有共有变量，但是我们不希望根据共有变量进行合并，R 将在输出的数据框列名后面附加 ".x" 和 ".y"。suffixes 参数可用于创建其他后缀。

## 11.4 重复值

deplicated() 函数用于查找重复值。该函数相当于询问"我之前是否见过这个数据？"。例如，取 airquality 数据框中的 Month 列。airquality 数据框中包含 5 个月内（5 月～9 月）每天的空气质量记录。Month 列共有 153 个单独的值，但是大部分是重复值。对该列调用 duplicated() 函数如下：

```
> isMonthValueADuplicate <- duplicated(airquality$Month)
> isMonthValueADuplicate[1:10] # 查看前 10 个记录
 [1] FALSE  TRUE  TRUE  TRUE  TRUE  TRUE  TRUE  TRUE  TRUE  TRUE
```

生成的这些 TRUE 和 FALSE 值都非常有用。在 duplicated() 调用前加一个!，可以把 TRUE 和 FALSE 值相互转换。转换后的逻辑向量可用于移除重复值，将其用于对数据框取子集后只留下相应值的第一个实例。这里，我们用这个方法来提取 airquality 数据集中每个月的第一个记录：

```
> airquality[!duplicated(airquality$Month), ]
    Ozone Solar.R Wind Temp Month Day
1      41     190  7.4   67     5   1
32     NA     286  8.6   78     6   1
62    135     269  4.1   84     7   1
93     39      83  6.9   81     8   1
124    96     167  6.9   91     9   1
```

duplicated() 函数更标准的用法也许是查找和移除重复记录。我们可以直接调用 duplicated() 函数来处理数据框：

```
> # 创建一个含有重复记录的数据框（ID 为 2 有重复记录）
> duplicateData <- data.frame(ID = c(1,2,2,3,4), Score = c(57,45,45,63,54))
> duplicateDat
```

```
   ID Score
1   1    57
2   2    45
3   2    45
4   3    63
5   4    54
> # 移除重复的记录
> duplicateData[!duplicated(duplicateData),]
   ID Score
1   1    57
2   2    45
4   3    63
5   4    54
```

*Did you Know?*

> **提示：唯一值**
>
> 要在向量中识别唯一值，可以用 unique() 函数移除向量中所有的重复值，并返回一个内含唯一值的更小子集。

## 11.5 重组

我们根据数据开始建模或绘图之前，要确保数据的结构合适。如果不合适，就要重组（restructure）数据。SAS 用户把这一过程叫做数据转置（transpose）；Excel 用户称之为透视（pivot）；其他用户称之为重塑（reshape）或整理（tidy）。在 R 中，重组数据用得最多且最知名的包是 reshape、reshape2 和最近发布的 tidyr。这些包都是 Hadley Wickham 基于它现在称为"整理数据"的概念而开发的。这 3 个包本身就反映了包从 reshape 到 tidyr 的演变过程。虽然 3 个包的术语和用法逐渐改进，越来越好用，但是实际上它们的作用范围却缩小了。因此，我们要花点时间逐个介绍这些包。

虽然大家对"整理数据"这个术语不太熟悉，但其中的概念依旧没变。如果读者熟悉关系数据库的话，重组包的基本目标就是把数据构造成像数据库表那样。换言之，我们这样构造数据：

➢ 每个变量形成一列；

➢ 每个观测形成一行。

这与 Excel 不同。为了在用 Excel 的绘图向导处理数据时，能将待比较的多列当作单独的系列，通常要展开值[1]。然而，在 R 中，经过 tidyr 包整理的结构非常标准，而且 R 的绝大部分绘图和分析包都期望这种标准格式的数据框。

### 11.5.1 用 reshape 进行重组

从本质上看，reshape 和 reshape2 包重组数据的功能相同。我们将用一个使用 reshape 包的示例来解释，并强调在 reshape2 中有何不同。reshape 包中有一些实用函数，主要的重组函

---

1　这里的"展开"是 tidyr 包中的术语，相当于 reshape 包中的"重铸"。——译者注

数是 melt()、cast() 和 recast()。它们的基本思想是把数据框"融合"（用 melt() 函数）到一个非常细长的结构中，然后（如果需要的话）用 reshape 中的 cast() 函数或 reshape2 中的 dcast() 函数把数据"重铸"成一个新的结构。

---

**提示：用 reshapeGUI 来适应 reshape**

重塑数据并不容易！虽然 reshape 包中的 melt() 和 cast() 函数很好用，但是要花点时间来适应。reshapeGUI 包提供一个交互式图形用户界面，给用户练习如何使用 melt() 函数和 cast() 函数。我们在使用图形用户界面选择 ID 和测量变量时，它将自动创建一条等价的 R 代码。而且，图形用户界面还可以在我们提交到 R 控制台之前预览结果。

*Did you Know?*

---

### 11.5.2　融合

理解 melt() 函数的关键是，识别出包中什么是 ID 变量，什么是测量变量（被测量）。ID 变量代表已采集数据的固定信息，通常是 ID 或名称、所采集数据的地理信息、采集数据时的日期和时间等。测量变量（measurement variable）包含已采集的数据。如果考虑要为数据建模，那么可以粗略地把测量数据作为反应变量（response variable），把 ID 变量作为解释变量（explanatory variable）。

一旦确定了 ID 变量和测量变量，就可以将其分别传递给 id.vars 和 measure.vars 两个参数。其他那些我们不感兴趣的变量在重组时都将被忽略，并排除在外。为了少输入些字，我们只指定一个 id.vars 和一个 measure.vars。R 将假设其余变量都是未使用的类别。

最好用一个示例来讲解 melt() 函数。代码清单 11.3 演示了一个简单的示例，使用 reshape 包中的 frech_fries 数据集，其中包含的是爱荷华州立大学于 2004 年对油炸食用油进行感官实验所收集的原始数据。

**代码清单 11.3　融合 french_fries 数据**

```
 1: > # 先载入包，并查看包中的数据
 2: > library(reshape)
 3: > head(french_fries, 3)
 4:    time treatment subject rep potato buttery grassy rancid painty
 5: 61    1         1       3   1    2.9     0.0      0    0.0    5.5
 6: 25    1         1       3   2   14.0     0.0      0    1.1    0.0
 7: 62    1         1      10   1   11.0     6.4      0    0.0    0.0
 8: > tail(french_fries, 3)
 9:     time treatment subject rep potato buttery grassy rancid painty
10: 695   10         3      78   2    3.3       0      0    2.5    1.4
11: 666   10         3      86   1    2.5       0      0    7.0   10.5
12: 696   10         3      86   2    2.5       0      0    8.2    9.4
13:
14: # 接下来，根据识别的 ID 变量进行'融合'
15: > fryMelt <- melt(french_fries,
16: +       id.vars = c("time", "treatment", "subject", "rep"))
17:
18: # 新的数据集又长又细
19: > head(fryMelt, 3)
```

```
20:      time treatment subject rep  variable value
21: 1       1         1   3   1    potato   2.9
22: 2       1         1   3   2    potato  14.0
23: 3       1         1  10   1    potato  11.0
24: > tail(fryMelt, 3)
25:      time treatment subject rep variable value
26: 3478   10         3  78   2    painty   1.4
27: 3479   10         3  86   1    painty  10.5
28: 3480   10         3  86   2    painty   9.4
```

如上代码所示，第 5~7 行和第 10~12 行展示了 frech_fries 数据的结构。我们据此可以推断，实验采用 3 种不同的油炸方法制作薯条，每位受测试者品尝两根相同方法制作的薯条，受测试者分别为定义在剩下列的评判类别打分。因此，这些剩余的列就是我们的测量变量，而变量 time、treatment、subject 和 rep 就是 ID 变量。一旦确定了 ID 变量和测量变量，代码就很容易理解了。我们调用 melt() 函数并用 id.vars 参数指定 ID 变量。从代码清单 11.3 中的第 26~28 行可以看出，处理后的数据非常地细长。各 ID 变量名都没变，而测量变量变成了一个单独的列名 variable。测试变量对应的值列于 value 变量中。

### 11.5.3　重铸

对数据框调用 melt() 函数通常会生成一个所需格式的数据框。为了把数据"重铸"（cast）为一个新结构，通常还要做进一步的处理。reshape 包中的 cast() 函数（或 reshape2 包中的 dcase() 函数）接受一个描述输出格式的公式，其基本形式是：

untouched_column_1 + untouched_column_2 ~ column_to_split_1 + column_to_split_2

公式的左侧指定那些保持不变的列，右侧指定要被分割成新列的那些列。公式右侧每个变量中有多少个不重复的值，就创建多少个新列，默认分别用这些不重复的值为新列赋名。我们原来 value 列中的值就是测量数据。最好用一个示例来具体说明。在代码清单 11.4 中，我们在 fryMelt 数据集（代码清单 11.3 中创建）中基于 rep 变量创建了两个新列。"..."的意思是"所有其他列"。在重铸公式中，一个单独的点可用于表示"没有变量"。

**代码清单 11.4　重铸 french_fries 数据**

```
1: > # 基于 rep 变量创建两个新列
2: > fryReCast <- cast(fryMelt, ... ~ rep)
3: > head(fryReCast, 3)
4:    time treatment subject variable    1   2
5: 1    1         1       3   potato  2.9  14
6: 2    1         1       3  buttery  0.0   0
7: 3    1         1       3   grassy  0.0   0
```

**By the Way**

> **注意：reshape 包和 reshape2 包的区别**
>
> reshape2 包在重铸成数据框和重铸成数组时，与 reshape 包不同。reshape2 不用 cast() 函数，而用两个新的函数：dcast()（用于重铸为数据框）和 acast()（用于重铸为数组）。

使用 melt() 函数，然后使用 cast() 函数（或 dcast() 函数）可以中止重塑过程。对于一些更复杂的示例，在把数据重铸成新结构之前，可以通过这种方式来检查中介"融合"数据框是否符合期望。不过，实际上也不要求一定要这样做。整个转换步骤用 recast() 函数可以一步完成。recast() 函数与 melt() 函数唯一的不同是，把 id.vars 和 measure.vars 两个参数中的"s"去掉，分别用 is.var 和 measure.var 来分别代替。

```
> recast(french_fries,
+     id.var = c("time", "treatment", "subject", "rep"),
+     formula = ... ~ rep)
  time treatment subject variable    1    2
1    1         1       1   potato  2.9 14.0
2    1         1       1  buttery  0.0  0.0
3    1         1       1   grassy  0.0  0.0
...
```

> **注意：用 reshape 包进行整合** *By the Way*
>
> cast() 函数（reshape2 包中对应的是 dcast() 函数）的 fun.aggregate 参数可用于在汇总函数（如，mean()）中整合数据。
>
> ```
> > # 计算两根薯条的平均值
> > replicateMeans <-
> +     cast(fryMelt, time + treatment + subject + variable ~ ., mean)
> > head(replicateMeans, 3)
>   time treatment subject variable (all)
> 1    1         1       1   potato  8.45
> 2    1         1       1  buttery  0.00
> 3    1         1       1   grassy  0.00
> ```
>
> 虽然可以用 reshape 来整合数据，不过我们在第 12 章将介绍更直接的整合技巧。

### 11.5.4 用 tidyr 进行重组

在重组方面，reshape 包与 tidyr 包的主要区别是所用的术语不同。reshape 中的 melt() 和 cast()（或 reshape2 中的 dcast()）变成了 tidyr 中的 gather() 和 spread()。两个包在其他方面也非常相似。tidyr 包中还有第 3 个函数：seperate()，要把信息的多个部分储存在一个单独的变量中时，这个函数非常有用。

#### 1. gather()函数

如果一个特定变量被展开（spread）在多个列中，要把数据"集合"（gether）到一个单独的列，就要用到 gather() 函数。该函数所需的参数见表 11.2。

表 11.2　gather()函数的参数

| 参数 | 用法 |
| --- | --- |
| data | 待处理数据集、数据框对象的名称 |
| key | 在输出中创建的 key 列（即，变量的新列名） |
| value | 在输出中创建的 value 列（即，观测值的新列名） |
| ... | 需要集合的列 |

接下来，我们用一些真实的数据演示 gather() 函数的用法。在下面的例子中，将使用 mangoTraining 包中的 djiData 股市数据。为了简化该例，我们提取其中的一个子集保存在一个有 3 列的数据框中，分别是 Date（日期）、DJI.High（DJI 的最高值）、DJI.Low（DJI 的最低值）：

```
> djiHighLow <- djiData[, c("Date", "DJI.High", "DJI.Low")]
> head(djiHighLow, 3)
       Date   DJI.High  DJI.Low
1 12/31/2014 18043.22 17820.88
2 12/30/2014 18035.02 17959.70
3 12/29/2014 18073.04 18021.57
```

假设要根据 DJI 的最高值和最低值，使用第 13~15 章介绍的一个包进行绘图，那么就需要把一列包含绘制所需的值，一列表示该值是最高值还是最低值。我们通过 gather() 函数来操作。

加载了相关的包后，接下来要指定需要集合在一起的列，直接写名称进行引用，不需要用双引号括起来，各列名用逗号分隔。如表 11.2 所示，还必须为集合后的数据框的 key 列和 value 列命名。在该例中，我们把 DJI.High 和 DJI.Low 两列集合在一起。通常，可以像下面这样集合若干列：

```
> gatheredDJI <- gather(djiHighLow, key="DJI", value="Value", DJI.High, DJI.Low)
> head(gatheredDJI, 4)
        Date      DJI    Value
1 2014-12-31 DJI.High 18043.22
2 2014-12-30 DJI.High 18035.02
3 2014-12-29 DJI.High 18073.04
4 2014-12-26 DJI.High 18103.45
```

未列出的变量（如该例中的 Date），不影响集合的过程。如果发现数据中的大多数列都需要集合，就不要指定集合哪些列，而应该指定不集合的列。我们通过列出那些不感兴趣的列，并在这些列名前加一个负号（-）来完成。

*Did you*
**Know?**

> **提示：集合多列**
>
> tidyr 包规定了:操作符的一种特殊用法。该操作符用于指定开始集合的开始列和结束列。因此，a:z 被解析为集合从 "a" 列到 "z" 列的所有列。

### 2. spread() 函数

术语"展开"类似于 reshape 包中的"重铸"，用于取一列值和这些值的列标签（"key"）并"展开"内容至多个列。spread() 的主要参数也是 key 和 value，将为 key 栏中的每个标签都创建一个新列。如果我们要计算时间的变化，这个函数很有用。只需提供一列值（value）和一列这些值所对应的时间（key），然后展开信息，为每个时间点创建一个新列。在下面的示例中，我们撤销了 DJI 最低值和最高值集合成一个单独列的过程，将其展开回两个原始列：

```
> backToOriginal <- spread(gatheredDJI, key = DJI, value = Value)
> head(backToOriginal, 3)
        Date   DJI.High  DJI.Low
1 01/02/2014 16573.07 16416.49
2 01/03/2014 16518.74 16439.30
3 01/06/2014 16532.99 16405.52
```

> **提示：管道命令**
> *Did you Know?*
>
> tidyr 包专门为处理 magrittr 包的管道操作符而设计，用于把命令串在一起，从而避免中介数据框。第 12 章将详述管道操作符。

### 3. separate()函数

有时会发现，信息中的两个独立的部分被合在一个单独的变量中。R 包提供一个很好的示例。R 包源名称由包名和版本号组成。代码如下所示：

```
> Packages <- data.frame(Source=c("reshape_0.8.5", "tidyr_0.2.0"))
> Packages
          Source
1  reshape_0.8.5
2    tidyr_0.2.0
```

我们可以用 separate()函数把包名和版本号分割开来。这需要一个表示分隔符的额外参数 sep：

```
> separate(Packages, Source, into = c("Package", "Version"), sep = "_")
  Package  Version
1 reshape    0.8.5
2   tidyr    0.2.0
```

默认情况下，原始变量将被删除。不过，设置 remove = FALSE 可以覆盖这一行为。

## 11.6 数据整合

在第 9 章中，我们讲解了把简单的函数应用到更复杂结构的两种方法：

➢ 用循环遍历数据的各部分

➢ 使用应用函数家族

假设我们要在 airquality 数据集中添加新的一列，储存每天的 Wind 速度与每月 Wind 速度中位数的差值。这需要执行以下 3 个任务：

➢ 按 Month 计算 Wind 速度的中位数。

➢ 把 Wind 速度的中位数与每天的 Wind 速度数据一一对应。

➢ 计算每天 Wind 速度与"中位数"数据的差值。

### 11.6.1 使用 for 循环

如果选择使用循环，就要完成以下任务。

➢ 在我们的数据中创建一个空列。

➢ 为数据中的每一行执行。

  ➢ 查看这行的 Month 值。

  ➢ 根据 Month 的值计算相应的所有数据的 Wind 中位数。

  ➢ 计算每天的 Wind 值与该中位数的差值。

➢　在相应的位置插入计算好的差值。

这个方法非常低效。比如，这涉及重复计算中位数（每行计算一次）。其实，我们可以用一个循环来计算每行的中位数，然后在第二个循环中引用各中位数。这个方法的步骤如下所示。

➢　在我们的数据中创建一个空列。

➢　为每一个不重复的 Month 值计算并储存 Wind 的中位数。

➢　为数据中的每一行执行。

　　➢　查看这行的 Month 值。

　　➢　根据 Month 的值（由上一循环产生）引用正确的 Wind 中位数。

　　➢　计算每天的 Wind 值与该中位数的差值。

　　➢　在相应的位置插入计算好的差值。

这样处理似乎也不太理想。接下来，我们考虑使用第 9 章介绍的"应用"函数。

### 11.6.2　使用"应用"函数

首先要确定，使用哪一个"应用"函数。我们先用 tapply() 函数（或 split() 和 sapply()）返回每月的 Wind 中位数：

```
> head(airquality)        # 打印 airquality
  Ozone Solar.R Wind Temp Month Day
1    41     190  7.4   67     5   1
2    36     118  8.0   72     5   2
3    12     149 12.6   74     5   3
4    18     313 11.5   62     5   4
5    NA      NA 14.3   56     5   5
6    28      NA 14.9   66     5   6
> windMedians <- tapply(airquality$Wind, airquality$Month, median)
> windMedians
    5    6    7    8    9
 11.5  9.7  8.6  8.6 10.3
```

这种方法直截了当地计算了每月（Month）的风速（Wind）中值，并把结果储存在一个具名向量中。下一步就是把每天的 Wind 值与相应的 windMedians 值一一对应，然后计算它们之间的差值。这一步应该是最复杂的。

第 3 章介绍过，可以用方括号（在其中指定空格、正整数、负整数、逻辑值或字符输入）来引用向量中的值。在本例中，我们要使用一个存有 Month 值的向量来引用 windMedians 向量中的值。我们把 Month 的值转换成字符，然后用这些值来引用 windMedians 中的具名元素：

```
> charMonths <- as.character(airquality$Month)      # 把 Month 的值转换为字符
> # 使用字符值来引用具名元素
> head(windMedians [ charMonths ])
    5    5    5    5    5    5
 11.5 11.5 11.5 11.5 11.5 11.5
```

现在，可以在数据集中创建一个中值列，并计算差值。虽然不用创建中间值的列，但是为了演示处理的过程，我们依旧这样做：

```
> airquality$MedianWind <- windMedians [ charMonths ]         # 添加 Wind 的中值列
> airquality$DiffWind <- airquality$Wind - airquality$MedianWind  # 计算差值
> head(airquality, 3)                                         # 预览前 3 行
  Ozone Solar.R Wind Temp Month Day MedianWind DiffWind MedianWind
1    41     190  7.4   67     5   1       11.5     -4.1       11.5
2    36     118  8.0   72     5   2       11.5     -3.5       11.5
3    12     149 12.6   74     5   3       11.5      1.1       11.5
> tail(airquality, 3)                                         # 预览最后 3 行
    Ozone Solar.R Wind Temp Month Day MedianWind DiffWind MedianWind
151    14     191 14.3   75     9  28       10.3      4.0       10.3
152    18     131  8.0   76     9  29       10.3     -2.3       10.3
153    20     223 11.5   68     9  30       10.3      1.2       10.3
```

虽然这个方法奏效了，但是第二步（把每月的风速中值与每天的风速值一一对应，以便稍后计算差值）可能有些复杂。如果确定要对许多列执行相同的处理过程，这种方案就显得更加冗余和复杂了。我们可以用 aggregate() 函数简化这一过程。

## 11.6.3　aggregate() 函数

aggregate() 函数把待应用函数应用于数据框的各部分，并返回数据框作为输出。可以通过两种方法使用 aggregate() 函数：

➤ 提供一个"公式"来描述待应用函数处理的对象；

➤ 指定一组待汇总变量，一组分组变量。

我们先来看一个例子，使用公式来定义数据的结构。

## 11.6.4　使用带公式的 aggregate()

我们可以使用带公式的 aggregate() 函数来指定待汇总的变量和执行汇总的变量。基本公式是 Y ~ X，其中 Y 是待汇总的变量，X 是执行汇总的变量。aggregate() 函数还额外接收参数 data（指定包含待处理数据的数据框）和参数 FUN（指定待应用的函数）。我们用一个示例再次计算每月的 Wind 中值：

```
> aggregate(Wind ~ Month, data = airquality, FUN = median)
  Month Wind
1     5 11.5
2     6  9.7
3     7  8.6
4     8  8.6
5     9 10.3
```

如上代码所示，返回的结构是一个既简单又好用的数据框。

### 1. 多变量汇总

如果要根据多个变量应用函数，可以把这些变量的名称添加到公式的变量组中：

```
> aggregate(Wind ~ Month + cut(Temp, 2), data = airquality, FUN = median)
   Month cut(Temp, 2)  Wind
1      5   (56,76.5]   11.5
2      6   (56,76.5]    9.7
3      7   (56,76.5]   10.6
4      8   (56,76.5]   12.6
5      9   (56,76.5]   10.9
6      5   (76.5,97]   10.3
7      6   (76.5,97]    9.7
8      7   (76.5,97]    8.6
9      8   (76.5,97]    8.3
10     9   (76.5,97]    7.7
```

函数返回的仍然是一个数据框。

### 2. 多列汇总

如果要同时对许多变量执行相同的汇总，可以把汇总变量放入 cbind() 函数中。例如，根据 Month 计算 Wind 和 Ozone 值的中值：

```
> aggregate(cbind(Wind, Ozone) ~ Month, data = airquality, FUN = median,
➥ na.rm = TRUE)
  Month  Wind Ozone
1     5  11.5    18
2     6  11.5    23
3     7   7.7    60
4     8   8.0    52
5     9  10.3    23
```

### 3. 多个返回值

前面几个示例中使用的 median() 函数只有一个返回值。如果待应用的函数有多个返回值，那么这些返回值将分别作为单独一列。我们在示例中使用 range() 函数来演示：

```
> # 根据 Month 求 Wind 的值域（最小值和最大值）
> aggregate(Wind ~ Month, data = airquality, FUN = range, na.rm = TRUE)
  Month Wind.1 Wind.2
1     5    5.7   20.1
2     6    1.7   20.7
3     7    4.1   14.9
4     8    2.3   15.5
5     9    2.8   16.6
```

```
> # 根据 Month 求 Wind 和 Ozone 的值域
> aggregate(cbind(Wind, Ozone) ~ Month, data = airquality, FUN = range,
➥ na.rm = TRUE)
  Month Wind.1 Wind.2 Ozone.1 Ozone.2
1     5    5.7   20.1       1     115
2     6    8.0   20.7      12      71
3     7    4.1   14.9       7     135
4     8    2.3   15.5       9     168
```

```
5      9     2.8    16.6        7        96
```

```
> # 根据 Month 和分组的 Temp 求 Wind 和 Ozone 的值域
> aggregate(cbind(Wind, Ozone) ~ Month + cut(Temp, 2), data = airquality,
+           FUN = range, na.rm = TRUE)
   Month cut(Temp, 2) Wind.1 Wind.2 Ozone.1 Ozone.2
1      5   (56,76.5]    6.9   20.1       1      41
2      6   (56,76.5]    9.2   20.7      12      37
3      7   (56,76.5]    6.9   14.3      10      16
4      8   (56,76.5]    7.4   14.3       9      23
5      9   (56,76.5]    6.9   16.6       7      30
6      5   (76.5,97]    5.7   14.9      45     115
7      6   (76.5,97]    8.0   14.9      21      71
8      7   (76.5,97]    4.1   14.9       7     135
9      8   (76.5,97]    2.3   15.5       9     168
10     9   (76.5,97]    2.8   15.5      16      96
```

在以上的示例中，是根据待汇总的列名和返回值的索引来为返回值命名的（如 Wind.1）。如果待应用函数返回"具名"元素，那么这些名称将被附加在汇总列名后面：

```
> aggregate(Wind ~ Month, data = airquality,
+   FUN = function(X) {
+     c(MIN = min(X), MAX = max(X))
+   })
  Month Wind.MIN Wind.MAX
1     5      5.7     20.1
2     6      1.7     20.7
3     7      4.1     14.9
4     8      2.3     15.5
5     9      2.8     16.6
```

## 11.6.5 根据指定列使用 aggregate()

除了在 aggregate() 中使用公式，还可以通过在函数调用中分别指定变量的方式来使用 aggregate() 函数。特别是，如果要控制输出的汇总变量名，就要在变量列表中指定待重命名的变量：

➢ 第一个输入指定待汇总的变量；

➢ 第二个输入指定分组变量；

➢ 第三个输入是待应用的函数。

我们用上一节的示例，再次根据 Month 计算 Wind 的中值。只不过如前所述，这次通过指定输入来描述：

```
> aggregate(list(aveWind = airquality$Wind), list(Month = airquality$Month),
↳median)
  Month aveWind
1     5    11.5
2     6     9.7
3     7     8.6
```

```
4       8       8.6
5       9      10.3
```

输出是一个数据框，其变量名是输入列表中指定的。

### 1. 多变量汇总

如果要根据多个变量应用函数，可以把这些变量添加到输入列表中，代码如下所示：

```
> aggregate(list(aveWind = airquality$Wind),
+   list(Month = airquality$Month, TempGroup = cut(airquality$Temp,
      2)), median)
   Month  TempGroup aveWind
1      5  (56,76.5]    11.5
2      6  (56,76.5]     9.7
3      7  (56,76.5]    10.6
4      8  (56,76.5]    12.6
5      9  (56,76.5]    10.9
6      5  (76.5,97]    10.3
7      6  (76.5,97]     9.7
8      7  (76.5,97]     8.6
9      8  (76.5,97]     8.3
10     9  (76.5,97]     7.7
```

用户通过这个方法很容易控制输出变量名（例如，命名 TempGroup 和 aveWind 列）。

### 2. 多列汇总

如果要同时对许多变量执行相同的汇总，可以把这些变量放在第一个输入列表中，代码如下所示：

```
> aggregate(list(aveWind = airquality$Wind, aveOzone = airquality$Ozone),
+            list(Month = airquality$Month), median, na.rm = TRUE)
   Month aveWind aveOzone
1      5    11.5       18
2      6     9.7       23
3      7     8.6       60
4      8     8.6       52
5      9    10.3       23
```

---

**提示：指定数据框作为输入**

从结构上看，数据框是一个内含向量的列表。因此，如果需要的话，可以不用列表而直接用数据框作为输入。这在指定多个变量时非常有用。例如，我们可以重写上一个示例：

```
> aggregate(airquality[,c("Wind", "Ozone")],
+            list(Month = airquality$Month), median, na.rm = TRUE)
   Month  Wind  Ozone
1      5  11.5     18
2      6   9.7     23
3      7   8.6     60
4      8   8.6     52
5      9  10.3     23
```

虽然这样处理后代码简洁了不少，但是我们却没法重命名变量了（比如，无法像上一个示例那样把 Wind 重命名为 aveWind，把 Ozone 重命名为 aveOzone）。

### 3. 多个返回值

和前面指定公式的示例一样，我们也可以应用返回多个值的函数。在这种情况下，返回值的索引将附在汇总变量名的后面：

```
> aggregate(list(Wind = airquality$Wind),
+   list(Month = airquality$Month), range)
  Month Wind.1 Wind.2
1     5    5.7   20.1
2     6    1.7   20.7
3     7    4.1   14.9
4     8    2.3   15.5
5     9    2.8   16.6
```

如果待应用的函数返回具名元素，这些名称将代替索引值附在汇总变量名后面：

```
> aggregate(list(Wind = airquality$Wind),
+         list(Month = airquality$Month),
+         function(X) {
+           c(MIN = min(X), MAX = max(X))
+         })
  Month Wind.MIN Wind.MAX
1     5      5.7     20.1
2     6      1.7     20.7
3     7      4.1     14.9
4     8      2.3     15.5
5     9      2.8     16.6
```

## 11.6.6   计算 baseline 的差值

在 11.6 节开头，我们介绍了一个想要完成的任务，并讨论了如何用前面章节学到的方法（使用 for 循环和应用函数）来完成。我们来简单回顾一下，任务是要在 airquality 中添加新的一列，储存每天的 Wind 风速与每月 Wind 风速中值的差值。

要完成这个任务，需要完成以下 3 个任务：

➤  按 Month 计算 Wind 速度的中值；

➤  把 Wind 风速的中位数与每天的 Wind 风速数据一一对应；

➤  计算每日 Wind 风速与"中值"数据的差值。

使用 aggregate() 函数可以按月计算 Wind 的中值，返回的结果是一个数据框：

```
> windMedians <- aggregate(list(MedianWind = airquality$Wind),
+                    list(Month = airquality$Month), median)
> windMedians
  Month MedianWind
1     5       11.5
2     6        9.7
3     7        8.6
4     8        8.6
5     9       10.3
```

*Did you*
*Know?*

> **提示：使用列表输入进行整合**
>
> 在本例中，我们把列表元素作为 `aggregate()` 函数的输入，并没有用公式。因此才能直接控制汇总的名称（即 MedianWind 列）。如果使用公式的话，就还需要第二个步骤来命名 MedianWind。

现在，数据框中有了 Wind 的中值，我们可以创建一个 MedianWind 列，并将其合并到原始数据集中：

```
> airquality <- merge(airquality, windMedians)
> head(airquality)
  Month Ozone Solar.R Wind Temp Day MedianWind
1     5    41     190  7.4   67   1       11.5
2     5    36     118  8.0   72   2       11.5
3     5    12     149 12.6   74   3       11.5
4     5    18     313 11.5   62   4       11.5
5     5    NA      NA 14.3   56   5       11.5
6     5    28      NA 14.9   66   6       11.5
```

## 11.7　本章小结

本章介绍了如何用传统的 R 函数排序、设置和合并数据；介绍了用于重组数据的 reshape（reshape2）包和 tidyr 包；为绘图和建模做好准备；最后还讲解了用于整合数据的 `aggregate()` 函数，以及一些整合数据的方法。

## 11.8　本章答疑

**问：我想用 airquality[sort(airquality$Wind),]排序 airquality，但是却得到奇怪的结果，为什么会这样？**

**答：** 想用这种方式排序数据框，要知道选择哪些行。排列的次序由 `order()` 函数返回，不是 `sort()` 函数。

**问：我有两个数据框，每个都保存着在指定时间里指定区域的数据。是否能合并这两个变量？**

**答：** 当然可以。可以使用 `merge()` 函数指定根据多个变量进行合并操作，把待合并变量名作为字符向量传递给 `merge()` 函数。

**问：是否可以使用 merge()函数一次合并 3 个数据框？**

**答：** 不可以。不过可以用 reshape 包中的 `merge_recurse()` 函数完成。

**问：reshape2 包是否能代替 reshape 包？**

**答：** reshape 包的研发工作已于 2011 年停止了。然而，是否用 reshape2 包代替 reshape 包取决于你的需求。在某些情况下，reshape2 包可以代替 reshape 包，但是 reshape 包中的功能更多。reshape2 包是否能代替 reshape 包，依旧还存在争辩。如果想使用 reshape/reshape2 进行数据整合，要注意 `cast()` 函数可以处理那些返回多值向量的汇总函数（如 `range()`），而 dcast() 函数不能这样，会生成一个错误。

## 11.9　课后研习

课后研习包含"随堂测验"和"答案"两部分，旨在帮助读者巩固本章所学知识。请读者先尝试回答"随堂测验"中的所有问题，再看后面的"答案"。

**随堂测验：**

1. sort() 函数和 order() 函数的区别是什么？
2. 用什么函数返回向量中不重复的值？
3. 用什么函数在数据框中附加行？
4. dcast() 函数中的"d"是什么意思？

**答案：**

1. sort() 函数用于排序向量，不能排序数据框；order() 函数提供排列的次序，可用与排序向量或数据框。
2. unique() 函数直接返回不重复的值，而 duplicated() 函数可作为一种下标访问方法，所得的结果相同。
3. rbind() 函数是在数据框中添加新行的简单方法。
4. "d"代表"data frame"（数据框）。在 **reshape2** 包中，更通用的 cast() 被替换成 acast() 和 dcast() 函数，这两个函数分别用于处理数组和数据框。

## 11.10　补充练习

1. 根据汽车的汽缸数排序 mtcars 数据框，然后再根据每加仑汽油可行驶的英里数逆序排列该数据框。
2. 用 RODBC 从 **mangoTraining** 包中的 Northwind.mdb 文件提取"Employees"和"Orders"表。根据 EmployeeID 合并两个数据框。
3. 使用 **reshape2** 包中的 tips 数据，通过 melt() 函数和 dcast() 函数根据付账人的性别和抽烟习惯，找出平均给多少小费。
4. 把 djiData 中的 Data 列分成 3 个新列：Month、Day 和 Year，确保不影响原始的 Data 列。

# 第 12 章

# 高效数据处理

本章要点：

> ➤ dplyr 包

> ➤ 用管道连接多个命令

> ➤ data.table 包

> ➤ 提高效率的选项

前面几章探讨的都是如何用"应用"函数家族进行下标访问和汇总数据。本章将介绍两个很有用的包：dplyr 包和 data.table 包，这两个包能在一致和高效的框架下处理与数据框相关任的务。

我们先从非常受欢迎的 dplyr 包开始，这个包由 Hadley Wickham 开发。在本章讨论的这两个包中，dplyr 包实际上是最新的产品，它适合与 readr 和 tidyr 包结合使用。data.table 包是专门针对超大型数据设计的独立包，用于更快地提高数据操作的效率。

## 12.1　dplyr：处理数据的新方式

dplyr 包是 Hadley Wickham 研发的另一个包，革新了在 R 中处理数据的方式。dplyr 包于 2014 年 1 月首次发布，符合 Hadley Wickham 帮助定义的分析流程。我们在第 10 章中介绍了如何用 readr、haven 和 readxl 包把数据导入 R。在第 11 章中介绍了如何用 tidyr 包把数据转变成一个新的结构。现在，我们来看如何用 dplyr 包排序、访问子集、合并和汇总数据。

我们可以把 dplyr 包看作是 plyr 包的进化版。dplyr 包只关注矩形数据结构的操作，而 plyr 包提供更加一般的框架。dplyr 包的重点在于可用性非常高，但还是要考虑实际的使用效果，确保 dplyr 包不会在效率方面拖后腿。

## 12.1.1 创建 dplyr（tbl_df）对象

在数据分析流程中会使用一些包导入数据（如 readr、haven 和 readxl 包），然后（可能）用 tidyr 包转化这些数据。dplyr 包就是专门针对这一流程而设计的。这些包中都有生成 tbl_df 类对象的函数。tbl_df 对象是 dplyr 对数据框的一种扩展，影响了数据框的打印方式。

除了改变打印数据框的方式外，创建 tbl_df 对象也移除了行名。在代码清单 12.1 中，可以看到创建的 carData 移除了原始 mtcats 数据的行名。我们是有意这样做的，并强制执行数据整理原则，以相同的方式储存（按列）所有有意义的信息。但是，如果行名有意义，这样处理并不太合适。本章后续内容中将交替使用"tbl_df"和"数据框"这两个术语。

**代码清单 12.1 创建 tbl_df 对象**

```
 1 : > library(dplyr)
 2 : >
 3 : > # 创建 mtcars 的一个 tbl_df 对象
 4 : > head(mtcars)
 5 :                    mpg cyl disp  hp drat    wt  qsec vs am gear carb
 6 : Mazda RX4         21.0   6  160 110 3.90 2.620 16.46  0  1    4    4
 7 : Mazda RX4 Wag     21.0   6  160 110 3.90 2.875 17.02  0  1    4    4
 8 : Datsun 710        22.8   4  108  93 3.85 2.320 18.61  1  1    4    1
 9 : Hornet 4 Drive    21.4   6  258 110 3.08 3.215 19.44  1  0    3    1
10 : Hornet Sportabout 18.7   8  360 175 3.15 3.440 17.02  0  0    3    2
11 : Valiant           18.1   6  225 105 2.76 3.460 20.22  1  0    3    1
12 : >
13 : > carData <- tbl_df(mtcars)
14 : > carData
15 : Source: local data frame [32 x 11]
16 :
17 :      mpg cyl  disp  hp drat    wt  qsec vs am gear carb
18 : 1   21.0   6 160.0 110 3.90 2.620 16.46  0  1    4    4
19 : 2   21.0   6 160.0 110 3.90 2.875 17.02  0  1    4    4
20 : 3   22.8   4 108.0  93 3.85 2.320 18.61  1  1    4    1
21 : 4   21.4   6 258.0 110 3.08 3.215 19.44  1  0    3    1
22 : 5   18.7   8 360.0 175 3.15 3.440 17.02  0  0    3    2
23 : 6   18.1   6 225.0 105 2.76 3.460 20.22  1  0    3    1
24 : 7   14.3   8 360.0 245 3.21 3.570 15.84  0  0    3    4
25 : 8   24.4   4 146.7  62 3.69 3.190 20.00  1  0    4    2
26 : 9   22.8   4 140.8  95 3.92 3.150 22.90  1  0    4    2
27 : 10  19.2   6 167.6 123 3.92 3.440 18.30  1  0    4    4
28 : ...  ...  ...   ... ...  ...   ...   ... .. ..  ...  ...
29 : >
30 : > class(carData)          # dbl_df 对象只是 data.frame 对象的一个扩展
31 : [1] "tbl_df" "tbl" "data.frame"
```

**By the Way**

> **注意：处理数据表**
>
> dplyr 包通过 tbl_dt() 函数处理数据表对象，这扩展了 data.table 类创建 tbl_dt 对象。tbl_dt 对象的行为和 tbl_df 对象相似。

## 12.1.2 排序

dplyr 包中用 arrange() 函数进行排序。arrange() 函数期待一个数据框（或者一个 tbl_df 对象）作为第一个参数。我们可以列出任意数量的列作为随后的参数。从第一列开始储存数据，然后到第二列，以此类推。在默认情况下，升序排列。在下面的示例中，carData 先按 carb 排序，然后在此基础上再按 cyl 排序。

```
> arrange(carData, carb, cyl)
Source: local data frame [32 x 11]

    mpg cyl  disp  hp drat    wt  qsec vs am gear carb
1  22.8   4 108.0  93 3.85 2.320 18.61  1  1    4    1
2  32.4   4  78.7  66 4.08 2.200 19.47  1  1    4    1
3  33.9   4  71.1  65 4.22 1.835 19.90  1  1    4    1
4  21.5   4 120.1  97 3.70 2.465 20.01  1  0    3    1
5  27.3   4  79.0  66 4.08 1.935 18.90  1  0    4    1
6  21.4   6 258.0 110 3.08 3.215 19.44  1  0    3    1
7  18.1   6 225.0 105 2.76 3.460 20.22  1  0    3    1
8  24.4   4 146.7  62 3.69 3.190 20.00  1  0    4    2
9  22.8   4 140.8  95 3.92 3.150 22.90  1  0    4    2
10 30.4   4  75.7  52 4.93 1.615 18.52  1  1    4    2
..   ...  .. ...  ... ...  ...   ...   .. ..  ...  ...
```

如果要对列进行降序排列，可以把待处理的列名写在 desc() 函数的调用中。例如，先按 carb 排序，然后在此基础上按 cyl 降序排列，可以这样写：arrange(carData, carb, desc(cyl))。另外，也可以在需要降序排列的列名前面加一个负号（-），代码如下所示：

```
arrange(carData, carb, -cyl)
```

## 12.1.3 访问子集

dplyr 包把下标访问定义为两个不同的操作：选择行和列，被分别定义为 filter() 函数和 select() 函数。本章讨论的 dplyr 包中的函数都期望一个数据框（或 tbl_df 对象）作为第一个参数。这两个函数也是如此。因此，随后的参数不需要使用$符号或方括号就可以直接引用变量。第二个参数指定如何"筛选"行或"选择"列。我们先从创建 carData（只包含 4 个汽缸）的子集开始：

```
> cyl4 <- filter(carData, cyl == 4)
> cyl4
Source: local data frame [11 x 11]

    mpg cyl  disp  hp drat    wt  qsec vs am gear carb
1  22.8   4 108.0  93 3.85 2.320 18.61  1  1    4    1
2  24.4   4 146.7  62 3.69 3.190 20.00  1  0    4    2
```

| 3 | 22.8 | 4 | 140.8 | 95 | 3.92 | 3.150 | 22.90 | 1 | 0 | 4 | 2 |
| 4 | 32.4 | 4 | 78.7 | 66 | 4.08 | 2.200 | 19.47 | 1 | 1 | 4 | 1 |
| 5 | 30.4 | 4 | 75.7 | 52 | 4.93 | 1.615 | 18.52 | 1 | 1 | 4 | 1 |
| 6 | 33.9 | 4 | 71.1 | 65 | 4.22 | 1.835 | 19.90 | 1 | 1 | 4 | 1 |
| 7 | 21.5 | 4 | 120.1 | 97 | 3.70 | 2.465 | 20.01 | 1 | 0 | 3 | 1 |
| 8 | 27.3 | 4 | 79.0 | 66 | 4.08 | 1.935 | 18.90 | 1 | 1 | 4 | 1 |
| 9 | 26.0 | 4 | 120.3 | 91 | 4.43 | 2.140 | 16.70 | 0 | 1 | 5 | 2 |
| 10 | 30.4 | 4 | 95.1 | 113 | 3.77 | 1.513 | 16.90 | 1 | 1 | 5 | 2 |
| 11 | 21.4 | 4 | 121.0 | 109 | 4.11 | 2.780 | 18.60 | 1 | 1 | 4 | 2 |

可以用任意的标准逻辑操作来筛选数据。除了标准的&号外，dplyr 还允许用逗号分隔"逻辑与"操作：

```
> filter(carData, cyl == 4, gear == 5)      # 相当于 cyl == 4 & gear == 5
Source: local data frame [2 x 11]

    mpg cyl  disp  hp drat    wt qsec vs am gear carb
1  26.0   4 120.3  91 4.43 2.140 16.7  0  1    5    2
2  30.4   4  95.1 113 3.77 1.513 16.9  1  1    5    2
```

select()函数的操作与 filter()函数几乎相同。我们可以使用列名或列号来选择需要留下或移除的列，这与 subset()函数中的 select 操作非常相似。选择多列的标准做法是，用逗号分隔每个列名。注意，不要用双引号把列名括起来。

```
> select(carData, mpg, wt, cyl)            # 只返回这些指定的列
Source: local data frame [32 x 3]
    mpg   wt cyl
1  21.0 2.620  6
2  21.0 2.875  6
3  22.8 2.320  4
4  21.4 3.215  6
5  18.7 3.440  8
6  18.1 3.460  6
7  14.3 3.570  8
8  24.4 3.190  4
9  22.8 3.150  4
10 19.2 3.440  6
.. ...  ... ...
> select(carData, -vs, -am)               # 返回除这些指定列以外的其他列
Source: local data frame [32 x 9]

    mpg cyl  disp  hp drat    wt  qsec gear carb
1  21.0   6 160.0 110 3.90 2.620 16.46    4    4
2  21.0   6 160.0 110 3.90 2.875 17.02    4    4
3  22.8   4 108.0  93 3.85 2.320 18.61    4    1
4  21.4   6 258.0 110 3.08 3.215 19.44    3    1
5  18.7   8 360.0 175 3.15 3.440 17.02    3    2
6  18.1   6 225.0 105 2.76 3.460 20.22    3    1
7  14.3   8 360.0 245 3.21 3.570 15.84    3    4
8  24.4   4 146.7  62 3.69 3.190 20.00    4    2
9  22.8   4 140.8  95 3.92 3.150 22.90    4    2
10 19.2   6 167.6 123 3.92 3.440 18.30    4    4
.. ...  ...  ... ... ...  ...  ...    ...  ...
```

select()函数的另一个好用的特性是，除了用列号，还可以用列名选择多列。例如，select(carData, mpg:wt)。表12.1列出了许多实用的函数，用于选择需要简化的列。

**表 12.1 用于选择列的一些实用函数**

| 函数 | 描述 | 用法 |
|------|------|------|
| starts_with() | 从 x 开头的名称 | starts_with(x, ignore.case = TRUE) |
| ends_with() | x 结尾的名称 | ends_with(x, ignore.case = TRUE) |
| contains() | 包含字符串 x | contains(x, ignore.case = TRUE) |
| matches() | 匹配的正则表达式 | matches(x, ignore.case = TRUE) |
| num_range() | 从 $x1$ 到 $xn$ | num_range("x", 1:n, width = 2) |
| one_of() | 向量中提供的变量 | one_of("x", "y", "z") |
| everything() | 选择所有变量 | everything() |

> **Watch Out!**
>
> **警告：select()函数中的专用函数**
>
> 表12.1中提到的函数只在 select() 函数中才起作用，不适用于在标准字符向量中查找。

### 12.1.4 添加新列

mutate()函数用于在数据中添加新列。我们可以按照给标准数据框提供数据的方式，提供一个内含值的向量，或者在现有变量中创建新列。在下面的示例中，我们创建了新的一列（type），内含 mtcars 数据框中的原始行名。然后，使用 hp 和 wt 列中的数据创建第二列新列（pwr2wt），用于储存汽车的推重比。

```
> fullCarData <- mutate(carData, type = rownames(mtcars), pwr2wt = hp/wt)
> fullCarData
Source: local data frame [32 x 13]

    mpg cyl disp  hp drat    wt  qsec vs am gear carb             type    pwr2wt
1  21.0   6 160.0 110 3.90 2.620 16.46  0  1    4    4         Mazda RX4 41.98473
2  21.0   6 160.0 110 3.90 2.875 17.02  0  1    4    4     Mazda RX4 Wag 38.26087
3  22.8   4 108.0  93 3.85 2.320 18.61  1  1    4    1        Datsun 710 40.08621
4  21.4   6 258.0 110 3.08 3.215 19.44  1  0    3    1    Hornet 4 Drive 34.21462
5  18.7   8 360.0 175 3.15 3.440 17.02  0  0    3    2 Hornet Sportabout 50.87209
6  18.1   6 225.0 105 2.76 3.460 20.22  1  0    3    1           Valiant 30.34682
7  14.3   8 360.0 245 3.21 3.570 15.84  0  0    3    4        Duster 360 68.62745
8  24.4   4 146.7  62 3.69 3.190 20.00  1  0    4    2        Merc 240D 19.43574
9  22.8   4 140.8  95 3.92 3.150 22.90  1  0    4    2        Merc 230 30.15873
10 19.2   6 167.6 123 3.92 3.440 18.30  1  0    4    4        Merc 280 35.75581
.. .. .. ... ... ...   ...   ... .. ..  ...  ...            ...      ...
```

给现有列名赋值 NULL 就可以去掉这些列。mutate()函数类似于 R 的基本函数 transform()。但是，与 transform() 不同的是，mutate()函数按我们指定的次序创建变量，允许在函数调用中直接用创建的新变量再创建新变量。

```
> fullCarData <- mutate(carData, type = rownames(mtcars),
+                       drat = NULL, qsec = NULL,
+                       pwr2wt = hp/wt, pwr2wt.Sq = pwr2wt^2)
```

```
> head(fullCarData,3)
Source: local data frame [3 x 12]

   mpg cyl disp  hp    wt vs am gear carb         type   pwr2wt pwr2wt.Sq
1 21.0   6  160 110 2.620  0  1    4    4     Mazda RX4 41.98473  1762.718
2 21.0   6  160 110 2.875  0  1    4    4 Mazda RX4 Wag 38.26087  1463.894
3 22.8   4  108  93 2.320  1  1    4    1    Datsun 710 40.08621  1606.904
```

## 12.1.5 合并

在第 11 章中介绍了 merge() 函数如何合并数据框。在 merge() 函数中可指定诸如 all.x 这样的参数，以完成通常被成为"左联结"的任务。相比之下，**dplyr** 包则把这些参数分到不同的函数中，如表 12.2 所示。和 merge() 函数一样，待合并的两个数据集为 x 和 y。

**表 12.2　dplyr 包中用于合并数据的函数**

| 函数 | 描述 |
| --- | --- |
| inner_join() | 内联结，只匹配保留下来的行 |
| left_join() | 左联结，保留 x 中的所有行和 y 中与之匹配的行 |
| right_join() | 右联结，保留 y 中的所有行和 x 中与之匹配的行 |
| full_join() | 全联结，保留 x 和 y 中的所有行 |
| semi_join() | 在 x 中查找与 y 中相匹配的行 |
| anti_join() | 在 x 中查找与 y 中不匹配的行 |

表 12.2 中的前 4 个函数的操作方式和 merge() 函数相同。例如，inner_join(demoData, pkData) 相当于 merge(demoData, pkData)。除此之外，**dplyr** 包还提供了半联结（semi-join）和反联结（anti-join）的概念。semi_join() 函数实际上并不执行合并操作。如果要把 x 合并到 y 中，semi_join() 函数就返回 x 中被保留的行；相反，anti_join() 函数则返回 x 中不被保留的行。代码清单 12.2 用两个（虚拟的）数据框示例演示了半联结和反联结的用法。

**代码清单 12.2　联结示例**

```
 1 : > # 虚拟两个需要合并的数据集
 2 : > beerData <- data.frame(ID = c(1, 2, 3), Beer = c(75, 64, 92))
 3 : > diaperData <- data.frame(ID = c(1, 3, 4), Diapers = c(51, 68, 32))
 4 : > beerData
 5 :    ID Beer
 6 : 1  1   75
 7 : 2  2   64
 8 : 3  3   92
 9 : > diaperData
10 :   ID Diapers
11 : 1  1      51
12 : 2  3      68
13 : 3  4      32
14 : >
15 : > # 返回在 beerData 中与 diaperData 的"ID"一致的行
16 : > semi_join(beerData, diaperData, by = "ID")
17 :    ID Beer
18 : 1  1   75
```

```
19 : 2  3  92
20 : > # 返回在 beerData 中与 diaperData 的"ID"不一致的行
21 : > anti_join(beerData, diaperData, by = "ID")
22 :    ID Beer
23 : 1  2  64
24 : > # 建立两个数据集的一个内联结
25 : > inner_join(beerData, diaperData, by = "ID")
26 :    ID Beer Diapers
27 : 1  1  75      51
28 : 2  3  92      68
```

注意，以上几种情况都是把 by 变量设置为 ID，并据此合并两个数据集，其实可以不用这样做。和 merge() 类似，如果我们并未指定变量，dplyr 包中的所有 *join() 函数都能自动识别按什么变量合并。由于本例中我们指定了根据 ID 变量合并数据，所以半联结查找在 beerData 中和 diaperData 中都出现过的 ID 值。用 inner_join()（第 25~28 行）或 left_join() 也能做到。而 anti_join() 函数则返回那些不被合并的行。

### 12.1.6　整合

dplyr 包不仅让操作数据变得更方便，还为整合数据提供了容易使用的语法，比 plyr 包的语法改进了很多。在 dplyr 的术语中，数据整合被称为数据汇总（data summary）。因此，我们使用 summrize() 函数获取数据的数值汇总。dplyr 包中的函数和其他数据处理函数一样，以传入的待处理数据作为第一个参数。如下所示，我们在随后的参数中使用标准汇总函数来计算 carData 中的 mpg 列：

```
> summarize(carData, mean(mpg))
Source: local data frame [1 x 1]

  mean(mpg)
1 20.09062
```

我们可以用所需的函数进行汇总，甚至是用户自定义的函数。唯一的限制是，所用的函数必须以一个向量作为输入，而且函数必须返回一个单独的值。因此，不能使用 range() 这样的函数，因为它返回长度为 2 的向量。但是，我们可以在一个单独的汇总调用中进行多个汇总。

```
> summarize(carData, min(mpg), median(mpg), max(mpg))
Source: local data frame [1 x 3]

  min(mpg) median(mpg) max(mpg)
1    10.4        19.2     33.9
```

以这种方式创建多个汇总，有助于人为地控制输出数据的标签。只需在创建汇总时指定最终输出列的名称即可。

```
> mpgSummary <- summarize(carData, Min = min(mpg), Median = median(mpg),Max = max(mpg))
> mpgSummary
Source: local data frame [1 x 3]
```

```
    Min  Median  Max
1 10.4    19.2 33.9
```

有时还需要传递其他参数给汇总函数。例如，在对含有缺失值的变量进行汇总时要指定 na.rm = TRUE。给汇总函数传递额外的参数就像直接传给调用函数那样，下面是一个例子：

```
summarize(airquality, mean(Ozone, na.rm = TRUE))
```

### 1. 分组数据

如果我们只需要用标准数值汇总函数和汇总数据列，dplyr 包就体现不出它的优势。非要说有什么区别的话，那就是弄巧成拙地让汇总过程更加繁琐。然而，使用 summarize() 函数真正的好处是，简化了"by"操作（即根据什么进行分组操作）。为了根据变量汇总数据，我们使用 group_by() 函数在数据中定义一个分组。经过相关操作后，分组信息将被保留。实际上，任何时候都可以分组数据，可以根据任意数量的变量进行分组。

为了解释分组数据的概念，我们根据 cyl 变量分组 carData，并观察根据 carb 筛选数据后会发生什么。相关操作的代码在代码清单 12.3 中。

**代码清单 12.3　使用 group_by() 函数的效果**

```
 1: > cylGrouping <- group_by(carData, cyl)
 2: > head(cylGrouping)
 3: Source: local data frame [6 x 11]
 4: Groups: cyl
 5:
 6:    mpg cyl disp  hp drat    wt  qsec vs am gear carb
 7: 1 21.0   6  160 110 3.90 2.620 16.46  0  1    4    4
 8: 2 21.0   6  160 110 3.90 2.875 17.02  0  1    4    4
 9: 3 22.8   4  108  93 3.85 2.320 18.61  1  1    4    1
10: 4 21.4   6  258 110 3.08 3.215 19.44  1  0    3    1
11: 5 18.7   8  360 175 3.15 3.440 17.02  0  0    3    2
12: 6 18.1   6  225 105 2.76 3.460 20.22  1  0    3    1
13: >
14: > filter(cylGrouping, carb == 4)
15: Source: local data frame [10 x 11]
16: Groups: cyl
17:
18:     mpg cyl  disp  hp drat    wt  qsec vs am gear carb
19: 1  21.0   6 160.0 110 3.90 2.620 16.46  0  1    4    4
20: 2  21.0   6 160.0 110 3.90 2.875 17.02  0  1    4    4
21: 3  14.3   8 360.0 245 3.21 3.570 15.84  0  0    3    4
22: 4  19.2   6 167.6 123 3.92 3.440 18.30  1  0    4    4
23: 5  17.8   6 167.6 123 3.92 3.440 18.90  1  0    4    4
24: 6  10.4   8 472.0 205 2.93 5.250 17.98  0  0    3    4
25: 7  10.4   8 460.0 215 3.00 5.424 17.82  0  0    3    4
26: 8  14.7   8 440.0 230 3.23 5.345 17.42  0  0    3    4
27: 9  13.3   8 350.0 245 3.73 3.840 15.41  0  0    3    4
28: 10 15.8   8 351.0 264 4.22 3.170 14.50  0  1    5    4
```

首先要注意，根据 cyl 分组的效果是新增了一行输出（第 4 行）。从第 16 行的代码可以看到，筛选数据后分组信息被保留了下来。数据集的排序也没受到分组的影响。分组数据的效果只有在汇总数据时才看得出来。接下来对已分组的数据（cylGrouping）汇总 mpg 列：

```
> mpgSummaryByCyl <- summarize(cylGrouping, min(mpg), median(mpg), max(mpg))
> mpgSummaryByCyl
Source: local data frame [3 x 4]

  cyl min(mpg) median(mpg) max(mpg)
1   4     21.4        26.0     33.9
2   6     17.8        19.7     21.4
3   8     10.4        15.2     19.2
```

对已分组数据执行汇总操作的结果是，输出按分组变量的每一因子水平进行汇总。为了和"整理数据"的概念保持一致，summarize() 输出是一个数据框（实际上是一个 tbl_df 对象）。该操作先为分组的变量单独返回一列，随后是我们指定的各汇总列。

### 2. group_by()的其他用法

前面介绍了在筛选数据时，分组变量将被保留下来。鉴于此，我们可以在筛选中利用分组信息简化计算的步骤。在下面的示例中，对 cyl 变量进行分组，以便提取 cyl 中每一水平的 mpg 最大值。cyl 的每一个分组（也就是说，cyl 的每个值）都将执行 mpg == max(mpg) 这项比较操作。

```
> cylGrouping <- group_by(carData, cyl)
> # 提取 cyl 每个分组的 mpg 最大值
> filter(cylGrouping, mpg == max(mpg))
Source: local data frame [3 x 11]
Groups: cyl

   mpg cyl  disp  hp drat    wt  qsec vs am gear carb
1 21.4   6 258.0 110 3.08 3.215 19.44  1  0    3    1
2 33.9   4  71.1  65 4.22 1.835 19.90  1  1    4    1
3 19.2   8 400.0 175 3.08 3.845 17.05  0  0    3    2
```

对数据进行分组后，能更简单、更方便地生成新的整合变量。例如，我们可以通过 mutate() 函数在 cylGrouping 中创建一个新的变量 meanMPGbyCyl，内含根据 cyl 分类后的 mpg 均值。代码如下所示：

```
> mutate(cylGrouping, meanMPGbyCyl = mean(mpg))
Source: local data frame [32 x 12]
Groups: cyl

    mpg cyl  disp  hp drat    wt  qsec vs am gear carb meanMPGbyCyl
1  21.0   6 160.0 110 3.90 2.620 16.46  0  1    4    4     19.74286
2  21.0   6 160.0 110 3.90 2.875 17.02  0  1    4    4     19.74286
3  22.8   4 108.0  93 3.85 2.320 18.61  1  1    4    1     26.66364
4  21.4   6 258.0 110 3.08 3.215 19.44  1  0    3    1     19.74286
5  18.7   8 360.0 175 3.15 3.440 17.02  0  0    3    2     15.10000
6  18.1   6 225.0 105 2.76 3.460 20.22  1  0    3    1     19.74286
7  14.3   8 360.0 245 3.21 3.570 15.84  0  0    3    4     15.10000
8  24.4   4 146.7  62 3.69 3.190 20.00  1  0    4    2     26.66364
9  22.8   4 140.8  95 3.92 3.150 22.90  1  0    4    2     26.66364
10 19.2   6 167.6 123 3.92 3.440 18.30  1  0    4    4     19.74286
.. ... ... ...   ... ...   ...   ... .. ..  ...  ...     ...
```

> **注意：移除分组**
>
> 我们可以在数据中使用 ungroup() 函数来移除任何分组。

### 12.1.7　管道操作符

dplyr 包中的函数是为了利用所谓的"管道"操作符。虽然管道操作符(%>%)源于 magrittr 包，但是在 dplyr 包中也可以使用。管道操作符用于把多个函数连在一起。比如，一个函数的输出是下一个函数第一个参数的输入（默认情况下）。这使得管道操作在某些领域中被称为 "then" 操作（先做这个，然后做这个，最后做那个，等等）。特别是要对一个数据类型（如，数据框）进行多步操作时，会特别有用。这种方法的好处是，避免了中介对象（即一般操作中为了不嵌套调用函数而创建的对象）。

> **注意：用管道传递其他参数**
>
> 使用管道操作符时，一个函数的输出不一定非要用作下一个函数的第一个参数。实际上，上一个函数的输出可以是下一个函数任意参数的输入。只不过，如果传递给下一个函数的第一个参数，代码的可读性会提高很多。

谨记，dplyr 包是用管道操作符编写的。在典型的分析流程中，我们会多次使用 arrange()、filter()、select()、mutate()、group_by() 和 summarize() 函数多次。这些函数都把数据框作为第一个输入，并返回另一个数据框作为输出。于是就有了用管道把这些函数调用连接起来的想法。代码清单 12.4 仍然以 mtcars 数据集为例。在第一个实例中，我们使用传统的方法来处理数据。为了避免嵌套操作，我们最终在获取汇总的过程中创建了 3 个中介数据集。然后，在第二个实例中使用管道操作符执行相同的操作，不需要创建中介数据集。

**代码清单 12.4　有管道操作符和无管道操作符的工作流示例**

```
 1: > # 标准流程,为手动汽车根据 cyl 计算 mpg 的均值
 2: > # 传统的方法
 3: > carsByCyl <- arrange(mtcars, cyl)
 4: > groupByCyl <- group_by(carsByCyl, cyl)
 5: > manualCars <- filter(groupByCyl, am == 1)
 6: > summarize(manualCars, Mean.MPG = mean(mpg))
 7: Source: local data frame [3 x 2]
 8:
 9:   cyl Mean.MPG
10: 1 4 28.07500
11: 2 6 20.56667
12: 3 8 15.40000
13: >
14: > # 使用管道
15: > mtcars %>%
16: +   arrange(cyl) %>%
17: +   group_by(cyl) %>%
18: +   filter(am == 1) %>%
19: +   summarize(Mean.MPG=mean(mpg))
20: Source: local data frame [3 x 2]
```

```
21:
22:     cyl Mean.MPG
23: 1    4 28.07500
24: 2    6 20.56667
25: 3    8 15.40000
```

　　不是所有人都喜欢用管道操作符，而且管道操作符会比用传统语法编写的代码难调试。尽管如此，在处理数据时，管道操作符已经越来越受欢迎。相信不久的将来它将成为不可或缺的操作符。

## 12.2　用 data.table 高效处理数据

　　data.table 包比 dplyr 包早几年发布，于 2006 年第一次发布在 CRAN 上。它的主要开发者兼维护者 Matt Dowle 一直在积极维护这个包。尽管 dplyr 包越来越受欢迎，data.table 包依旧是 CRAN 上最受欢迎和文档编写最棒的包之一。除了提供标准帮助和快速使用指南外，Matt Dowle 还编写了扩展的 FAQ 文档，介绍该包在其他一些方面的应用。

### 12.2.1　创建 data.table

　　和其他分析流程一样，data.table 的操作流程也从导入数据开始。第 10 章中，我们提到了 data.table 包中的 fread() 函数在性能上的优势。fread() 函数与 read.table() 函数在用法上类似，但是它在处理大型数据集时速度更快。而且更方便的是，fread() 函数的输出是 data.table 对象。

```
> dji <- fread("djiData.csv")
> dji
         Date DJI.Open DJI.High  DJI.Low DJI.Close  DJI.Volume DJI.Adj.Close
1:   12/31/2014 17987.66 18043.22 17820.88  17823.07    82840000      17823.07
2:   12/30/2014 18035.02 18035.02 17959.70  17983.07    47490000      17983.07
3:   12/29/2014 18046.58 18073.04 18021.57  18038.23    53870000      18038.23
4:   12/26/2014 18038.30 18103.45 18038.30  18053.71    52570000      18053.71
5:   12/24/2014 18035.73 18086.24 18027.78  18030.21    42870000      18030.21
---
248: 01/08/2014 16527.66 16528.88 16416.69  16462.74   103260000      16462.74
249: 01/07/2014 16429.02 16562.32 16429.02  16530.94    81270000      16530.94
250: 01/06/2014 16474.04 16532.99 16405.52  16425.10    89380000      16425.10
251: 01/03/2014 16456.89 16518.74 16439.30  16469.99    72770000      16469.99
252: 01/02/2014 16572.17 16573.07 16416.49  16441.35    80960000      16441.35
```

　　数据表的外观与标准数据框类似。如果我们打印的是小型数据集（小于 100 行），将返回整个数据集，而且会在数据表的底部重复打印标题行。如果打印的是大型数据集，只返回前 5 行和后 5 行。直接调用 data.table() 函数可以把现有数据框转换成 data.table 对象。例如，air <- data.table(airquality)。我们还可以像用 data.frame() 函数创建数据框那样，用 data.table() 函数创建 data.table 对象。

**提示：查询表的情况**

　　如果创建了许多数据表对象，可以使用 tables() 函数查找我们有哪些表、创建了哪些表以及分配了多少内存。

## 12.2.2　设置 key

　　data.table 包主要关注的是性能。为了提升性能，我们定义了一个键值（key）。在某种程度上，键值与关系数据库中所用的主码（primary key）类似，只不过 data.table 中的键值可以由多个列组成，而且不必唯一。实际上，键值不唯一会更有用。键值可用于排序、索引和汇总，通过调用 setkey() 函数来定义它。在代码清单 12.5 中，我们使用 mangoTraining 包中的 demoData 定义了一个简单的 data.table，然后根据 Sex 和 Smokes 设置 key。

**代码清单 12.5　定义键值**

```
 1: > # 创建一个data.table 并定义键值
 2: > demoDT <- data.table(demoData)
 3: > setkey(demoDT, Sex, Smokes)
 4: > head(demoDT)
 5:    Subject Sex Age Weight Height  BMI Smokes
 6: 1:       3   F  23     72    170 25.1     No
 7: 2:       6   F  29     67    169 23.5     No
 8: 3:      12   F  32     77    182 23.1     No
 9: 4:      15   F  27     73    172 24.8     No
10: 5:      23   F  26     82    175 26.8     No
11: 6:      26   F  25     58    175 18.9     No
```

　　定义排序键值（sort key），不仅是为了满足打印要求，还为了提高下标访问的速度。

　　注意其中的代码，我们用 setkey(demog, Sex, Smokes)，而不是 demog <- setkey(demog, Sex, Smokes)。这是因为 data.table 包中的函数可以直接更新数据表，不需要用<-来复制或替换原始数据。以通过引用这种方式来更新数据，不仅减少了执行任务时对内存的要求，还提升了处理速度。

**提示：查询是否有键值**

　　用 haskey() 函数可以询问数据表是否有键值。如果有，该函数返回 TRUE；如果没有，则返回 FALSE。

　　key() 函数告诉我们键值的内容是什么。

## 12.2.3　取子集

　　在 data.table 的语法中，我们可以直接引用列，可以弃用"dataName$"语法。虽然使用 data.table 包真正的好处是提升数据处理的速度，但是它的语法也的确省了不少输入时间。

```
> demoDT[Sex == "F",]
   Subject  Sex  Age Weight Height  BMI Smokes
1:       3    F   23     72    170 25.1     No
```

```
2:      6   F   29      67      169  23.5      No
3:     12   F   32      77      182  23.1      No
4:     15   F   27      73      172  24.8      No
5:     23   F   26      82      175  26.8      No
6:     26   F   25      58      175  18.9      No
7:     28   F   28      69      172  23.4      No
8:     30   F   33      61      175  19.9      No
9:     17   F   41      62      172  20.9      Yes
10:    27   F   36      82      190  22.6      Yes
```

如果数据表有一个键值，我们想通过键值获取该数据表的子集，那么可以进一步简化，直接去掉待访问子集的引用（例如，demoDT["F",]）。实际上，在处理数据框时，甚至连分隔行列的逗号也不用。不过，这种代码通常增加了理解的难度，可读性较差。

如果用多个变量定义了一个键值，可以用逗号分隔提供子集的值。我们用 J() 把值放到一起，这里的 J 表示 "join"。在下面的示例中，我们对人口统计数据取子集，返回女性烟民的数据。

```
> key(demoDT)
[1] "Sex"       "Smokes"
> demoDT[J("F", "Yes"),]
   Subject Sex Age Weight Height  BMI Smokes
1:     17   F   41      62      172 20.9    Yes
2:     27   F   36      82      190 22.6    Yes
```

**By the Way**

**注意：替代 J()**

　　J() 函数是 data.table 包专门用于"加入"多个键值。虽然这种操作方式源于 SQL，但是在实际运用中，这只是分离变量的一种手段。可以用 R 基础包中的 list() 或 plyr 包中 .() 替换 J()，它们的工作方式完全一样。

有时，我们希望返回的子集中的变量能满足多个条件。为此，可以指定一个内含多个值的向量。如果已经为多个变量定义了一个键值，就必须把指定的向量包含在 J() 函数中。代码如下所示：

```
> setkey(demoDT, Sex, Weight)
> demoDT[J("M", c(76, 77)),]
   Subject Sex Age Weight Height  BMI Smokes
1:      4   M   25      76      188 21.4    No
2:     31   M   25      76      174 25.1    No
3:     13   M   21      77      180 23.6    No
4:     20   M   22      77      183 23.1    No
```

**Watch Out!**

**警告：数值键值**

　　data.table 包允许我们用数值变量定义键值。然而，data.table 和数据框一样，也能通过指定行号访问子集，所以为了能用这些数值键值取子集，必须使用 .() 函数。如果要返回 demoFT 中满足 Weight 等于 72 的所有行，可以这样写：

```
> setkey(demoDT, Weight)
> demoDT[.(72),]
   Subject Sex Age Weight Height  BMI Smokes
1:      3   F   23      72      170 25.1    No
```

### 12.2.4 添加新行和新列

data.table 包在现有数据表中添加变量比在标准数据框中容易得多、快得多。要在标准数据框中添加列，就要复制数据。如果用数据表，将通过引用的方式添加新列。也就是说，R 指向现有数据表，并告诉它添加新的一列。这使得整个操作过程更简单、更效率。

#### 1. 添加和重命名列

在现有数据表中按引用创建新变量，要使用 := 操作符和方括号。我们把待创建的变量放入方括号，使用 := 来引用添加新变量。这样就避免了任何的标准 R 赋值。代码如下所示：

```
> demoDT[, HeightInM.sq := (Height^2)/10000]
> head(demoDT)
   Subject Sex Age Weight Height  BMI Smokes HeightInM.sq
1:       1   M  43     57    166 20.7     No       2.7556
2:       2   M  22     71    179 22.2     No       3.2041
3:       3   F  23     72    170 25.1     No       2.8900
4:       4   M  25     76    188 21.4     No       3.5344
5:       5   M  29     82    175 26.8     No       3.0625
6:       6   F  29     67    169 23.5     No       2.8561
```

> **警告：更新键值中的值**
>
> 如果要更新组成键值的任意列，必须重新定义键值。

要创建多个新列，必须把新的列名写成字符向量的形式，并转换为一个列表。要用 := 操作符把列名向量和列表转换分隔开来，如代码清单 12.6 所示。我们还可以用 := 操作符通过把列名设置为 NULL 来移除它们。

#### 代码清单 12.6 创建新列

```
1: > demoDT[, c("SexNum", "SmokesNum") := list(as.numeric(Sex),
➥ as.numeric(Smokes))]
2: > head(demoDT)
3:    Subject Sex Age Weight Height  BMI Smokes HeightInM.sq SexNum SmokesNum
4: 1:       1   M  43     57    166 20.7     No       2.7556      2         1
5: 2:      26   F  25     58    175 18.9     No       3.0625      1         1
6: 3:      30   F  33     61    175 19.9     No       3.0625      1         1
7: 4:      22   M  27     61    170 21.0     No       2.8900      2         1
8: 5:      17   F  41     62    172 20.9    Yes       2.9584      1         2
9: 6:      14   M  26     64    170 22.0     No       2.8900      2         1
```

用 setnames() 函数可以重命名列。只要按引用执行重命名，就能避免复制整个数据集。setnames() 函数需要一个数据表作为第一个参数，另外的 old 和 new 参数都需要一个内含列名的向量，old 为待修改列名向量，new 为新的列名向量。

**By the Way**

> **注意：创建新变量的多种途径**
>
> 　　用 data.table 包进行的操作，通过许多其他的途径也能做到，每种方法都有自己的特点。比如，用下面的语法也可以在代码清单 12.6 中创建新变量：
>
> ```
> demoDT[, `:=` (SexNum = as.numeric(Sex), SmokesNum =
>     as.numeric(Smokes))]
> ```
>
> 　　另外，用 set() 函数也能得到相同的结果。

### 2. 添加行

　　虽然可以用 R 基础包中的 rbind() 函数在数据表中添加行，但是 data.table 包中的 rbindlist() 函数针对处理速度和内存效率进行了优化。rbindlist() 函数可用于加入数据表和/或储存为列表的常规数据框。我们可以加入任意数量的数据集，但是必须首先把它们一起储存在一个列表中。和第 11 章介绍的标准 rbind() 函数不同，通过设置 fill = TRUE，rbindlist() 函数可以把列名不匹配的数据集绑定在一起。如代码清单 12.7 所示，先根据 Month 变量分割 airquality 数据集，第 5 行把分隔后组成的列表组合成一个数据表，然后第 24 行再次调用 rbindlist() 函数，在数据集中添加新行。

**代码清单 12.7　添加新行**

```
 1: > # 创建一个列表，内含按月列出的空气数据
 2: > airSplit <- split(airquality, airquality$Month)
 3: >
 4: > # 把列表中的元素都绑定在一个单独的数据表中
 5: > airDT <- rbindlist(airSplit)
 6: > airDT
 7:      Ozone Solar.R Wind Temp Month Day
 8:   1:    41     190  7.4   67     5   1
 9:   2:    36     118  8.0   72     5   2
10:   3:    12     149 12.6   74     5   3
11:   4:    18     313 11.5   62     5   4
12:   5:    NA      NA 14.3   56     5   5
13:  ---

14: 149:    30     193  6.9   70     9  26
15: 150:    NA     145 13.2   77     9  27
16: 151:    14     191 14.3   75     9  28
17: 152:    18     131  8.0   76     9  29
18: 153:    20     223 11.5   68     9  30
19: >
20: > # 假设要添加两行新的记录，但是有缺失列
21: > month10 <- data.table(Ozone = c(24, 28), Month = 10, Day = 1:2)
22: >
23: > # 将新记录绑入原数据
24: > newAirDT <- rbindlist(list(airDT, month10), fill = TRUE)
25: > tail(newAirDT)
26:     Ozone Solar.R Wind Temp Month Day
27: 1:    NA     145 13.2   77     9  27
28: 2:    14     191 14.3   75     9  28
29: 3:    18     131  8.0   76     9  29
```

```
30: 4:      20       223  11.5    68      9  30
31: 5:      24        NA   NA     NA     10   1
32: 6:      28        NA   NA     NA     10   2
```

## 12.2.5 合并

用 merge() 函数合并数据表和合并数据框的方式几乎相同。但是，merge() 函数处理数据表的默认行为是为两个数据表分别使用各自的键值。因此，我们必须分别为两个数据表定义键值，或者手动定义"by"变量。在代码清单 12.8 中，我们用 mangoTraining 包中的 demoData 和 pkData 数据框创建了两个数据表，并分别设置相应的键值。在第 8 行中，调用了一次 merge() 函数，于第 11 章的用法类似。

**代码清单 12.8　整合两个数据表**

```
 1: > # 创建两个数据表，并分别定义相应的键值
 2: > demoDT <- data.table(demoData)
 3: > setkey(demoDT, Subject)
 4: > pkDT <- data.table(pkData)
 5: > setkey(pkDT, Subject)
 6: >
 7: > # 把两个数据表合并在一起
 8: > allPKDT <- merge(demoDT, pkDT)
 9: > allPKDT
10:      Subject Sex Age Weight Height  BMI Smokes Dose Time   Conc
11:    1:      1   M  43     57    166 20.7    No   25    0   0.00
12:    2:      1   M  43     57    166 20.7    No   25    1 660.13
13:    3:      1   M  43     57    166 20.7    No   25    6 178.92
14:    4:      1   M  43     57    166 20.7    No   25   12  88.99
15:    5:      1   M  43     57    166 20.7    No   25   24  42.71
16:    ---
17:  161:     33   M  30     80    180 24.8    No   25    0   0.00
18:  162:     33   M  30     80    180 24.8    No   25    1 453.13
19:  163:     33   M  30     80    180 24.8    No   25    6 205.30
20:  164:     33   M  30     80    180 24.8    No   25   12 146.69
21:  165:     33   M  30     80    180 24.8    No   25   24  46.84
```

对于大型数据集，用 merge() 处理数据表会明显比处理数据框快。而且，对于那些对性能有额外要求的情况，data.table 包还有一种更快的方法。我们用回方括号来执行数据表合并。对于标准合并（又称为内联结），我们把两个数据表分别放在方括号的内外。下面的示例就是内联结或标准合并的例子：

```
> demoDT[pkDT]
     Subject Sex Age Weight Height  BMI Smokes Dose Time   Conc
  1:      1   M  43     57    166 20.7    No   25    0   0.00
  2:      1   M  43     57    166 20.7    No   25    1 660.13
  3:      1   M  43     57    166 20.7    No   25    6 178.92
  4:      1   M  43     57    166 20.7    No   25   12  88.99
  5:      1   M  43     57    166 20.7    No   25   24  42.71
```

```
---
161:          33    M    30        80         180   24.8        No     25     0     0.00
162:          33    M    30        80         180   24.8        No     25     1   453.13
163:          33    M    30        80         180   24.8        No     25     6   205.30
164:          33    M    30        80         180   24.8        No     25    12   146.69
165:          33    M    30        80         180   24.8        No     25    24    46.84
```

### 12.2.6 整合

除了转换和操作数据，用 data.table 包还能汇总数据。现往常一样，我们从指定数据名开始，使用方括号来创建汇总。可以用标准的统计汇总函数（如 mean() 函数）对列执行简单的汇总操作。

```
> # 计算平均身高
> demoDT <- data.table(demoData)
> demoDT[ , mean(Height)]
[1] 176.1515
```

这似乎和以前的方法没什么区别。data.table 包也可以用"by"参数对数据进行整合。返回的对象也是一个数据表。这里，我们根据性别再次计算一下平均身高：

```
> demoDT[ ,   mean(Height), by = Sex]
   Sex       V1
1:   M  176.5652
2:   F  175.2000
```

**Did you Know?**

> **提示：计数记录**
>
> 在 data.table 包中，我们可以用 .N 对 by 分组进行计数。例如，计算 demoDT 数据表中男性和女性的人数，可以这样写：demoDT[, .N, by = Sex]。

我们可以通过 .() 或 list() 把多个变量提供给"by"参数进行汇总。输出的结果是传给"by"参数的变量各一列，加上一列汇总列。

```
> demoDT[ , mean(Height), by = list(Sex, Smokes)]
   Sex Smokes       V1
1:   M     No  177.3158
2:   F     No  173.7500
3:   M    Yes  173.0000
4:   F    Yes  181.0000
```

除此之外，还可以用列表提供多项汇总和各汇总的列名。其输出结构是一个数据表。

```
> demoDT[ , list(Mean.Height = mean(Height), Mean.Weight = mean(Weight)),
+ by = list(Sex, Smokes)]
   Sex Smokes Mean.Height Mean.Weight
1:   M     No    177.3158    74.10526
2:   F     No    173.7500    69.87500
3:   M    Yes    173.0000    74.25000
4:   F    Yes    181.0000    72.00000
```

---

**警告**：**返回多个值的汇总函数**

**Watch Out!**

    可以用返回多个值的函数进行汇总，如 range() 和 quantile()。然而，输出的效果是，为返回向量中的每个元素都创建新的一列。例如，如果使用 range() 函数，则创建一列表示最小值，一列表示最大值。只能根据所列的次序判断哪一列是最小值，哪一列是最大值，除此之外无法分辨哪一行与输出向量中的值相对应。

---

    到目前为止，我们看到的整合都是创建一个新数据表，可用于打印、绘图或建模。各种操作不会对原始数据表产生任何影响。但是，如果要把整合后的结果合并回原始数据中，就要使用 := 操作符了。

```
> demoDT[, MeanWeightBySex := mean(Weight), by = Sex]
> head(demoDT, 5)
   Subject Sex Age Weight Height  BMI Smokes MeanWeightBySex
1:       1   M  43     57    166 20.7     No        74.13043
2:       2   M  22     71    179 22.2     No        74.13043
3:       3   F  23     72    170 25.1     No        70.30000
4:       4   M  25     76    188 21.4     No        74.13043
5:       5   M  29     82    175 26.8     No        74.13043
```

    为了生成多项汇总，可以在任何方法中配合使用 := 来创建新变量。

**与 data.table 相关的其他内容**

    用 data.table 包完成的任务，也能用许多其他方法完成。本书只起到了抛砖引玉的作用，还有许多特性（如，滚动均值）都无法在这里一一详述。如果读者想深入了解 data.table 包，请查阅 Matt Dowls 编写的内含丰富示例的包帮助文件。另外，FAQ 包还提供了进一步的指导。

## 12.2.7 处理超大数据集的其他包

    对于绝大多数读者而言，用 dplyr 包和 data.table 包处理数据绰绰有余了。特别是，data.table 对性能有极大地提升。在标准的桌面，它能在几分钟时间内，对十亿行的数据集（包括几千个分组）进行基本的汇总操作。尽管如此，对于一些有特殊要求的用户，这可能还不够！

    不需要编写并行代码或采用高性能计算解决方案，你可以寻求 bigmemory 包和 ff 包的帮助。bigmemory 包专门用于处理矩阵，这些矩阵可储存在计算机的内存中，但是标准的 R 函数却没法处理这种数据结构。该包利用 C++ 的特性，可在同一台机器上的多个会话共享对象。

    另一个处理超大数据集的方法是使用 ff 包。该包把大型数据集储存在磁盘中，而不是在内存中。只有非常小的一部分数据会映射到内存中。虽然把数据储存在磁盘中，但是该包在处理这些数据时与处理储存在内存中的标准 R 对象相差无几。在后端，用 C++ 来执行所需的操作。

    除了这两个包以外，还有许多其他的方法。不过，那些方法通常涉及并行操作，已经超出了本书讨论的范围。

## 12.3 本章小结

本章介绍了两个在 R 中特别受欢迎的高效数据处理包：dplyr 和 data.table，讲解了这两个包的基本语法和常见的数据处理任务，如排序、用下标访问、合并和整合，如果还不确定自己适合用哪一个包，不妨在补充练习中都用一下。

介绍完 R 如何导入和导出数据，接下来我们将用两章的篇幅介绍如何用 graphics 包和备受欢迎的 lattice 包、ggplot2 包把数据可视化。

## 12.4 本章答疑

**问：dplyr 和 data.table，哪一个包更好？**

**答**：总的来说，要视情况而定。速度方面，根据绝大部分的基准测试例子显示，两个包几乎没什么区别。但是，随着行和/或分组的增多，data.table 在这方面表现突出。如果对处理速度和内存使用比较在意，而且待处理的数据有百万行或十万个分组，也许用 data.table 包会比较好。如果对数据大小（以及对性能方面）没有太高要求的话，两个都差不多，选自己喜欢用就行。

**问：本章出现了 3 种不同的结构：data.frame、tbl_df 和 data.table 为什么要学习这些结构？**

**答**：首先，tbl_df 和 data.table 只不过是 data.frame 的扩展。一般而言，虽然函数（如 print()）在处理 tbl_df 和 data.table 对象时和处理 data.frame 对象时稍有不同，但是 3 者之间的区别并不大。这归因于 R 中的 S3 类系统，我们将在第 16 章中和第 21 章中进行介绍。

## 12.5 课后研习

课后研习包含"随堂测验"和"答案"两部分，旨在帮助读者巩固本章所学知识。请读者先尝试回答"随堂测验"中的所有问题，再看后面的"答案"。

**随堂测验：**

1. 使用 select() 时，必须提供一个内含列名的字符型向量。此说法是正确还是错误？

2. 下面哪一个是 dplyr 包中用于创建新列的函数？

    A. transform()

    B. subset()

    C. mutate()

3. 假设用 demoData 数据框中创建了一个名为 demoDT 的 data.table 对象，键值设置为 Smokes 列，下面哪一个能返回内含吸烟测试者的所有记录？

    A. demoDT[demoDT$Smokes == "Yes", ]

    B. demoDT[Smokes == "Yes", ]

    C. demoDT["Yes", ]

D. demoDT["Yes"]

4. 在处理名为 demoDT 的 data.table 对象时，下面的语法"错在"哪里？

```
demoDT$Height.Sq <- demoDT$Height^2
```

**答案：**

1. 错误。每一个列名都要作为单独的参数来制订。实际上，如果使用字符型向量，函数将返回错误。

2. C。transform() 和 subset() 函数在 R 的基础包中。实际上，transform() 函数与 mutate() 非常相似，但是 transform() 函数不允许在函数调用中以新创建的变量为基础再创建新的变量。subset() 函数提供和 dplyr 包中 filter() 函数和 select() 函数类似的功能。

3. A、B、C 和 D。data.table 包的语法非常宽松，这 4 种方法得到的结果都相同。

4. 这条语句没有技术上的"错误"，虽然 data.table 包在效率方面进行了优化，但是用这种标准的方法创建新列（Height.Sq），效率较低。在 data.table 中，高效的方法是：demoDT[, Height.Sq := Height^2]

## 12.6 补充练习

1. 使用 dplyr 包，执行下面的操作。

   ➢ 用 airquality 数据框创建一个名为 air 的 tbl_df 对象。

   ➢ 根据 Wind 列排序数据。

   ➢ 移除 Ozone 列中有缺失值的行。

   ➢ 移除 Solar.R 列并创建新的一列，储存 Ozone 和 Wind 的比值。

   ➢ 创建原始 airquality 数据的子集，只包含 3 列：Month、Day 和 Solar.R，以及 6 月和 7 月的数据，把输出命名为 solar。

   ➢ 把 air 和 solar 数据集合并到一起，保留 air 数据集的所有记录（也就是说，进行左联结）。

   ➢ 根据 Month 计算合并后的数据集中 Ozone 的中值。

2. 现在，使用 data.table 包，执行下面的操作。

   ➢ 从 airquality 数据框创建一个名为 air 的 data.frame 对象。

   ➢ 根据 Wind 列排序数列。

   ➢ 移除 Ozone 列中有缺失值的行。

   ➢ 移除 Solar.R 列并创建新的一列，储存 Ozone 和 Wind 的比值。

   ➢ 创建原始 airquality 数据的子集，只包含 3 列：Month、Day 和 Solar.R，以及 6 月和 7 月的数据，把输出命名为 solar。

   ➢ 把 air 和 solar 数据集合并到一起，保留 air 数据集的所有记录（也就是说，进行左联结）。

   ➢ 根据 Month 计算合并后的数据集中 Ozone 的中值。

# 第 13 章

# 图形

**本章要点：**

> ➢ 如何使用图形设备
>
> ➢ 高级图形函数
>
> ➢ 初级图形函数
>
> ➢ 图形参数
>
> ➢ 如何控制设备布局

学习了如何操控数据后，我们来看看用数据能做什么。本章将学习如何用基本图形功能创建图形。有些读者可能知道用于创建图形的其他包，如 ggplot2 和 lattice，我们在第 13 章和第 14 章两章详细介绍。本章先学习一些绘图的基本知识，包括如何把图形发送到设备（如 PDF）和标准图形函数中，最后还将介绍如何控制图形打印出来的布局。

## 13.1　图形设备和颜色

在开始学习创建图形之前，我们先来了解一下在哪里创建图形，如何给图形上色。本节先介绍如何控制用于创建图形的设备，是否这是默认的绘制设备或指定文件类型，然后介绍如何在 R 中定义图形的颜色。

### 13.1.1　设备

只要在 R 中创建图形，就会返回到一个设备。这个设备可以是 RStudio 的 Plot 选项卡或者是物理文件（如 PDF）。有很多可用的图形设备，包括 PDF、PNG、JPEG 和位图。如果不指定设备，R 将打开默认设备。如果在 RStudio 中，则是 Plot 选项卡。

要在指定设备中创建图形，首先要创建这个设备。我们通过把文件类型名作为参数传给特定的函数来创建该设备（例如，pdf() 或 png()）。这样，就打开了 R 与绘图设备的连接，我们创建的图形都将打印到指定的文件中。设备使用完毕后，一定要记得把 dev.off() 函数关闭，这非常重要。在下面的示例中，我们在一个名为 myFirstGraphic.pdf 的 PDF 文件中创建了一个图形：

```
> pdf("myFirstGraphic.pdf")
> hist(rnorm(100))
> dev.off()          # 记得关闭设备！
```

现在，myFirstGraphic 文件已经保存在当前的工作目录中了。当然，我们可以使用全文件路径把输出的文件储存到另一个位置。设备的属性（如宽度、长度和分辨率）都可以在指定的设备函数中设置。

> **提示：关闭图形设备**
>
> 以这种方式在设备中创建图形时，经常会无意间打开了许多设备，你无法确定图形将被打印到哪个设备中。如果发生这种情况，尝试使用不带参数的 graphics.off() 函数。该函数将关闭所有的活动设备，以便重新开始创建图形。

*Did you Know?*

## 13.1.2　颜色

在 R 中指定图形颜色的方法有很多。最简单的方法是，直接写出颜色的名称。想知道有哪些颜色可用，可以调用 R 中的 colors()（或 colours()）函数。该函数将返回一个向量，内含 R 可按颜色名称识别的所有的颜色。下面是一个例子：

```
> sample(colors(), 10)
 [1] "wheat3"    "lightblue1" "wheat"       "olivedrab1" "lightblue4" "grey11"
 [7] "peru"      "grey39"     "firebrick2"  "peachpuff4"
```

另外，也可以用十六进制值来表示颜色。例如，#FF0000 是红色的十六进制值。如果只知道某种颜色的 RGB 中红色、绿色和蓝色的强度值，不确定该颜色的十六进制值，可以寻求 rgb() 函数的帮助。例如，下面的示例演示如何找出绿色的十六进制值：

```
> rgb(0, 255, 0, maxColorValue = 255)
[1] "#00FF00"
```

## 13.2　高级图形函数

基础图形包中的图形函数可以分成高级和初级两大类。高级函数用于创建图形，初级函数用于在现有图形中添加内容（如点和线）。本节我们来学习一些常用的高级函数。这些函数又分为单变量图形函数和 plot() 函数。另外，还要学习如何控制所绘图形的类型和图形属性（aesthetics）。

### 13.2.1 单变量图形函数

我们先来学习如何用单个变量绘制图形，包括直方图（histogram）、箱线图（boxplot）、条形图（bar chart），以及 QQ 图（QQ plot）。本节示例都使用内含模拟值的简单向量进行绘制。

首先来看直方图和 QQ 图。把数据向量传递给 hist() 函数和 qqnorm() 函数，就可以分别创建这两种图。如果要在 QQ 图的示例中添加一行 QQ 线，则还需要使用 qqline() 函数。

```
> x <- rnorm(100)
> hist(x, col = "lightblue")
> qqnorm(x)
> qqline(x)
```

以上介绍的这些函数都有一个用于设置颜色的 col 参数，如上面第二行代码所示。以上调用生成的图形如图 13.1 所示。

图 13.1

默认直方图和 QQ 图（带相应的 QQ 线）

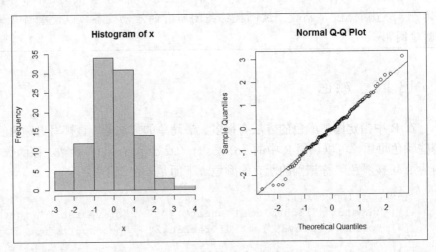

创建箱线图的过程也是如此，只需把内含数据的向量传递给相应的函数即可，如下所示：

```
> boxplot(x)
```

但是，如果想绘制根据另一个变量分割后的数据，则需要提供一个表明这一情况的公式。例如，创建一个新的向量 gender（性别），内含 100 个随机抽样的"F"和"M"值，然后要根据抽样的性别进行分别绘制。下面代码生成的两个图形，如图 13.2 右图所示。

```
> gender <- sample(c("F", "M"), size = 100, replace = TRUE)
> boxplot(x ~ gender)
```

我们把数据储存在数据框中时，只需提供变量名即可，然后指定带有数据参数的数据集。下面是一个示例：

```
> genderData <- data.frame(gender = gender, value = x)
> boxplot(value ~ gender, data = genderData)
```

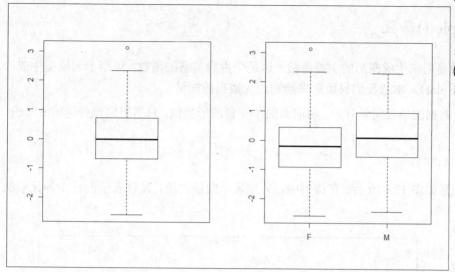

图 13.2

简单变量箱线图和被第二个变量（gender）分割的箱线图示例

最后，我们来看创建条形图的 barplot() 函数，根据给定输入向量的值确定柱的高度。下面示例的向量中只有 3 个元素：

```
> barplot(c(3, 9, 5))
```

其条形图如图 13.3 左图所示。还有一些其他选项，例如为每个条柱命名和填色。该函数还可与第 6 章介绍的 table() 函数一起使用。以刚创建的 gender 向量为例，假设我们要计算各性别的人数，并生成显示相关计数的条形图：

```
> genderCount <- table(gender)
> barplot(genderCount)
```

如图 13.3 右图所示，在这种情况下，图中的条柱都有名称了。这是因为 table() 函数的输出是一个具名变量。所以，数据中的类别名就传递给 barplot() 函数的条柱标签。

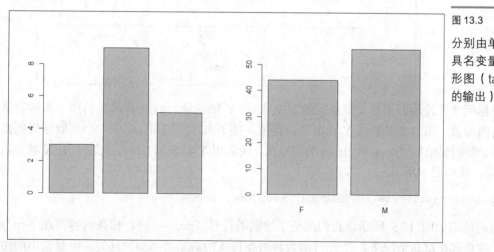

图 13.3

分别由单个变量和具名变量创建的条形图（table() 函数的输出）

### 13.2.2 plot()函数

plot()函数是用来生成图形的主要函数。这是个内容丰富的函数，可用于为模型生成诊断图（diagnostic plot）。本章我们只用它来绘制内含数据的向量。

我们从内含数据的单独向量开始。和前面的单变量图形类似，只需将向量传递给plot()函数即可：

```
> plot(x[1:10])
```

其绘制的图形如图 13.4 所示。在该例中，Y 轴表示向量的值，X 轴表示向量中各元素的位置。

图 13.4

用 plot()函数绘制单个向量（按各值在向量中的索引或位置进行绘制）

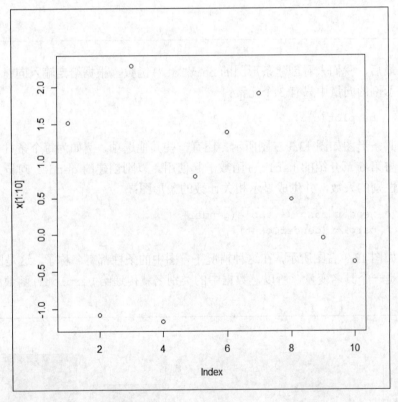

要根据两个变量绘制图形，就必须给定 X 轴和 Y 轴变量。plot()函数的第一个参数是 X 轴上的向量值，第二个参数是 Y 轴上的向量值。接下来，我们用 airquality 数据集创建一个图形。我们要绘制 Ozone 和 Wind 的关系图，所以用 Y 轴表示 Ozone 向量，用 X 轴表示 Wind 向量。代码如下所示：

```
> plot(airquality$Wind, airquality$Ozone, pch = 4)
```

输出的结果如图 13.5 所示。我们改变了绘制的符号（pch = 4），相关内容将在下一节中详述。注意到在默认情况下，plot()函数将根据传入的对象名添加轴标签，而且输出的图形没有标题。这些在图中都可以看到，我们将在 13.2.3 节中详述。

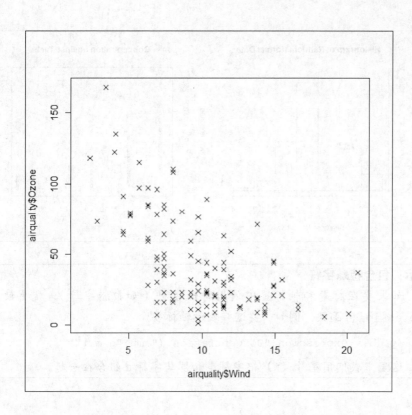

图 13.5

用 plot()函数创建
一个双变量散点图
（该图改变了绘图
符号）

## 13.2.3 图形属性

本章介绍的绘制图形的函数，都有许多用于更改所绘图形外观的参数。比如，可以添加标题、更改所绘点的样式，或者添加相应的轴标签。本节的任务就是讨论如何进行这些操作。

### 1. 标题和轴标签

更改所绘图形的标题和 X 轴、Y 轴的标签，要用到 3 个参数：

➤ main，用于控制图形的标题；

➤ xlab，用于设置 X 轴的标签；

➤ ylab，用于设置 Y 轴的标签。

从本章起，我们可以在所有的绘制函数中使用这 3 个参数：

```
> hist(x, main = "Histogram of Random Normal Data", xlab = "Simulated Normal
  Data")
> require(mangoTraining)
> plot(pkData$Time, pkData$Conc,
+     main = "Concentration against Time", xlab = "Time",
+     ylab = "Concentration")
```

以上两个函数所绘制的图形，如图 13.6 所示。可以看到这两个图的标题和轴标签都比较合适。

图 13.6

在直方图和散点图中更改标题和轴标签

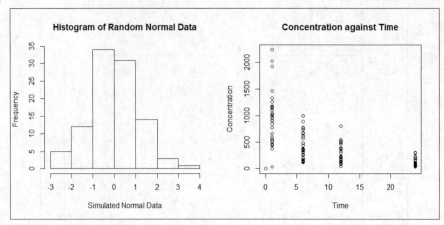

---

**提示：包含特殊字符**

如果要在标题和轴标签中使用特殊字符（如希腊字母），就要使用 `expression()` 函数。例如，要这样表示轴标签：

```
ylab = expression("Concentration ("*mu*"g/ml)")
```

这里，我们用星号（*）把字符串和罗马字符 μ 组合在一起。

---

## 2. 轴的范围

`plot()` 函数的默认行为是用待绘制数据的值域作为轴的范围。一般情况下，这就足够了。但是，对于一些尚在讨论中的数据却不合适。例如，需要把轴的范围扩大到零。这种情况下，要用到 `xlim` 和 `ylim` 参数。

这两个参数都需要给定一个长度为 2 的向量。该向量的第一个元素是轴的最小值，第二个元素是轴的最大值。以图 13.6 的右图为例，假设我们要增加该图中 Concentration（浓度）和 Time（时间）的最大值，代码如下所示：

```
> plot(pkData$Time, pkData$Conc, xlim = c(0, 50), ylim = c(0, 3000))
```

输出的图形如图 13.7 的左图所示。当我们想以整个数据集的值域标度绘制子集时，这一功能特别有用。例如，假设要基于整个数据集的取值范围绘制 pkData 数据集中 Dose 为 25 时的子集，代码如下所示：

```
> plot(pkData$Time[pkData$Dose == 25], pkData$Conc[pkData$Dose == 25],
+       ylim = range(pkData$Conc))
```

输出的图形如图 13.7 的右图所示。注意，上面的代码中用 `range()` 函数来提供所绘图形 Y 轴的最小值和最大值。

## 3. 绘图符号

在目前我们创建的图形中，除了图 13.5（用 pch 参数更改了绘图符号本身）和图 13.1（用 col 参数更改了图形的颜色），绝大部分都使用默认的绘图符号，即黑色的空心圈。

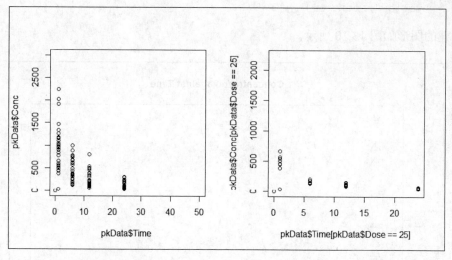

图 13.7

更改轴的范围

我们可以通过提供数值来指定想要使用的绘图符号。0～20 所代表的符号如图 13.8 所示。另外，还有一些其他系列的符号用 21～24 表示（见图 13.9）。这些符号的区别是，不仅能设置颜色，还能设置是否填充符号。实际上，填色由 bg 参数来设置，就像是 col 参数，可以给 bg 参数提供任意颜色值。

图 13.8

绘图符号及其值

图 13.9

21~25 代表的绘图符号（上排设置了 col 参数和 bg 参数，下排仅设置了 col 参数）

不仅可以设置符号的颜色和形状，还能通过参数 cex 设置符号的大小。该参数的数值表明所绘制的符号比普通尺寸大多少倍（或小多少倍），默认值是 1。

接下来，我们用好刚介绍的参数进行设置，创建了一个图形：

```
> plot(pkData$Time, pkData$Conc,
+       main = "Concentration against Time", xlab = "Time",
+       ylab = "Concentration", pch = 24, col = "navyblue",
```

```
+        bg = "yellow", cex = 2)
```

以上代码创建的图形如图 13.10 所示。

图 13.10

更新绘制图形及其属性

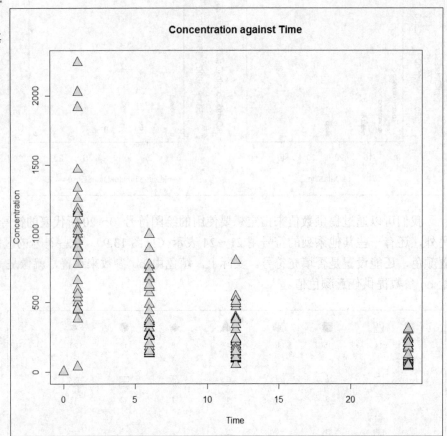

4．绘制类型

用数据绘制散点图还是比较简单的，其他类型的图怎么绘制？我们还没看到线条图（line plot）或步阶图（step plot）。点和线怎么设置？可以通过 type 参数把当前所绘的图形转换成任意类型的图形，把一个特定的字母传递给 type 参数即可。默认情况下是 p，表示点。除此之外还有 l、o 和 s 等，完整的设置选项列见表 13.1，不同类型对应的不同图形绘制在图 13.11 中（每个图均以相同的 10 个数据绘制）。生成图形所对应的代码和下面的示例类似：

```
> x <- rnorm(100)
> plot(x, type = "l", main = 'type = "l"')
```

表 13.1　可用的绘制类型

| 类型 | 描述 |
| --- | --- |
| p | 点（默认） |
| l | 线 |
| b | 点和线 |
| c | 只绘制类型 b 中的线 |

续表

| 类型 | 描述 |
|---|---|
| o | 点和线相互覆盖 |
| h | 竖条直方图 |
| s | 步阶图（先水平方向） |
| S | 步阶图（先垂直方向） |
| n | 无点 |

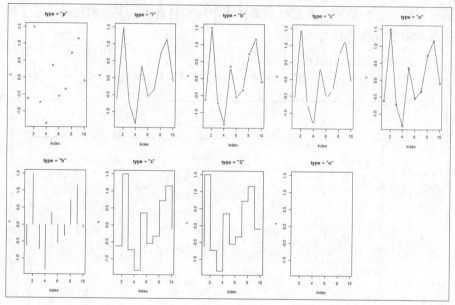

图 13.11

设置绘图类型

另外，值得注意的是，设置点的样式如"**绘图符号**"所述，设置线的样式要用到 lty 参数，同样也是接收整数值。lwd 参数用于设置线的宽度，其设置方式与用 cex 设置点的大小相同。我们将在下一节中给出设置线类型的示例。

## 13.3 初级图形函数

到目前为止，本章介绍的高级图形函数都在基础图形包中，该包用于创建整个图形。其实，我们经常还需要在图形中添加一些组件，如一条显示均值和置信区间的线，或者标识异常值的文本。这些要用初级函数来完成。本节介绍的所有函数都是在现有图形设备中添加一个组件，而非创建一个新的绘图设备。上一节学到的 type = "n" 选项在本节依然有用。

### 13.3.1 点和线

我们先从在图形中添加简单的点和线开始，使用 points() 函数和 lines() 函数。和 plot() 函数类似，这些函数都用于在 X 和 Y 轴确定的位置上添加点或线。因此，和 plot() 函数一样，前两个参数分别是内含 X 值的向量和内含 Y 值的向量。例如，我们取 pkData 中的第一个和第二个受测试者。我们将在一个单独的图形上添加显示 subject 1 的点和显示 subject 2 的点：

```
> subject1 <- pkData[pkData$Subject == 1, ]
> subject2 <- pkData[pkData$Subject == 2, ]
> plot(pkData$Time, pkData$Conc, type = "n")
> points(subject1$Time, subject1$Conc, pch = 16)
> lines(subject2$Time, subject2$Conc)
```

输出的结果如图 13.12 所示（水平线和竖直线是稍后添加的）。lines() 函数在这里把提供的点连接在一起。如果要添加一条直线表示中值浓度值，或者最大值发生的时间，或者是某种形式的趋势，都要使用 abline() 函数。该函数的默认行为是根据截距和斜率添加一条线。不过，我们还可以使用 h 参数和 v 参数分别添加水平线和竖直线。下面的代码演示了如何添加中值浓度和最大浓度发生的时间：

```
> abline(h = median(pkData$Conc), lty = 2)
> abline(v = pkData$Time[pkData$Conc == max(pkData$Conc)], lty = 3)
```

图 13.12

在所绘图形中添加
点和线

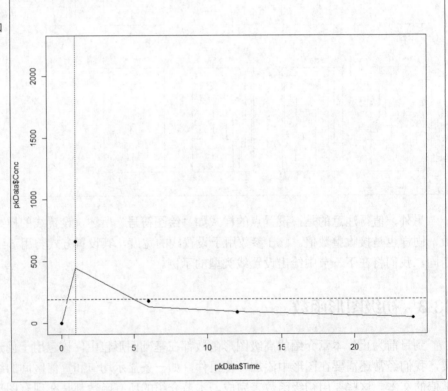

## 13.3.2　文本

我们经常要在绘制的图形中添加文本。实际上，可以把文本作为绘图符号本身绘制出来，不过用得更多的是用文本标示出特殊的点（通常是异常值）。用 text() 函数可以完成这些任务，这是在现有图形中添加信息的另一个初级函数。当然，也可以用高级函数结合初级函数，甚至直接用高级函数绘制图形和添加文本。

首先，我们使用 text() 函数添加图形的所有内容，用文本作为绘图符号。和其他绘制函数一样，该函数的前两个参数是 X 轴和 Y 轴上对应位置的向量。该函数的第 3 个参数是要在每个位置上显示的文本。这通常是一个内含 X、Y 坐标值的向量。因此，如果要用计量（Dose）作为文本，绘制 pkData 的浓度（Conc）和时间（Time）图，代码如下所示：

```
> plot(pkData$Time, pkData$Conc, type = "n")
> text(pkData$Time, pkData$Conc, pkData$Dose)
```

　　输出的图形如图 13.13 左图所示。从图中可以看到，计量值作为文本出现在图形中。不过，text() 函数更常用于标示特定的点。注意，把文本放在坐标点的位置上，会有一点问题。如果不显示坐标点，文本无法准确地标出该点的确切位置，而要显示该点的话，文本和点又重叠在一起，看不清楚。我们可以手动调整文本坐标来解决这个问题，text() 函数包含许多用于定位的参数，如 adj、pos、offset 等。adj 参数指定文本的 X 和 Y 坐标。pos 参数控制文本出现在点的哪一侧（其值为 1~4），其中，1 表示在点的底部，2 表示在点的左侧，3 表示在点的上方，4 表示在点的右侧。offset 参数用于调整文本中心与点之间的距离。

　　接下来，我们用一个例子来说明 text() 的这种用法。假设要标出每一时间点的最大值。这里，我们使用 dplyr 包的 filter() 函数筛选数据，只保留那些与最大浓度对应的数据行。然后使用 text() 函数在浓度最大的点左侧绘制该点对应的 Subject 标签。绘制的图形如图 13.13 所示。

```
> library(dplyr)
> maxData <- filter(group_by(pkData, Time), Conc == max(Conc), Time != 0)
> plot(pkData$Time, pkData$Conc, pch = 16)
> text(maxData$Time, maxData$Conc, maxData$Subject, pos = 2, offset = 0.5)
```

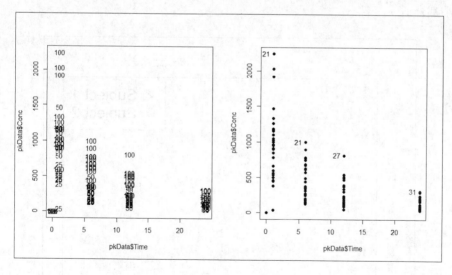

图 13.13

使用 text() 函数绘制文本或添加文本标签

### 13.3.3　图例

　　在用基本图形函数创建的图形中添加图例（legend），都要使用初级函数 legend()。初次接触这个函数，可能不容易理解它的用法。请记住一点，提供的分组信息一定要与图例文本的次序相同。

　　legend() 函数的第一个参数用于确定图例所在的位置，可以通过坐标向量表示或者 "topright" 或 "bottomleft" 形式的字符串表示。请查阅 legend() 函数的帮助文件了解可用的完整列表。

第二个参数 legend，用于指定图例的文本。给该参数传递一个内含字符串的向量，该向量则作为图例上的标签出现。例如，legend = c("Subject 1", "Subject 2")。可以指定文本中各标签出现的次序。但是必须记住，在随后设置颜色、绘图符号时必须与文本次序保持一致，以确保图例正确地反映图形中的分组信息。

为了更好地设置图例，除了给定图例的位置和文本外，还可以给其他参数提供向量。例如，如果已经为每一分组设置了颜色，可以给 col 参数传递一个内含颜色的向量。如果已经更改了每一分组的绘图符号，可以给 pch 参数传递内含绘图符号的向量。再次提醒大家注意，提供给这些参数的向量中的值所对应的分组与提供的文本次序相同。

接下来我们举例说明，假设要在 pkData 图形中添加一个图例，用蓝色的实心圈绘制 subject 1，用红色的空心方块绘制 subject 2：

```
> subj1 <- pkData[pkData$Subject == 1, ]
> subj2 <- pkData[pkData$Subject == 2, ]
> plot(subj1$Time, subj1$Conc, pch = 16, col = "blue")
> points(subj2$Time, subj2$Conc, pch = 0, col = "red")
> legend("topright", legend = c("Subject 1", "Subject 2"),
+      pch = c(16, 0), col = c("blue", "red"))
```

绘制的图形如图 13.14 所示，从图中可以看到，通过各种设置后，图例出现在图形的右上角，文本和大小都合适。

图 13.14

在图形中添加图例

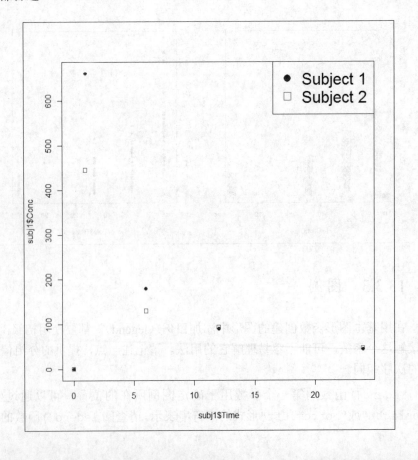

> **注意：legend()函数的参数**
>
> 　　注意到在上一例中，legend() 函数所用的参数与 plot() 函数、points() 函数所用的参数相同。其实，许多图形参数都是通用的。但是要注意，有些参数（如 cex）会影响图例本身。如果只想更改图例中点的大小，要使用 pt.cex 参数。完整说明请查阅相关的帮助文件。

### 13.3.4　其他初级函数

除了本节介绍的初级函数外，还有一些其他的初级函数，由于篇幅有限，无法一一详述。我们将其中一些读者可能比较感兴趣的函数列于表 13.2 中。这些函数用于控制标题、边界区域的文本和轴。

**表 13.2　初级图形函数**

| 函数 | 用途 | 主要参数 |
| --- | --- | --- |
| title() | 添加一个主标题 | 一个字符串 |
| text() | 在绘制区域中添加文本 | X、Y 坐标和内含文本的向量 |
| points() | 在绘制区域添加点 | X、Y 的坐标 |
| lines() | 在绘制区域添加线 | X、Y 的坐标 |
| abline() | 添加参考直线 | 系数或引用值 |
| mtext() | 在绘制的边界区域添加文本 | 轴数和文本 |
| axis() | 添加一个轴 | 轴数和位置 |
| legend() | 添加一个图例 | X、Y 的坐标和图例信息 |
| polygon() | 添加一个多边形 | X、Y 的坐标 |

## 13.4　图形参数

本章在创建图形时，我们在绘制函数中设置了许多与图形相关的参数。除此之外，还可以在 par() 函数中进行设置。该函数中不仅有 col 和 pch 这样的参数，还有设置边界的 mar 参数和在图形区域外部添加图形内容的 xps 参数。

谈到设置图形的边界，一定要知道 R 如何分割一个图形设备。图 13.15 演示了设备的子区域，包括外部边界区域和图形区域。注意，par() 函数中还有一些控制外部边界区域的参数。当在一个设备中绘制多个图形时，就要在外部边界区域进行说明，我们将在下一节详述。

par() 函数中可用的所有参数、参数的用法及其默认值，请查阅该函数的帮助文档。

图 13.15

图形设备中的各区域

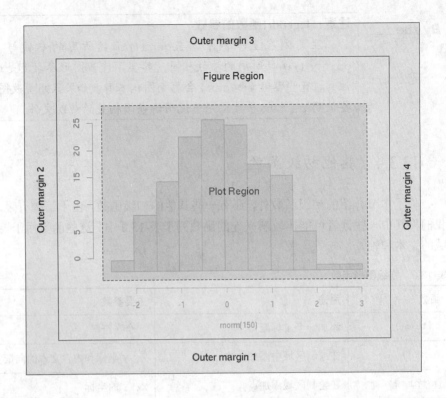

## 13.5 控制布局

根据需要对数据绘制了多个图形后，通常会考虑如何把这些信息呈现出来。我们在创建图形设备时发现，在 PDF 文件中创建的是一个单独的多页文档，每个图形一页。本节将介绍如何创建内含多个图形的单页文档。

### 13.5.1 网格布局

在类似网格的结构中排布图形是最简单的，我们可以用 par() 函数的 mfrow 参数来设置图形设备的格式，指定图形的行数和列数。该参数需要一个内含行数和列数的向量，R 将根据向量中的值分割图形。然后在创建图形时，R 从网格的左上方开始绘制，按行把这些图形输入到设备中。

接下来，我们举例说明。假设要将一些随机数据绘制成直方图、箱线图、QQ 图，以及数据和索引的关系图。这要设置一个 2×2 的绘图区域，代码如下所示：

```
> par(mfrow = c(2, 2))
> x <- rnorm(100)
> hist(x)
> boxplot(x)
> qqnorm(x)
> plot(x)
```

生成的图形图如图 13.16 所示。一旦设置成功，图形的布局就被保存下来。我们可以把

mfrow 参数设置为 c(1, 1)将其恢复为默认设置。

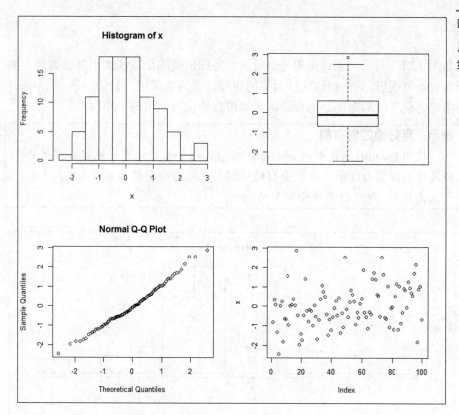

图 13.16

用 mfrow 参数分割
绘制区域

### 13.5.2 layout()函数

我们用 layout()函数可以更好地控制图形的布局。除了能在图形设备中控制每一列的
宽度和长度，还能精细控制图形出现的区域。

该函数的主要参数是一个用于指定每个图形位置的矩阵。每个图形都用整数值来表示，
各图出现在绘图区域的位置与其值在矩阵中出现的位置相对应。假设要像上一例那样绘制 4
个图形，但是我们希望第一个直方图占据整行，而其他的 3 个图形在该直方图的下面。于是，
我们创建下面的矩阵：

```
> mat <- rbind(1, 2:4)
> mat
     [,1] [,2] [,3]
[1,]    1    1    1
[2,]    2    3    4
```

因此，第一个图形将填充值为 1 的所有单元，在该例中即整个第一行。第二个图形将出
现在位置 2，以此类推。为了把这些内容设置为我们的布局，要将其传递给 layout()函数，
然后再按绘制的次序传递给各绘制函数：

```
> layout(mat)
> x <- rnorm(100)
```

```
> hist(x)
> boxplot(x)
> qqnorm(x)
> plot(x)
```

绘制的图形如图 13.17 所示。从该图中可以看到，各图出现的位置和大小都很灵活。如果不希望在某个区域绘制图形，只需把该区域对应的矩阵设置为 0 即可。另外，layout.show() 函数可查看用户指定的整个图形布局。运行该函数将根据指定布局生成一个图形。

**提示：更好地控制布局**

使用 layout() 函数中的 widths 和 heights 两个参数能更好地控制图形的外观尺寸。只需为这两个参数分别提供相同长度的向量作为列（或宽度）和行（或高度），即可指定所绘图形的大小。

图 13.17

用 layout() 函数分割绘制区域

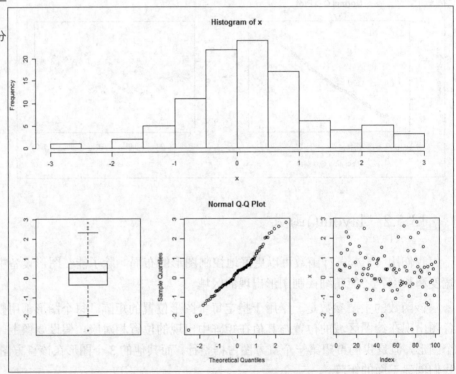

## 13.6 本章小结

本章学习了如何用 R 的基本绘图功能创建图形。图形函数被分成两部分：创建整个图形的高级函数和在现有图形中添加组件的初级函数。graphics 基础包不是绘图的唯一选择，在第 14 章和第 15 章中，读者将看到如何用 ggplot2 包和 lattice 包创建图形。

## 13.7 本章答疑

问：为什么我绘制的图形没有出现在 **Plot** 选项卡中？

**答**：这通常是因为你连接的图形设备不是默认的 RStudio 中的 Plot 选项卡，而是其他的设备。这种情况下，图形将被绘制到其他图形设备中。我们可以使用 `dev.off()` 函数关闭当前连接，但是，如果不确定已经打开了多少个设备，要使用 `graphics.off()` 函数。该函数将关闭所有的活动绘图设备，这样就能重新开始绘图了。

**问**：我设置了 **bg** 参数，但是所绘制的图形没有任何变化。是哪里出错了？

**答**：你使用的绘图符号是什么？`bg` 参数只能兼容在 21~25 内的绘图符号。如果你使用了其他符号，该参数将不会对图形做任何更改。

**问**：如何移除用初级函数添加的点和线？

**答**：R 用基本图形函数绘制图形的方法类似于用笔和纸作图方法。如果想移除一个组件，需要在代码中删掉待移除的组件，并再次运行绘图代码。

**问**：我更改了绘图设备的布局，但是现在只需要看一个图形的布局。如何将布局还原？

**答**：把 `par()` 函数的参数 `mfrow` 设置为 `c(1, 1)`，便可将当前布局还原为默认布局。

**问**：是否可以把图例放到绘制区域外部？

**答**：当然可以。这要扩展边界区域，并把 `par()` 函数中的 `xpd` 参数设置为 `NA`，这样可以可在外部边界区域绘制图例了。

## 13.8 课后研习

课后研习包含"随堂测验"和"答案"两部分，旨在帮助读者巩固本章所学知识。请读者先尝试回答"随堂测验"中的所有问题，再看后面的"答案"。

**随堂测验**：

1. 什么是设备？为什么需要设置一个设备？

2. 分别使用什么函数可以创建下面的图形？

    A. 带参考线的 QQ 图

    B. 计数的条形图

    C. 反映两个变量关系的图

    D. 直方图

3. 如果在一个散点图上设置"`pch = 6`"会有什么效果？

4. 在边界处添加文本要使用哪一个初级函数？

5. 何时使用 `par()` 函数中的 `mfrow` 参数？何时使用 `layout()` 函数？

**答案**：

1. 设备是你的图形被创建的地方。可以是默认的 RStudio 设备或一个指定的文件类型，如 PDF 或 PNG。如果要使用一个非默认的设备，就要设置它。使用 `pdf()` 函数或 `png()` 函数来设置设备，用 `dev.off()` 函数关闭连接。

2. 分别使用下面的函数：

A. qqnorm()和qqline()

B. barplot()

C. plot()

D. hist()

3. 该参数会把绘图符号更改为倒三角。

4. 在边界中添加文本，要使用mtext()函数。

5. 这两个函数用于更改一个设备中包含多个图形的设备布局。如果想指定行数和列数让图形以网格布局，用mfrow参数就够了。layout()函数能更精确地控制图形出现的位置，以及行和列的宽度和高度。

## 13.9 补充练习

1. 从服从正态分布的值中取100个样本，创建这份数据的直方图。

2. 为airquality数据中的每一个月，创建一个Ozone和Wind的关系图。确保所有的图形都在相同的轴，并包含合适的标题表明其月份。例如，"Ozone against Wind for Month X"。

3. 利用练习2中创建的图形，创建一个5页的PDF文档。

4. 创建一个单页PNG文件，内含练习2中的5个图形。确定一个合适的布局显示数据。

5. 创建一个反映Wind和Day关系的图形，每个月用单独一行表示，各月颜色也不同，并在图形中添加图例。

# 第 14 章

# ggplot2 图形包

本章要点：

- ➢ 创建简单的图形
- ➢ 更改图形的类型
- ➢ 图形属性的控制
- ➢ 分组和面板
- ➢ 主题和图例控制

在第 13 章中，我们学习了如何用 graphics 包创建自定义的图形。在实际应用中不难看出，graphics 包作为探索工具不太好用。要比较一个变量的因子水平，通常要使用 for 循环或另外的因子应用程序。此外，还必须手动添加像图例这样的项。

lattice 和 ggplot2 包是两个非常好用的图形包，更适合用来进行数据探索。这两个包都是基于 Paul Murrell 的 grid 包创建的，因此可以把图形作为对象来创建，然后在需要时打印出来。本章，我们先来看最受欢迎的 ggplot2 包，由 Hadley Wickham 开发。

## 14.1 ggplot2 的哲学

ggplot2 包是从 Leland Wilkinson 所著的 *The Grammar of Graphics* 中得到的启发。图形语法（grammar of graphics）的实质就是把图形分成一系列图层（layer）。不同图层描述的是数据的绘制特性、绘制类型、坐标系、图形特性相关标度的映射。要遵循图形语法来使用 ggplot2，我们只需要一个用于添加所需图层的绘制函数 ggplot()。不同的绘制类型通过图形的图层或"几何函数"来完成。

除了通过 ggplot() 函数提供相对单纯的图形语法实现，ggplot2 包还提供一个额外的图形函数 qplot()，专门用于快速创建图形。该函数通过假设所需的图层，缩短了图形的创建过程。然而，一些图形语法概念的铁杆支持者，提倡废除 qplot()。笔者每天都要使用和教授该包，作为 ggplot2 包的热情支持者，保持中立态度。我们的客户想尽可能快地把数据可视化，越简单越好。为什么有些人执意要删除一个能既快又简单地创建高质量图形的函数？学完本章，读者可以自己决定是用这种方便快捷的方法，还是用真正的图形语法，或者将两者结合起来用。现在，我们先通过 qplot() 函数来学习 ggplot2 的一些基础知识。

## 14.2  快速绘图和基本控制

qplot() 中的 q 代表 "quick"（快速），这里的快速指的是打字速度。该函数需要输入的内容比 ggplot() 少得多，大部分输入都通过假设来实现。然而，qplot() 函数也比大多数人认为的要灵活，而且也可以连接图形语法。

### 14.2.1  使用 qplot()

qplot() 速度很快的原因是它做了一些假设。多亏这些假设，这种做法非常明智。其实，qplot() 中的假设与 graphics 包的 plot() 和 hist() 中的假设没什么区别。除了假设坐标系、坐标轴、绘图符号等外，qplot() 函数还对绘制类型进行了假设。例如，如果我们给 qplot() 函数提供一个单独的变量，该函数将假设我们要绘制一个直方图。如果提供两个变量，它将假设我们要绘制一个散点图。

稍后，大家将看到用 qplot() 函数更改绘制类型有多容易。不过，现在先使用 mtcars 数据绘制一个简单的散点图。我们指定 mtcars 作为数据框，直接使用并引用 wt 和 mpg 变量。其输出如图 14.1 所示。

```
> # 载入包，并创建一个简单的绘图
> require(ggplot2)
> theme_set(theme_bw(base_size = 14))  # 设置主题为白色背景
> qplot(x = wt, y = mpg, data = mtcars)
```

**Did you Know?**

**提示：更改默认主题**

创建如图 14.1 所示的图形所用的代码块中，有一行代码用于设置"主题"。这行代码将默认背景颜色从灰色改为白色网格线，同时还把默认字体大小增大。这是一个全局设置，更改本章随后生成的所有图形。我们将在下一章中详述主题相关的内容。

**By the Way**

**注意：传递向量**

我们可以把单独的向量直接传递给 qplot() 函数。例如，qplot(1:10, rnorm(10))。然而，更常见的做法是，将需要绘制的数据储存在数据框中。这样处理后，可以用 data 参数更加方便地指定数据框的名称，这样就能直接引用变量了。

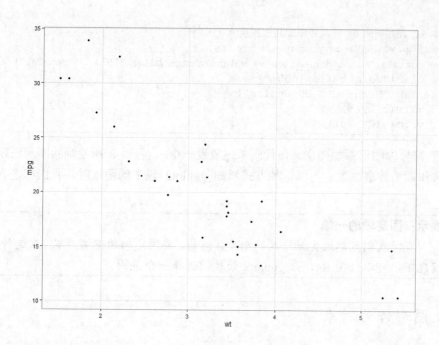

图 14.1

用 qplot()函数创建
一个散点图

## 14.2.2 标题和轴

和 graphics 基础包中的绘制函数一样，我们可以通过 qplot()函数的 main 参数把主标题添加到图形中。xlab 和 ylab 参数分别控制 X 轴和 Y 轴的轴标签。与此类似，xlim 和 ylim 参数分别控制 X 轴和 Y 轴的范围。必须为这些参数提供长度为 2 的向量。我们还可以用"图层"添加这些特性。

## 14.2.3 使用图层

为了遵循图形语法，我们用添加图层的方法来创建图形。为了加深理解，我们用两种方法来实现：一种是通过参数的方式单独调用 qplot()函数；另一种是在 qplot()函数的基础上添加图层，每个标题元素和轴元素都要用图层来添加。主标题和 X、Y 轴的标签分别用 ggtitle()函数和 xlab()函数、ylab()函数作为图层来添加。对于 X 轴和 Y 轴的范围，要使用 xlim()函数和 ylim()函数来指定。代码清单 14.1 中有两部分代码，我们用合适的标题和轴标签，重新创建图 14.1 中的图形。首先，从第 2 行开始，调用 qplot()函数；接着，从第 10 行开始，用图层方法。两部分代码生成的图形相同。

**代码清单 14.1 两种方法对比**

```
1: > # 版本 1: 单独调用 qplot()
2: > qplot(x = wt, y = mpg, data = mtcars,
3: +       main = "Miles per Gallon vs Weight\nAutomobiles (1973-74 models)",
4: +       xlab = "Weight (lb/1000)",
5: +       ylab = "Miles per US Gallon",
6: +       xlim = c(1, 6),
7: +       ylim = c(0, 40))
```

```
 8: >
 9: > # 版本 2: 调用 qplot(), 并添加其他图层
10: > qplot(x = wt, y = mpg, data = mtcars) +
11: +         ggtitle("Miles per Gallon vs Weight\nAutomobiles (1973-74 models)") +
12: +         xlab("Weight (lb/1000)") +
13: +         ylab("Miles per US Gallon") +
14: +         xlim(c(1, 6)) +
15: +         ylim(c(0, 40))
```

我们使用 "+" 符号为图形添加图层。在代码末尾放置一个+，告诉 R 所绘制的图形还需要更多的图层。这和添加数字很像。当以这种方式添加 ggplot2 包中的函数时，我们称之为添加"图层"。

---

**Did you Know?**

**提示：固定轴的一端**

有时我们只想固定轴一端的刻度。例如，要固定轴的下端为零。在这种情况下，可以使用 NA，让 ggplot2 帮我们选择一个范围。

---

## 14.2.4 把图形作为对象

lattice 和 ggplot2 包是基于 Paul Murrell 的 grid 包创建的，因此我们可以把图形保存成对象。qplot() 函数创建了一个 ggplot 对象。ggplot 对象本质上是一组解释如何创建图形的指令。只有当我们要求打印对象时，R 才会根据指令创建图形。这些指令将被保存，方便稍后需要时使用。例如，我们更改了一些主题设置后，准备输出图形。

```
> # 创建一个基本图形, 并将其保存为对象
> basicCarPlot <- qplot(wt, mpg, data = mtcars)
> # 修改图形, 在其中添加一个标题
> basicCarPlot <- basicCarPlot +
+   ggtitle("Miles per Gallon vs Weight\nAutomobiles (1973-74 models)")
> # 现在打印图形
> basicCarPlot
```

我们可以用图层修改 ggplot 对象，添加如何绘制的新指令。这对于探索数据而言，意义非凡。因为我们能先创建一个基本图形，然后用各种不同的辅助图层探索协变量（covariate）。

---

**Did you Know?**

**提示：探索 ggplot2 图形**

第 13 章中，我们学到了如何将图形写入文件，其工作流程是打开绘图设备、绘制图形，然后用 dev.off() 函数关闭设备。ggplot2 包通过 ggsave() 提供了另一种工作流程。要使用 ggsave()，首先要把图形保存为一个对象。当我们准备好将图形写入文件时，给 ggsave() 函数传递文件名和 ggplot 对象名，代码如下所示：

```
> carPlot <- qplot(x = wt, y = mpg, data = mtcars)     # 创
  建 ggplot 对象
> ggsave(file = "carPlot.png", carPlot)                # 将
  对象保存为一个 png
Saving 10.6 x 7.57 in image
```

该函数将帮我们打开和关闭设备，并根据用户提供的文件扩展名选择合适的设备。

## 14.3　更改绘制类型

在图形语法中，绘制类型（plot type）被认为是描述如何显示数据的几何形状。用 qplot() 函数中的参数 geom（"geometric" 的缩写）可以更改绘制类型，不必再使用单独的绘制函数。下面的代码输出的图形如图 14.2 所示：

```
> # 确定 cyl 变量的类型正确
> mtcars$cyl <- factor(mtcars$cyl)
> qplot(cyl, mpg, data = mtcars, geom = "boxplot")
```

> **警告：明确因子！**
>
> 在 ggplot2 框架下进行操作时，一定要明确待处理的数据类型。要特别注意分类数据，这些数据可能储存为数值（例如，mtcars 中的 cyl 变量）。必须把这些变量转换成因子以确保最终生成的图形能正确反映数据的情况。一般而言，最好在数据处理过程中进行必要的转换，而不是在调用 qplot() 或随后的图层时才转换。

*Watch Out!*

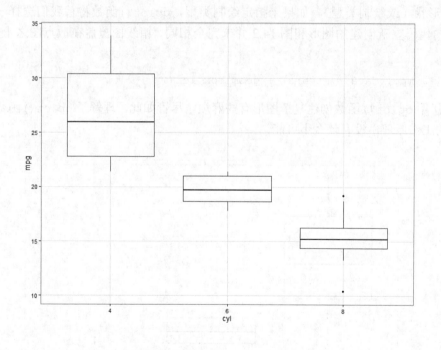

图 14.2

生成箱线图

### 14.3.1　绘制类型

在 qplot() 函数中指定 geom 参数，实际上是调用其中一个几何函数，告诉 R 如何显示这个图形。每个图形函数都有一个 geom_ 前缀，所以我们可以用一个常规表达式找出 ggplot2 包中的所有几何函数：

```
> grep("^geom", objects("package:ggplot2"), value = TRUE)
 [1]     "geom_abline"        "geom_area"         "geom_bar"          "geom_bin2d"
```

```
 [5]    "geom_blank"       "geom_boxplot"     "geom_contour"     "geom_crossbar"
 [9]    "geom_density"     "geom_density2d"   "geom_dotplot"     "geom_errorbar"
[13]    "geom_errorbarh"   "geom_freqpoly"    "geom_hex"         "geom_histogram"
[17]    "geom_hline"       "geom_jitter"      "geom_line"        "geom_linerange"
[21]    "geom_map"         "geom_path"        "geom_point"       "geom_pointrange"
[25]    "geom_polygon"     "geom_quantile"    "geom_raster"      "geom_rect"
[29]    "geom_ribbon"      "geom_rug"         "geom_segment"     "geom_smooth"
[33]    "geom_step"        "geom_text"        "geom_tile"        "geom_violin"
[37]    "geom_vline"
```

*Watch Out!*

> **警告：曲线图**
>
> ggplot2 包中有两个创建标准曲线图的几何函数：geom_path() 函数和 geom_line() 函数。geom_path() 函数与 **graphics** 包中的 lines() 函数用法类似。geom_line() 函数最适合处理时间序列数据，因为它在绘制之前会重新排列坐标以确保 x 的值从低到高。

在使用 qplot() 函数时，我们只需从函数名中移除 "geom"，把剩下的函数名用双引号括起来，传递给 geom 参数即可。和图形的标题、轴标签以及轴范围选项一样，我们可以直接调用几何函数作为单独图层。然而，qplot() 函数之所以 "速度快" 的一个原因是，假设了要绘制的几何形状（或绘制类型）。如果未指定绘制类型，qplot() 函数将替我们选择一个。因此，下面的代码重新创建的图形和图 14.2 并未完全相同，箱线图覆盖在散点图之上，如图 14.3 所示。

```
> qplot(cyl, mpg, data = mtcars) + geom_boxplot()
```

该示例暗示了用 qplot() 函数创建复杂图形有些麻烦。尽管如此，理解了 qplot() 函数和 ggplot2 图层的工作原理，没有什么不可能。

图 14.3

标准调用 qplot() 函数添加 geom_boxplot 图层的效果

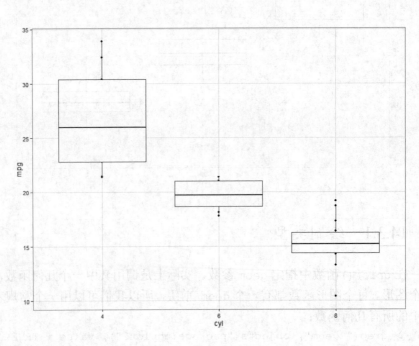

### 14.3.2 组合绘制类型

虽然上一节的示例本身似乎没什么用，但是该示例主要是为了突出可以组合使用两个以上的几何图层。用多个图层创建 **ggplot2** 的点线覆盖绘图，相当于使用了第 13 章介绍的 plot() 函数，其绘制类型为 type = "o"。当然，还可以有更多组合。下面的例子在 mtcars 数据集的 mpg 和 wt 关系图中添加了一条线性平滑线：

```
> qplot(wt, mpg, data = mtcars) + geom_smooth(method = "lm")
```

我们不一定要通过添加几何图层来创建绘图。单独调用 qplot() 函数也能创建和上面这行代码完全相同的绘图。我们这样做，把内含几何名称的字符型向量提供 geom 参数。在本例中，我们指定了一个内含"point"和"smooth"的向量。注意，任何其他的几何函数参数（如本例中的 method = "lm"），都要传递给 qplot() 函数。代码如下所示，对应的输出图形如图 14.4 所示。

```
> qplot(wt, mpg, data = mtcars, geom = c("point", "smooth"), method = "lm")
```

把两个以上的绘制类型组合在一起时，用 ggplot() 函数通常比 qplot() 函数更好理解。我们将在第 15 章介绍 ggplot() 函数。

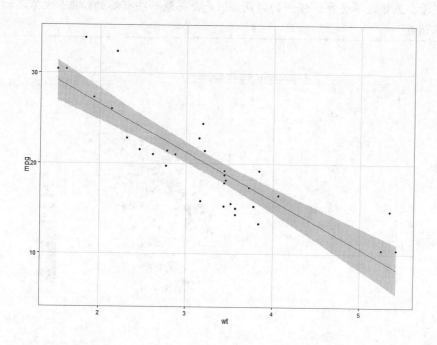

图 14.4

在使用 qplot() 函数时把添加的参数传递给几何函数

## 14.4 图形属性

在 **ggplot2** 的术语中，"图形属性"有特殊的含义，指的是被数据中列影响的任何图表元素。这不仅包括我们习惯上认为的图形属性（如颜色、形状或绘图符号的大小），还包括参数（如 x 和 y）。本章后面的内容将进一步探讨 x 和 y 作为图形属性所反映的思想，现在先来看看图形属性的传统含义。

**ggplot2** 包优于 **graphics** 包的原因是，它能让我们用图形属性元素可视化地探索数据。用

qplot()函数可以把一种属性（如颜色）和一个变量直接联系起来，有助于自动创建图例。为了使用图形属性，既可以给 par()函数指定第 13 章介绍过的相同参数（col、pch 和 cex），也可以使用更好记的术语：color、shape 和 size。除此之外，还可以用 alpha()函数更改图形的透明度，用 fill()函数填充阴影区域，用 linetype()函数更改线的类型。从下面的代码块和图 14.5 可见，我们可以用很少的代码创建非常有吸引力的图形。在该例中，我们创建了斐济的一部分区域的地震分布图，所绘点的大小表示地震的级别，颜色表示震源的深度。

```
> qplot(x = long, y = lat, data = quakes, size = mag, col = -depth) +
+    ggtitle("Locations of Earthquakes off Fiji") +
+    xlab("Longitude") + ylab("Latitude")
```

**Watch Out!**

**警告：给所有点都上色！**

qplot()函数尽最大努力把图形属性元素与数据中的变量联结起来。但是，它没法轻松地搞定给每个点上色的问题。我们不得不调用 I()函数才能给绘制的点都上色。代码如下所示：

```
> qplot(wt, mpg, data = mtcars, colour = I("blue"))
```

如果这行代码中不使用 I()函数，那么 "blue" 文本将被看作是数据的变量。虽然这不会导致任何的错误，但是会得到一些有趣的结果！大家不妨试试看。

图 14.5

更改绘图的图形属性

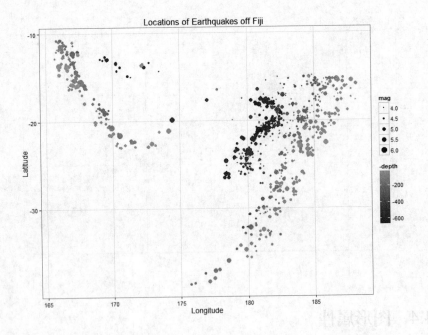

### 14.4.1 控制图形属性

用 ggplot2 探索数据最方便的是，该包帮我们处理了图形属性。不过，谈到呈现或打印结果，有一两个样式元素需要我们调整一下。ggplot2 中图形属性的外观由标度图层（scaling layer）控制。标度图层函数根据要控制的元素及其类型，遵循一致的命名约定。其通用的函数名格式是：

> scale_[图形属性元素]_[标度类型]

根据约定，我们用所使用的图形属性替换图形属性元素（例如，color），用合适的数据类型标度替换标度类型（例如，continuous）。除了较明显的 discrete 和 continuous 标度，ggplot2 中还有许多其他的图形属性标度。例如，scale_color_gradientn，用于创建 n 种颜色的连续梯度渐变色，如 scale_color_gradientn(colours = rainbow(6))。

假设我们要根据 mtcars 数据中 cyl 变量的 3 个因子水平，更改 mpg 与 wt 关系图的绘图符号。这要用到 scale_shape_manual() 标度图层函数。代码如下，输出的图形如图 14.6 所示。

```
> # 创建一个基本绘图，其中 cyl 是一个因子
> carPlot <- qplot(x = wt, y = mpg, data = mtcars, shape = cyl,
+       main = "Miles per Gallon vs Weight\nAutomobiles (1973-74 models)",
+       xlab = "Weight (lb/1000)",
+       ylab = "Miles per US Gallon",
+       xlim = c(1, 6),
+       ylim = c(0, 40))
>
> # 编辑绘图符号并打印
carPlot + scale_shape_manual("Number of\nCylinders", values = c(3,5,2))
```

选择的标度函数必须与数据类型相匹配。在上面的示例中，manual 后缀表明我们将指定绘图的符号，而且只有在处理离散数据时 manual 后缀才起作用。cyl 变量有 3 个因子水平，而且是离散的，所以我们给该函数提供了 3 个绘图符号的数值。

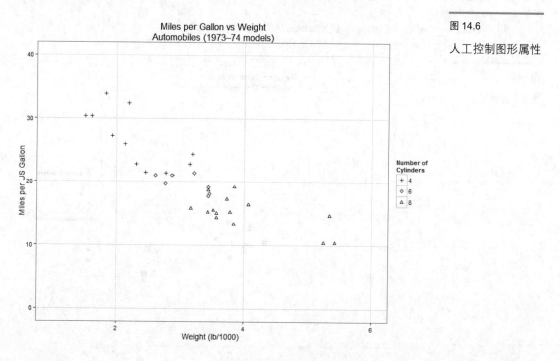

图 14.6

人工控制图形属性

> **By the Way**

> **注意：通用拼写**
>
> Hadley Wickham 是新西兰人，他成年后长期生活在美国。他开发的 ggplot2 包非常友好，考虑了英语单词的变体，如 color/colour 这两种拼写方式。因此，包中会有多个完全相同的函数，如 `scale_color_manual()`和 `scale_colour_manual()`。

## 14.4.2 标度和图例

在 ggplot2 包中，图形属性元素和图例直接关联。这使得我们在更改图形属性时（如根据数据中的变量更改颜色），能直接生成相应的图例项。这关联扩展为图形属性标度函数，不仅能控制图形属性本身，还能控制图例中描述图形属性的方式。从创建图 14.6 的代码块中可以看出，图形属性标度函数的第一个参数控制图例中出现的元素名。接下来，我们用下面的代码更新图例标题，其输出的图形如图 14.7 所示：

```
> # 创建一个基本图形
> carPlot <- qplot(x = wt, y = mpg, data = mtcars,
+                  shape = cyl, size = disp,
+                  main = "Miles per Gallon vs Weight\nAutomobiles (1973-74 models)",
+                  xlab = "Weight (lb/1000)",
+                  ylab = "Miles per US Gallon",
+                  xlim = c(1, 6),
+                  ylim = c(0, 40))
>
> # 通过标度图层更改图例标题
> carPlot +
+   scale_shape_discrete("Number of Cylinders") +
+   scale_size_continuous("Displacement (cu.in.)")
```

图 14.7

更新图例标题

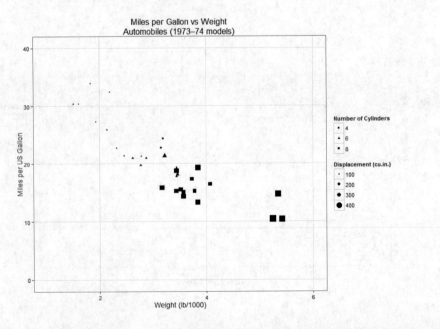

在上一个示例中，根据每辆汽车的排量值更改了绘图符号的大小。我们用点的物理大小来表示排量值的高低。其实，标度图层还能控制这些物理属性。对于连续标度，可以用 range 参数来控制它的最小值和最大值。下面的代码示例的绘制效果如何，其图形如图 14.8 所示。

```
> carPlot + scale_size_continuous("Displacement (cu.in.)", range = c(4,8))
```

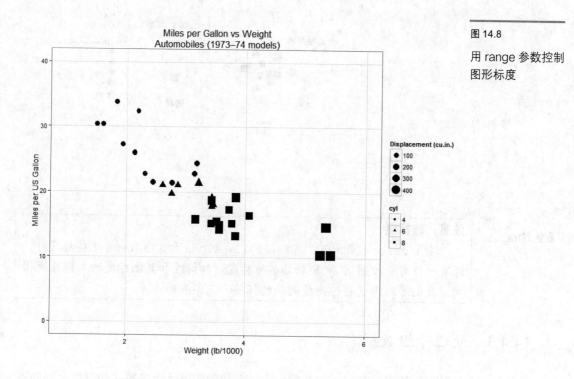

图 14.8

用 range 参数控制图形标度

另外，我们还可以用 break 参数控制图例中每个图形属性的外观，用 limits 参数确保提供给 breaks 的值在标度范围内。下面的代码演示了如何用 scale_size_continuous() 函数控制图形中点的大小和图例的标题和断点，其图形如图 14.9 所示。

```
> carPlot +
+   scale_shape_discrete("Number of cylinders") +
+   scale_size_continuous("Displacement (cu.in.)",
+                         range = c(4,8),
+                         breaks = seq(100, 500, by = 100),
+                         limits = c(0, 500))
```

在控制台中输入下面一行代码，查看可用的所有标度列表。

```
> grep("^scale", objects("package:ggplot2"), value = TRUE)
```

图 14.9

图形属性控制

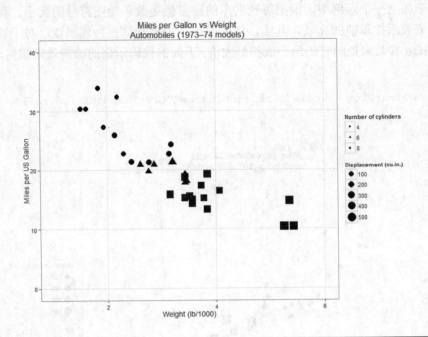

轴标度

> 除了 `color`、`shape`、`size`、`fill`、`alpha` 和 `linetype` 这些标度外，还有一些用于控制 X 和 Y 轴的其他标度。轴标度和其他标度的工作原理相同。我们可以用这些标度控制轴的标签、范围和断点等。

## 14.4.3　处理分组数据

有些待处理的数据可能已经分组，但是我们不需要在图形属性中呈现这些分组之间的不同。重复测量或纵向的数据就是一个很好的例子。考虑下面的 pkData 数据集。该数据集内含 33 个受测试者的重复测量数据。每个受测试者，分别在 0、1、6、12 和 24 这些时间测量一种药物的 5 种浓度值。我们想根据受测试者对浓度记录进行分组。

```
> library(mangoTraining)
> head(pkData)
  Subject  Dose  Time    Conc
1       1    25     0    0.00
2       1    25     1  660.13
3       1    25     6  178.92
4       1    25    12   88.99
5       1    25    24   42.71
6       2    25     0    0.00
```

为了看一下这个分组如何影响图形，考虑用一个线条图来反映 Conc 和 Time 的关系。我们使用 qplot() 函数，指定 geom = "path" 或者 geom = "line"。代码如下所示：

```
qplot(data = pkData, x = Time, y = Conc, geom = "line")    # 不是预期的结果
qplot(data = pkData, x = Time, y = Conc, geom = "path")    # 不是预期的结果
```

如果读者自己操作会发现，绘制出来的图都不太对劲。要明白出了什么问题，请想象我们用手拿着笔进行绘图，但是注意笔不要离开纸面。指定 geom = "line" 使得数据在绘制之前按 Time 进行排序。由于每一个时间点都有多个值，最终我们得到的是一个外形有些古怪的绘图。在移动到下一个时间点之前，每个时间点上都有一条垂直线，垂线的上端和下端分别表示在该时间点上 Conc 的最大值和最小值。指定 geom = "path"，乍一看创建的绘图似乎没问题。但是，注意不要让笔离开纸面，所以我们最终得到了许多从 24 小时返回到 0 小时的多余连接线。

这次，我们使用图形属性（如 color 或 linetype）分开那些线。但是这样做的效果是，以不同的颜色或不同类型的线绘制每一位受测试者。可是我们研究的并不是受测试者个体，这样处理绘图对研究没有帮助。这里要用到 group 参数，指定 group = Subject，相当于每绘制一位新的受测试者时，就把笔拿起来重新绘制。分组没有关联任何其他的图形属性，每条线的外观保持一致。其结果显示在图 14.10 中，其代码如下所示：

```
> qplot(data = pkData, x = Time, y = Conc, geom = "path", group = Subject,
+       ylab = "Concentration")
```

在用地理数据绘制地图时，分组概念也很有用。因为分组能在确保正确区分各州界的前提下，保持一致的颜色。

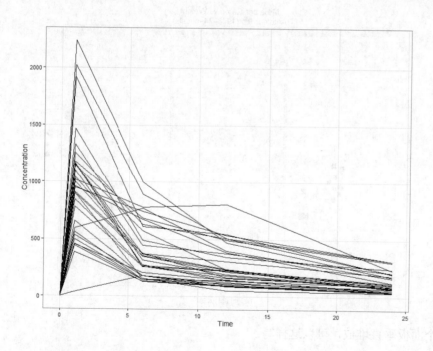

图 14.10

使用分组把线条分开

## 14.5　面板（分面）

对于一些复杂的数据，光用图形属性的点没法在一张图中很好地呈现分组的信息。这种情况下，我们可以将整个图形的信息划分为多个子图进行比较，这些单独的子图通常称为面板（panel）。在 ggplot2 的术语中，把图形分成多个面板叫做分面（facet）。根据变量进行分面，必须调用 facet_*() 函数：facet_grid() 或 facet_wrap()。

### 14.5.1 facet_grid()的用法

为了比较两个函数有什么不同，我们假设要研究在 mtcars 数据中 gear 变量的各因子水平下，mpg 与 wt 之间的关系。要分别在单独的面板中为每种档位各创建一个图形，并排绘制。

我们以 14.4.2 节中创建的 carPlot 开始分面，添加一个 facet_grid 图层。facet_grid() 函数允许我们根据因子的不同水平垂直或水平地比较绘图，该数期望一个 formula 对象。在 R 中，formula 是一个常用于统计建模的类对象，我们将在第 16 章中详述。formula 对象由波浪号（~）及其两侧的内容组成。facet_grid() 函数需要一个 "rows ~ cols" 形式的公式，可以用数据中的变量分别替换 rows 和 cols。公式左侧指定的变量按行分割（也就是说，输出的面板一个堆在另一个上面），公式右侧指定的变量按列分割（即并排放置）。要并列比较不同的档位，必须把 gear 变量放在公式的右侧。现在，我们暂时不比较其他变量，所以公式左侧不放变量。但是，为了让 facet_grid() 函数正常运行，必须提供一个点（.）作为任意变量。最终输出的图形如图 14.11 所示，3 种档位分别呈现在单独的面板中。这里还需要注意一点，虽然进行了分面操作，但是如果更改了定义在 carPlot 中的图形属性，输出的图形也会随之变化。

```
> carPlot + facet_grid(. ~ gear)
```

图 14.11

用 facet_grid() 进行分面

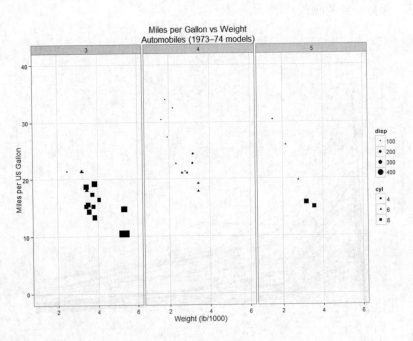

如果要将 3 个面板垂直堆放，可以这样写：

```
> carPlot + facet_grid(gear ~ .)
```

接下来，我们把分面的概念扩展一下，再基于第二个变量 cyl 进行分面。假定要水平比较 gear，垂直比较 cyl。我们把公式左侧的点替换成 cyl 变量。这将创建一个 3×3 的绘图，每一行表示不同的 cyl，每一列表示不同的 gear。值得注意的是，在 mtcars 数据中没有 4 档 8 缸的汽车记录，所以表示 4 档 8 缸组合的面板是空的。

另外，也许将 gear 和 cyl 的各种组合并排呈现出来更方便观察，如图 14.12 所示。要这样分面，就把 cyl 作为另一个变量加在公式右侧，公式左侧仍然是点。代码如下所示：

```
> carPlot + facet_grid(. ~ gear + cyl)
```

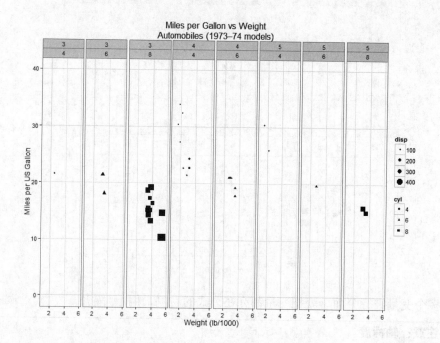

图 14.12

facet_grid()的公式
右侧包含多变量

得到的结果是 1×8 的绘图，8 个面板分别表示 gear 和 cyl 的 8 种组合[1]。gear 和 cyl 变量的因子水平出现在面板头，通常称为"条头"（strip header）。该条头的文本被分成了两行，第一行表示 gear 的因子水平，第二行表示 cyl 的因子水平。

## 14.5.2　facet_wrap()的用法

在大多数情况下，以水平并排或竖直堆叠的形式呈现的面板都比较容易进行比较。但是，如果分面变量的因子水平较多，用这种方法绘制出来的图形就不太美观了（不是竖条就是横条）。这种情况下，可以用 facet_wrap()代替 facet_grid()。facet_wrap()函数将多个绘图进行"包装"，合理布局面板，更好地填充可用页面，避免了用 facet_grid()比较太多因子水平时各面板太细长或太短粗。

我们举例来说明，还是以 14.4.2 节中创建的 carPlot 开始分面。不过，这次我们根据 carb 变量进行分面，该变量表示 mtcars 数据中每辆车的化油器数量。如果用 facet_grid() 函数根据 carb 变量的 6 个水平进行分面，创建的各面板会非常细长。而使用 facet_wrap() 函数，得到的是以 2×3 网格形式布局的 6 个面板。根据 carb 的因子水平次序依次放置，从左上角开始，并排向右放 3 个，再从左下角开始，并排向右放 3 个。facet_wrap()函数和 facet_grid()函数的调用有所不同，facet_wrap()中分面公式的是空格。下面一行代码生成的图形如图 14.13 所示：

```
> carPlot + facet_wrap( ~ carb)
```

---

1 本来应该是 9 种组合，但是 mtcars 数据中没有 4 档 8 缸的汽车记录，故没有绘出。——译者注

图 14.13

用 facet_wrap()进
行分面

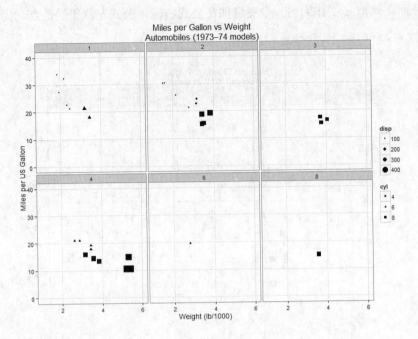

如果要根据多个变量进行分面，就把变量都列在公式的右侧，用+号隔开。

> **注意：轴标度**
>
> facet_grid()和 facet_wrap()都不需要因子就能创建单独的面板。

### 14.5.3 从 qplot()中进行分面

不添加 facet_grid()或 facet_wrap()图层，直接用 qplot()函数也可以创建分面绘
图。此时，要用在 qplot()函数中使用 facets 参数，并为其提供一个合适的公式，以确定
是调用 facet_grid()函数还是 facet_wrap()函数。用这种方法确定调用哪一个函数的关键
是分面公式的左侧。如果像使用 facet_grid()函数那样在公式左侧提供一个变量或一个点，
就调用 facet_grid()；如果公式左侧为空格，则调用 facet_wrap()。

## 14.6 定制绘图

到目前为止我们看到的示例，要么用 qplot()直接创建绘图，要么通过 qplot()和其他
图层创建绘图。在绝大多数情况下，这足够了。然而，随着例子变得越来越复杂，代码也随
之更加复杂。在这种情况下，用 ggplot()函数来绘图的可读性更高。

### 14.6.1 ggplot()

与 qplot()不同的是，ggplot()对绘制类型甚至连坐标系都不做假设，直接创建模板
ggplot 对象。就该对象本身而言，没什么用，打印它会得到一条错误消息。它相当于一份空食
谱，我们必须一条一条（一个图层一个图层）地创建自己的食谱，确切地告诉 R 如何创建绘图。

我们来重新创建图 14.1，这次使用 ggplot() 函数完全用图形语法进行绘图。作为对比，回顾一下代码清单 14.1 中创建绘图的两种方法，一种是单独调用 qplot()，一种是用 qplot() 结合图层。为了完成 mpg 和 wt 的散点图，我们在基本 ggplot 对象上添加一个 geom_point() 图层。必须确保 geom_point() 知道 x 和 y 变量是什么。不过可惜的是，不能直接用 x = wt 和 y = mpg 这样的方式，必须通过一个新函数 aes() 来指定，代码如下所示：

```
> ggplot() + geom_point(data = mtcars, aes(x = wt, y = mpg))
```

如果想添加元素（如主标题、轴范围、轴标签），必须用额外的图层才行。从本质上看，这种通过添加图层的方式来绘制图形的方法就是图形语法。

### 1. aes() 函数

对于 ggplot2 包的新成员，aes() 函数是需要重点理解的地方。我在进行 R 培训时得知，那些使用 ggplot2 包多年的人仍对这个函数的用法和使用时机一知半解！实际上，只需记住一条规则就行，学会以后用起来非常简单直接。首先，我们来看 aes 的含义，以及该函数是从哪里来的。

在图形语法中，"图形属性"不仅指点在图形中的外观，而且还涉及点本身。实际上，它涉及点的方方面面。图形语法把绘制类型定义为几何形状或"几何"（geom）"，所谓的点可以是线、箱或条形。图形属性的本质就是一些信息，反映了如何表示数据中的变量（或者用图形语法的术语，如何"映射"数据中的变量）。这些图形属性取决于绘制类型、坐标系、分面和标度等。

简而言之，图形属性描述数据中的列如何映射到绘图元素上。因此，我们要遵循 ggplot2 图层的以下规则：

任何对变量的引用都必须在 aes() 函数的调用中进行包装。

也许困惑大家的是，这条规则不能应用于使用公式的 facet_grid() 和 facet_wrap()，也不适用于 qplot()。尽管如此，却可以应用于 qplot() 创建的对象后面所添加的图层中。我们回到 carPlot 示例上，假设现在要根据 cyl 因子的值用不同的绘图符号进行绘图。

```
> ggplot() + geom_point(data = mtcars, aes(x = wt, y = mpg, shape = cyl))
```

在该例中，wt、mpg、cyl 3 个变量被分别映射到图形属性 x、y、shape 上。这些映射都放在 aes() 的调用中，而数据框本身不放在 aes() 的调用中。

### 2. 使用 ggplot()

在带有图层的 qplot() 和 ggplot() 之间进行切换要注意。qplot() 要通过 I() 函数才能设置那些不引用数据变量的绘图元素（如 14.4 节提到的，用 I() 函数才能给所有的点都上色）。然而，ggplot() 则无需这样做。例如，用实心三角形作为绘图符号来创建 mpg 与 wt 的散点图，可以像下面这样写：

```
>ggplot() + geom_point(data = mtcars, aes(x = wt, y = mpg), shape = 17, size = 3)
```

我们把 shape 和 size 参数放在 aes() 的调用外面，因为这两个参数不引用数据中的变量。输出的绘图如图 14.14 所示。

图 14.14

使用 aes()函数后
的绘图

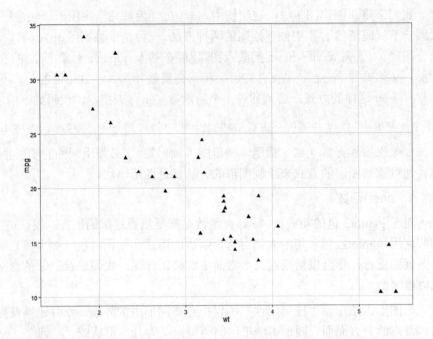

### 3. 何处指定图形属性

之前讲解的例子中都是用空的 ggplot() 对象创建图形。如果查询 ggplot2 的在线帮助会发现，大量示例中使用的都不是空对象。如果在 ggplot() 的调用中只处理一个数据框，就可以节省一些打字时间，不用把待处理的数据和图形属性定义传入随后的几何图层中。

假设要添加一条穿过 mpg 与 wt 关系图的拟合直线，就要使用两个几何图层：geom_point() 和 geom_smooth()。这样做并不是将数据和图形属性分别传递给每个图层，而是分别预先定义它们：

```
> ggplot(data = mtcars, aes(x = wt, y = mpg)) +
+   geom_point(shape = 17, size = 3) +
+   geom_smooth(method = "lm", se = FALSE, col = "red")
```

以这种方式编写代码的好处是节省输入时间。在 ggplot() 函数的调用中提供数据和图形属性参数，不会影响到在随后的图层中更改或添加新的图形属性。比如，我们可以修改上面的代码，让 geom_point() 根据 cyl 变量的水平更改绘图符号，如图 14.15 所示：

```
> ggplot(data = mtcars, aes(x = wt, y = mpg)) +
+   geom_point(aes(shape = cyl), size = 3) +
+   geom_smooth(method = "lm", se = FALSE, col = "red")
```

同样也不会影响我们以 qplot() 开始并添加 geom_smooth() 图层来创建绘图。但是，为了确保得到一条最佳拟合直线，一定要"取消" cyl 的定义[1]，即在 geom_smooth() 的调用中通过 aes() 设置 shape = NULL。

```
> qplot(data = mtcars, x = wt, y = mpg, shape = cyl, size = I(3)) +
+   geom_smooth(method = "lm", se = FALSE, col = "red", aes(shape = NULL))
```

---

1 如果不这样处理，就会根据 cyl 的水平，生成 3 条拟合直线。——译者注

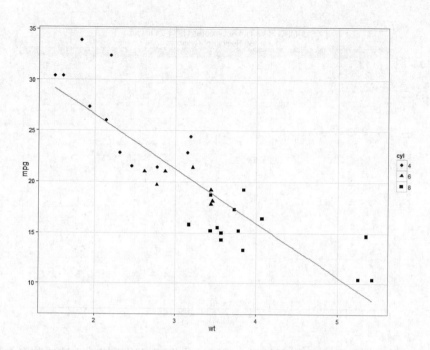

图 14.15

aes() 在图层中的
用法

上面这两个示例都是在图形中绘制一条穿过数据的平滑线。如果想把光滑线从 cyl 的每一因子水平中分离出来，可以把 aes(linetype = cyl) 放入 geom_smooth() 图层的调用中，或者把 geom_point() 图层中的 aes(shape = cyl) 移至 ggplot() 的调用中。

**4. 处理多个数据框**

qplot() 函数无法直接处理多个数据框。不过，如果对图层的理解比较透彻，而且掌握了 aes() 函数的使用时机，就可以用 qplot() 来处理。因此，从技术上看，不一定非要用 ggplot() 才能处理多个数据框，只不过用 ggplot() 比较方便，而且能提高代码的可读性。

在下面的示例中，我们使用 ggplot2 创建"影子"绘图。根据 mtcars 中的 cyl 变量进行分面，并用浅灰色的点绘制一份所有数据的副本，以形成影子效果，实现黑色点突出显示 cyl 各水平下的 mpg 与 wt 之间的关系。输出的绘图如图 14.16 所示。为了完成影子效果，我们要创建第二个数据框，为了避免分面，不能包含 cyl 变量。

```
> #创建一份 mtcars 数据的副本，用于绘制"影子"
> require(dplyr)      # 为了使用 select() 函数，载入 dplyr 包
> carCopy <- mtcars %>% select(-cyl)
>
> # 使用图层控制点的颜色
> ggplot() +
+   geom_point(data = carCopy, aes(x = wt, y = mpg), color = "lightgrey") +
+   geom_point(data = mtcars, aes(x = wt, y = mpg)) +
+   facet_grid( ~ cyl) + # 注意，该 cyl 只存在于 mtcars 中，而不是 carCopy 中
+   ggtitle("MPG vs Weight Automobiles (1973-74 models)\nBy Number of
  Cylinders")+
+   xlab("Weight (lb/1000)") +
+   ylab("Miles per US Gallon")
```

图 14.16

用 mtcars 数据进
行"影子"绘图

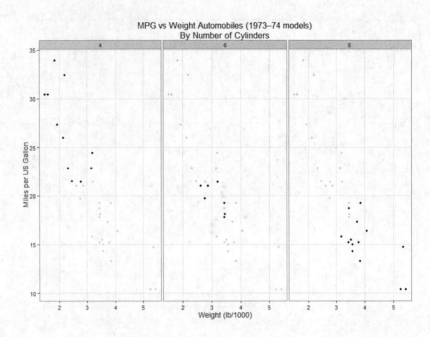

上面的示例用了一个小技巧来创建影子效果。然而，我们可以用类似的方法绘制多个数据框中包含的信息。这种方法唯一的限制是，各面板的轴保持相同的标度。用 ggplot2 绘制两个完全不同 y 变量的图形，是不可能出现这种情况的。

*Did you*
*Know?*

> **提示：快速数据汇总**
>
> stat_summary()函数可用于根据每个不重复的 x 值对 y 变量进行汇总。这在绘制重复测量数据的置信区间时特别有用。

## 14.6.2　坐标系

我们可以用 ggplot2 包的图层图形语法，通过一个单独的坐标图层来更改整个坐标系。这包括置换轴（coord_flip()）、从笛卡儿坐标系转换为极坐标系（coord_polar()），以及在绘制地图时考虑地球的曲率（coord_map()）。借鉴 mapproj 包的功能，我们可以使用许多已知的地图投影（如默认的"mercator""cylindrical""mollweide"等投影）绘制地理数据。下面代码块创建的平面地图如图 14.17 所示。

```
> nz <- map_data("nz")          # 提取新西兰的地图坐标
> nzmap <- ggplot(nz, aes(x=long, y=lat, group=group)) +
+   geom_polygon(fill="white", colour="black")
>
> # 现在，添加一个投影
> nzmap + coord_map("cylindrical")
```

用类似的原理可以创建饼图。查看 ggplot2 包中的各种"geom"图层会发现，没有 geom_pie()图层。在图形语法中，饼图实际上是条形图的另一种表现形式。因此，要创建饼图必须从创建堆叠的条形图开始，然后添加 coord_polar()图层。该图层把笛卡儿坐标系转换成极坐标系，对坐标轴和其他特性进行一些额外的修正，最终绘制出合适又美观的饼图。

图 14.17

添加地图投影

## 14.7 主题和布局

ggplot2 包如此流行的一个原因是，"即开即用"制图在视觉上特别吸引人。但是，如果想要在文档、幻灯片或通过网络应用共享我们的图片，通常还要进行一些调整才能生成其外观。多亏 ggplot2 包中的主题概念，我们能简单直观地控制全局样式选项和单个绘图样式。

刚接触 ggplot2 的主题设置，会让人有些气馁，觉得杂乱无章、毫无逻辑可寻。不过一旦理解了所需的基本格式，就会发现调整元素是件非常轻松且符合逻辑的过程。我们先用"主题"图层来看看如何更改单个绘图的小主题。

### 14.7.1 调整单个绘图

主题图层可用于控制绘图的样式元素，如轴刻度、轴标签、面板头和图例。我们可以使用 theme() 函数在绘图中添加主题图层。theme() 函数接受许多与指定绘图项相关的参数。绘图项分为文本（如绘图标题）、区域（如面板背景）、线（如 X 轴和 Y 轴）。根据分类，有多个 element_*() 函数分别对应各自的分类描述，可以选择其中的一个函数；如果不希望绘图项出现在绘图中，使用 element_blank()。

最好用例子来解释如何修改绘图中的主题元素。假设我们要打印一个图形，需要匹配一些图形的预定义标准，如不使用网格线和不填充面板头背景。我们还是以 carPlot 为例，并根据 cyl 列进行分面。为了进行一些必要的修改，对 carPlot 添加了主题图层，代码如下所示：

```
> carPlot +
+   facet_grid(~ cyl) +
+   theme(
```

```
+           strip.background = element_rect(colour = "grey50", fill = NA),
+           panel.grid.minor = element_blank(),
+           panel.grid.major = element_blank()
+     )
```

该例中,我们修改了面板头的背景(strip.background)和主网格线(panel.grid.major)、次网格线 (panel.grid.minor)。通过 theme() 函数为每一项指定单独的主题图层调用。element_rect()函数调整面板背景,该函数定义区域的设置。网格线属于线,通常用 element_line()函数来调整。而本例中要移除它们,所以使用了 element_blank()函数。如果要控制面板头文本的外观,使用 element_text()函数。

### 14.7.2  全局主题

与单独调整某个图形相比,创建多个图形时在全局范围内修改绘图样式更加普遍。我们可以分别用 theme_set() 函数和 theme_updata() 函数定义和修改全局主题。theme_set() 函数根据预定义的全局主题定义一个新的全局主题。把一个预定义的全局主题传递给 theme_set()函数,本节我们通过传递 theme_set()函数来创建图形,该函数是众多预定义全局主题的一员,它包含灰色主题(默认)和黑白主题。

主题实际上相当于各种函数,通过参数来控制绘图的大小和字体。根据 theme_[themeName] 的命名约定,[themeName]可以是刚才提到的灰色和黑白主题,即 gray 或 bw。例如,调用 theme_set(theme_gray())时,将绘图定义为默认主题。在 14.2.1 节的示例中,我们用 theme_set(theme_bw(base_size = 14))这行代码设置了图形的全局主题。base_size 参数控制标题和轴标签的基本字体大小。类似地,base_family 参数控制字体系列。

全局主题设置独立于 R 会话中创建的 ggplot 对象。我们要求 R 打印 ggplot 对象时,R 会把创建对象的一系列指令和全局主题设置结合起来创建绘图。也就是说,一旦创建了 ggplot 对象,我们就能轻松地绘图,也能用其他主题重新绘制。

如果选好了一个基本全局主题,可以用 theme_updata() 函数做一些小改动。theme_updata() 函数创建或调整指定绘图元素的方式与 theme()函数相同。不过, theme_updata()是全局更改。

> **提示:更多主题**
>
> ggthemes 包提供更多可用的主题扩展,包括主流报纸经常使用的 theme_economist()和 them_wsj(),以及颜色标度(如 scale_color_excel())。

### 14.7.3  图例布局

我们已经介绍了如何用标度函数控制图例的外观,包括如何显示标题和图例信息。除此之外,还介绍了如何通过主题控制绘图元素的样式,包括图例。例如,如果想把图例从右侧移至绘图的下方,可以添加一个主题图层指定选项 legend.position = "bottom"。

通过 guides()函数添加图例控制。通常,我们会结合 guides()和 guide_legend()函数来控制绘图的图形属性中分类变量的布局,如 color、shape、size,特别是有多个分类变量时。比如,假设我们创建了一个 ggplot 对象 mapOfUSA。这是一份美国地图,各州用不同的颜色表示。为了确保所有的 50 个州都出现在图例中，我们要明确指定如何填充各州的颜色。与其把 50 个州都排成一列，不如用 guide_legend() 函数中的 ncol 参数来控制排列。比如，将其分成 10 列，代码如下所示：

```
> mapOfUSA + guides(fill = guide_legend(title = "State",
+                                        nrow =10, title.position = "top"))
```

创建 mapOfUSA 对象所需的代码，请浏览本书的网站：http://www.mango-solutions.com/wp/teach-yourself-r-in-24-hours-book/。注意，调用 guide_legend() 将直接关联 fill() 图形属性。这意味着，还可以在图形属性标度图层内调用 guide_legend() 函数。

---

**提示：移动图例**

可以在 guides() 函数中通过把图形属性设置为 "none" 或 FALSE 的方式来移动图例。例如，guides(color = FALSE)。另外，可以使用图形属性标度图层，设置参数 guide 为 false。例如，scale_color_discrete(guide = FALSE)。

*Did you Know?*

---

## 14.8　ggvis 的演变

通过前面的学习可知，ggplot2 是个神奇的包，能创建高质量的统计图形。不过近年来，许多行业都从静态图形向交互式网络可视化发展。现在，许多 R 包（如 rCharts）都提供 JavaScript 图形库的接口。ggvis 包建立在 vega 之上，能使用类似 ggplot2 的语法进行交互。

ggvis 包还处于开发阶段，也不会完全照搬 ggplot2。尽管如此，它已经是一个很实用的包了。代码清单 14.2 中创建了一个非常简单的 mpg 与 wt 关系图的 ggvis 版本（非交互式）。注意代码中如何用 fill 参数根据 cyl 变量更改颜色（与 ggplot2 中的 color 做对比）。还要注意 magrittr 包的管道操作符的用法，在 12.1.7 节介绍过。

**代码清单 14.2　一个使用 ggvis 的简单示例**

```
1: > # 加载包
2: > require(ggvis)
3: >
4: > # 根据因子变量 cyl 更改颜色
5: > ggvis(mtcars, x = ~wt, y = ~mpg, fill = ~cyl) %>%
6: +   layer_points()
```

代码清单 14.2 中的示例生成的静态图和 ggplot2 生成的图也差不多，显然用这个示例无法很好地评价 ggvis。在需要进行图形交互和通过网页浏览器访问图形时才能体现 ggvis 包自身的优势。我们将在第 24 章中介绍，如何把交互式图形嵌入一个完全用 R 代码创建的简单网页应用中。

## 14.9　本章小结

本章通过讲解极受欢迎的 ggplot2 图形包，介绍了图形语法和图层的概念；讲解了如何用 qplot() 快速创建现代风格的绘图，如何使用 ggplot() 的图层方法创建图形。在后面的补充练习中，会让大家用刚学会的技巧解决一些问题。

在第 15 章中，我们将介绍如何用 lattice 包进行绘图，研究如何用该包创建高度定制的面板绘图。

## 14.10　本章答疑

**问：我还是不清楚使用 qplot() 或 ggplot() 的确切时机。大家都用什么？**

**答：** ggplot() 函数遵循图形语法，qplot() 函数不遵循。正因如此，你会发现 ggplot() 的铁杆粉丝们在社交媒体和帮助论坛中对 ggplot2 赞誉有加。然而，Hadley Wickham 自己编写的大部分示例中都使用 qplot()。此外，不管你是否使用 ggplot2 包，现在它的用户都很多。

**问：如果 ggvis 迟早要取代 ggplot2，是否还有必要去学 ggplot2？**

**答：** 普及 ggvis 还需要很长时间，现阶段和 ggplot2 相比，它仍然非常像一个还处于开发阶段的包。学习哪一个包取决于你是否需要生成静态图形。如果是，那 ggplot2 绝对值得一学。另外，还有一些包正计划将 ggplot2 图形输出转换成交互格式，如 plotly 包中的 ggplotly() 函数。

## 14.11　课后研习

课后研习包含"随堂测验"和"答案"两部分，旨在帮助读者巩固本章所学知识。请读者先尝试回答"随堂测验"中的所有问题，再看后面的"答案"。

**随堂测验：**

1. 下面哪一项不是 ggplot2 中用于给绘图添加图层的函数？

    A.　main()

    B.　xlab()

    C.　ylim()

    D.　scale_x_log10()

2. 下面哪一行能创建一个橙色的直方图？

    A.　qplot(Wind, data = airquality, binwidth = 5, fill = "orange")

    B.　qplot(Wind, data = airquality, binwidth = 5, fill = I("orange"))

    C.　qplot(Wind, data = airquality, binwidth = 5, aes(fill = "orange"))

3. 为了用 qplot() 创建一个分面绘图，必须在绘图中显式添加 facet_grid() 或 facet_wrap() 图层。这一说法是否正确？

**答案：**

1. A。以图层形式给图形添加一个主标题，要使用 ggtitle() 函数。本章没有介绍 scale_x_log10() 函数，该函数用于创建以 10 为底的对数 X 轴。

2. B。使用 qplot() 时，无论是否用变量控制图形属性，都必须使用 I() 函数。在图层方法中引用变量时，要使用 `aes()` 函数。`qplot()` 函数不使用 `aes()` 函数。

3. 错误。如果使用 `qplot()` 函数，可以通过 `facets` 参数创建分面绘图。

## 14.12 补充练习

1. 创建一个 `airquality` 数据中 `Wind` 列的直方图。使用 `binwidth` 参数调整分组直条的宽度。

2. 使用 `airquality` 数据，为每个 `Month` 创建 `Wind` 值的箱线图。

3. 使用 `airquality` 数据，创建 `Ozone` 与 `Wind` 的关系图。确保绘图有合适的标题和轴标签：

   ➢ 确保 `Wind` 轴从零开始。

   ➢ 给绘图添加一条线性平滑线，移除错误的直条。

4. 使用 `demoData` 数据，创建一个 `Height` 与 `Weight` 的散点图。用不同的颜色区分男性和女性；根据受测试者是否抽烟，使用不同的绘图符号。

5. 使用 `demoData` 数据，重新创建一个 `Height` 与 `Weight` 的基本绘图。这次，创建 2×2 网格的分面绘图。第一列包含不抽烟的数据，第一行包含女性的数据。

6. 使用 `maps` 包和 `mapproj` 包，用 `map_data("state")` 导入美国各州的数据，并绘制美国地图。每个州用不同的颜色表示。

   ➢ 确保给图例留有足够的空间，把图例移至绘图的底部，将州展开成 10 列。

   ➢ 转换该绘图，使其能用墨卡托投影查看。

# 第 15 章

# lattice 图形

本章要点：

> ➤ 如何创建简单的点阵图形
> ➤ 如何用分组和面板显示数据中的结构
> ➤ 如何创建定制图形
> ➤ 如何控制样式和图例

前两章我们学习了如何用基本图形系统或 ggplot2 包创建图形。本章将要讲解第三种创建图形的方法：用 lattice 包。该图形系统非常适合用于绘制高度分组的数据，其代码与第16 章要介绍的 R 建模代码非常类似。

本章我们学习如何创建简单的点阵图形，以便更好地构建样式和创建高度定制的绘图。

## 15.1 格子图形的历史

第 1 章提到过，R 语言可以看作是 S 语言的一个实现，最初由 AT&T 贝尔实验室开发。一个好的分析软件离不开强大的图形能力，所以就创建了基本图形系统（第 13 章中提到的演变）。

在 20 世纪 90 年代，AT&T 的研究人员设计了一种新的图形系统，其演变历史在很多书中都有提到，其中包括 1993 年 William Cleveland 所著一本的具有里程碑意义的书：《Visualizing Data》（《可视化数据》）。该书问世后，William Cleveland 和 Rick Becker 逐步完善这个系统，最终在 S 语言中实现了构想。他们把这个图形系统命名为"格子"（trellis），因为其显示的样式（以规则网格形式排列的面板）让开发者想起了自家花园中的格子棚架。

## 15.2  lattice 包

可以把 R 中的 lattice 包看作是 S 语言 Trellis 图形系统的一部分,该包由威斯康星大学的 Deepayan Sarkar 创建。和 ggplot2 包类似,lattice 包也是基于 Paul Murrell 的 grid 包开发的,因此要附加上 grid 包才能使用。在 S 语言的发展过程中,Trellis 图形系统发生了许多较大的变化,当时设计 lattice 包的初衷之一是,尽量能向下兼容在 Trellis 中创建的代码。

和 Trellis 类似,lattice 系统主要设计用于多变量数据集的可视化。其中最杰出的设计特性是,以一系列"面板"的形式排列图形,形成一个规则的网格,每个面板都表示数据的一个子集。这给我们分析数据提供了很大的帮助,特别是有助于理解响应变量如何依赖一系列解释变量。

## 15.3  创建简单的 lattice 图形

因为 lattice 是一个推荐包,所以要先加载才能使用。我们通过 library()函数或 require()函数来加载它:

```
> # 加载 lattice 包
> require(lattice)
Loading required package: lattice
```

要创建一个 lattice 图形,必须具备以下 3 个条件:

➢  一个 lattice 绘图函数;

➢  一个公式,指定变量之间关系;

➢  待绘制数据,特别是数据框中的数据。

我们从 xyplot()函数开始了解 lattice 绘图函数,该函数用于创建散点图,通过在公式中使用~符号(Y 轴~X 轴)来定义图形变量之间的关系。和第 14 章一样,我们用 mtcars 数据框来创建 mpg 与 wt 的散点图。

```
> xyplot( mpg ~ wt, data = mtcars )
```

输出的绘图如图 15.1 所示。

这里,用 data 参数指定要处理的数据框,并指定 mpg ~ wt 作为可视化关系。

---

**注意:处理向量**

和 ggplot2 中的函数一样,可以为 lattice 的函数指定向量数据输入。所以,上面的命令也可以替换成 xyplot(mtcars$mpg ~ mtcars$wt)。尽管如此,更普遍的做法是,用 data 参数指定数据框的名称,这样就能直接引用变量了。

*By the Way*

图 15.1

一个 mpg 与 wt 的简单

散点图

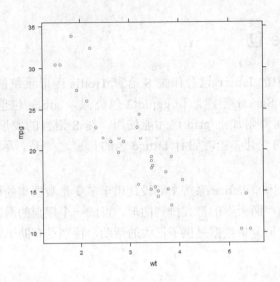

## 15.3.1 lattice 图形类型

ggplot2 包中的 qplot() 函数会自动选择最合适的图形类型创建，而 lattice 包与此不同，我们要根据所选的函数指定所需的图形类型。我们在下面的示例中用 xyplot() 函数创建一个散点图，但是要进行很多选择。lattice 图形函数的完成列表如表 15.1 所示。

表 15.1　lattice 图形函数

| 函数 | 类型 | 描述 |
| --- | --- | --- |
| histogram() | 单变量 | 单变量直方图 |
| densityplot() | 单变量 | 单变量核密度图 |
| qq() | 双变量 | 正态 QQ 图 |
| barchart() | 双变量 | 条形图 |
| xyplot() | 双变量 | 散点图 |
| bwplot() | 双变量 | 箱形图 |
| dotplot() | 双变量 | 标签点图 |
| stripplot() | 双变量 | 带状图 |
| cloud() | 3D | 3D 散点图 |
| wireframe() | 3D | 3D 曲面图 |
| splom() | 数据 | 散点矩阵图 |
| parallelplot() | 数据 | 多变量平行图 |

由表 15.1 可知，lattice 图形函数有 4 种类型：单变量、双变量、3D、数据。在选择 lattice 图形函数时，所选的函数类型决定了用来指定绘图变量的公式结构。

### 1．单变量 lattice 图形

lattice 包中有两个绘制单变量的图形函数。我们通过公式来指定变量，即把指定的变量放在公式的右侧，如~ mpg。下面用 histogram() 函数来看一个简单的示例，其创建的直方图如图 15.2 所示。

```
> histogram( ~ mpg, data = mtcars )
```

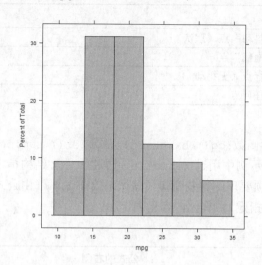

图 15.2

mpg 的直方图

---

**提示：控制分组**

和其他实现一样（如 hist() 或 geom_histogram()），histogram() 函数也默认使用分组机制。在 histogram() 函数中，可以通过 nint 参数指定所需的组数。

*Did you Know?*

densityplot() 函数用于生成单个变量的密度图。我们以带 wt 变量的 densityplot() 函数为例，生成的密度图如图 15.3 所示。

```
> densityplot( ~ wt, data = mtcars )
```

**提示：控制绘制的点**

densityplot() 函数的默认行为是，沿着 X 轴添加"抖动"点表明观测值的位置。虽然这很有用，但是我们还可以通过 densityplot() 函数中的 plot.points 参数控制点的显示状态。该参数接受 4 种输入，如表 15.2 所示。

*Did you Know?*

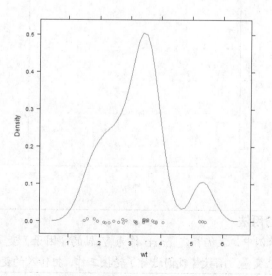

图 15.3

wt 的密度图

**表 15.2　plot.points 参数的输入**

| 输入 | 行为 |
|------|------|
| "jitter" | 沿着 X 轴添加"抖动"点（默认） |
| "rug" | 沿着 X 轴添加"地毯"点 |
| TRUE | 沿着 X 轴添加一行点（无抖动） |
| FALSE | 沿着 X 轴不打印任何点 |

### 2. 双变量 lattice 图形

lattice 包中有 5 个双变量图形函数：qq()、barchart()、xyplot()、bwplot()、dotplot() 和 stripplot()。我们在前面的示例中用过 xyplot()，通过 Y ~ X 结构指定公式两侧变量的关系。在使用这些函数时，必须要理解哪些变量（默认）放在 Y 轴（由公式的左侧指定），哪些变量放在 X 轴（由公式右侧指定）。具体内容见表 15.3。

**表 15.3　双变量图形轴的定义**

| 函数 | 公式的左侧 | 公式的右侧 |
|------|-----------|-----------|
| xyplot() | 数值变量、因子变量或日期变量 | 数值变量、因子变量或日期变量 |
| bwplot() | 因子变量 | 数值变量 |
| dotplot() | 因子变量 | 数值变量 |
| stripplot() | 因子变量 | 数值变量 |
| barchart() | 因子变量 | 数值变量 |
| qq() | 数值变量 | 因子变量（有两个因子水平） |

从表 15.3 中可以看出，对于 bwplot()、dotplot()、stripplot() 和 barchart() 函数，其因子变量默认在 Y 轴。接下来，我们用 dotplot() 函数来处理 mtcars 数据。这次根据化油器的数量（carb），研究每加仑汽油行驶的英里数（mpg）如何变化，输出的图形如图 15.4 所示。

```
> dotplot( carb ~ mpg, data = mtcars )
```

**图 15.4**

carb 和 mpg 的点图

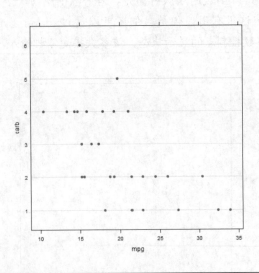

> **注意：因子轴的用法**
>
> 　　在上面的示例中，我们指定 carb 作为 Y 轴的（因子）变量。但实际上，carb 是一个数值变量。函数替我们进行了转换工作，把传入的变量转换成因子。

**By the Way**

### 3. 转置轴

bwplot()、dotplot()、stripplot()和 barchart()函数都在 Y 轴上指定分类变量，在 X 轴上指定数值变量。这是基于 William Cleveland 所著的《Visualizing Data》设计的。这些函数都有一个 horizontal 参数，默认设置为 TRUE（即生成"水平图"）。把该参数设置为 FALSE，即可生成垂直图，不过还要改变公式中的变量顺序（把分类变量放在 X 轴上）。我们用 bwpolt()函数来看一个例子，其输出的图形如图 15.5 所示。

```
> bwplot( mpg ~ carb, data = mtcars, horizontal = FALSE )
```

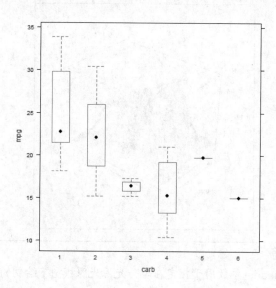

图 15.5

carb 和 mpg 的纵箱盒须图

### 4. 3D lattice 图

lattice 的 cloud()和 wireframe()图形函数可分别用于绘制 3D 散点图和 3D 曲面图。在指定图形的变量时，公式的格式应该是 Z ~ X * Y，Z 变量用作指定绘图的"高度"。我们用 cloud()函数为 mtcars 数据的一些变量创建一个 3D 散点图，如图 15.6 所示。

```
> cloud( mpg ~ wt * hp, data = mtcars)
```

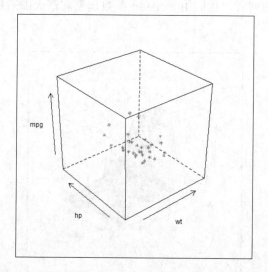

图 15.6

mpg 与 wt 和 hp 的 3D 散点图

还可以给 lattice 的 3D 图形函数提供矩阵形式的数据。传入矩阵时，这些 lattice 图形函数将把矩阵的行和列分别作为 X 轴和 Y 轴，并以每个元素的值作为绘图的高度。我们以内部的 volcano 矩阵为例，该矩阵记录了伊甸山（奥克兰火山区 50 个活火山之一）的拓扑信息。这次我们使用 wireframe() 函数创建一个 3D 曲面图。输出的 3D 图如图 15.7 所示。

```
> dim(volcano)              # volcano 矩阵的维度
[1] 87 61
> wireframe( volcano, shade = TRUE )
```

图 15.7

volcano 矩 阵 的
3D 曲面图

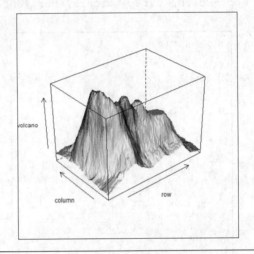

> **提示：控制色差**
>
> 　　该例中的 shade 参数用于指定在单一光源光照模型下绘制的 3D 曲面图色差。我们可以添加 shade.colors.palette 参数控制颜色，用 light.source() 函数设置光源本身。更多相关信息，请查阅 panel.3dwire() 函数的帮助文件（?panel.3dwire）。

以这种方式创建 3D 图形时，通常需要控制图形的视角（透视图），也就是观察图形时的视角。例如，在上一个图形中，我们看不到火山口。可以用 screen 参数控制图形的旋转，该参数接收一个包含 x、y、z 的列表。我们用 screen 参数调整观察火山的视角，就可以看到火山口了，如图 15.8 所示。

图 15.8

volcano 矩 阵 的
3D 曲面图（可以
看得见火山口的视
角）

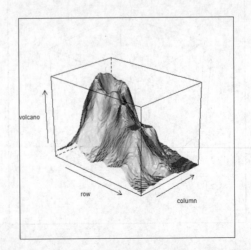

```
> wireframe( volcano, shade = TRUE,
+             screen = list(x = -60, y = -40, z = -20))
```

### 5．"数据" Lattice 图形

splom()和 parallelplot()是两个以图形形式表现数据框结构的 lattice 图形函数。使用这两个函数时，要在单侧公式中指定数据框（~Data）。我们先来看 splom()函数，该函数创建一个散点矩阵（类似于第 4.4.4 节介绍的 pairs()函数）。我们可以挑选 mtcars 数据中的四列进行绘制，而不是绘制整个数据集。其中的一个变量分别与其他 3 个变量所绘制的散点图矩阵，如图 15.9 所示。

```
> splom( ~ mtcars[,c("mpg", "wt", "cyl", "hp")])
```

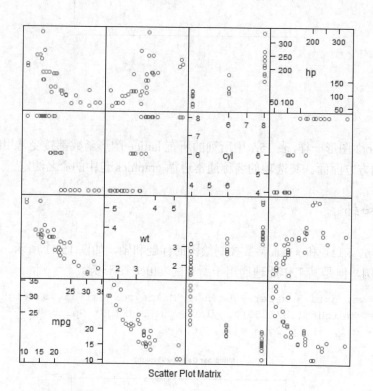

Scatter Plot Matrix

图 15.9

mpg、wt、cyl 和 hp 变量的散点图矩阵

---

**提示：pairs()函数**

pairs()函数是等价于 splom()的基本图形函数，可用于生成数据的散点图矩阵。

---

## 15.3.2　绘制数据的子集

所有的 lattice 图形函数都包含 subset 参数，用于筛选待绘制的数据。对于那些在绘制图形之前未进行筛选的数据，subset 参数很有用。我们来看一个这样的示例，创建只包含手动档（即 am == 1）的 mpg 与 wt 的散点图。其输出的图如图 15.10 所示。

```
> xyplot( mpg ~ wt, data = mtcars, subset = am == 1 )
```

图 15.10

使用 subset 参数
后绘制的数据子集

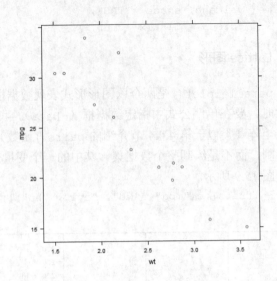

## 15.4 图形选项

与基本图形和 ggplot2 图形一样,表 15.1 中所列的所有 lattice 图形函数都接受常用的图形
选项,用于控制图形的方方面面。其选项的名称通常遵循 graphics 包中的命名约定。

### 15.4.1 标题和轴

首先,我们用 main、xlab 和 xlim 参数控制绘图的标题和轴,如图 15.11 所示。虽然我
们以 xyplot() 函数为例,但是其工作原理通用于所有的 lattice 图形函数。

```
> xyplot(mpg ~ wt, data = mtcars, main = "Miles per Gallon vs Weight",
+        xlab = "Weight (lb/1000)", ylab = "Miles/(US) Gallon",
+        xlim = c(1, 6), ylim = c(10, 40))
```

图 15.11

为散点图添加标题
和轴

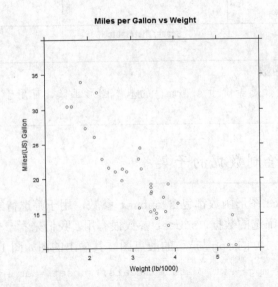

### 15.4.2 绘制类型和格式

与 graphics 系统一样，我们可以使用 type 参数控制（散点）图形的类型，还能使用 col 和 lwd 这样的参数控制曲线图形元素的样式，如图 15.12 所示。该例，我们使用另一个数据集，cranlogs 包提取下载包中的数据。首先通过 CRAN 安装 cranlogs 包：

```
> install.packages ("cranlogs")
```

接着，加载相应的库并使用 cran_downloads() 函数下载一些数据。作为练习，我们要下载上个月 lattice 和 ggplot2 包的 CRAN 日志。

```
> library(cranlogs)
> cranData <- cran_downloads(packages = c("lattice","ggplot2"), when =
➥ "last-month")
> head(cranData)
        date   count   package
1  2015-07-30   2100   lattice
2  2015-07-31   1804   lattice
3  2015-08-01    858   lattice
4  2015-08-02    874   lattice
5  2015-08-03   2234   lattice
6  2015-08-04   2991   lattice
```

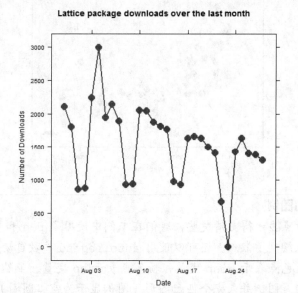

**Lattice package downloads over the last month**

图 15.12

不同时间散点图的下载量

现在，我们要创建一个 lattice 包下载量（count）与 date 的散点图：

```
> xyplot(count ~ date, data = cranData, subset = package == "lattice",
+       main = "Lattice package downloads over the last month",
+       ylab = "Number of Downloads", xlab = "Date",
+       type = "b", col = "red", lwd = 2, cex = 2, pch = 16)
```

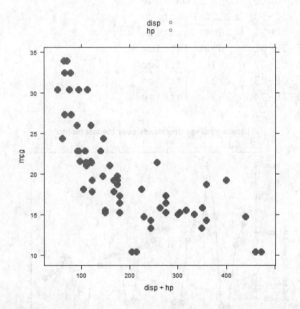

**Watch Out!**

**警告：绘图符号的背景颜色**

　　在基本图形系统中，我们可以通过设置 pch 值（21~25）使用有已填色的实心绘图符号。在使用这些绘图符号时，用 bg 参数控制每个绘图符号的背景颜色。在 lattice 系统中，pch 的值也可以是 21~25。但是要注意，控制背景颜色的参数是 fill，不是 bg。

## 15.5 多变量

　　用 lattice 图形函数选择绘制多变量图形时，要以 Y1 + Y2 ～ X1 +X2 形式的公式指定多变量。默认情况下，这将在同一个绘图中为每个变量使用不同的颜色重叠添加变量，如图 15.13 所示。在该例中，我们用 Y 轴表示每加仑汽油行驶的英里数（mpg），用 X 轴表示排量（disp）和总马力（hp）。

```
> xyplot(mpg ~ disp + hp, data = mtcars, auto.key = TRUE, pch = 16, cex = 2)
```

图 15.13

在一张图中绘制两
个 X 轴的散点图

**Watch Out!**

**警告：错配的图例**

　　为了让散点显示得更清楚些，我们在本例中使用了 pch 和 cex 两个参数，以实心点绘制了散点。还可以使用 auto.legend 参数自动创建绘图的图例，表明蓝色点表示 disp 变量，粉色点表示 hp 变量。虽然我们指定了每个变量，但是图例并未完全匹配图形（图例显示为空心圆圈）。我们会在本章修复这个问题。

　　如图 15.13 所示，X 轴上的两个变量（disp 和 hp）重叠出现在相同的图形中，通过绘图符号的颜色可以区分它们。我们可以设置 outer 参数，控制多个变量是绘制在同一张图中（默认行为），还是分别绘制成多张图。指定 outer = TRUE 可以分开绘制图形，如图 15.14 所示。

```
> xyplot(mpg ~ disp + hp, data = mtcars, pch = 16, cex = 2, outer = TRUE)
```

从图中可以看出，两个图形被分别绘制在单独的"面板"中，其 X 轴和 Y 轴的标度都相同。这和第 14 章介绍的"分面"非常类似。本章后面会出现更多这样的面板。

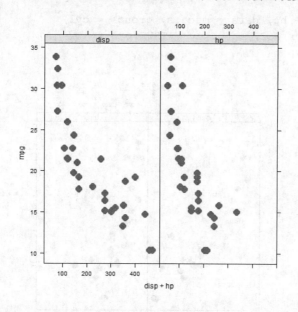

图 15.14

多个变量绘制在不同"面板"中的散点图

## 15.6 数据的分组

如果待处理的数据已经进行了分组，我们就可以利用 groups 参数改变绘图符号的外观来表示它们。先以 mtcars 数据为例。我们将绘制 mpg 与 wt 的散点图，而且要使用 groups 参数根据汽缸数量（cyl）绘制不同的颜色，如图 15.15 所示。

```
> xyplot(mpg ~ wt, data = mtcars, groups = cyl,
+   pch = 16, cex = 2, auto.key = TRUE)
```

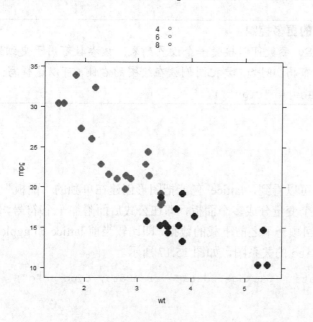

图 15.15

按 cyl 的各因子水平分组的散点图

如果结合分组变量和多个变量绘图，要把 outer 参数设置为 TRUE，这样多个变量就会被分成多个面板。如图 15.16 所示，我们根据 cyl 进行分组，还是用了多个 X 轴变量：

```
> xyplot(mpg ~ disp + hp, data = mtcars, groups = cyl,
+       pch = 16, cex = 2, auto.key = TRUE)
```

图 15.16

根据 cyl 的水平分组和在不同"面板"绘制多个 X 轴变量的散点图

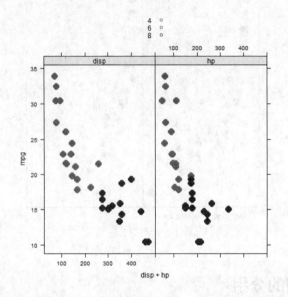

**注意：绘制布局**

像本例这样在多个面板中创建图形时，绘图的布局根据绘制设备的大小来确定。例如，在 RStudio 中，通过调整绘图窗口的大小会看到不同的面板布局，可以显式使用 layout 参数控制面板布局。当我们的分区变量有大量的因子水平时，该参数还可用于创建多页面绘图。

**提示：图例的更多控制**

auto.key 参数可以接受一个设置列表。该参数可用于更细致地控制图例的格式和布局。例如，要把图例放在绘图的右侧，可以这样写：auto.key = list(space = "right")。

## 15.7 使用面板

通过前面的学习，读者可以看到，lattice 包能把图形创建在单独的"面板"中。我们可以在公式中直接指定根据某个变量分成多个面板，即在公式后面附加一个|符号，并指定根据什么变量划分图形。我们先回顾一下之前下载的数据，即比较当前 lattice 和 ggplot2 两个包的下载量。绘制的 count 与 date 的关系图，如图 15.17 所示。

```
> xyplot(count ~ date | package, data = cranData, type = "o")
```

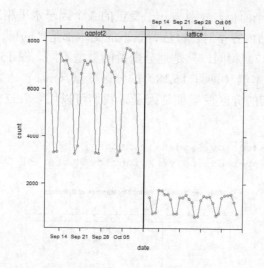

图 15.17

根据下载的包的种
类绘制散点图

从图中可以看出，根据 package 变量，绘图被划分为两个单独的面板。每个面板的轴标
度相同，package 变量的因子水平（"ggplot2" 和 "lattice"）显示在每个绘图的顶部。

> **提示：轴的刻度**
>
> lattice 的默认行为是交换相邻两面板的刻度线。因此，在图中会看到
> "lattice" 面板的 X 轴刻度出现在顶部，可以通过 scales 参数的 alternating
> 属性来控制这种行为。欲了解详细内容，请查看 xyplot() 函数的帮助文件。

*Did you Know?*

## 15.7.1　控制条头

接下来看另一个示例，我们要绘制每加仑汽油行驶的英里数（mpg）与汽车重量（wt）
的关系图，并根据汽缸（cyl）的因子水平划分面板，如图 15.18 所示。

```
> xyplot( mpg ~ wt | cyl, data = mtcars,
+        main = "Miles per Gallon vs Weight by Number of Cylinders")
```

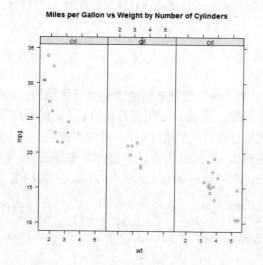

图 15.18

按汽缸数划分的
mpg 与 wt 的散点
图

图 15.18 中创建的绘图有 3 个面板，分别与 cyl 变量的 3 个因子水平相对应。然而，每个面板顶部标签（即"条头"）的内容不对，橙色背景下的文本都是"cyl"。该例显示条头标签的方式与上一例（见图 15.17）相同，只是划分变量的类型不同。图 15.17 中，分区变量（package）是因子变量，而本例（见图 15.18）的分区变量（cyl）是数值变量。要使得条头显示正确，必须确保我们的分区变量都是因子。我们可以用 factor() 函数直接修正，如图 15.19 所示。

```
> xyplot( mpg ~ wt | factor(cyl), data = mtcars,
+        main = "Miles per Gallon vs Weight by Number of Cylinders")
```

图 15.19

按汽缸数划分的
mpg 与 wt 的散点
图（已修正）

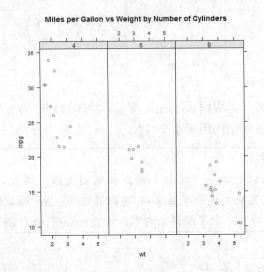

**提示：对条头的更多控制**

*Did you Know?*

通过以下两种方式可以对条头进行更多控制：

▶ 使用 factor() 函数进一步定义标签和因子水平的次序。

▶ 在 lattice 各函数中使用 strip 参数。

与 factor() 函数相关更多内容请查阅其帮助文件（?factor）。想了解 strip 参数的更多用法请查阅 strip.default() 函数的帮助文件（?strip.default）。

## 15.7.2 多个"By"变量

上一个示例中，我们使用了一个"by"变量来创建了一个分区绘图。如果要用到多个变量，就将其列出，并用星号（*）分隔。因此，要根据汽缸（cyl）的不同因子水平和自动/手动指示器（am），创建每加仑汽油行驶的英里数（mpg）与汽车重量（wt）的图，我们要在公式中包含 cyl 和 am。输出的图形如图 15.20 所示。本例并未直接把 am 作为一个因子，而是用了 ifelse() 函数创建了一个内含"Automatic"和"Manual"值的变量。

```
> xyplot( mpg ~ wt | factor(cyl) * ifelse(am == 0, "Automatic", "Manual"),
+    data = mtcars, cex = 1.5, pch = 21, fill = "lightblue",
+    main = "Miles per Gallon vs Weight \nby Number of Cylinders and Transmission Type")
```

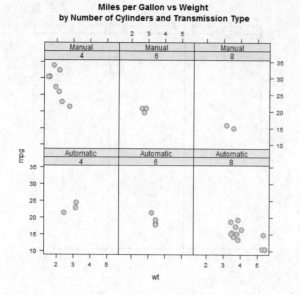

图 15.20
根据汽缸数量和变速器类型分区的 mpg 与 wt 的散点图

### 15.7.3 面板函数

lattice 图形函数的操作方式都差不多。首先，根据公式中指定的变量对数据进行分区，根据要绘制的分区数量创建面板。然后，每个面板的数据被传递给负责绘制每个数据子集的"面板函数"。面板函数由每个 lattice 函数的 panel 参数指定。每个 lattice 图形函数的默认面板函数都遵循特定的命名约定：panel.函数名。因此，xyplot() 的默认面板函数是 panel.xyplot()。panel.xyplot() 函数的帮助文件列出了所有的参数，代码如下所示：

```
panel.xyplot(x, y, type = "p", groups = NULL, pch, col, col.line, col.symbol,
font, fontfamily, fontface, lty, cex, fill, lwd, horizontal = FALSE, ...,
grid = FALSE, abline = NULL, jitter.x = FALSE, jitter.y = FALSE, factor = 0.5,
amount = NULL, identifier = "xyplot")
```

前两个参数是 x 和 y，对应要绘制到每个面板 X 轴和 Y 轴的数据。我们用一个示例来演示面板函数的工作原理。我们将根据 cyl 分区重新创建 mpg 与 wt 的绘图，但是要用一个自定义的简单函数替换默认面板函数（panel.xyplot()）。其输出的图形如图 15.21 所示。

```
> myPanel <- function(x, y, ...) {
+   cat("Panel Function Called!\n")
+ }
> xyplot( mpg ~ wt | factor(cyl), data = mtcars, panel = myPanel)
Panel Function Called!
Panel Function Called!
Panel Function Called!
```

图 15.21

根据汽缸数分区的 mpg 与 wt 的空图

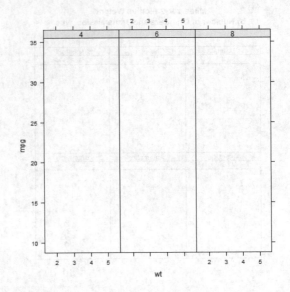

在本例中，用 myPanel() 函数替换了默认面板函数。myPanel() 打印一条简短的消息，其他什么也不做。特别需要注意的是，myPanel() 不使用 x 和 y（也就是说，不绘制图形元素）。其结果就是，打印了指定的消息 3 次，以及 3 个空面板。mtPanel() 没有执行绘图，所以每个面板是空的。

接下来，我们修改一下 mtPanel() 函数，让其执行一些绘图例程。我们在 mtPanel() 函数中调用 panel.xyplot() 函数。其输出的图形如图 15.22 所示。

```
> myPanel <- function(x, y, ...) {
+    panel.xyplot(x, y, ...)
+ }
> xyplot( mpg ~ wt | factor(cyl), data = mtcars, panel = myPanel)
```

图 15.22

根据汽缸数分区的 mpg 与 wt 的散点图

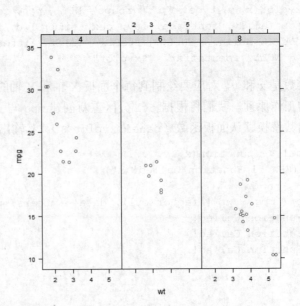

现在，又再次绘制了 `mpg` 与 `wt` 的散点图。但是这次 `xyplot()` 函数使用我们自定义的 `myPanel()` 函数将输入的数据传入 `panel.xyplot()`。

### 1. 其他面板函数

既然能在 `xyplot()` 中使用自定义的面板函数，就可以更改每个面板中创建的图形。在这里，我们要介绍一些其他的"面板"函数。调用 `apropos()` 函数可以列出所有可用的 `panel.*()` 函数：

```
> apropos("^panel")
 [1] "panel.3dscatter"      "panel.3dwire"          "panel.abline"
 [4] "panel.arrows"         "panel.average"         "panel.axis"
 [7] "panel.barchart"       "panel.brush.splom"     "panel.bwplot"
[10] "panel.cloud"          "panel.contourplot"     "panel.curve"
[13] "panel.densityplot"    "panel.dotplot"         "panel.error"
[16] "panel.fill"           "panel.grid"            "panel.histogram"
[19] "panel.identify"       "panel.identify.cloud"  "panel.identify.qqmath"
[22] "panel.levelplot"      "panel.levelplot.raster" "panel.linejoin"
[25] "panel.lines"          "panel.link.splom"      "panel.lmline"
[28] "panel.loess"          "panel.mathdensity"     "panel.number"
[31] "panel.pairs"          "panel.parallel"        "panel.points"
[34] "panel.polygon"        "panel.qq"              "panel.qqmath"
[37] "panel.qqmathline"     "panel.rect"            "panel.refline"
[40] "panel.rug"            "panel.segments"        "panel.smooth"
[43] "panel.smoothScatter"  "panel.spline"          "panel.splom"
[46] "panel.stripplot"      "panel.superpose"       "panel.superpose.2"
[49] "panel.superpose.plain" "panel.text"           "panel.tmd.default"
[52] "panel.tmd.qqmath"     "panel.violin"          "panel.wireframe"
[55] "panel.xyplot"
```

以上列出的面板函数包含表 15.1 所示的 lattice 图形函数的默认面板函数（如 `panel.histogram()` 和 `panel.bwplot()`）。然而，我们可以使用所列的其他面板函数来改变每个面板的绘图行为。举个简单的例子。我们把中位数据分别传给 `panel.abline()` 函数的 h 和 v 参数，在每个面板中添加水平和垂直的参考线，以表示每个面板的 x 和 y 的中位数，代码如下所示。其输出图形如图 15.23 所示。

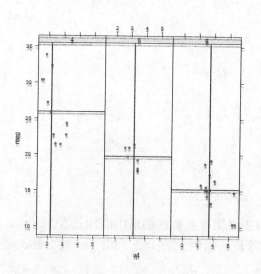

**图 15.23**

带中位数参考线的 mpg 与 wt 的散点图（按汽缸数分区）

```
> myPanel <- function(x, y, ...) {
+   medX <- median(x, na.rm = TRUE)              # X 值的中位数
+   medY <- median(y, na.rm = TRUE)              # Y 值的中位数
+   panel.abline(v = medX, h = medY, lwd = 2, col = "red")   # 添加参考线
+   panel.xyplot(x, y, ...)                      # 绘制点
+ }
> xyplot( mpg ~ wt | factor(cyl), data = mtcars, panel = myPanel, pch = 16)
```

许多其他的 panel.*() 函数的用法都类似。我们挑选了一些列在表 15.4 中。

表 15.4  面板函数的用法示例

| 函数 | 描述 |
| --- | --- |
| panel.abline() | 在面板中添加参考直线 |
| panel.lmline() | 在面板中添加线性回归线 |
| panel.loess() | 在面板中添加 loess 平滑线 |
| panel.average() | 为每个不重复的 X 值添加 Y 点的均值线（或其他函数的参考线） |
| panel.grid() | 在面板中添加网格线 |
| panel.fill() | 在面板中添加背景颜色 |
| panel.rug() | 在某一轴或各轴添加地毯图 |
| panel.polygon() | 在面板中添加多边形 |
| panel.text() | 在面板中添加 X/Y 坐标文本 |
| panel.points() | 在面板中添加 X/Y 坐标点 |
| panel.lines() | 在面板中添加 X/Y 坐标线 |

### 2．其他初级函数

上一节介绍了可用于定制图形的一系列"面板"函数。接下来，我们进一步研究之前提到的一些面板函数：

```
> panel.points
function (...)
lpoints(...)
<bytecode: 0x0efed2c8>
<environment: namespace:lattice>
> panel.text
function (...)
ltext(...)
<bytecode: 0x0f80702c>
<environment: namespace:lattice>
> panel.lines
function (...)
llines(...)
<bytecode: 0x2f2a1acc>
<environment: namespace:lattice>
```

许多 panel.*() 函数都使用初级图形函数在图形中添加元素。Lattice 系统也有一些与第 13 章介绍过的初级图形函数等价的函数。表 15.5 列出了一些 Lattice 的初级图形函数。

**表 15.5 初级 Lattice 图形函数**

| 函数 | 描述 |
|------|------|
| lpoints() | 在面板中添加点 |
| llines() | 在面板中添加线 |
| ltext() | 在面板中添加文本 |
| lpolygon() | 在面板中添加多边形 |
| lrect() | 在面板中添加矩形 |

我们来看一个示例，用 ltext() 函数在每个面板中添加一些文本。这里，我们使用 lm() 函数在每个面板中拟合线性回归线，用 ltext() 报告截距和斜率。输出的图形如图 15.24 所示。

```
> myPanel <- function(x, y, ...) {
+   myLm <- lm(y ~ x)                              # 拟合线性回归线
+   panel.abline(myLm, col = "red")               # 添加该回归线
+   panel.xyplot(x, y, ...)                        # 绘制点
+   params <- paste(c("Intercept:", "Slope:"),    # 参数
+     signif(coef(myLm), 3), collapse="\n")
+   ltext(max(x), max(y), params, adj = 1, cex = .8)   # 在绘图中添加文本
+ }
> xyplot( mpg ~ wt | factor(cyl), data = mtcars, panel = myPanel, pch = 16)
```

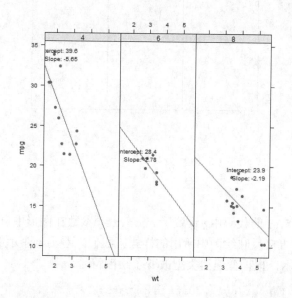

图 15.24

带线性回归线的 mpg 与 wt 的散点图（按汽缸数分区）

本例正确地计算并打印了回归线的参数。我们把文本放置在离 X 轴和 Y 轴的距离最大值的位置，但是却遮挡了部分输出。有人马上会想到"硬编码"文本的位置，但如果稍后改动了数据就没法复用这些代码了。我们将通过直接把另一个变量传给面板函数来解决这个问题，详见下文。

### 3. 传递额外的参数

在上一例中，我们发现放置文本的位置有点困难，要把位置信息作为额外的参数传递给 lattice 调用才行。如果把这些位置作为输入列在面板函数中，我们就能使用这些参数了。这

里，我们指定 xPos 和 yPos 两个输入给面板函数，并直接把它们传递到高级 xyplot() 函数中。其输出的图形如图 15.25 所示。

```
> myPanel <- function(x, y, xPos, yPos, ...) {
+ myLm <- lm(y ~ x)                                       # 安装线性回归线
+ panel.abline(myLm, col = "red")                          # 添加该回归线
+ panel.xyplot(x, y, ...)                                   # 绘制点
+ params <- paste(c("Intercept:", "Slope:"),               # 参数
+                 signif(coef(myLm), 3), collapse="\n")
+ ltext(xPos, yPos, params, adj = 1, cex = .8)             # 在绘图中添加文本
+ }
> xyplot( mpg ~ wt | factor(cyl), data = mtcars, panel = myPanel, pch = 16,
+   xPos = max(mtcars$wt), yPos = max(mtcars$mpg))
```

图 15.25

带线性回归线的 mpg 与 wt 的散点图（按汽缸数分区，标签调整到绘图的右上角）

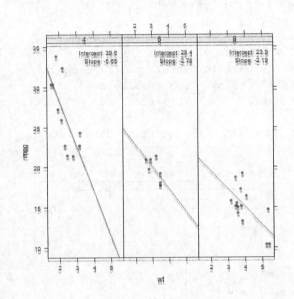

## 15.8　控制样式

在 15.5 节中用于绘制图 15.13 的代码中，设置了 auto.key 参数在图形中自动添加图例。然而，输出的图例样式却没有直接反映绘图中所用的样式。我们来看另一个示例，在绘图中添加分组变量。如图 15.26 所示，根据变速器类型改变了绘图符号。

```
> xyplot( mpg ~ wt | factor(cyl), data = mtcars,
+   pch = c(15, 16), col = c("navy", "orange"),
+   groups = ifelse(am == 0, "Auto", "Manual"), auto.key = TRUE)
```

我们根据两个分组水平，分别指定了不同的颜色（蓝色和橙色）和绘图符号（实心方块和实心圆圈）。创建的绘图看上去没什么问题，但是图例中的样式却与绘图不匹配。

出现这种情况是因为 lattice 图形的样式是由底层样式表（或"主题"）控制的。在设置 auto.key 选项时，R 会根据这些底层样式来构建图例，而不是根据 lattice 的函数调用中所用的样式参数。

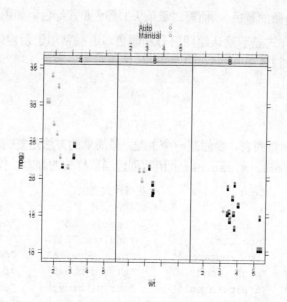

图 15.26

按变速器类型分组、汽缸数分区的 mpg 与 wt 的散点图

## 15.8.1　预览样式

用 show.settings() 函数可以查看当前使用的 lattice 图形。该函数生成一系列可使用的可视化图形样式，如图 15.27 所示。

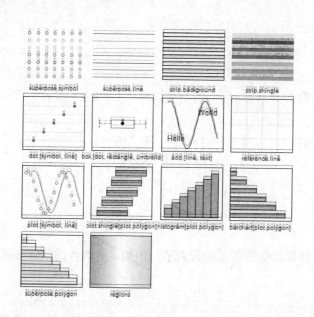

图 15.27

当前使用的 lattice 样式

从上面的可视化图中可以看到许多前面示例中用到的绘图样式。下面是一些示例。

➤ histogram[plot.polygon] 样式匹配图 15.2 中创建的直方图。

➤ dot.[symbol, line] 样式匹配图 15.4 中创建的点图。

➤ strip.background 样式控制面板条头的颜色。默认颜色是浅橙色（图 15.27 中第一行第 3 个子图中最下面一条的颜色），而第二级条头的颜色是浅绿色，如图 15.20 所示。

➤ superpose.symbol 样式显示默认绘图符号和颜色，这些常用于创建图例（蓝色空心圆圈和粉色空心圆圈）。

## 15.8.2 创建主题

样式本身被储存为嵌套的向量列表。要创建一个主题，最简单的方法是复制现有样式，然后更改指定部分。我们可以用 trellis.par.get() 函数创建当前样式的副本，代码如下所示：

```
> myTheme <- trellis.par.get()          # 获得样式列表
> names(myTheme)                         # 查看元素名
 [1]  "grid.pars"         "fontsize"          "background"         "panel.background"
 [5]  "clip"              "add.line"          "add.text"           "plot.polygon"
 [9]  "box.dot"           "box.rectangle"     "box.umbrella"       "dot.line"
[13]  "dot.symbol"        "plot.line"         "plot.symbol"        "reference.line"
[17]  "strip.background"  "strip.shingle"     "strip.border"       "superpose.line"
[21]  "superpose.symbol"  "superpose.polygon" "regions"            "shade.colors"
[25]  "axis.line"         "axis.text"         "axis.components"    "layout.heights"
[29]  "layout.widths"     "box.3d"            "par.xlab.text"      "par.ylab.text"
[33]  "par.zlab.text"     "par.main.text"     "par.sub.text"


> myTheme$superpose.symbol     # 查看 superpose.symbol 元素
$alpha
[1] 1 1 1 1 1 1 1

$cex
[1] 0.8 0.8 0.8 0.8 0.8 0.8 0.8

$col
[1] "#0080ff" "#ff00ff" "darkgreen" "#ff0000" "orange" "#00ff00" "brown"

$fill
[1] "#CCFFFF" "#FFCCFF" "#CCFFCC" "#FFE5CC" "#CCE6FF" "#FFFFCC" "#FFCCCC"

$font
[1] 1 1 1 1 1 1 1

$pch
[1] 1 1 1 1 1 1 1
```

一旦有了样式的副本，就可以更改所需的元素了。例如，更改点的默认样式和条头的默认颜色：

```
> ss <- myTheme$superpose.symbol          # 提取 superpose.symbol 元素
> names(ss)                               # superpose.symbol 元素的名称
[1] "alpha" "cex" "col" "fill" "font" "pch"
> ss$col                                  # 当前颜色
[1] "#0080ff" "#ff00ff" "darkgreen" "#ff0000" "orange" "#00ff00" "brown"
> ss$col <- c("orange", "navy", "green", "red", "grey")    # 更新点的颜色
> ss$pch <- c(16, 15, 17, 18, 19)         # 更新绘图符号
> myTheme$superpose.symbol <- ss          # 更新绘图样式
> myTheme$strip.background$col            # 当前条头颜色
```

```
[1] "#ffe5cc" "#ccffcc" "#ccffff" "#cce6ff" "#ffccff" "#ffcccc" "#ffffcc"
> myTheme$strip.background$col <- c("lightgrey", "lightblue", "lightgreen")
```

可以用 show.settings() 函数查看更改后的样式表，如图 15.28 所示。

```
> show.settings(myTheme)
```

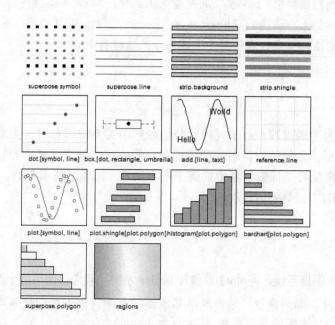

图 15.28

更新后的样式表

### 15.8.3 使用主题

现在可以通过 par.settings 参数使用更新后的主题进行绘图了。这样，绘图中的样式和图例就能匹配了。我们仍然用前面的例子（第 15.8 节），但是这次使用新的主题。输出的绘图如图 15.29 所示。

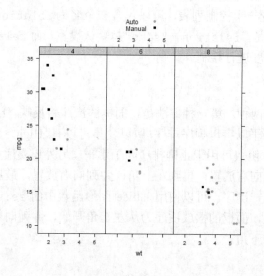

图 15.29

按变速器类型分组、汽缸数分区的 mpg 与 wt 的散点图（使用自定义样式表）

```
> xyplot( mpg ~ wt | factor(cyl), data = mtcars, par.settings = myTheme,
+        groups = ifelse(am == 0, "Auto", "Manual"), auto.key = TRUE)
```

**Did you Know?**

> **提示：覆盖默认设置**
>
> 在最后一节中，我们创建了一个新的主题，并通过 par.settings 参数应用于所绘制的图形中。如果要全局覆盖默认主题，可以用 trellis.par.set() 函数：trellis.par.set(theme = myTheme)。和 ggplot2 不同，这种更改只应用于当前活动设备；在使用多个设备时必须特别小心。

## 15.9  本章小结

lattice 包提供了大量的图形函数，对于可视化分组数据的关系特别有用。在本章介绍了如何创建简单的 lattice 图形，如何使用标准选项控制图形的外观；重点讲解了 lattice 的分组和分面能力，这有助于用户更好地探索数据中的因子水平信息。R 通过基本图形、ggplot2 和 lattice，极大地满足了 R 用户社区的绘图需求。

## 15.10  本章答疑

**问：我们已经学了基本图形系统、ggplot2 系统和 lattice 系统，我应该使用哪个图形系统？**

**答：**这个问题很难回答。强烈建议一定要熟悉基本图形系统，因为在创建高度定制图形时仍要使用该系统。而且，基本图形元素贯穿 ggplot2 和 lattice 系统的始终。除了学好基本图形系统以外，建议至少还要学会 ggplot2 和 lattice 中的一种系统。在绘图能力方面，ggplot2 和 lattice 包可以100%地重叠，所以选择使用哪一个系统是样式喜好和未来方向的问题。Lattice 是比较旧的系统，那些熟悉 S-PLUS Trellis 功能的用户认为用这个包更顺手。ggplot2 系统则比较新，各方面的支持和文档比较多，还在持续开发中。

**问：是否能取消每个面板有相同 X 轴和 Y 轴的限制？**

**答：**可以。每个 lattice 图形函数的 scales 参数都可用于控制轴的方方面面，包括轴之间的关系。scales 参数本身接受一个控制列表，可以包含一个名为 relation 的元素，用于控制轴之间的关系。需要注意的是，relation = "same" 是默认设置，而 relation = "free" 则是指定每个面板按照不同的标度进行绘制。

**问：如何控制面板的次序？**

**答：**控制面板次序的方法有两种。第一种方法是，面板的次序将反映"by"变量中因子水平的次序。默认情况下，因子水平以字母顺序排序，所以变量可以有"High > Low > Medium"这样的因子水平次序。factor() 函数可用于正确排序因子水平。另外还要注意，在默认情况下，面板按从左下角开始，并列向右放置，再到左上角，并列向右放置，最后到右上角的次序放置在设备中。如果要改变这一次序，可以使用 lattice 图形函数中的 as.table 参数。设置 as.table = TRUE 的结果是，面板的摆放次序为从左上角开始，并列向右放置，再到左下角，并列向右放置，最后到右下角。

问：是否能在同一页面放置多个图形？

答：可以。每个 lattice 图形都能保存为一个对象，然后用 print.trellis() 函数放置在页面上。更多详细的内容，请查阅 print.trellis() 函数的帮助文件。

## 15.11 课后研习

课后研习包含"随堂测验"和"答案"两部分，旨在帮助读者巩固本章所学知识。请读者先尝试回答"随堂测验"中的所有问题，再看后面的"答案"。

**随堂测验：**

1. 如何用单变量 lattice 图形函数指定绘图的变量？
2. 哪一个 lattice 图形函数用于创建数据框的散点图矩阵？
3. 如何为 lattice 图形指定多个"by"变量？
4. 自动添加图例的参数是什么？
5. 如何定制每个图形面板的内容？

**答案：**

1. 使用单侧公式，如 histogram(~ Y)。
2. splom() 函数用于创建一个数据框的散点图矩阵。
3. 用 * 符号指定多个"by"变量。例如，要根据 BY1 和 BY2 变量为 Y 与 X 的关系图进行分区，要这样指定公式：Y ~ X | BY1 * BY2。
4. auto.key 参数可用于自动添加图例，但是一定要确保样式和所绘图形相匹配。
5. 可以创建"面板"函数，然后将其作为 panel 输入提供给 lattice 图形函数。

## 15.12 补充练习

1. 利用 airquality 数据框，创建一个 **Wind** 变量的直方图。
2. 用 xyplot() 函数创建 Ozone 与 Wind 的散点图。添加标题，并更改绘图符号的样式。
3. 扩展该示例，按月（Month）更改绘图符号的颜色，并在绘图中添加一个图例。
4. 更改该图，根据 Month 进行分区，把每月的数据都绘制到一个单独的面板中。
5. 使用一个面板函数在每个面板中都添加一条线性回归线。

# 第 16 章

# R 模型和面向对象

**本章要点：**

> ➤ 如何拟合简单的数据模型

> ➤ 如何评估模型的适用性

> ➤ 面向对象的基本概念

　　R 语言（和之前的 S 语言）是统计学家为了更好地执行统计分析而开发的。鉴于此，R 主要是一个统计软件，并提供各个领域最丰富的分析方法。本章将学习如何拟合简单的线性模型，以及如何用一系列文本和图形的方法评估模型的性能。除此之外，还将介绍"面向对象"概念，探讨在该概念下的 R 统计建模框架。

## 16.1　R 中的统计模型

　　统计建模是我们理解和确定响应是否被其他数据影响以及如何被影响的关键技术。R 具有最强大的统计建模能力，在设计之初就以建模为目标，这使得它有拟合模型和访问模型的绝佳环境。实际上，在编写本书时，CRAN 上就有大约 2500 个包可用，这些包提供了大量模型拟合函数（根据包的描述分析）。大多数统计模型拟合例程的设计方式类似，这给我们提供了极大的便利，不会因为更改模型拟合方法就重新学一种新的语法。在许多方面，模型拟合的这种一致性设计理念和方法让我们从中受益，和它本身提供各领域的模型一样有价值。接下来，我们先重点讲解简单线性模型，然后介绍更复杂的模型拟合方法。

## 16.2　简单的线性模型

　　线性模型允许我们用带有参数的线性函数，将响应变量（或因变量）与一个或多个解释变量（或自变量）关联起来。对于线性模型而言，自变量必须是连续型的，因变量可以是连续型或离散型。

R 中的 `lm()` 函数用于拟合各种线性模型。不过，我们先从单个连续因变量和单个连续自变量的简单线性回归开始。在这种情况下，我们的模型是 Y = α + β * X + ε 的形式，其中 Y 项表示因变量，X 项表示自变量，α 和 β 是待估计的参数，ε 是误差项。本章我们使用 `mtcars` 数据来拟合简单的模型，从 mpg 与 wt 的线性回归开始，其图形如图 16.1 所示。

```
> plot(mtcars$wt, mtcars$mpg, main = "Miles per Gallon vs Weight",
+      xlab = "Weight (lb/1000)", ylab = "Miles per Gallon", pch = 16)
```

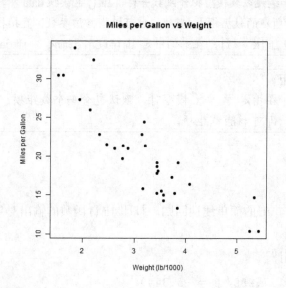

图 16.1

mpg 与 wt 的散点图

> **注意：基本图形**
>
> 　　本节我们使用基本图形系统生成图形。因为大部分模型拟合的"诊断"图都是在该系统中实现的。

*By the Way*

　　该示例创建了一个 mpg 与 wt 的散点图。从图中可以清楚地看到 mpg 与 wt 之间存在一定的关系，看上去像是线性的，即随着随着汽车重量的增加，每加仑汽油行驶的英里数递减。

## 16.2.1　拟合模型

　　要创建图 16.1 的绘图，可以显式使用 `$` 语法来表示 x 和 y 变量。当然，也可以用 `formula` 和 `data` 参数来创建相同的基本绘图，如 `plot(mpg ~ wt, data = mtcars)`。`lm()` 函数的用法也差不多。`lm()`（实际上绝大多数模型拟合函数也是如此）的第一个参数是定义模型特定关系的"公式"。和 `lattice` 图形函数一样，我们用 `~` 符号作为公式的一部分来建立关系。比如，`Y ~ X` 指定了这两个变量是线性关系，其对应的模型是 Y = α + β * X + ε。要特别注意的是，指定 `Y~X` 表明其关系中包含一个截距项（α）。接下来，用 `lm()` 函数拟合 mpg 与 wt 的线性模型。我们要把模型拟合的输出储存为一个对象，并打印该对象的值。

```
> model1 <- lm(mpg ~ wt, data = mtcars) # 拟合线性模型
> model1
```

```
Call:
lm(formula = mpg ~ wt, data = mtcars)

Coefficients:
(Intercept)        wt
    37.285    -5.344
```

> **By the Way**
>
> **注意：data 参数**
>
> 在 R 中，和绝大多数模型拟合函数一样，lm() 也接收 data 参数（该参数用于指定模型变量所在的数据框）。当然，也可以省略该参数，直接指定向量输入来拟合模型，如 lm(X ~ Y)。在本例中是 lm(mtcars$mpg ~ mtcars$wt)。

> **Did you Know?**
>
> **提示：移除截距**
>
> 如前所述，在指定 Y ~ X 模型时，默认包含一个截距项。把公式定义为 Y ~ X - 1，即可移除截距项。

## 16.3  在 R 中评估模型

上一节，我们拟合了 mpg 与 wt 的简单线性回归。打印 lm() 函数的输出对象可以发现，简要的文本输出中包含两个元素。

➢ 进行模型拟合的"调用"。

➢ 模型的估计系数（α = 37.285；β = -5.344）。

拟合完模型后，下一步就是评估该模型是否合适，查找需要改进的地方。要评估模型是否合适，可以考察以下几项。

➢ 拟合的总体测度，如残差标准误（Residual Standard Error）。

➢ "预测"（或"拟合"）值的图形和模型"残差"图（残差是观测值与拟合值之间的差值）。

➢ 对每个自变量影响的度量。

从上一节的示例中可知，模型对象打印的输出很难反映模型拟合本身的情况。为此，我们要进一步使用其他函数来探索模型的其他方面。

### 16.3.1  模型汇总

从 16.2.1 节的示例中可见，打印的模型输出相当简洁，只报告了调用的拟合函数和评估参数。我们可以用 summary() 函数生成更详细的模型文本输出，该函数以一个模型对象作为输入，其输出如代码清单 16.1 所示。

**代码清单 16.1  模型的汇总输出**

```
1: > summary(model1)          # lm 模型的汇总
2:
3: Call:
```

```
 4: lm(formula = mpg ~ wt, data = mtcars)
 5:
 6: Residuals:
 7:     Min      1Q Median     3Q    Max
 8: =4.5432 =2.3647 =0.1252 1.4096 6.8727
 9:
10: Coefficients:
11:             Estimate Std.Error  t value  Pr(>|t|)
12: (Intercept) 37.2851    1.8776   19.858  < 2e=16 ***
13: wt          =5.3445    0.5591   =9.559 1.29e=10 ***
14: ===
15: Signif. codes: 0 '***' 0.001 '**' 0.01 '*' 0.05 '.' 0.1 ' ' 1
16:
17: Residual standard error: 3.046 on 30 degrees of freedom
18: Multiple R=squared: 0.7528, Adjusted R=squared: 0.7446
19: F=statistic: 91.38 on 1 and 30 DF, p=value: 1.294e=10
```

如代码清单 16.1 所示，summary() 函数生成的度量相当多。表 16.1 对代码清单 16.1 中的输出进行了详细分析。

**表 16.1 模型汇总的度量**

| 代码行号 | 内容 |
| --- | --- |
| 4 | 函数调用，描述如何创建模型 |
| 7-8 | 模型的残差分布 |
| 11-13 | 模型系数表，包含每个参数估计、标准误差、T 统计量和对应的（双边）p 值。每个 p 值后面带有星号，表示 p 值的显著性水平 |
| 15 | 基于每个系数双边 p 值的显著性值 |
| 17 | 根据估计方差的平方根计算的残差标准误（RSE）和基于残差标准误的自由度 |
| 18 | 多重 R 平方和调整 R 平方，设计用于描述能用模型解释的方差分数 |
| 19 | 整个模型的 F 统计量，以及相应的 p 值 |

还可以给 summary() 函数提供一些其他的参数，包括相关输入（correlation input），用于添加评估参数的相关矩阵。

## 16.3.2 模型诊断图

第 13 章中介绍了用于生成数据的散点图的 plot() 函数，在第 16.2 节中也用 plot() 函数创建了一个散点图，如图 16.1 所示。我们还可以使用 plot() 函数创建模型对象（如上一节创建的 model1 对象）的诊断图。默认情况下，将生成 4 个诊断图。因此，我们调用 par()，设置 mfrow 布局参数，创建一个 2×2 结构的绘图，如图 16.2 所示。

```
> par(mfrow = c(2, 2))       # 建立 2×2 图形页面
> plot(model1)               # 创建 model1 的诊断图
```

图 16.2

线性回归的诊断图

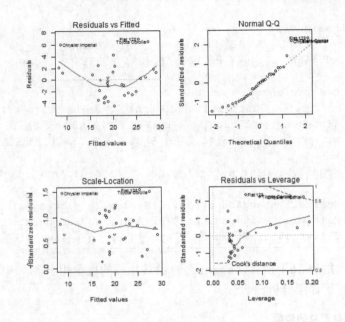

调用 plot() 函数创建了 4 个诊断图，其详细说明见表 16.2。

表 16.2 创建的诊断图

| 位置 | 描述 |
| --- | --- |
| 左上 | 模型残差与拟合值的散点图。在 0 处添加水平参考线。默认情况下，添加 loess 平滑线，并用传入数据的行名标出更"极端"的点（绝对残差的最大值） |
| 右上 | 标准化模型残差的正态 QQ 图，用于评估正态分布的残差 |
| 左下 | 绝对（标准化）残差的平方根与拟合值的标度位置图（"S-L"） |
| 右下 | （标准化）残差与每个观察的"杠杆"图（用 lm.influence() 函数计算"帽子"值），以 Cook 距离作为等高线覆盖 |

**Did you Know?**

**提示：plot()函数的额外参数**

可以给 plot() 函数提供许多额外的参数。这些参数绝大部分都用于控制每个图的格式（如 id.n 输入，控制每个图识别出的"极端"值数量）。也许最有趣的是 which 参数，该参数控制 plot() 函数生成哪些图。默认情况下，which 被设置为 c(1:3, 5)，表明 4 个诊断图被创建的索引。另外，如果指定 which = 1:6，plot() 函数将创建 6 个图（之前描述的 4 个图加上两个 Cook 距离测量的可视化图）。更多内容请查阅相关的帮助文件（?plot.lm）。

### 16.3.3 提取模型元素

R 提供了 3 个返回线性模型对象（实际上是大多数的模型类型）关键元素的函数。这 3 个函数列于表 16.3 中。

表 16.3　模型提取器函数

| 函数 | 描述 |
|------|------|
| resid() | 提取模型的残差 |
| fitted() | 提取模型的拟合值 |
| coef() | 提取模型的系数 |

这些函数的用法如下所示：

```
> coef(model1)                # 模型系数
(Intercept)                wt
  37.285126         -5.344472
> head(resid(model1))         # 拟合值
       Mazda RX4     Mazda RX4 Wag      Datsun 710
      -2.2826106        -0.9197704      -2.0859521
  Hornet 4 Drive Hornet Sportabout         Valiant
       1.2973499        -0.2001440      -0.6932545
> head(fitted(model1))        # 残差（观测值 - 拟合值）
       Mazda RX4     Mazda RX4 Wag      Datsun 710
        23.28261          21.91977        24.88595
  Hornet 4 Drive Hornet Sportabout         Valiant
        20.10265          18.90014        18.79325
```

下面我们用 resid() 函数创建残差与 mtcars 中其他 9 个变量的散点图（见图 16.3）

```
> whichVars <- setdiff(names(mtcars), c("wt", "mpg"))# mtcars 中其他变量的名称

> par(mfrow = c(3, 3))                        # 设置绘图布局
> for (V in whichVars) {                      # 循环创建散点图
+   plot(mtcars[[V]], resid(model1), main = V, xlab ="", pch = 16)
+   lines(loess.smooth(mtcars[[V]], resid(model1)), col = "red")
+ }
```

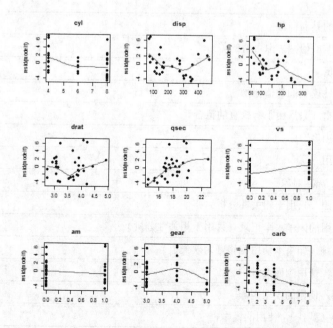

图 16.3

mtcars 中模型残差与其他变量的散点图

从这些图中可以看出，似乎可以在模型中包含其他变量。我们稍后介绍。

## 16.3.4 作为列表对象的模型

在前几节中，我们看到了许多访问模型信息的方法。

➤ 打印模型对象的内容。

➤ 使用 summary() 函数创建更详细的文本输出。

➤ 使用 plot() 函数创建一系列诊断图。

➤ 使用 resid()、coef() 和 fitted() 函数提取关键的模型元素。

这些方法都使用储存在模型对象中的信息（调用 lm() 后返回）。在 lm() 帮助文件（?lm）的"Value"部分中写到，该函数返回"一个 lm 类的对象"，该对象是一个内含许多组件的"列表"。从根本上来说，我们的对象是一个列表，因此可以用 names() 函数（第 4 章介绍过）显示其各元素的名称。接下来，我们检查一下 model1 对象的类，并查看其中包含的元素。

```
> class(model1)        # model1 类
[1] "lm"
> is.list(model1)      # model1 是否是一个列表？
[1] TRUE
> names(model1)        # model1 中的各元素名
[1] "coefficients"    "residuals"        "effects"          "rank"
[5] "fitted.values"   "assign"           "qr"               "df.residual"
[9] "xlevels"         "call"             "terms"            "model"
```

lm() 帮助文件的"Value"部分还介绍了许多元素，详见表 16.4。

**表 16.4 模型元素**

| 名称 | 描述 |
| --- | --- |
| coefficients | 内含系数的具名向量 |
| residuals | 残差（即响应值减去拟合值的差） |
| fitted.values | 拟合的均值 |
| rank | 拟合的线性模型的数值范围 |
| weights | 指定的权重（只适用于有权重的拟合） |
| df.residual | 残差的自由度 |
| call | 匹配的调用 |
| terms | 用到的 terms 对象 |
| contrasts | 使用的对照（只用于相关性分析） |
| xlevels | 拟合中使用的因子水平记录（只用于相关性分析） |
| offset | 使用的偏移（如果不使用偏移则为缺失值） |
| y | 如有必要，使用响应变量 |
| x | 如有必要，使用的模型矩阵 |
| model | 如有必要（默认），使用的模型框 |

| 名称 | 描述 |
|------|------|
| na.action | 处理（相关的）NA 值时，model.frame() 返回的信息 |
| call | 用于创建模型的函数调用 |
| terms | 模型的自变量 |

假定我们的对象是一个列表且各元素名已知，便可用 $ 符号直接提取元素，代码如下所示：

```
> model1$coefficients          # 模型系数
(Intercept)            wt
37.285126   -5.344472
> quantile(model1$residuals,   # 指定残差的分位数
+           probs = c(0.05, 0.5, 0.95))
        5%           50%          95%
-3.8071897   -0.1251956   6.1794815
```

**作为列表对象的模型汇总**

我们已经看到 summary() 函数可以生成详细的模型拟合文本汇总。实际上，summary() 函数（当应用于 lm 对象时）还返回一个可以查询的对象列表，代码如下所示：

```
> sModel1 <- summary(model1)     # model1 的汇总
> class(sModel1)                 # 汇总对象的类
[1] "summary.lm"
> is.list(sModel1)               # 该汇总对象是否是列表
[1] TRUE
> names(sModel1)                 # 汇总对象中的元素名称
[1] "call"             "terms"          "residuals"       "coefficients"
[5] "aliased"          "sigma"          "df"              "r.squared"
[9] "adj.r.squared"    "fstatistic"     "cov.unscaled"
> sModel1$adj.r.squared          # 调整的 R 平方
[1] 0.7445939
> sModel1$sigma^2                # 估计方差
[1] 9.277398
```

表 16.5 列出了该对象的元素的含义（摘自 summary.lm 的帮助文件）。

**表 16.5  summary() 模型元素**

| 名称 | 描述 |
|------|------|
| residuals | 加权残差，通常的残差都经过 lm() 函数中指定的权重的平方根来重新调整 |
| coefficients | 一个 $p \times 4$ 的矩阵，各列分别是估计系数、标准误、T 统计量和相应的（双边）p 值。省略别名系数 |
| aliased | 如果原始系数是别名系数，则显示具名逻辑向量 |
| sigma | 随机误差的估计方差的平方根<br>$\sigma^2 = 1/(n-p) \mathrm{Sum}(w[i] \, R[i]^2)$，R[i] 是 i 阶残差，残差[i] |
| df | 自由度，一个三维向量（p、n-p、p*），第一个是非别名系数的数量，最后一个是系数的总数 |
| fstatistic | 对于不包含截距项的模型，这表示一个三维向量，内含带分子和分面自由度的 F-统计量的值 |

续表

| 名称 | 描述 |
| --- | --- |
| r.squared | R^2，"方差的分数"由 R^2 = 1 - Sum(R[i]^2) / Sum((y[i]- y*)^2)模型来解释。如果有截距，则 y*是 y[i]的平均数，否则为零 |
| adj.r.squared | 之前 R^2 统计量"校正"，惩罚更高的 p |
| cov.unscaled | coef[j]的 p×p 协方差矩阵（j=1，...，p） |
| correlation | 如果指定 correlation = TRUE，则是与 cov.unscaled 相对应的关系矩阵 |
| symbolic.cor | 当且仅当 correlation 为真时，才会有 symbolic.cor 参数的值 |
| na.action | 在指定如何处理 NA 的情况下，model.frame()函数返回的信息，与模型对象返回的 na.action 值完全相同 |
| call | 用于创建模型的函数调用 |
| terms | 模型的自变量 |

### 16.3.5  在绘图中添加模型线

本章的开始，部分创建了一个 mpg 与 wt 的散点图（见图 6.1），可以用 abline()函数（第 13 章学过）基于模型拟合在该散点图中添加一条线性回归线。下面的代码是将在图中添加一条实线来表示我们的模型拟合，输出的图形如图 16.4 所示。

```
> plot(mtcars$wt, mtcars$mpg, main = "Miles per Gallon vs Weight",
+      xlab = "Weight (lb/1000)", ylab = "Miles per Gallon", pch = 16)
> abline(model1)
```

**Watch Out!**

> **警告：plot()的额外参数**
>
> 对于更加复杂的模型，会涉及多个变量或非线性的关系。简单的 abline()调用就搞不定了，必须使用其他方法。不过，对本例这种简单的模型而言，完全没问题。

图 16.4

mpg 与 wt 的散点图（添加了回归线）

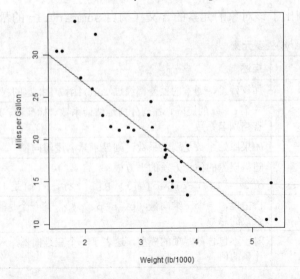

**Miles per Gallon vs Weight**

### 16.3.6 模型预测

有了模型后，就可以用 predict() 函数进行预测了。如果只给 predict() 函数提供模型对象，该函数将返回一些拟合值：

```
> head(predict(model1))        # 用 model1 进行模型预测
        Mazda RX4      Mazda RX4 Wag       Datsun 710
         23.28261           21.91977         24.88595
    Hornet 4 Drive  Hornet Sportabout          Valiant
         20.10265           18.90014         18.79325
> head(fitted(model1))         # model1 的拟合值
        Mazda RX4      Mazda RX4 Wag        Datsun710
         23.28261           21.91977         24.88595
    Hornet 4 Drive  Hornet Sportabout          Valiant
         20.10265           18.90014         18.79325
```

除此之外，还可以提供内含自变量集（用于进行样本外预测）的数据框。该数据框作为 newdata 的输入提供给 predict() 函数，代码如下所示：

```
> wtDf <- data.frame(wt = 1:6)                         # 自变量
> predVals <- predict(model1, newdata = wtDf)          # 用 model1 进行预测
> data.frame(wt = wtDf$wt, Pred = round(predVals, 1))  # 以数据框的形式
  wt  Pred
1  1  31.9
2  2  26.6
3  3  21.3
4  4  15.9
5  5  10.6
6  6   5.2
```

predict() 函数的其他参数用于以不同的方式定制预测。例如，可以使用 se.fit 和 interval 参数提供与预测相关的标准误差和置信区间，代码如下所示：

```
> predict(model1, newdata = wtDf, se.fit = TRUE, interval = "confidence")
$fit
        fit       lwr        upr
1 31.940655  29.18042  34.700892
2 26.596183  24.82389  28.368481
3 21.251711  20.12444  22.378987
4 15.907240  14.49018  17.324295
5 10.562768   8.24913  12.876406
6  5.218297   1.85595   8.580644

$se.fit
          1         2         3         4         5         6
  1.3515519 0.8678067 0.5519713 0.6938618 1.1328743 1.6463754

$df
[1] 30

$residual.scale
```

```
[1] 3.045882
```

## 16.4 多元线性回归

图 16.3 演示了模型残差与 mtcars 数据框中其他变量的关系图。我们可以在一个模型中包含多个自变量,在公式的右边用+号隔开多个变量。因此,我们可以指定公式为 Y~X1 + X2,其相应的模型是 $Y = \alpha + \beta1 * X1 + \beta2 * X2 + \varepsilon$。这里,$\alpha$、$\beta1$ 和 $\beta2$ 是待估计的参数,$\varepsilon$ 是误差项。下面定义一个包含 wt 和 hp 变量的新模型:

```
> model2 <- lm(mpg ~ wt + hp, data = mtcars)          # 拟合新模型
> summary(model2)

Call:
lm(formula = mpg ~ wt + hp, data = mtcars)

Residuals:
    Min      1Q  Median      3Q     Max
 -3.941  -1.600  -0.182   1.050   5.854

Coefficients:
              Estimate  Std. Error  t value  Pr(>|t|)
(Intercept)   37.22727     1.59879   23.285    <2e-16   ***
wt            -3.87783     0.63273   -6.129  1.12e-06   ***
hp            -0.03177     0.00903   -3.519   0.00145   **
---
Signif. codes: 0 '***' 0.001 '**' 0.01 '*' 0.05 '.' 0.1 ' ' 1

Residual standard error: 2.593 on 29 degrees of freedom
Multiple R-squared: 0.8268,  Adjusted R-squared: 0.8148
F-statistic: 69.21 on 2 and 29 DF,  p-value: 9.109e-12
```

### 16.4.1 更新模型

上一个示例创建了一个内含两个自变量(wt 和 hp)的新模型(model2)。在模型拟合时,通过更改之前模型的某部分来创建一个新模型的做法很常见。这包含以下几个步骤:

➢ 添加或移除一个模型项;

➢ 移除异常观测值;

➢ 更改模型拟合选项。

除了直接创建一个全新的模型,我们还可以用 updata() 函数更新模型,在现有模型的基础上创建一个新模型。为此,要给函数提供现有模型,并确定更改那些部分。接下来,我们用 updata() 函数重新创建 model2。

```
> model2 <- update(model1, mpg ~ wt + hp)        # 基于 model1 创建 model2
> model2

Call:
lm(formula = mpg ~ wt + hp, data = mtcars)
```

```
Coefficients:
(Intercept)              wt             hp
  37.22727         -3.87783       -0.03177
```

虽然这个例子非常简单，但是在遇到更加复杂的模型时，这种方法非常有效。

> **提示：更新公式**
>
> 　在本例中更新模型时，我们指定新公式为 mpg ~ wt + hp。其实，可以用英文句点（.）来表示之前模型的所有公式元素，这样可以减少一些打字量。因此，可以重写上一例中的代码：
>
> ```
> > model2 <- update(model1, . ~ . + hp)     # 基于 model1 创建
>    model2
> ```
>
> 　再次提醒读者，在处理大型模型时，这是一种开发模型效率颇高的方式。

## 16.4.2　比较嵌套模型

上一节，我们通过在 model1 模型中添加一个项（hp），创建了一个新的模型 model2。查看 model2 的汇总时注意到，model1 中的自变量是 model2 中自变量的子集，模型的其他方面是相同的。在这种情况下，我们说 model1 嵌套在 model2 中。不要孤立地看这两个模型，应该用下面的方法比较两个（或多个）嵌套模型：

➢　创建比较诊断图（comparative diagnostic plot）；

➢　计算方差分析表。

### 1. 比较诊断图

我们可以直接用函数（如 resid()函数和 fitted()函数）访问每个模型的信息，从而根据两个或多个模型数据创建图形。我们先为 model1 和 model2 模型创建残差与拟合值的图。其输出图形如图 16.5 所示。

```
> # 提取元素
> res1 <- resid(model1)
> fit1 <- fitted(model1)
> res2 <- resid(model2)
> fit2 <- fitted(model2)

> # 计算轴的范围
> resRange <- c(-1, 1) * max(abs(res1), abs(res2))
> fitRange <- range(fit1, fit2)

> # 先为 model1 创建图形，然后添加 model2 的点
> plot(fit1, res1, xlim = fitRange, ylim = resRange,
+     col = "red", pch = 16, main = "Residuals vs Fitted Values",
+     xlab = "Fitted Values", ylab = "Residuals")
> points(fit2, res2, col = "blue", pch = 16)

> # 添加参考线和平滑线
> abline(h = 0, lty = 2)
```

```
> lines(loess.smooth(fit1, res1), col = "red")
> lines(loess.smooth(fit2, res2), col = "blue")
> legend("bottomleft", c("mpg ~ wt", "mpg ~ wt + hp"), fill = c("red", "blue"))
```

图 16.5

两个线性模型的残
差与拟合值散点图

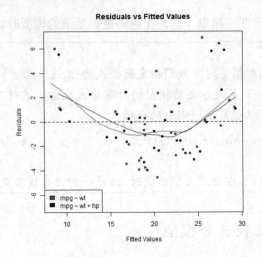

用类似的方法可以查看不同的模型如何处理数据中的变量。比如，我们可以看一下添加
了 hp 变量的 model2 对于图 16.3 中的 model1 残差和 hp 之间的关系有何影响。其输出的图
形如图 16.6 所示。

```
> # 先为 model1 创建图形，然后添加 model2 的点
> plot(mtcars$hp, res1, ylim = resRange,
+      col = "red", pch = 16, main = "Residuals vs Fitted Values",
+      xlab = "Fitted Values", ylab = "Residuals")
> points(mtcars$hp, res2, col = "blue", pch = 16)

> # 添加参考线和平滑线
> abline(h = 0, lty = 2)
> lines(loess.smooth(mtcars$hp, res1, span = .8), col = "red")
> lines(loess.smooth(mtcars$hp, res2, span = .8), col = "blue")
> legend("bottomleft", c("mpg ~ wt", "mpg ~ wt + hp"), fill = c("red", "blue"))
```

图 16.6

两个线性模型的残
差与 hp 的散点图

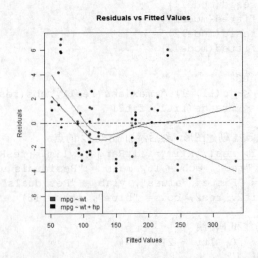

### 2. 方差分析

anova()函数可以为一个或多个线性模型创建一个方差分析表。为了具有统计意义，提供的模型应该是嵌套的。对于每个模型，要报告残差的自由度和平方和。另外，每一步都要执行 F 检验，并给出 p 值。下面创建一个变量分析表来比较 model1 和 model2：

```
> anova(model1, model2)
Analysis of Variance Table

Model 1: mpg ~ wt
Model 2: mpg ~ wt + hp
  Res.Df     RSS Df Sum of Sq      F     Pr(>F)
1     30  278.32
2     29  195.05  1    83.274 12.381  0.001451 **
---
Signif. codes: 0 '***' 0.001 '**' 0.01 '*' 0.05 '.' 0.1 ' ' 1
```

从上面的输出可以看出，包含了 hp 变量后的 p 值（Pr(>F) 下面的值）显著地改善了模型拟合（假设是 0.05 的 p 值）。

## 16.5 交互项

我们要检验模型中是否有显著的交互项。例如，假定根据 hp 不同的值，wt 对于 mpg 有什么影响。要使用:符号来指定待检验的交互项。因此，我们可以指定公式为 Y ~ X1 + X2 + X1:X2，其对应的模型是 $Y = α + β1 * X1 + β2 * X2 + β2 * X1 * X2 + ε$。这里，α、β1、β2 和 β3 是待估计的参数，ε 是误差项。接下来，更新 model2 以包含该交互项。

```
> model3 <- update(model2, . ~ . + wt:hp)
> summary(model3)

Call:
lm(formula = mpg ~ wt + hp + wt:hp, data = mtcars)

Residuals:
    Min      1Q  Median      3Q     Max
-3.0632 -1.6491 -0.7362  1.4211  4.5513

Coefficients:
            Estimate Std. Error t value Pr(>|t|)
(Intercept) 49.80842    3.60516  13.816 5.01e-14 ***
wt          -8.21662    1.26971  -6.471 5.20e-07 ***
hp          -0.12010    0.02470  -4.863 4.04e-05 ***
wt:hp        0.02785    0.00742   3.753 0.000811 ***
---
Signif. codes: 0 '***' 0.001 '**' 0.01 '*' 0.05 '.' 0.1 ' ' 1

Residual standard error: 2.153 on 28 degrees of freedom
Multiple R-squared: 0.8848,    Adjusted R-squared: 0.8724
F-statistic: 71.66 on 3 and 28 DF,    p-value: 2.981e-13
```

## 16.5.1 评估添加的交互项

从上面的汇总输出可以看出，交互项似乎非常明显，就像在存在交互时评估其他参数一样。接下来，我们用图形来比较我们的模型，如图 16.7 所示。这次，在 5% 和 95% 的残差分位数处添加水平参考线。

```
> # 提取 model3 的元素
> res3 <- resid(model3)
> fit3 <- fitted(model3)

> # 计算轴的范围
> resRange <- c(-1, 1) * max(resRange, abs(res3))
> fitRange <- range(fitRange, fit3)
> # 先为 model1 创建图形，然后添加 model2 的点
> plot(fit1, res1, xlim = fitRange, ylim = resRange,
+       col = "red", pch = 16, main = "Residuals vs Fitted Values",
+       xlab = "Fitted Values", ylab = "Residuals")
> points(fit2, res2, col = "blue", pch = 16)
> points(fit3, res3, col = "black", pch = 16)

> # 添加参考线和平滑线
> abline(h = 0, lty = 2)
> lines(loess.smooth(fit1, res1), col = "red")
> lines(loess.smooth(fit2, res2), col = "blue")
> lines(loess.smooth(fit3, res3), col = "black")

> # 为每个模型添加 5% 和 95% 参考线
> refFun <- function(res, col) abline(h = quantile(res, c(.05, .95)),
➥     col = col, lty = 3)
> refFun(res1, "red")
> refFun(res2, "blue")
> refFun(res3, "black")

> legend("bottomleft", c("mpg ~ wt", "mpg ~ wt + hp", "mpg ~ wt + hp + wt:hp"),
+       fill = c("red", "blue", "black"))
```

**图 16.7**

3 个线性模型的残差与拟合值散点图

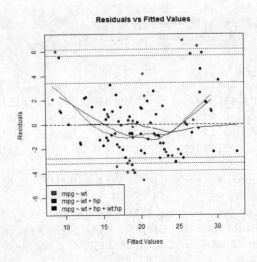

看来，添加交互项的确改进了我们的模型。最后，创建这 3 个模型的方差分析表：

```
> anova(model1, model2, model3)
Analysis of Variance Table


Model 1: mpg ~ wt
Model 2: mpg ~ wt + hp
Model 3: mpg ~ wt + hp + wt:hp
  Res.Df     RSS Df Sum of Sq      F    Pr(>F)
1     30  278.32
2     29  195.05  1    83.274 17.969 0.0002207 ***
3     28  129.76  1    65.286 14.088 0.0008108 ***
---
Signif. codes: 0 '***' 0.001 '**' 0.01 '*' 0.05 '.' 0.1 ' ' 1
```

本例中，F 检验和相应的 p 值是根据所提供的模型（本例中是 model3）的最大值对每个模型进行检验而得出的。其显著性也表明 model3 改善了之前的模型。

---

**提示：包含交互项的线性组合**

　在上一小节中，我们可以根据变量和交互项的线性组合，用 Y ~ X1 + X2 + X1:X2 公式创建了模型。这个公式的另一种写法是 Y ~ X1*X2（该公式可扩展为 Y ~ X1 + X2 + X1:X2）。任意数量的变量都没问题。比如，可以用 Y ~ X1*X2*X3 创建 Y ~ X1 + X2 + X3 + X1:X2 + X1:X3 + X2:X3 + X1:X2:X3 的模型！

---

## 16.6　因子自变量

　到目前为止，本章使用的都是连续的自变量。实际上，lm() 函数可以把因子变量作为自变量。在 mtcars 数据集中，有许多变量都能看作是因子变量，每一个都可能会影响我们的模型。先来看当前模型（model3）中的残差与这些因子变量的关系，如图 16.8 所示。我们重点分析作为分类变量的这 3 个变量。

➤　vs 变量，发动机类型指标，0 为"直列型"，1 为"V 型"。

➤　am 变量，传动方式指标，0 为自动，1 为手动。

➤　cyl 变量，汽缸数量（4、6、8）。

实际上，这些变量都是数值型变量，储存的是数值数据。因此，我们首先要将其转换成因子：

```
> par(mfrow = c(1, 3))
> plot(factor(mtcars$vs), resid(model3), col = "red",
+   xlab = "0 = Straight Engine \ 1 = 'V Engine'", ylab = "Residuals",
+   main = "Residuals versus\n'V Engine' Flag")
> plot(factor(mtcars$am), resid(model3), col = "red",
+   xlab = "0 = Automatic \ 1 = Manual", ylab = "Residuals",
+   main = "Residuals versus\nTransmission Type")
> plot(factor(mtcars$cyl), resid(model3), col = "red",
+   xlab = "Number of Cylinders", ylab = "Residuals",
+   main = "Residuals versus\nNumber of Cylinders")
```

图 16.8

vs、am 和 cyl 与残
差的模型

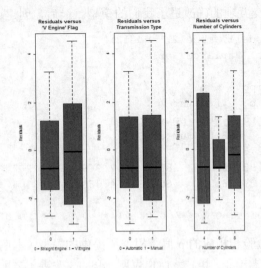

## 16.6.1　包含因子

接下来，我们在 model3 模型中添加 cyl，看看会发生什么变化。为此，要专门指定 cyl 作为因子变量，否则，该变量将被作为连续型自变量来处理。

```
> model4 <- update(model3, . ~ . + factor(cyl))
> summary(model4)

Call:
lm(formula = mpg ~ wt + hp + factor(cyl) + wt:hp, data = mtcars)

Residuals:
    Min      1Q  Median      3Q     Max
-3.5309 -1.6451 -0.4154  1.3838  4.4788

Coefficients:
              Estimate  Std. Error  t value  Pr(>|t|)
(Intercept)  47.337329    4.679790   10.115  1.67e-10  ***
wt           -7.306337    1.675258   -4.361  0.000181  ***
hp           -0.103331    0.031907   -3.238  0.003274  **
factor(cyl)6 -1.259073    1.489594   -0.845  0.405685
factor(cyl)8 -1.454339    2.063696   -0.705  0.487246
wt:hp         0.023951    0.008966    2.671  0.012865  *

---
Signif. codes:  0 '***' 0.001 '**' 0.01 '*' 0.05 '.' 0.1 ' ' 1

Residual standard error: 2.203 on 26 degrees of freedom
Multiple R-squared: 0.888, Adjusted R-squared: 0.8664
F-statistic: 41.21 on 5 and 26 DF, p-value: 1.503e-11
```

在输出的汇总信息中，cyl = 6 和 cyl = 8 的系数是以第一个因子水平（cyl = 4）作为基准的，这是无序因子进行"治疗"的默认对照方法。治疗"对照"方法以基准因子水平对照每一因子水平，（默认情况下）以变量的第一个因子水平作为基准。

---

**提示：对照的控制**

　　R 中有 5 种对照方法：contr.treatment() 函数（默认）、contr.sum() 函数、contr.poly() 函数、contr.helmert() 函数和 contr.SAS() 函数。每个对照选项都由创建合适大小的对照矩阵的函数来表示。下面的示例演示了带有 3 个因子水平的因子：

```
> contr.treatment(3) # 用于 3 个因子水平（如 cyl）的哑变量矩阵

  2 3
1 0 0
2 1 0
3 0 1
```

用 options("contrasts") 查看和设置默认对照。

---

从模型的输出可以清楚地看到，cyl 变量在模型中并不显著。这在方差分析中也得到了验证，即在 model3 和 model4 添加 cyl 变量引入的额外方差非常小：

```
> anova(model1, model2, model3, model4)
Analysis of Variance Table

Model 1: mpg ~ wt
Model 2: mpg ~ wt + hp
Model 3: mpg ~ wt + hp + wt:hp
Model 4: mpg ~ wt + hp + factor(cyl) + wt:hp
  Res.Df    RSS Df Sum of Sq       F    Pr(>F)
1     30 278.32
2     29 195.05  1    83.274 17.1624 0.0003219 ***
3     28 129.76  1    65.286 13.4552 0.0011040 **
4     26 126.16  2     3.606  0.3716 0.6932114
---
Signif. codes: 0 '***' 0.001 '**' 0.01 '*' 0.05 '.' 0.1 ' ' 1
```

然而，我们在汇总输出中发现一个有趣的事情：添加 cyl 后，hp 变量（和交互项）的显著略微减少。其原因是，hp 和 cyl 高度相关（见图 16.9）。所以，hp 提供的"信息"与 cyl 提供的非常相似。

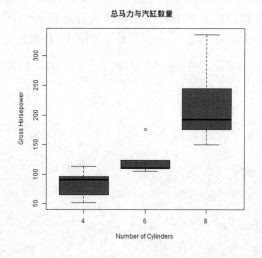

图 16.9

总马力与汽缸数量
（cyl 与 hp）

```
> plot(factor(mtcars$cyl), mtcars$hp, col = "red",
+       xlab = "Number of Cylinders", ylab = "Gross Horsepower",
+       main = "Gross Horsepower vs Number of Cylinders")
```

下一步，可以用模型中的 cyl 替换 hp，看看 wt 和 cyl 之间的交互项。

## 16.7　变量转换

如果回头看图 16.1 的 mpg 与 wt 的散点图，会发现这些点有曲率的变化。我们再来看一下这个图，这次在旁边绘制 log（mpg）与 wt 的关系图，如图 16.10 所示。

```
> par(mfrow = c(1, 2))
> plot(mtcars$wt, mtcars$mpg, pch = 16, xlab = "Weight (lb/1000)",
+       ylab = "Miles per Gallon", main = "MPG Gallon versus Weight")
> lines(loess.smooth(mtcars$wt, mtcars$mpg), col = "red")
> plot(mtcars$wt, log(mtcars$mpg), pch = 16, xlab = "Weight (lb/1000)",
+       ylab = "log(Miles per Gallon)", main = "Logged MPG versus Weight")
> lines(loess.smooth(mtcars$wt, log(mtcars$mpg)), col = "red")
```

图 16.10

每加仑汽油行驶的
英里数（油耗）与
汽车重量的散点图
和油耗对数与汽车
重量的散点图

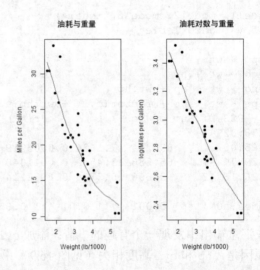

观察图 16.10，我们可能会决定为每加仑汽油行驶的英里数的对数建模。如果要转换任意一个因变量或自变量，可以直接在公式中应用转换函数。我们先创建一个油耗对数与重量的简单的模型，查看详细的汇总输出，并创建一些诊断图（见图 16.11）。

```
> lmodel1 <- lm(log(mpg) ~ wt, data = mtcars)
> summary(lmodel1)

Call:
lm(formula = log(mpg) ~ wt, data = mtcars)

Residuals:
      Min        1Q     Median        3Q       Max
-0.210346 -0.085932 -0.006136  0.061335  0.308623

Coefficients:
               Estimate  Std. Error  t value  Pr(>|t|)
```

```
(Intercept)     3.83191      0.08396      45.64      <2e-16   ***
wt             -0.27178      0.02500     -10.87      6.31e-12 ***

---
Signif. codes:  0 '***' 0.001 '**' 0.01 '*' 0.05 '.' 0.1 ' ' 1

Residual standard error: 0.1362 on 30 degrees of freedom
Multiple R-squared: 0.7976,	Adjusted R-squared: 0.7908
F-statistic: 118.2 on 1 and 30 DF,  p-value: 6.31e-12

> par(mfrow = c(2, 2))      # 设置图形布局
> plot(lmodel1)             # 创建诊断图
```

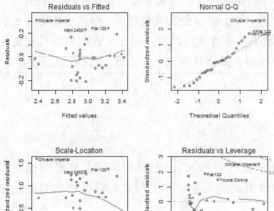

图 16.11

记录模型拟合的诊断图

如果想把这个模型覆盖在我们的原始数据上，最好是对一些预测的结果取幂，并使用 lines() 函数把拟合线添加在图形上。我们用 log（mpg）与 wt 的新模型比较 mpg 与 wt 的原始模型。其输出图形如图 16.12 所示。

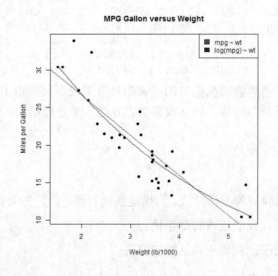

图 16.12

每加仑汽油行驶的英里数与重量的散点图（覆盖两个模型）

```
> plot(mtcars$wt, mtcars$mpg, pch = 16, xlab = "Weight (lb/1000)",
+       ylab = "Miles per Gallon", main = "MPG Gallon versus Weight")
> abline(model1, col = "red")      # （基于之前的 model1 对象）添加模型线（直线）
> wtVals <- seq(min(mtcars$wt), max(mtcars$wt), length = 50)  # 预测的重量
> predVals <- predict(lmodel1, newdata = data.frame(wt = wtVals)) # 进行预测
> lines( wtVals, exp(predVals), col = "blue")               # 添加（对数）模型线
> legend("topright", c("mpg ~ wt", "log(mpg) ~ wt"), fill = c("red", "blue"))
```

**Watch Out!**

> **警告：抑制解析**
>
> 　　如果要转换因变量或自变量，要注意一些有特殊含义的模型公式语法。比如，既然创建一个响应变量 Y 和一个连续型变量 X 的模型用 Y ~ X，那么在创建 Y 和 "X-1"（X 的值减去 1）的模型时，自然会想到用 Y ~ X　1。但是，这种语法表示的是 Y 对 X 的模型没有截距项。如果确实要给 Y 和 "X-1" 建模，就要使用 I() 函数来抑制公式的解析。因此，我们的公式就变成了 Y ~ I(X　1)。欲了解更多的公式语法（包括 I() 函数），请查阅 ?formula 帮助文件。

## 16.8　R 和面向对象

在之前的章节里，我们用 summary() 和 plot() 这样的函数来理解模型。然而，在前几章中也用到了这些函数来汇总和绘制其他对象。除了与之前模型相关的汇总输出外，考虑下面 summary() 函数的用法：

```
> summary(mtcars$mpg)                # 数值型向量的汇总
   Min. 1st Qu. Median    Mean 3rd Qu.      Max.
  10.40   15.42  19.20   20.09   22.80     33.90
> summary(factor(mtcars$cyl))        # 因子向量的汇总
  4  6  8
 11  7 14
> summary(mtcars[,1:4])              # 数据框的汇总
      mpg            cyl            disp             hp
 Min.   :10.40  Min.   :4.000  Min.   : 71.1  Min.   : 52.0
 1st Qu.:15.43  1st Qu.:4.000  1st Qu.:120.8  1st Qu.: 96.5
 Median :19.20  Median :6.000  Median :196.3  Median :123.0
 Mean   :20.09  Mean   :6.188  Mean   :230.7  Mean   :146.7
 3rd Qu.:22.80  3rd Qu.:8.000  3rd Qu.:326.0  3rd Qu.:180.0
 Max.   :33.90  Max.   :8.000  Max.   :472.0  Max.   :335.0
```

在这些例子中，summary() 函数能根据提供的对象的类型生成不同的输出。summary() 函数的帮助文件将其描述为 "泛型" 函数，该函数提供 "方法" 来处理不同 "类" 的对象。

### 16.8.1　面向对象

R 语言的许多特性都基于面向对象编程范式。为描述面向对象，我们先来看看以下内容：

➢　如果有人要我们**打开门**，我们应该**转动手柄**。

➢　如果有人要我们**打开瓶子**，我们应该**从瓶口打开**。

> ➤ 如果有人要我们**打开盒子**，我们应该**掀开盒子的盖子**。

对于以上每个句子，"命令"是相同的，都是"打开"。然而，根据要"打开"的对象类型不同，我们的行为也不同。面向对象背后的思想与此类似，这里"命令"被称为"方法"，对象的"类型"被称为对象的"类"。本章我们已经见了许多这样的例子，如 summary() 函数的用法（见表 16.6）。

表 16.6　summary()方法

| 对象"类" | 行为 |
|---|---|
| 数值型向量 | 数值型汇总（分位数和平均数） |
| 因子向量 | 因子水平的频数 |
| 数据框 | 每列的汇总 |
| 线性模型的输出 | 模型拟合的详细汇总 |

R 包含许多面向对象编程的系统。R 中主要的统计建模功能是基于"S3"系统，该系统实现了泛型函数，并采用一个简单的命名约定。即在方法名后面用英文句点分隔类名。当调用一个方法时，R 将根据对象所属的类重定向到专门处理该类的函数（即以"方法.类"命名的函数）。所以，当我们对一个对象的类"因子"执行 summary() 函数时，我们调用的是 summary.factor()函数，代码如下所示：

```
> cylFactor <- factor(mtcars$cyl)
> class(cylFactor)
[1] "factor"
> summary(cylFactor)
 4  6  8
11  7 14
> summary.factor(cylFactor)
 4  6  8
11  7 14
```

> **注意：使用 R 类**
> 本书第 21 章和第 22 章将详细介绍 R 中的 S3 和其他面向对象编程系统。

### 16.8.2　线性模型方法

本章的大部分示例中都通过函数（如 summary()函数和 plot()函数）来评价用 lm()函数拟合的线性模型。用 class()函数可以查看这些对象的"类"：

```
> class(model1)
[1] "lm"
> class(model2)
[1] "lm"
> class(model3)
[1] "lm"
> class(model4)
[1] "lm"
```

所以，现在我们现在知道了本章前面几节调用的函数名，大部分都总结在表 16.7 中。

表 16.7　统计分布

| 方法 | 被调函数 | 行为 |
|---|---|---|
| print() | print.lm() | 模型的简要汇总（在运行对象名时，将隐式调用 print()） |
| ummary() | summary.lm() | 模型拟合的详细汇总 |
| plot() | plot.lm() | 诊断图演示模型拟合 |
| anova() | anova.lm() | 模型或多个嵌套模型的方差分析 |
| updata() | updata.lm() | 用于更改模型的一些部分以创建一个新的模型 |
| predict() | predict.lm() | 用于根据模型进行预测 |

　　了解这种机制能帮助我们找到合适的相关帮助文件，查询要给函数提供哪些参数。比如，如果打算把 summary() 函数应用于 lm 对象，我们知道要查阅 summary.lm 的帮助文件。

## 16.9　本章小结

　　本章我们学习了如何拟合 R 中的一些简单的线性模型，包括如何通过"公式"定义我们的线性模型，以及如何用文本和图形的方法评估模型的适用性。除此之外，本章还通过在给出线性模型输出时查看泛型函数（如 print() 函数、summary() 函数和 plot() 函数）的行为，介绍了面向对象编程的概念。虽然本章介绍的重点是线性模型，但是 R 提供的许多统计模型的概念和方法都是类似的。下一章将探讨其中的一些模型，对比一下与本章介绍的线性模型拟合的方法有多相似。

## 16.10　本章答疑

　　**问**：是否能返回不同类型的模型拟合残差？

　　**答**：可以。resid() 函数还可以返回不同类型的残差（如 Pearson 残差和局部残差）。更多信息请查阅?residuals.lm 帮助文件。

　　**问**：有哪些与模型拟合相关的其他高级度量？

　　**答**：R 有许多其他的度量，如赤池信息标准（?AIC）、贝叶斯信息标准（?BIC）和对数似然（?logLik）。我们列出的这些并不完整，如果要详尽地了解本书中未提到的特殊方法，推荐在 www.r-project.org 网站查找。

　　**问**：如何提取模型参数的方差-协方差矩阵？

　　**答**：vcov() 函数用于提取模型给定参数的方差-协方差矩阵。

　　**问**：**lm()如何处理缺失值？**

　　**答**：lm() 函数通过参数 na.action 来处理缺失值。默认情况下，参数 na.action 被设置为 na.omit，即基于模型中设计的变量移除至少包含一个缺失值的行。

　　**问**：**是否可以用 lm()执行多项式回归？**

　　**答**：可以。可以用多项式方式的方式包含自变量。然而必须注意的是，公式中的^符号有特殊的含义（它代表参数交叉，详见?formula 帮助页面中的描述），要在多项式方式中包含多个变量，必须使用 I() 函数（例如，mpg ~ wt + I(WT^2)）。另一个方法是，用 poly() 函数将其指定为 mpg ~ poly(wt, 2, raw = T)。

问：R 中有逐步回归的功能吗？

答：有。step() 函数可用于执行逐步回归，使用 AIC 作为采取哪些步骤的依据。

## 16.11 课后研习

课后研习包含"随堂测验"和"答案"两部分，旨在帮助读者巩固本章所学知识。请读者先尝试回答"随堂测验"中的所有问题，再看后面的"答案"。

**随堂测验：**

1. 如何拟合 Y 与 X 没有截距项的模型？
2. 公式中的 Y~X1*X2 表示什么？
3. 用什么函数可以提取模型拟合的残差？
4. 如果想在生成线性模型诊断图时控制 plot() 函数的行为，要参考什么帮助文件？
5. R 中的默认对照方法是什么？

**答案：**

1. 可以使用 Y~X−1。
2. 这表示该模型反映了 Y 与 X1、X2 的关系，而且 X1 和 X2 之间的交互。因此，Y~X1*X2 等价于 Y~X1 + X2 + X1:X2。
3. 可以使用 resid() 函数提取线性模型的残差。
4. 如果使用带有一个"lm"类型对象（包含一个线性模型输出）的 plot() 函数，可以参考 plot.lm 帮助文件。
5. R 中的（无序的）因子变量的默认对照方法是"治疗"对照，以该因子的第一个水平作为基准（详见?contr.treatment 帮助文件）。

## 16.12 补充练习

1. 使用 airquality 数据框，拟合一个 Ozone 与 Wind 的线性模型。
2. 创建详细的文本汇总和诊断图来评估你的模型拟合。
3. 使用 update() 函数添加 Temp 作为自变量。评估你的新模型，并创建一个这些嵌套模型的方差分析。
4. 评估在模型中包含交互项（Wind:Temp）后的情况。
5. 在模型中添加 Month 作为分类自变量。

# 第 17 章

# 常见 R 模型

**本章要点：**

> ➢ 如何拟合 GLM 模型

> ➢ 如何拟合非线性模型

> ➢ 如何拟合生存模型

> ➢ 如何拟合时间序列模型

第 16 章介绍了在 R 中拟合和评估统计模型的方法。为此，我们通过 lm() 函数创建简单的线性模型。不过，前面提到过，任何领域都能在 R 中找到大量的分析工具。本章我们将扩展第 16 章的知识，学习一些其他的建模方法，特别是广义线性模型、非线性模型、生存模型和时间序列模型。除此之外，本章末尾还将介绍一些 R 提供的其他建模方法，探讨如何用这些模型类型获取更多信息。

---

**By the Way**

**注意：理论和代码**

本章我们将从理论为出发点，以一定高度的视角来讲解每一个建模方法。然后，演示如何在 R 中实现相应的模型。因此，我们不会在单独的知识点或模型性能评估上花费太多时间。本章的主要目的是帮助读者理解这些建模方法如何应用于模型对象。

---

## 17.1 广义线性模型

第 16 章中，我们使用 lm() 函数拟合线性模型来分析数据。这里的"线性"指的是，因变量与自变量线性函数之间的拟合。示例如下：

$$Y = \theta_0 + \theta_1 X_1 + \theta_2 X_2 + ... + \theta_N X_N + \varepsilon$$

这里，因变量（Y）根据自变量（$X_1$ 至 $X_N$）以及在模型拟合的过程中估计的系数（$\theta_0 \sim \theta_N$）来建模。其实，对于用 lm() 拟合函数线性模型，有很多假设条件。尤其是，假定因变量（Y）是连续正态分布的。而且，还假定误差项（ε）是独立同分布的，这样才能满足 E(ε)= 0、var(ε) = $\sigma^2$。除此之外，为了方便检验，还假定了误差项（ε）服从平均数是 0、方差是 $\sigma^2$ 的正态分布。

### 17.1.1 GLM 定义

第 16 章介绍的线性模型可以看作是广义线性模型（Generalized Linear Model，GLM）框架的特例。用 GLM 方法拟合模型要满足以下条件：

> ➢ 因变量不是连续的正态分布；
> ➢ 因变量的方差依赖于其均值。

GLM 框架通过 4 个要素来拟合模型：

> ➢ 概率分布应属于指数分布族；
> ➢ 使用"线性预测器"（linear predictor）建模；
> ➢ "连接函数"（link function）定义线性预测器如何与因变量相关；
> ➢ "方差函数"解释方差如何依赖均值。

在 GLM 框架中，假设因变量（Y）服从指数分布族中的特定分布，指数分布族中包含大量不同的分布。表 17.1 列出了一些常见的分布。

表 17.1 指数分布族中的一些分布

| 分布 | 描述 |
| --- | --- |
| 正态分布 | 连续概率分布，由均值和方差定义 |
| 二项分布 | 离散概率分布，在 n 次独立的是非实验中的成功事件，得到事件发生的概率 p |
| 泊松分布 | 离散概率分布，在特定区间内事件（自变量）发生的数量 |

线性预测器的形式如下：

$$\gamma = \theta_0 + \theta_1 X_1 + \theta_2 X_2 + ... + \theta_N X_N$$

这里的线性预测器（γ）与带参数的 N 个自变量（$X_1 \sim X_N$）线性相关，这些参数（$\theta_0 \sim \theta_N$）通过模型拟合过程进行估计。

线性函数（g()）的格式是 g(μ) =γ，该函数指定了线性预测器（γ）如何与因变量的均值（$E(Y) = \mu$）线性相关。

方差函数（$V$）解释了因变量的方差（var(Y)）如何依赖它的均值（μ），指定为 var(Y) = $\phi V(\mu)$。方差函数通常由所选的概率分布而定。

### 17.1.2 拟合 GLM 模型

在 R 中，用 glm() 函数拟合广义线性模型。glm()函数中的参数列于表 17.2。

**表 17.2　glm()函数的关键输入**

| 输入 | 描述 |
|------|------|
| formula | 指定待拟合模型的公式（即关系） |
| data | （可选）包含数据的数据框（如果直接引用变量） |
| family | 误差分布的描述和拟合模型所用的连接函数 |
| na.action | 控制在有缺失值时的行为。模型中涉及的观测值中至少有一个缺失值时，<br>默使用 na.omit() 函数 |

　　参数 formula、data 和 na.action，看上去与 lm() 函数中的参数类似。这里，公式描述的是拟合模型中要用到的线性预测器。family 参数描述 GLM 框架所应用的连接函数和方差函数。family 参数通常用字符串或函数来指定。表 17.3 列出了一些常用的示例，欲了解详细内容可查阅?family 帮助文件。

**表 17.3　GLM 家族的的输入**

| GLM 家族 | 连接函数 | 方差函数 |
|----------|----------|----------|
| gaussian | 恒等：$g(\mu) = \mu$ | $V(\mu) = 1$ |
| binomial | logit: $g(\mu) = \text{logit}(\mu) = \log(\dfrac{\mu}{1-\mu})$ | $V(\mu) = \mu(1 - \mu)$ |
| poisson | log: $g(\mu) = \log(\mu)$ | $V(\mu) = \mu$ |

## 17.1.3　拟合高斯模型

第 16 章中用 lm() 函数为数据拟合了线性模型。本章将从最简单的 GLM 框架开始。

➢　概率分布是高斯分布。

➢　连接函数是恒等函数（因为线性预测器直接描述因变量，未经转换）。

为此，我们将使用 glm() 函数重新拟合第 16 章的模型。代码如下所示：

```
> lmModel <- lm(mpg ~ wt * hp + factor(cyl), data = mtcars) #用 lm()拟合模型
> lmModel

Call:
lm(formula = mpg ~ wt * hp + factor(cyl), data = mtcars)

Coefficients:
(Intercept)           wt           hp  factor(cyl)6  factor(cyl)8      wt:hp
   47.33733     -7.30634     -0.10333      -1.25907      -1.45434    0.02395

> glmModel <- glm(mpg ~ wt*hp + factor(cyl), data = mtcars) #用 glm()拟合模型
> glmModel

Call: glm(formula = mpg ~ wt * hp + factor(cyl), data = mtcars)

Coefficients:
(Intercept)           wt           hp  factor(cyl)6  factor(cyl)8      wt:hp
   47.33733     -7.30634     -0.10333      -1.25907      -1.45434    0.02395
```

```
Degrees of Freedom: 31 Total (i.e. Null); 26 Residual
Null Deviance:       1126
Residual Deviance: 126.2          AIC: 148.7
```

可以看到，两个模型拟合的系数都一样。而且，生成的残差也一样：

```
> all(signif(resid(lmModel), 10) == signif(resid(glmModel), 10))
[1] TRUE
```

> **注意：默认的分布族**
>
> 注意，上例的"gaussian"是参数 family 的默认值，所以不用显式指定。

### 17.1.4　glm 对象

和第 16 章用 lm() 函数拟合的示例类似，各种标准方法也能访问 glm() 函数返回的对象。表 17.4 列出了一些常用的标准方法。

**表 17.4　常用的 GLM 方法**

| 方法 | 行为 |
| --- | --- |
| print() | 模型的简要汇总（在返回 glm 对象名时将隐式调用 print()） |
| summary() | 已拟合模型的详细汇总 |
| plot() | 用诊断图的形式解释拟合的模型 |
| anova() | 已拟合模型或嵌套模型的方差分析 |
| updata() | 更改模型的一些部分以创建新的模型 |
| predict() | 根据拟合的模型进行预测 |
| resid() | 提取模型的残差 |
| fitted() | 提取模型的拟合值 |
| coef() | 提取模型的系数 |
| deviance() | 提取模型的偏差 |

#### 1. 详细的汇总

summary() 函数用于显示详细的模型汇总信息，代码如下所示：

```
> summary(glmModel)

Call:
glm(formula = mpg ~ wt * hp + factor(cyl), data = mtcars)

Deviance Residuals:
    Min        1Q    Median        3Q       Max
-3.5309   -1.6451   -0.4154    1.3838    4.4788

Coefficients:
             Estimate  Std. Error  t value  Pr(>|t|)
(Intercept)  47.337329    4.679790   10.115  1.67e-10  ***
wt           -7.306337    1.675258   -4.361  0.000181  ***
hp           -0.103331    0.031907   -3.238  0.003274   **
factor(cyl)6 -1.259073    1.489594   -0.845  0.405685
```

```
factor(cyl)8  -1.454339    2.063696   -0.705  0.487246
wt:hp          0.023951    0.008966    2.671  0.012865    *
---
Signif. codes: 0 '***' 0.001 '**' 0.01 '*' 0.05 '.' 0.1 ' ' 1

(Dispersion parameter for gaussian family taken to be 4.852119)

        Null deviance: 1126.05 on 31 degrees of freedom
Residual deviance:  126.16 on 26 degrees of freedom
AIC: 148.71

Number of Fisher Scoring iterations: 2
```

**2. 诊断图**

plot()函数用于生成拟合模型的诊断图，如图 17.1 所示。

```
> par(mfrow = c(2, 2))
> plot(glmModel)
```

图 17.1

GLM 的诊断图

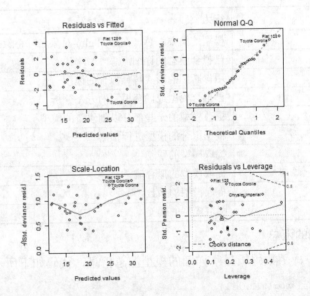

还有一些用于提取模型其他统计信息的函数（如 coef()函数、resid()函数和 fitted()函数），如下面的代码所示，其生成的残差与拟合值的关系图如图 17.2 所示。

```
> coef(glmModel)                                                    # 模型系数
(Intercept)          wt          hp factor(cyl)6 factor(cyl)8      wt:hp
47.33732893 -7.30633653 -0.10333117  -1.25907265  -1.45433929 0.02395121
>
> res1 <- resid(glmModel)                       # 提取残差
> fit1 <- fitted(glmModel)                       # 提取拟合值
> yRange <- c(-1, 1) * max(abs(res1))            # 计算 Y 轴的取值范围
> xRange <- range(fit1)                          # 计算 X 轴的取值范围
> xRange <- xRange + c(-1, 1) * diff(xRange)/5   # 提取 X 轴的取值范围
>
> plot(fit1, res1, type = "n",                   # 创建带指定轴的图
```

```
+    ylim = yRange, xlim = xRange,
+    xlab = "Fitted Values", ylab = "Residuals",
+    main = "Residuals vs Fitted Values")
> text(fit1, res1, row.names(mtcars), cex=1.2)    # 根据汽车名添加文本
> abline(h = 0, lty = 2)                          # 添加 y 为 0 的水平参照线
```

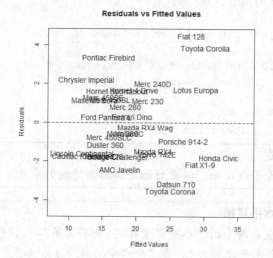

图 17.2

GLM 的残差和拟合值关系图

## 17.1.5 Logistic 回归

Logistic 回归或 Logit 回归是一种 GLM 框架，可以用 `glm()` 函数实现。基于"二分"因变量的特性（也就是说，这种变量根据事件是否发生只有两种水平），Logistic 回归用于给一些特定事件发生的概率建模。为此，要对事件发生的对数优势（log odds）建模。因此，连接函数（g()）通过 logit 函数将自变量（Y）与线性预测器（γ）相关联。即，$g(\mu) = logit(\mu) = \log(\frac{\mu}{1-\mu})$。方差函数函数（V）为 $V(\mu) = \mu(1-\mu)$。

### 1. 拟合 Logistic 回归

用 `glm()` 函数（将 `family` 设置为 `binomial`）可以拟合 Logistic 回归。其中，响应变量必须只有 0 和 1 两种值（或者，`FALSE` 和 `TRUE`）。先举一个简单的例子，用 `mtcars` 数据集基于 `wt`，为 `am` 变量建模。在该例中，根据 `wt` 变量建模的是手动档汽车（am == 1）的对数优势，而不是自动档（am == 0）。我们感兴趣的优势（odds）是手动档概率与自动档概率的比值。因此，对数优势还包含对优势进行对数转换。

```
> lrModel <- glm(am ~ wt - 1, data = mtcars, family = binomial)
> summary(lrModel)

Call:
glm(formula = am ~ wt - 1, family = binomial, data = mtcars)

Deviance Residuals:
    Min       1Q    Median        3Q       Max
-0.9397  -0.8525   -0.7549    1.4023    1.5541
```

```
Coefficients:
     Estimate  Std. Error  z value  Pr(>|z|)
wt    -0.2388      0.1166   -2.049    0.0405  *
---
Signif. codes: 0 '***' 0.001 '**' 0.01 '*' 0.05 '.' 0.1 ' ' 1

(Dispersion parameter for binomial family taken to be 1)

    Null deviance: 44.361 on 32 degrees of freedom
Residual deviance: 39.717 on 31 degrees of freedom
AIC: 41.717

Number of Fisher Scoring iterations: 4
```

**By the Way**

> **注意：移除截距**
>
> 本例中移除了截距项，以更好地理解拟合的模型系数。

**Watch Out!**

> **警告：为因子水平建模**
>
> 如果因变量由两个因子水平变量指定，R 将为第二个水平事件发生的概率建模（第一个水平设置为 0，第二个水平设置为 1）。如果因变量是一个包含 "0" 和 "1" 水平的因子，这种处理策略就很好。但是要注意，如果使用未排序的因子，其水平将按字母顺序排序。例如下面的例子中，我们将要为 Y 是 "Low" 的可能性（不是 "High" 的可能性）建模，因为默认情况下，R 将按字母顺序排列因子水平。
>
> ```
> > lrDf <- data.frame(Y = sample(c("Low", "High"), 10, T), X
>   = rpois(10, 3))
> > lrObj <- glm(Y ~ X, data = lrDf, family = binomial)  # Logistic
>   模型
> > levels(lrDf$Y)                                        # 为因子水平排序
> [1] "High" "Low"
> ```

### 2. Logistic 回归的预测

默认条件下，predict() 函数在线性预测器标度下对模型进行预测（也就是说，不直接预测响应变量）。在这种情况下，logistic 示例的预测函数将返回手动档汽车的对数优势。如果想查看响应变量标度下的预测，则要将 predict() 函数中的 type 参数设置为 "response"，这样该函数返回的就是事件发生的概率。

```
> newDf <- data.frame(wt = 1:5)
> round(predict(lrModel, newDf), 4)                       # 对数优势
      1       2       3       4       5
-0.2388 -0.4776 -0.7164 -0.9552 -1.1940
> round(predict(lrModel, newDf, type = "response"), 4)    # 概率
     1      2      3      4      5
0.4406 0.3828 0.3282 0.2778 0.2325
```

### 3. Logistic 回归的系数

和预测函数类似，Logistic 回归的给出的系数也是线性预测器标度的。如果以相对的优

势比（odds ratio）来解释估计的效果，要将系数指数化：

```
> round(coef(lrModel), 3)              # 对数优势
    wt
-0.239
> round(exp(coef(lrModel)), 3)         # 优势
    wt
0.788
```

如上代码所示，汽车重量每增加一个单元，其手动档汽车（am = 1）的优势预期降低了因子的 21%（例如，Weight = 1，Odds = 0.79；Weight = 2，Odds = 0.79^2 = 0.62）。

---

**提示：系数的置信区间**

confint() 函数给出用 glm() 函数（和 lm() 函数）拟合模型的系数的置信区间。例如，给出优势标度下模型系数的估计值和置信区间：

```
> cbind(coef(lrModel), confint(lrModel))
Waiting for profiling to be done...
            [,1]           [,2]
2.5 %    -0.2388045    -0.48456168
97.5 %   -0.2388045    -0.02093423
```

*Did you Know?*

---

## 17.1.6 泊松回归

下面介绍另一种 GLM 框架——泊松回归，用于计数型数据的建模。通过泊松回归，可以给没有固定"间隔"的独立"事件"发生的数量建模。对于泊松回归，其连接函数（g()）通过对数函数把因变量（$Y$）与线性预测器（$\gamma$）关联起来，即 $g(\mu) = \log \mu$。其方差函数（$V$）为 $V(\mu) = \mu$。

接下来，我们用 InsectSprays 数据集，通过 glm() 函数拟合一个简单的泊松回归。该数据集记录了使用不同杀虫剂后昆虫的数量（详见?InsectSprays 帮助文档）。在拟合模型之前，先用 head() 函数查看一下该数据集的前几项代码如下，见图 17.3。

```
> head(InsectSprays)
  count  spray
1  10     A
2  7      A
3  20     A
4  14     A
5  14     A
6  12     A
> plot(factor(InsectSprays$spray), InsectSprays$count,
+       xlab = "Insecticide", ylab = "Insect Count",
+       main = "Insect Count by Insecticide")
```

然后把 glm() 函数中的 family 设置为 poisson，拟合度量 count 和 spray 之间关系的简单泊松模型（不含截距项）。

```
> prModel <- glm(count ~ factor(spray) - 1, data = InsectSprays, family =
  poisson)
```

```
> summary(prModel)

Call:
glm(formula = count ~ factor(spray) - 1, family = poisson, data = InsectSprays)

Deviance Residuals:
Min        1Q       Median    3Q        Max
-2.3852    -0.8876   -0.1482   0.6063    2.6922

Coefficients:
                 Estimate   Std. Error   z value   Pr(>|z|)
factor(spray)A   2.67415    0.07581      35.274    <2e-16      ***
factor(spray)B   2.73003    0.07372      37.032    <2e-16      ***
factor(spray)C   0.73397    0.20000      3.670     0.000243    ***
factor(spray)D   1.59263    0.13019      12.233    <2e-16      ***
factor(spray)E   1.25276    0.15430      8.119     4.71e-16    ***
factor(spray)F   2.81341    0.07071      39.788    <2e-16      ***
---
Signif. codes: 0 '***' 0.001 '**' 0.01 '*' 0.05 '.' 0.1 ' ' 1

(Dispersion parameter for poisson family taken to be 1)

    Null deviance:   2264.808  on 72  degrees of freedom
Residual deviance:     98.329  on 66  degrees of freedom
AIC: 376.59

Number of Fisher Scoring iterations: 5
```

图 17.3

InsectSprays 数据
的绘图

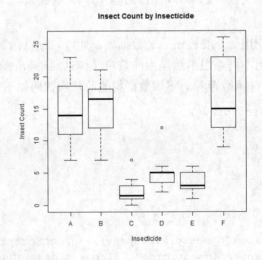

**注意：包含截距项**

注意，移除截距项后，因子变量的所有水平都将被估计（如果使用标准的方法，第一个水平将被设置为基准）。如果要保留截距项，喷雾"A"将被设置为基准，其他系数将被解释为与该水平相关的关系：

```
> summary(glm(count ~ factor(spray), data = InsectSprays,
  family = poisson))$coef
```

```
           Estimate Std. Error   z value      Pr(>|z|)
(Intercept)     2.67414865 0.0758098 35.2744434 1.448048e-272
factor(spray)B  0.05588046 0.1057445  0.5284477 5.971887e-01
factor(spray)B  0.05588046 0.1057445  0.5284477 5.971887e-01
factor(spray)D -1.08151786 0.1506528 -7.1788745 7.028761e-13
factor(spray)E -1.42138568 0.1719205 -8.2676928 1.365763e-16
factor(spray)F  0.13926207 0.1036683  1.3433422 1.791612e-01
```

将系数指数化便可查看在响应标度下（即计数）的结果。代码如下所示，不同置信区间的经过指数转换后的系数。

```
> lc <- cbind(Est = coef(prModel), confint(prModel))
Waiting for profiling to be done...
> round(exp(lc), 2)
                Est   2.5 %   97.5 %
factor(spray)A 14.50  12.45   16.76
factor(spray)B 15.33  13.22   17.66
factor(spray)C  2.08   1.37    3.01
factor(spray)D  4.92   3.77    6.28
factor(spray)E  3.50   2.55    4.67
factor(spray)F 16.67  14.46   19.08
```

### 17.1.7　GLM 扩展

到目前为止，我们学习了一些广义线性模型的示例，特别是 Logistic 回归和泊松回归。下面再介绍一些相关方法和扩展。

➢ 限于篇幅，没有介绍模型的方差分析。可以用 aov() 函数进行模型的方差分析（详见?aov 帮助文档）。

➢ glm() 函数还可以拟合许多服从其他分布的模型，详见?family 帮助文档。

➢ glm() 函数本身也有许多扩展，如 MASS 包中的 glm.nb() 函数，该函数包含额外参数"theta"的估计。

➢ 其他扩展，如 gee 和 geepack 包中实现的广义估计方程（Generalized Estimating Equation，GEE），用于观测值之间的相关分析。

➢ 混合模型要考虑线性预测器中的随机效应，可利用 lme4、nlme 和 glmm 包进行拟合。

➢ gam 包中实现的广义加法模型（Generalized Additive Model，GAM），允许线性预测器对自变量使用平滑函数。

## 17.2　非线性模型

广义线性模型适用于拟合那些因变量与一组自变量线性相关的模型。然而，R 拟合非线性模型的能力也毫不逊色，有大量函数用于拟合因变量与一个或多个自变量非线性相关的模型。

### 17.2.1 非线性回归

非线性模型中最简单的形式是，用 nls() 函数通过最小二乘估计拟合的非线性回归。对于下面的非线性回归：

$$Y = f(\theta_{0, \ldots, M}, \quad X_{1, \ldots, N}) + \varepsilon$$

这里，根据 N 个自变量（$X_1 \sim X_N$）和通过模型拟合过程估计的 M 个参数（$\theta_0 \sim \theta_M$），为因变量（Y）建模。假设误差项（$\varepsilon$）为独立同分布，$E(\varepsilon) = 0$，$var(\varepsilon) = \sigma^2$。另外，还要假设误差项服从均值为 0、方差为 $\sigma^2$ 的正态分布。

#### 1. 拟合非线性回归

nls() 函数利用最小 2 乘估计对非线性模型进行拟合。nls() 函数接受的主要参数见表 17.5。

表 17.5 nls()函数的主要参数

| 参数 | 描述 |
| --- | --- |
| formula | 公式，指定建模的关系 |
| data | 数据框，内含建模过程中所需的数据 |
| start | 起始值，模型所需的具名列表或具名向量 |
| na.action | 函数，用于处理有缺失值的情况 |

拟合非线性模型，通常要从接受自变量、参数、返回响应值的函数几个角度来定义关系。

接下来，我们用前面的汽车数据重新拟合线性模型（mps 与 wt 之间的关系），解释 nls() 函数的用法。首先，定义拟合模型所需的函数，并用两组输入参数来解释该函数（见图 17.4）。

图 17.4

描述每加仑汽油行驶的英里数与汽车重量之间关系的两个候选模型的绘图

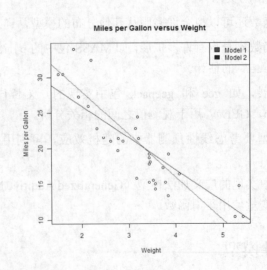

```
> linFun <- function(wt, a, b) a + b * wt
> plot(mtcars$wt, mtcars$mpg,
+       main = "Miles per Gallon versus Weight",
+       xlab = "Weight", ylab = "Miles per Gallon")
```

```
> lines(1:6, linFun(1:6, a = 40, b = -6), col = "red")
> lines(1:6, linFun(1:6, a = 35, b = -4.5), col = "blue")
> legend("topright", paste("Model", 1:2), fill = c("red", "blue"))
```

如果要将数据拟合成非线性模型，要使用 nls() 函数，代码如下所示。

```
> nlsMpg <- nls(mpg ~ linFun(wt, a, b), data = mtcars)
Warning message:
In nls(mpg ~ linFun(wt, a, b), data = mtcars) :
  No starting values specified for some parameters.
Initializing 'a', 'b' to '1.'.
Consider specifying 'start' or using a selfStart model
```

由于没有提供参数（a 和 b）的起始值（starting value），模型拟合失败了。可以把具名列表或具名向量输入给参数作为起始值。根据图 17.4，我们选择 a = 40，b = -5 作为模型拟合的合适初始参数：

```
> nlsMpg <- nls(mpg ~ linFun(wt, a, b), data = mtcars,
+               start = c(a = 40, b = -5))
> nlsMpg
Nonlinear regression model
  model: mpg ~ linFun(wt, a, b)
  data: mtcars
     a       b
37.285 -5.344
residual sum-of-squares: 278.3

Number of iterations to convergence: 1
Achieved convergence tolerance: 1.765e-09
```

如上代码所示，我们成功地拟合了这个非线性模型。而且，其拟合的参数和线性模型拟合（lm() 函数）的参数一样：

```
> coef(nlsMpg)                          # nls() 拟合的系数
        a           b
37.285126  -5.344472
> coef(lm(mpg ~ wt, data = mtcars))     # lm() 拟合的系数
(Intercept)         wt
  37.285126  -5.344472
```

接下来，介绍一个更合适的例子。

**2. 嘌呤霉素数据的非线性回归**

R 中的嘌呤数据框包含了反应速度与基质浓度在有嘌呤霉素（一种抗生素）参与的酶促反映的数据。该数据所包含的度量涉及未经治疗和已治疗的单元。在执行模型拟合前，先看一下该数据集的前几项。根据该数据集数据绘制的图，如图 17.5 所示。

```
> head(Puromycin)                       # 查看数据
  conc  rate   state
1 0.02    76 treated
2 0.02    47 treated
3 0.06    97 treated
4 0.06   107 treated
```

```
5  0.11   123  treated
6  0.11   139  treated
> plot(Puromycin$conc, Puromycin$rate, pch = 21, cex = 1.5,        # 绘制数据
+    xlab = "Instantaneous reaction rates (counts/min/min)",
+    ylab = "Substrate Concentrations (ppm)",
+    main = "Instantaneous reaction rates vs Substrate Concentrations",
+    bg = ifelse(Puromycin$state == "treated", "red", "blue"))
> legend("bottomright", c("Treated", "Untreated"), fill = c("red", "blue"))
```

图 17.5

嘌呤数据的反应速率与浓度之间的关系图

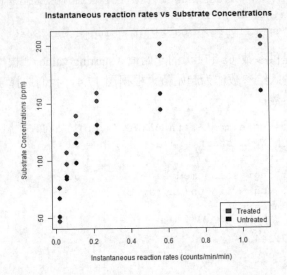

我们尝试用分析酶动力学最知名的米氏（Michaelis-Menten）模型来拟合该数据集。鉴于图 17.5 中呈现的图形，要分别拟合"已治疗"和"未经治疗"两个模型。首先，定义函数，并选择合适的起始值，并将其绘制到图 17.5 上。其相应的输出如图 17.6 所示。

```
> micmen <- function(conc, Vm, K) Vm * conc / (K + conc)           # 定义函数
> X <- seq(0, 1.1, length = 25)            # 一组浓度
>
> lines(X, micmen(xConcs, 200, 0.1), col = "pink") # Treated: Vm = 200, K = 0.1
> lines(X, micmen(xConcs, 210, 0.03), col = "pink") # Treated: Vm = 210, K = 0.03
> lines(X, micmen(xConcs, 210, 0.05), col = "red")  # Treated: Vm = 210, K = 0.05
>
> lines(X, micmen(xConcs, 150, 0.05), col = "lightblue") # Untreated: Vm =
    150, K = 0.05
> lines(X, micmen(xConcs, 170, 0.1), col = "lightblue") # Untreated: Vm =
    170, K = 0.1
> lines(X, micmen(xConcs, 165, 0.05), col = "blue") # Untreated: Vm = 165, V = 0.05
```

基于此，分别拟合"已治疗"和"未经治疗"的非线性模型：

```
> mmTreat <- nls(rate ~ micmen(conc, Vm, K), data = Puromycin,
+    start = c(Vm = 210, K = 0.05), subset = state == "treated")
> mmUntreat <- nls(rate ~ micmen(conc, Vm, K), data = Puromycin,
+    start = c(Vm = 165, K = 0.05), subset = state == "untreated")
> round(coef(mmTreat), 3)            # 已治疗数据的系数
     Vm       K
212.684   0.064
```

```
> round(coef(mmUntreat), 3)        # 未经治疗数据的系数
     Vm       K
160.280   0.048
```

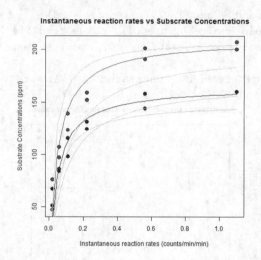

图 17.6

不同候选起始值的
反应速率与浓度之
间的关系图

---

## 提示：自设定起始值的函数

　　在上面的例子中，我们必须指定模型拟合的起始值。不过，在 R 中有许多函数都能"自动指定起始值"，把指定起始值包含在模型拟合过程中。这些函数名均以"SS"开头，可以通过下面的语法列出来。

```
> apropos("^SS")
[1] "SSasymp"    "SSasympOff" "SSasympOrig"  "SSbiexp"
[5] "SSD"        "SSfol"      "SSfpl"        "SSgompertz"
[9] "SSlogis"    "SSmicmen"   "SSweibull"
```

　　注意，SSmicmen() 函数是一个实现米氏模型的"自动指定起始值"函数。鉴于此，我们可以简化之前的代码：

```
> nls(rate ~ SSmicmen(conc, Vm, K), data = Puromycin, subset
  = state == "treated")
Nonlinear regression model
  model: rate ~ SSmicmen(conc, Vm, K)
    data: Puromycin
      Vm         K
212.68371   0.06412
  residual sum-of-squares: 1195

Number of iterations to convergence: 0
Achieved convergence tolerance: 1.93e-06
```

*Did you Know?*

### 3. 进行预测

　　predict() 函数可用于对非线性模型进行预测，然后使用 lines() 函数在图形中添加模型线。其结果如图 17.7 所示。

```
> plot(Puromycin$conc, Puromycin$rate, pch = 21, cex = 1.5,
+      xlab = "Instantaneous reaction rates (counts/min/min)",
```

```
+        ylab = "Substrate Concentrations (ppm)",
+        main = "Instantaneous reaction rates vs Substrate Concentrations",
+        bg = ifelse(Puromycin$state == "treated", "red", "blue"))
>
> predDf <- data.frame(conc = seq(0, 1.1, length = 25))      # 浓度数据组
> lines(predDf$conc, predict(mmTreat, predDf), col = "red")  # 为已治疗数据建模
> lines(predDf$conc, predict(mmUntreat, predDf), col = "blue")# 为未治疗数
  据建模
> legend("bottomright", c("Treated", "Untreated"), fill = c("red", "blue"))
```

图 17.7

两个非线性模型拟
合的反应速率与浓
度之间的关系图

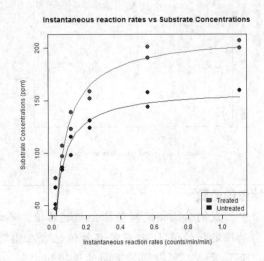

### 4．模型扩展

可以把上面的示例扩展为拟合一个同时包含治疗和未治疗数据的模型。同时，添加一个新的参数，解释在 Vm 条件下两个状态之间的不同。其输出结果如图 17.8 所示。

```
> # 给函数添加一个新的参数（vTrt）
> micmen <- function(conc, state, Vm, K, vTrt) {
+   newVm <- Vm + vTrt * (state == "treated")
+   newVm * conc / (K + conc)                              # 定义函数
+ }
> mmPuro <- nls(rate ~ micmen(conc, state, Vm, K, vTrt), data = Puromycin,
+      start = c(Vm = 160, K = 0.05, vTrt = 50))
> summary(mmPuro)

Formula: rate ~ micmen(conc, state, Vm, K, vTrt)

Parameters:
        Estimate  Std. Error  t value  Pr(>|t|)
Vm    166.60396     5.80742   28.688   < 2e-16   ***
K       0.05797     0.00591    9.809   4.37e-09  ***
vTrt   42.02591     6.27214    6.700   1.61e-06  ***
---
Signif. codes: 0 '***' 0.001 '**' 0.01 '*' 0.05 '.' 0.1 ' ' 1

Residual standard error: 10.59 on 20 degrees of freedom

Number of iterations to convergence: 5
```

```
Achieved convergence tolerance: 9.239e-06

>
> plot(Puromycin$conc, Puromycin$rate, pch = 21, cex = 1.5,
+     xlab = "Instantaneous reaction rates (counts/min/min)",
+     ylab = "Substrate Concentrations (ppm)",
+     main = "Instantaneous reaction rates vs Substrate Concentrations",
+     bg = ifelse(Puromycin$state == "treated", "red", "blue"))
> xConc = seq(0, 1.1, length = 25)          # 一组浓度
> trtPred <- data.frame(conc = xConc, state = "treated")
> untrtPred <- data.frame(conc = xConc, state = "untreated")
>
> lines(predDf$conc, predict(mmPuro, trtPred), col = "red")# 已治疗数据的模型
> lines(predDf$conc, predict(mmPuro, untrtPred), col = "blue") # 未治疗数据
  的模型
> legend("bottomright", c("Treated", "Untreated"), fill = c("red", "blue"))
```

如果提取该模型的系数，可以看到 vTrt 变量具有很高的显著性。

```
> round(cbind(Est = coef(mmPuro), confint(mmPuro)), 3)
Waiting for profiling to be done...
        Est     2.5%    97.5%
Vm   166.604  154.617  179.252
K      0.058    0.046    0.072
vTrt  42.026   28.957   55.199
```

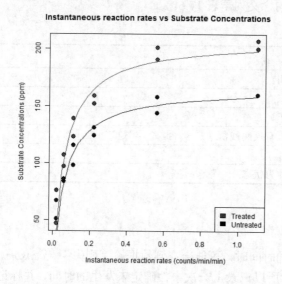

图 17.8

一个非线性模型拟合的反应速率与浓度之间的关系图

## 17.2.2　非线性模型扩展

上一节简要介绍了在 R 中如何拟合非线性模型。除此之外，还有很多其他扩展。

➤ gnls()函数，用于添加相关误差。详见?gnls 帮助文档。

➤ gnm 包，用于拟合广义非线性模型（类似于用于非线性拟合的 glm()函数）。

➤ nlme 包，提供拟合非线性混合效应模型的功能。

## 17.3 生存分析

上一节介绍了如何用 logistic 回归为事件发生的概率建模，而本节将要介绍的生存分析则主要用于为某个事件发生之前的时间建模。比如，医学界常用生存分析获悉某个事件发生（如器官移植后失败或者患有重大疾病的人死亡）之前的时间。我们关注的是一组协变量会如何影响事件发生的时间。

### 17.3.1 ovarian 数据框

本节将使用 ovarian 数据框，其中包含了对比两种治疗卵巢癌方案的随机试验数据。该数据框包含在 survival 包中：

```
> library(survival)
> head(ovarian)
  futime fustat    age resid.ds rx ecog.ps
1     59      1 72.3315        2  1       1
2    115      1 74.4932        2  1       1
3    156      1 66.4658        2  1       2
4    421      0 53.3644        2  2       1
5    431      1 50.3397        2  1       1
6    448      0 56.4301        1  1       2
```

ovarian 数据框中各列代表的含义列于表 17.6。

表 17.6 ovarian 数据框中的各列

| 变量 | 描述 |
| --- | --- |
| futime | 生存时间 |
| fustat | 删失状态 |
| age | 年龄（年） |
| resid.ds | 现在是否有疾病残留（1 = 否，2 = 是） |
| rx | 治疗组 |
| ecog.ps | ECOG 体力状态 |

### 17.3.2 删失数据

在分析某个事件发生之前的时间时，可能会遇到数据被"删失"（*censor*）。如果有这种情况的话，该事件就尚未发生，所以记录上一次事件确定未发生的时间，并标记这些观测值。假设我们想获悉移植后器官的存活时间，会出现以下 3 种情况：

➤ 器官正常工作，器官移植失败这件事尚未发生；

➤ 患者死于他因，而非器官移植失败导致；

➤ 器官移植失败，事件已经发生。

在前两种情况中，时间是"删失的"。因为记录下来的是"事件"尚未发生的时间，而且在"事件"发生之前无法观测到该事件发生的时间。

在 ovarian 数据框中，其时间和"删失"标记分别储存在 futime 和 fustat 两个变量中。

```
> aggregate(ovarian$futime, list(State = ovarian$fustat),
+   function(x) c(Min = min(x), Median = median(x), Max = max(x)))
  State  x.Min   x.Median   x.Max
1     0  377.0      786.5  1227.0
2     1   59.0      359.0   638.0
```

这里，删失时间是那些状态为 0 的时间。可以用 Surv() 函数创建一个对象，把这些变量组合成一个单独的对象，代码如下所示：

```
> ovSurv <- Surv(ovarian$futime, event = ovarian$fustat)
> ovSurv
 [1]  59  115  156  421+  431  448+  464  475  477+  563  638  744+  769+  770+
[15] 803+ 855+ 1040+ 1106+ 1129+ 1206+ 1227+ 268  329  353  365  377+
```

注意，后缀有+的都是删失值（也就是说，观测到此时事件都尚未发生）。

### 17.3.3 估计生存函数

绝大部分生存分析所关心的是建模和估计其"生存函数"（S()），该函数提供研究个体将存活的某一时间（t）的概率。正式地表达是：$S(t) = P(T > t)$，对事件而言，$T \geq 0$。

生存函数的图形表示，如图 17.9 所示。

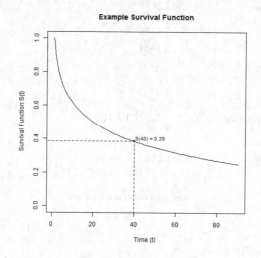

图 17.9

生存函数示例

注意在图 17.9 中，生存的过去时间 t = 40 的概率是 39%。对于生存函数值域是 0 至 ∞。还有一些其他的特征，如下所示：

➤  生存函数递减（或者至少是非递增的）；

➤  通常，过去生存时间为 0 时的概率是 1，所以 S(0) = 1；

➤  生存时间是∞的概率为 0，即 S(∞) = 0。

用参数方法或非参数方法都可以估计生存函数。

### 1. Kaplan-Meier 估计

"Kaplan-Meier"估计法（或"乘积极限"估计法）是统计学中用于估计生存函数最常用非参数方法。在 R 中，可以用 survfit()函数进行 Kaplan-Meier 估计。survfit()函数的第一个参数是公式，公式左侧应该是一个生存对象（比如上一小节示例生成的对象），公式右侧指定"1"可估计单独的生存函数，代码如下所示：

```
> kmOv <- survfit(ovSurv ~ 1)
> kmOv
Call: survfit(formula = ovSurv ~ 1)

 records   n.max   n.start   events   median   0.95LCL   0.95UCL
      26      26        26       12      638       464        NA
```

survfit()函数返回一个"survfit"类的对象。用 summary()函数方法作用于该类对象时，返回带置信区间的估计的生存函数。

```
> summary(kmOv)
Call: survfit(formula = ovSurv ~ 1)
 time   n.risk   n.event   survival   std.err   lower 95% CI   upper 95% CI
   59       26         1      0.962    0.0377          0.890          1.000
  115       25         1      0.923    0.0523          0.826          1.000
  156       24         1      0.885    0.0627          0.770          1.000
  268       23         1      0.846    0.0708          0.718          0.997
  329       22         1      0.808    0.0773          0.670          0.974
  353       21         1      0.769    0.0826          0.623          0.949
  365       20         1      0.731    0.0870          0.579          0.923
  431       17         1      0.688    0.0919          0.529          0.894
  464       15         1      0.642    0.0965          0.478          0.862
  475       14         1      0.596    0.0999          0.429          0.828
  563       12         1      0.546    0.1032          0.377          0.791
  638       11         1      0.497    0.1051          0.328          0.752
```

用 plot()函数可以生成 Kaplan-Meier 估计，如图 17.10 所示。

```
> plot(kmOv, col = "blue",
+   main = "Kaplan-Meier Plot of Ovarian Data",
+   xlab = "Time (t)", ylab = "Survival Function S(t)")
```

图 17.10

ovarian 数据的
Kaplan-Meier 图

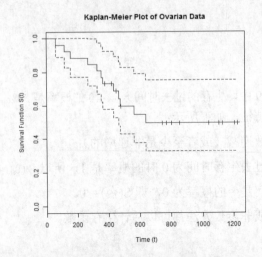

Kaplan-Meier Plot of Ovarian Data

## 2. 参数化方法

如果概率分布已知（如威布尔分布、指数分布和对数正态分布），可以用参数化方法来估计生存函数。这种情况下，用最大似然估计对已知分布的（未知）参数进行估计。这里，我们使用威布尔分布为生存函数建模，即 $S(t) = \exp(-\alpha * t^\gamma)$。survreg() 函数用于拟合参数化生存模型，其中的 dist 参数用于指定概率分布。

```
> wbOv <- survreg(ovSurv ~ 1, dist = "weibull")
> summary(wbOv)

Call:
survreg(formula = ovSurv ~ 1, dist = "weibull")
              Value Std. Error      z       p
(Intercept)   7.111      0.293 24.292 2.36e-130
 Log(scale) -0.103      0.254 -0.405  6.86e-01

Scale= 0.902

Weibull distribution
Loglik(model)= -98 Loglik(intercept only)= -98
Number of Newton-Raphson Iterations: 5
n= 26
```

如果要在 Kaplan-Meier 图上绘制曲线，有两种做法：

➢ 手动将参数转换到威布尔曲线中。

➢ 使用 predict() 函数。

predict() 函数可以通过 "survfit" 对象生成许多预测值，设置 type = "quantile" 可以指定 "分位" 预测值，用 p 参数指定提供哪些分位的预测值。因为该例中没有协变量，所以要给 newdata 参数提供一个 "假的" 数据集，代码如下所示：

```
> pct <- seq(.0,.99,by =.01)              # 指定预测的分位数
> dummyDf <- data.frame(1)                # 假的数据集
> predOv <- predict(wbOv, newdata = dummyDf,   # 进行分位数预测
+    type = "quantile", p = pct)
> head(predOv)
[1] 0.00000 19.28838 36.22041 52.46544 68.33554 83.97347
```

以上代码返回一系列指定分位的预测时间点。可以把这些预测值标在 Kaplan-Meier 图上，其输出如图 17.11 所示。

```
> plot(kmOv, col = "blue",
+      main = "Kaplan-Meier Plot of Ovarian Data",
+      xlab = "Time (t)", ylab = "Survival Function S(t)")
> lines(predOv, 1 - pct, col = "red")
> legend("bottomleft", c("Kaplan-Meier", "Weibull"), fill = c("blue", "red"))
```

图 17.11

ovarian 数据的
Kaplan-Meier 和
威布尔生存图

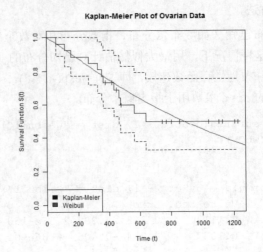

### 3. 添加协变量

在参数化模型拟合中，添加协变量非常简单，直接把自变量添加在公式的右侧即可。下面使用 ovarian 数据集，为生存函数与年龄的关系建模。

```
> wbOv2 <- survreg(ovSurv ~ age, dist = "weibull", data = ovarian)
> summary(wbOv2)

Call:
survreg(formula = ovSurv ~ age, data = ovarian, dist = "weibull")
              Value  Std. Error      z          p
(Intercept)  12.3970     1.4821    8.36   6.05e-17
age          -0.0962     0.0237   -4.06   4.88e-05
Log(scale)   -0.4919     0.2304   -2.14   3.27e-02

Scale= 0.611

Weibull distribution
Loglik(model)= -90 Loglik(intercept only)= -98
    Chisq= 15.91 on 1 degrees of freedom, p= 6.7e-05
Number of Newton-Raphson Iterations: 5
n= 26
```

再次用 predict() 函数创建不同年龄组的估计生存曲线，其输出如图 17.12 所示。

```
> ageDf <- data.frame(age = 10*4:6)          # 设置预测值的年龄
> theCols <- c("red", "blue", "green")       # 所用的颜色
> predOv <- predict(wbOv2, newdata = ageDf,  # 进行分位预测
+   type = "quantile", p = pct)
> matplot(t(predOv), 1-pct, xlim = c(0, 1200),  # 预测的生存曲线矩阵图
+   type = "l", lty = 1, col = theCols,
+   main = "Parametric Estimation of Survival Curve by Age",
+   xlab = "Time (t)", ylab = "Survival Function S(t)")
> legend("bottomleft", paste("Age =", ageDf$age), fill = theCols)
```

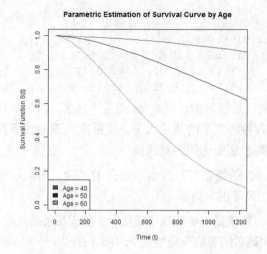

图 17.12

不同年龄组的估计
生存曲线

### 17.3.4 比例风险

如果要测试许多自变量，比例风险回归（或"Cox"回归）为事件数据的时间建模提供了一个非常好的框架。特别是，比例风险回归为获悉如何区别不同水平的协变量，递增"风险"，在一个主题中，提供了一个框架。

比例风险回归关注的是"风险"函数（h()）的建模，要考虑在极短时间内某个事件发生的概率，因此这代表了在指定时间点上事件发生的"风险"，并假定在此之前事件并没有发生。

把自变量引入比例风险回归时，可以认为生存模型由两部分组成：

➤ 一个潜在的基线风险函数，描述协变量；

➤ 影响参数，描述风险如何变量，因为协变量的其他水平（非基线）。

为方便比例风险建模，必须保持"比例风险条件"不变。比例风险条件说明多个协变量之间有乘法意义上的风险。我们稍后再谈这个问题。

在 R 中用 coxph() 函数拟合比例风险模型。首先定义拟合的模型，公式左侧是生存对象。

```
> coxModel <- coxph(ovSurv ~ age + factor(rx), data = ovarian)
> summary(coxModel)
Call:
coxph(formula = ovSurv ~ age + factor(rx), data = ovarian)

  n= 26, number of events= 12
                coef   exp(coef)   se(coef)        z  Pr(>|z|)
age          0.14733    1.15873    0.04615    3.193   0.00141     **
factor(rx)2 -0.80397    0.44755    0.63205   -1.272   0.20337
---
Signif. codes: 0 '***' 0.001 '**' 0.01 '*' 0.05 '.' 0.1 ' ' 1

            exp(coef)  exp(-coef)  lower .95  upper .95
age           1.1587       0.863     1.0585      1.268
factor(rx)2   0.4475       2.234     0.1297      1.545
```

```
Concordance= 0.798 (se = 0.091 )
Rsquare= 0.457 (max possible= 0.932 )
Likelihood ratio test  = 15.89 on 2 df, p=0.0003551
Wald test              = 13.47 on 2 df, p=0.00119
Score(logrank)test     = 18.56 on 2 df, p=9.341e-05
```

在以上所建的模型中，age 变量是显著的，但是 rx 变量不显著。因为该模型是基于风险建立的，其模型的系数可以解释为各协变量的基线水平。实际上，返回的系数是与基线相关的风险的对数。所以，指数化系数才是变化的相对风险。

➤ 对于因子变量，exp(coef) 的值是与基线水平相关的风险。所以，在本例中，治疗 2 组的风险约为治疗组 1 风险的 45%。

➤ 对于连续变量，exp(coef) 的值是与协变量每变化一个单元相关的风险。所以，本例中，比其他人年长 5 岁的受测试者的患病风险增加 2.085（exp(5 * 0.147)=2.085）。

**Did you Know?**

> **提示：检验比例风险假设**
>
> cox.zph() 函数可用于对 Cox 回归模型拟合的比例风险假设进行检验。寻找小 p 值作为未满足比例假设的标记。
>
> ```
> > cox.zph(coxModel)
>                  rho chisq     p
> age          -0.0918 0.113 0.736
> factor(rx)2   0.2072 0.518 0.472
> GLOBAL            NA 0.729 0.695
> ```
>
> 由此可见，该假设适用于我们所建的模型。

### 1. 绘制比例风险模型

plot() 函数和 survfit() 函数都可基于比例风险模型生成生存曲线图。首先，调用 survfit() 函数作用于刚创建的模型对象。注意，该模型中只包含了显著的年龄变量（age）：

```
> coxModel <- coxph(ovSurv ~ age, data = ovarian)
> coxSurv <- survfit(coxModel)
> summary(coxSurv)
Call: survfit(formula = coxModel)
```

| time | n.risk | n.event | survival | std.err | lower 95% CI | upper 95% CI |
|------|--------|---------|----------|---------|--------------|--------------|
| 59 | 26 | 1 | 0.988 | 0.0142 | 0.961 | 1.000 |
| 115 | 25 | 1 | 0.974 | 0.0244 | 0.927 | 1.000 |
| 156 | 24 | 1 | 0.955 | 0.0364 | 0.886 | 1.000 |
| 268 | 23 | 1 | 0.933 | 0.0482 | 0.844 | 1.000 |
| 329 | 22 | 1 | 0.897 | 0.0621 | 0.783 | 1.000 |
| 353 | 21 | 1 | 0.862 | 0.0724 | 0.732 | 1.000 |
| 365 | 20 | 1 | 0.824 | 0.0819 | 0.678 | 1.000 |
| 431 | 17 | 1 | 0.775 | 0.0934 | 0.612 | 0.982 |
| 464 | 15 | 1 | 0.724 | 0.1032 | 0.548 | 0.958 |
| 475 | 14 | 1 | 0.673 | 0.1112 | 0.487 | 0.931 |
| 563 | 12 | 1 | 0.596 | 0.1226 | 0.398 | 0.892 |
| 638 | 11 | 1 | 0.520 | 0.1287 | 0.321 | 0.845 |

接下来用 plot() 函数生成生存曲线，如图 17.13 所示。

```
> plot(coxSurv, col = "blue", xlab = "Time (t)",
+       ylab = "Survival Function S(t)",
+       main = "Proportional Hazards Model")
```

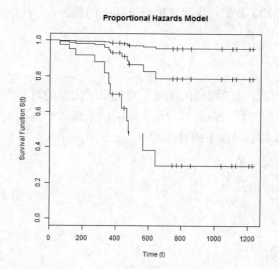

图 17.13

用比例风险模型估
计生存曲线

如果想生成不同协变量的生存曲线，可以给 survfit() 函数提供一个新的数据框。例如，在进行参数化模型拟合时生成不同年龄组的生存曲线。为了方便进行对比，我们将用虚线覆盖最初的参数化模型拟合，其输出的图形如图 17.14 所示。

```
> coxSurv <- survfit(coxModel, newdata = ageDf)     # 拟合不同年龄组的生存曲线
> plot(coxSurv, col = theCols, xlab = "Time (t)",   # 绘制生存曲线
+       ylab = "Survival Function S(t)",
+       main = "Proportional Hazards Model")
> matlines(t(predOv), 1-pct,                         # 添加参数化曲线
+    type = "l", lty = 2, col = theCols)
> legend("bottomleft", paste("Age =", ageDf$age), fill = theCols)
```

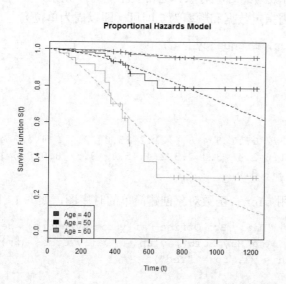

图 17.14

用比例风险模型估
计不同年龄组的生
存曲线

### 17.3.5　生存模型扩展

R 提供了大量用于分析事件数据时间的功能。其中最好的信息资源是 CRAN Task Views 中的生存分析分项，其中列出了 200 多个与生存数据研究相关的包。

## 17.4　时间序列分析

R 广泛应用于计量金融和计量经济学这样的领域。它提供了大量的时间序列分析功能。虽然很多包都提供了时间序列分析工具，但是本节要介绍的例子来源于基础安装包 stats，基础包在启动 R 时自动加载。本节将学习以下内容：

➢　如何创建和管理时间序列对象；

➢　如何执行简单的分解和平滑；

➢　如何拟合 ARIMA 模型。

### 17.4.1　时间序列对象

在 R 中，用 ts() 函数创建时序对象。一旦对象创建成功，便可对这些对象进行各种分析和绘图。ts() 函数接受一个包含数据的向量或矩阵。

网站 boxofficemojo.com 报道了电影每日的票房总收入，我们以此作为例子。2015 年，票房最高的电影是《复仇者联盟 2：奥创纪元》（Avengers: Age of Ultron），其票房收入在上映第一个月（2015 年 5 月）就超过了 4.25 亿美元。第一个月的每日票房收入如下所示：

```
> ultron <- c(84.4, 56.5, 50.3, 13.2, 13.1, 9.4, 8.6, 21.2, 33.8, 22.7,
+    5.4, 6, 4.3, 4, 10, 17.2, 11.6, 3.4, 3, 2.3, 2.4, 5.4, 8.3, 8, 6.5,
+    1.9, 1.4, 1.4, 2.9, 4.9, 3.6)
```

用 ts() 函数可以创建这份数据的时序对象。通常要指定时序元素，如时序对象的"起始"日期或时间，不过该例只需指定数据和频率为 7 即可（即以周为单位）。

```
> tsUltron <- ts(ultron, frequency = 7)
> tsUltron
Time Series:
Start = c(1, 1)
End = c(5, 3)
Frequency = 7
 [1]  84.4 56.5 50.3 13.2 13.1 9.4 8.6 21.2 33.8 22.7 5.4 6.0 4.3
[14]  4.0 10.0 17.2 11.6 3.4  3.0 2.3 2.4  5.4  8.3  8.0 6.5 1.9
[27]  1.4  1.4  2.9  4.9  3.6
```

创建好时序对象后，便可用 plot() 函数对象创建简单的时序图，如图 17.15 所示。

```
> plot(tsUltron, main = "Daily Box Office Daily for Avengers: Age of Ultron",
+      xlab = "Week during May 2015", ylab = "Daily Gross ($m)")
> points(tsUltron, pch = 21, bg = "red")
```

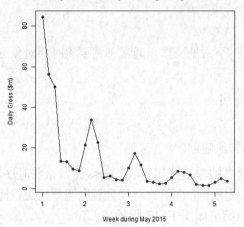

图 17.15

《复仇者联盟 2》的每日票房收入时序图

如果数据像本例这样不是线性的，可能需要进行一些转换。例如，对本例进行对数转换，如图 17.16 所示。

```
> plot(log(tsUltron), main = "Daily Box Office Daily for Avengers: Age of Ultron",
+       xlab = "Week during May 2015", ylab = "LogDaily Gross ($m)")
> points(log(tsUltron), pch = 21, bg = "red")
```

> **提示：选定时序对象的子集**
>
> window() 函数可用于选定时序对象的子集。提供与频率相关的始末点，便可指定所需子集。所以，如果只需要第一周的数据，就指定第一周第 1 个元素到第 7 个元素，代码如下所示：
>
> ```
> > window(tsUltron, end = c(1, 7))
> Time Series:
> Start = c(1, 1)
> End = c(1, 7)
> Frequency = 7
> [1] 84.4 56.5 50.3 13.2 13.1 9.4 8.6
> ```

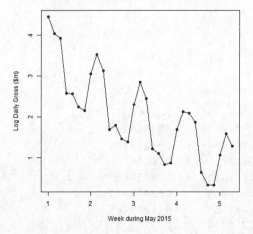

图 17.16

《复仇者联盟 2》的每日票房收入对数的时序图

### 17.4.2　分解时间序列

分解时序对象是时序分析中的一个常见操作，通常都需要将时序对象分解成多个成分。这包含以下步骤：

➢　季节因素（例如，周、月、年）；

➢　总体趋势；

➢　不能解释为前两种元素的其他数据。

在 R 中，stl()函数用于执行简单的季节分解。使用 loess 平滑来将时序对象分解成季节、趋势和不规则成分。接下来，我们要用 stl()函数对复仇者联盟数据进行简单的分解，并直接用 plot()函数绘制图形。其输出结果如图 17.17 所示。

```
> stlUltron <- stl(log(tsUltron), s.window = "periodic")
> plot(stlUltron, main = "Decomposition of the Ultron Time Series")
```

图 17.17

《复仇者联盟 2》每日票房收入对数的分解图

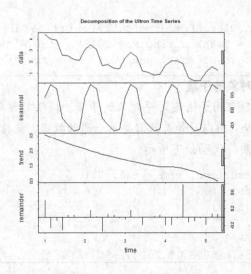

stl()函数返回的是"stl"类的对象，该对象包含一个 time.series 因素，可以直接访问或绘制出来：

```
> window(stlUltron$time.series, end = c(1, 7))
Time Series:
Start = c(1, 1)
End = c(1, 7)
Frequency = 7
             seasonal       trend       remainder
1.000000    0.4330473    3.598952    0.403568367
1.142857    0.8490648    3.441404   -0.256228394
1.285714    0.7104135    3.283857   -0.076264998
1.428571   -0.2510144    3.131462   -0.300230859
1.571429   -0.4588637    2.979068    0.052408283
1.714286   -0.6741455    2.868556    0.046299129
1.857143   -0.6085021    2.758045    0.002219731
```

另外，还可以用这种方法从时序对象中移除一些成分。例如，从之前创建的时序对象中移除季节因素，然后绘制剩下的数据，如图 17.18 所示。

```
> seUltron <- log(tsUltron) - stlUltron$time.series[,"seasonal"]
> plot(seUltron,
+    main = "Logged Daily Box Office Gross\n(Weekly seasonality removed)",
+    xlab = "Weeks in May 2015", ylab = "Logged Daily Box Office Gross ($m)")
```

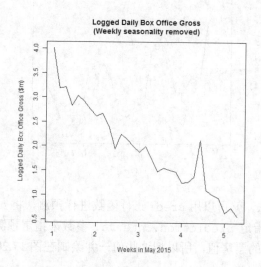

图 17.18

移除季节因素的《复仇者联盟 2》每日票房收入对数的时序图

---

**注意：离群值**

在该时序对象中，在 2015 年 5 月 25 日有一个很高的峰值，那天是阵亡将士纪念日。所以，那天的值远高于周一的期望值。

By the Way

### 17.4.3　平滑

为了对时序对象进行短期预测，需要对其做一些平滑处理。指数平滑法以指数的方式应用于时序对象，减少近期观测的权重，因此比平移法更适合。不过，简单的指数平滑只能用于处理没有系统趋势或季节性的数据。

Holt-Winters 方法可用于处理包含趋势和季节性的时间序列。在 R 中，可用 HoltWinters() 函数来执行，该函数的主要参数见表 17.7。

表 17.7　HoltWinter()函数的主要参数

| 参数 | 描述 |
| --- | --- |
| x | 时序对象（ts 类） |
| alpha | Holt-Winters 筛选的 alpha 参数 |
| beta | Holt-Winters 筛选的 beta 参数。如果设置为 FALSE，函数将执行指数平滑 |
| gamma | Holt-Winters 筛选的 gamma 参数。如果设置为 FALSE，则拟合非季节性模型 |
| seasonal | 所应用方法的版本：默认为 "additive" 或 "multiplicative" |

用 Holt-Winters 方法处理《复仇者联盟 2》的数据，其结果绘制在图 17.19 中。

```
> hwUltron <- HoltWinters(log(tsUltron))
> plot(hwUltron)
```

图 17.19

经 Holt-Winters 筛
选的《复仇者联盟
2》每日票房对数
的时序图

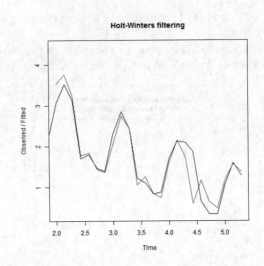

只要使用了 Holt-Winters 方法，就可以用 predict() 函数进行预测，将 n.ahead 参数指定为需要预测的数量。我们可以指定 prediction.interval 参数来指定预测的区间（默认 95%置信区间）。由于我们有实际的票房值，所以把这些值一并绘制在图 17.20 中。

```
> predUltron <- predict(hwUltron, n.ahead = 7,        #用 H-W 方法预测 7 天的票房
+   prediction.interval = TRUE)
> plot(hwUltron, predUltron, col = "red",              # 绘制数据和进行预测
+   col.predicted = "blue", col.intervals = "blue",
+   lty.intervals = 2)
> actuals <- c(1.08, 1.26, .97, .95, 1.84, 2.66, 1.84)  # 实际的值
> tsActuals <- ts(actuals, frequency = 7, start = c(5, 4))  # 创建时间序列
> lines(log(tsActuals), col = "darkgreen")             # 添加曲线
> points(log(tsActuals), pch = 4, col = "darkgreen")   # 添加点
> legend("bottomleft", c("Original Data", "Holt-Winters Filter", "Actual Data"),
+   fill = c("red", "blue", "grey"))
```

图 17.20

《复仇者联盟 2》的
Holt-Winters 预测
与实际每日票房对
数的对比图

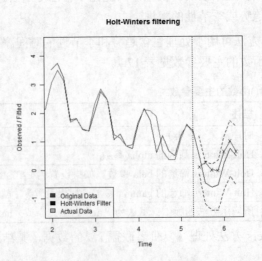

### 17.4.4 自相关

虽然几种平滑法能给我们提供生成短期预测的机制，但是要理解时间序列的一些机制还必须首先研究它的自相关（autocorrelation）。也就是说，具有相同序列滞后阶数的时间序列的互相关联。在 R 中，用 `acf()` 函数创建自相关函数图（也叫做相关图），用 `pacf()` 函数创建偏自相关（Partial Autocorrelation）图。两个函数创建的图如图 17.21 所示。

```
> par(mfrow = c(1, 2))
> acf(log(tsUltron), main = "Autocorrelation")
> pacf(log(tsUltron), main = "Partial Autocorrelation")
```

**提示：forecast 包**

`forecast` 包为时序分析提供非常不错的源。相比于其他包，该包提供了 `Acf()` 函数和 `Pacf()` 函数，分别是 `acf()` 函数和 `pacf()` 函数的增强版本。

*Did you Know?*

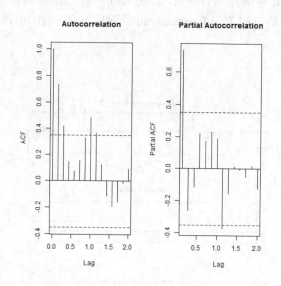

图 17.21

《复仇者联盟 2》每日票房对数的相关图

### 17.4.5 拟合 ARIMA 模型

自回归积分移动平均（Autoregressive Integrated Moving Average，简称 ARIMA）模型可用于为获悉和预测时序数据进行拟合。ARIMA 模型由 3 个成分组成。

➤ AR：自回归。

➤ I：积分（可被应用的差分）。

➤ MA：移动平均。

在 R 中，用 `arima()` 函数拟合 ARIMA 模型，该函数接受一个时序对象，可以用一个长度为 3（p、d、q）的向量来指定时序的次序阶层。

➤ p：AR 阶层。

> ➤ d：时间序列平稳时所做的差分次数。

> ➤ q：MA 阶数。

根据这些自相关，为之前的时间序列拟合一个 ARIMA 模型（1,0,1）：

```
> arimaUltron <- arima(log(tsUltron), order = c(1, 0, 1))
> arimaUltron

Call:
arima(x = log(tsUltron), order = c(1, 0, 1))

Coefficients:
        ar1      ma1    intercept
      0.7627   0.3782      2.1785
s.e.  0.1428   0.1883      0.5470

sigma^2 estimated as 0.3278: log likelihood = -27.46, aic = 62.93
```

用 tsdiag() 函数可以把拟合时间序列可视化，该函数提供时序拟合的诊断图。特别是，该函数绘制了标准化残差、残差的自相关和 Portmanteau 检验的 p 值。其输出结果如图 17.22 所示。

```
> tsdiag(arimaUltron)
```

图 17.22

ARIMA(1,0,1)拟合
的诊断图

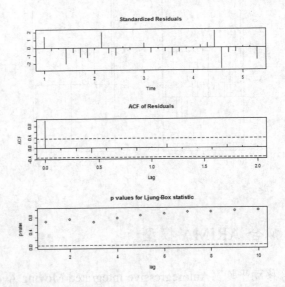

残差表现出季节性，因为我们拟合 ARIMA 模型的时序本身具有季节性。鉴于此，我们可以去掉时序的趋势，并移除时序的季节性趋势（比如，使用 stl() 函数），然后重新拟合这个模型。另一种做法是，用 arima() 函数的 seasonal 参数来拟合季节性 ARIMA 模型，该函数接收一个长度为 3 的向量（用于指定自回归、差分和时序季节性因子的移动平均成分）。下面拟合票房数据的季节性 ARIMA 模型，如图 17.23 所示。

```
> sarimaUltron <- arima(log(tsUltron), order = c(1, 0, 1),
+   seasonal = list(order = c(1, 0, 1)))
> tsdiag(sarimaUltron)
```

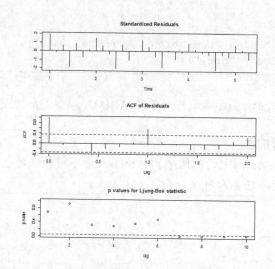

图 17.23

季节性 ARIMA(1,0,1)拟合的诊断图

## 1. 通过 ARIMA 模型进行预测

用 predict() 函数可以通过 ARIMA 模型进行预测，该函数接受 n.ahead 参数。下面看一下我们的模型预测和真实观测值的图。其输出结果如图 17.24 所示。

图 17.24

ARIMA 模型的时序预测

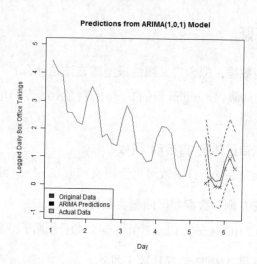

```
> predUltron <- predict(sarimaUltron, n.ahead = 7, #用 ARIMA 模型预测接下去 7 天
+        prediction.interval = TRUE)
> plot(log(tsUltron), type = "n",
+        main = "Predictions from ARIMA(1,0,1) Model",
+        ylab = "Logged Daily Box Office Takings",
+        xlab = "Day", xlim = c(1, 6.3), ylim = c(-1, 5))
> lines(log(tsUltron), col = "red")                              # 添加原始数据
> lines(predUltron$pred, col = "blue")                           # 添加预测
> lines(predUltron$pred - 2 * predUltron$se, col = "blue", lty = 2) # 添加误差
> lines(predUltron$pred + 2 * predUltron$se, col = "blue", lty = 2) # 添加误差
> lines(log(tsActuals), col = "darkgreen")                       # 添加线
> points(log(tsActuals), pch = 4, col = "darkgreen")             # 添加线
```

```
>
> legend("bottomleft",
+   c("Original Data", "ARIMA Predictions", "Actual Data"),
+   fill = c("red", "blue", "grey"))
```

**Did you Know?**

> **提示：**
>     arima() 函数的 xreg 参数可用于给 ARIMA 模型添加协变量。

**By the Way**

> **注意：时序分析扩展**
>     CRAN Task Views 中的时间序列列出了大量不同领域的包，方便用户执行不同领域的时序任务和时序分析。

## 17.5 本章小结

本章介绍了大量的建模方法，可用于研究不同的数据类型。特别讲解了如何用 glm() 函数拟合广义线性模型，用 nls() 函数拟合非线性模型，用 survival 包为时间-事件数据建模，以及涵盖了 R 处理时间序列的一些方法。本章和前几章介绍的这些方法只是 R 分析功能的一个缩影，R 的统计分析能力远不止这些。

## 17.6 本章答疑

**问：对于大型数据，拟合广义线性模型的方法是什么？**

**答：**尽管存在局限性，biglm 包的 bigglm() 函数，专门用于为那些内存装不下的大型数据拟合广义线性模型。

**问：是否可以自己创建"自启动"函数？**

**答：**可以。selfStart() 函数可用于定义稍后在 nls() 函数中使用的自启动函数。

**问：如何定义左删失数据或区间删失数据？**

**答：**Surv() 函数中的 time、time2 和 type 参数分别用于指定左删失、右删失和区间删失数据。

**问：R 是否提供 ARCH 时序建模工具？**

**答：**R 有许多包（如 fGarch 包）都实现了(G)ARCH 模型。

## 17.7 课后研习

课后研习包含"随堂测验"和"答案"两部分，旨在帮助读者巩固本章所学知识。请读者先尝试回答"随堂测验"中的所有问题，再看后面的"答案"。

**随堂测验：**

1. glm() 中用于指定概率分布的参数是什么？
2. 如何拟合 logistic 回归？

3. 用 `nls()` 进行拟合时，什么条件下不必指定起始值？

4. `coxph()` 函数包含在什么包中？

5. 如何拟合"季节性的 ARIMA"模型？

**答案：**

1. `family` 参数。

2. 指定一个二值响应变量并选定"binomial"作为分布。

3. 使用"自启动"建模函数时。

4. 在 survival 包中。

5. 用 `arima()` 函数，指定 `order` 和 `seasonal` 参数。

# 17.8 补充练习

1. 使用 `mtcars` 数据框，拟合一个 `vs` 与其他变量的 `logistic` 模型。

2. `Orange` 数据框中的 `circumference` 与 `age` 的对于（非线性）`logistic` 函数，直接指定模型函数或使用 `SSlogis()` 函数都可以。

3. 拟合 survival 包中的 `lung` 数据框的 Cox 比例风险回归模型。

4. 拟合 `LakeHuron` 时间序列的 ARIMA 模型。

# 第 18 章

# 代码提速

**本章要点：**

- ➢ 如何对代码进行性能分析发现瓶颈

- ➢ 如何向量化代码

- ➢ 什么是初始化，如何让代码运行更高效

- ➢ 如何处理内存使用

- ➢ Rcpp 的基本知识

到目前为止，我们已经学习了 R 中的许多数据分析工作流程。比如，如何读取数据、分析数据和生成专业的图形。但是，还尚未考虑过所写的代码是否会影响整个程序的运行效率，它们在实际运行时占用多少时间。虽然前面介绍过可用于提高处理数据效率的 dplyr 包和 data.table 包，但是为了提高自身的编程水平，还应该进一步学习如何写出高质量的代码。本章将介绍一些实用的技巧，能让你写出高效专业的 R 代码。

## 18.1 确定效率

我们的目标是给代码提速，在此之前要考虑的问题应该是：从何处着手？如何知道改进后的代码有什么效果？对于第一个问题，我们从代码的性能分析入手，找出拖慢运行效率的部分，然后用一些函数来测试这部分代码的运行时间。

> **提示：不要顾此失彼**
>
> *Did you Know?*
>
> 　　一方面要确保改进后的代码运行得更快，另一方面还要确保任何改动都不会影响代码处理数据的准确度。即使把函数提速了 1000 倍，但却因此导致了不利的影响，是毫无意义的。对于一般的代码，直接比较改动前后函数的输出有什么不同即可。对于更专业和更复杂的代码，可以使用单元测试框架（如 testthat）对改动部分进行不断地检查。具体可详见第 20 章单元测试相关的内容。

### 18.1.1　性能分析

性能分析可以确定代码的瓶颈所在，找出哪部分代码拖慢了运行效率。知道问题出在哪里，才好对症下药。通过性能分析可以发现占用运行时间最多的行或函数，然后有针对性地改进这部分代码，提高整体的运行效率。毕竟，在对整体效率贡献不大的代码上花功夫，意义不大。我们应该把时间和精力用在刀刃上。

许多包都有对 R 代码进行性能分析的工具。不过，本节使用的是 R 基础包中的 Rprof() 函数。使用该函数时，把待测试的代码放在指定分析和关闭分析之间。然后，R 会在指定的时间段中检查代码的运行情况，并将结果返回到指定的文件中。稍后，调用 summaryRprof() 函数分析结果，就能确定代码中耗时最多的部分。对于较新版本的 R，能以行级别返回结果，所以可以直接确定最耗时的代码行数。

下面以代码清单 18.1 中的 f1() 函数为例，进行性能分析。由于该函数运行得非常快，所以用 replicate() 函数让其运行若干次。

```
> tmp <- tempfile()
> Rprof(filename = tmp, line.profiling = TRUE)
> replicate(100, f1(100))
> Rprof(NULL)
> summaryRprof(filename = tmp, lines = "show")
$by.line
     self.time  self.pct  total.time  total.pct
#9       0.06       100        0.06        100
```

在该例中，包含了代码行的性能分析，这样更容易确定最耗时的行。该例的行性能分析输出只返回了一行（第 9 行），这表明 for 循环中的 ifelse 是最耗时的（详见代码清单 18.1）。这说明第 9 行就是需要重点改进的部分。注意，该例的具体输出依赖于运行代码所花费的时间，而这取决于所用的机器、操作系统以及其他方面。

### 18.1.2　标准分析工具

如果决定要改动代码，就要知道改动前后有什么区别，速度方面有多大的提升。标准分析工具（benchmarking tool）可用于测量代码的运行时间，特别是纳秒级的时间。和性能分析类似，能测量代码运行时间的方法有很多，而本节使用的是广泛用于代码分析的 microbenchmark 包。可以给 microbenchmark() 函数传递任意数量的函数，其中，times 参数指定每个函数被运行的次数。每次运行会出现快慢不同的情况，如果只运行一次就进行比较会影响结果的评判。因此每个函数都要运行若干次，然后取其平均的运行时间。microbenchmark() 函数可用于处理这些任务，而且会返回一系列统计量，如所有时间的中位数、上分位数、下分位数。

继续以代码清单 18.1 中的 f1() 函数为例。这是一个抽样函数，返回给定长度的向量（内含抽样的 0 和 1，长度由 len 参数指定）。本章都使用该函数作为示例，演示如何改进代码。我们将该函数调用（即 f1(100)）直接传递给 microbenchmark() 函数。默认情况下，f1()

函数将被调用 100 次。

```
> microbenchmark(f1(100))
Unit: microseconds
    expr      min       lq      mean   median        uq      max neval
f1(100)   597.087  616.146  731.2236   624.21  662.5125  2026.94   100
```

如上所示，microbenchmark() 函数输出的结果是所有 replicate() 函数运行时间的一系列汇总统计量。虽然在某些情况下详细的统计量都很重要，但是目前我们感兴趣的是中位数。

**代码清单 18.1　函数抽样**

```
 1: f1 <- function(len){
 2:
 3:   x <- NULL
 4:
 5:   for(i in seq_len(len)){
 6:
 7:       s <- runif(1)
 8:
 9:       x[i] <- ifelse(s > 0.5, 1, 0)
10:
11:   }
12:
13:   x
14:
15: }
```

*Did you Know?*

> **提示：多快才够快**
>
> 　　在开始改进代码之前，有必要确定一下提速的目标。要把代码的运行时间提升到多快？能让代码提速的地方很多，漫无目的通常会比有的放矢花费更多的时间。设定一个提速的目标能明确改进的方向，这有助于完成任务而不是没完没了地改动。

## 18.2　初始化

在开始编写代码时，特别是有其他语言（如 C++）编程经验的人，通常喜欢写很多循环。本书前面介绍了一些 apply 族的函数，推荐在编写产品级代码时用这些函数来代替循环。

当然，for 循环不是一无是处，它有自己的用武之地。但是，许多人常犯的错误是用循环来实现一些简单的操作，比如创建一个对象，然后通过循环迭代地为其赋值。代码清单 18.1 就是这样。在该例中可以看到，第 3 行创建了一个对象 x，然后进入 for 循环，在第 9 行通过循环的迭代进行赋值。在 R 中，每次迭代都会把向量复制一次，这会大大拖慢代码的运行效率。

代码提速最简单的方法是通过初始化或预分配来处理，避免 R 每次都进行复制。这意味着在启动循环之前就要创建好一个合适类型和大小的对象（比如，创建一个长度为 10 的数值型向量或长度为 5 的字符型向量）。这样每次循环时，就只需覆盖原值即可，如代码清单 18.2 所示。

**代码清单 18.2　初始化的抽样函数**

```
 1: f2 <- function(len){
 2:
 3:     x <- numeric(len)
 4:
 5:     for(i in seq_len(len)){
 6:
 7:         s <- runif(1)
 8:
 9:         x[i] <- ifelse(s > 0.5, 1, 0)
10:
11:     }
12:
13:     x
14:
15: }
```

接下来用 microbenchmark() 比较抽样函数的两个版本。

```
> microbenchmark(f1(100), f2(100))
Unit: microseconds
    expr     min       lq      mean   median       uq      max neval
 f1(100) 582.059 616.6960 637.9074 631.3575 651.883  744.434   100
 f2(100) 532.576 567.5805 642.1922 583.8910 602.401 2666.544   100
```

通过上面的输出结果可以看到，改动后的抽样函数的确缩短了运行时间。当然，该函数还有很大的提升空间。

---

**提示：创建正确的类型**

在本例中，用 numeric() 函数创建了一个内含 0 的数值型向量。当然，还可以用 character() 函数和 logical() 函数分别创建字符型向量和逻辑型向量。这样做的好处是，即保证了在循环开始前向量的类型正确，防止 R 把对象转换成不同的类型，又省去了改值的麻烦。这真是一举两得，因为我们不用改值。如果要改变 0（数值型），""（字符型）或 FALSE（逻辑型）的值，则另当别论。

*Did you Know?*

---

## 18.3　向量化

在 R 中踩到 for 循环的陷阱不是什么新鲜事，相反，这通常是很多人（特别是有其他语言编程经验的人）常犯的错误。想都不想直接用 for 循环对向量中的值进行遍历操作是自然的事情。可是，在 R 中滥用 for 循环会严重影响代码的运行效率。这的确像一个真正的陷阱，掉下去要很长时间才能爬出来。请记住：在 R 中，通常用向量化同时执行一系列操作。这不仅让代码运行得更快，而且是编写 R 代码更专业的方法。

### 18.3.1 什么是向量化

所谓向量化，就是对一组值（如向量）同时执行一个操作。假设要把 1～10 都乘以 4，不用先 1 乘以 4，再 2 乘以 4 这样重复操作，而是对 10 个值同时乘以 4，即对 1～10 执行向量化操作。在 R 中，可用下面的代码来完成：

```
> 4 * (1:10)
 [1]  4  8 12 16 20 24 28 32 36 40
```

如上代码所示，根本不需要循环，只用一个表达式就执行了 10 次计算，大大加快了代码的运行效率。稍后我们用向量化的方法改进代码清单 18.1 中的抽样函数，可以看到提速效果显著。

值得注意的是，上面的代码不一定要使用圆括号。但是这样写增加了代码的可读性，特别在他人第一次阅读时，帮助理解。鉴于本章讨论的是代码提速，所以不得不提的是，这些括号会稍微拖慢效率。如果编写的代码要求效率第一，可以考虑删除括号。不过要清楚，这通常不是拖慢代码的主要原因。值得一提的是，对于最新版本的 R，括号对代码效率的影响已经微乎其微了。

### 18.3.2 怎样编码可以向量化

在 R 中进行向量化轻而易举，因为大部分函数都设计好接受的是向量值，而不是单独的标量值。回想一下第 6 章介绍的 paste() 函数。该函数实际上就利用了向量化把不同的水果名字符串与相应的数值粘贴在一起，创建了一个新的向量：

```
> fruits <- c("apples", "oranges", "pears")
> nfruits <- c(5, 9, 2)
> paste(fruits, nfruits, sep = " = ")
[1] "apples = 5" "oranges = 9" "pears = 2"
```

上面的代码没有用循环来依次粘贴水果名和数值，而是将其合并成一步完成。一些常用函数甚至有自己的向量化版本，比如本章多次用到的 ifelse() 函数就是第 7 章中 if/else 结构的向量化版本；又如 pmin() 函数和 pmax() 函数，也使用了向量化操作，分别用于查找每个向量中相同位置的最小值和最大值。如下代码所示：

```
> pmin(0, -1:1)
[1] -1  0  0
> pmax(-1:1, 1:-1)
[1] 1  0  1
```

下面回到之前改进的抽样函数。代码清单 18.2 演示了如何初始化函数，实际上可以通过向量化代码删掉整个循环。实现的方法有很多，代码清单 18.3 中列出了两种。

**代码清单 18.3　向量化的抽样函数**

```
1: f3 <- function(len){
2:
3:     s <- runif(len)
```

```
 4:
 5:        x <- ifelse(s > 0.5, 1, 0)
 6:
 7:        x
 8:
 9: }
10:
11:
12: f4 <- function(len){
13:
14:        x <- numeric(len)
15:
16:        s <- runif(len)
17:
18:        x[s > 0.5] <- 1
19:
20:        x
21:
22: }
```

该例中第一个函数 f3() 使用了 ifelse() 函数。f3() 没有用循环每迭代一次生成一个服从均匀分布的单值，而是只用一步（第 3 行）就直接生成一个完整的向量。然后，用向量化的 ifelse()（第 5 行）测试所有值，并根据测试条件返回向量中每个值的 1 或 0。在分析 f4() 之前，先把 f3() 和前两个版本做对比，看看提速的效果如何。

```
> microbenchmark(f1(100), f2(100), f3(100))
Unit: microseconds
    expr       min        lq        mean    median        uq       max   neval
 f1(100)   570.696   593.6045   999.40998  601.1185  616.8795  32061.20    100
 f2(100)   524.512   533.8590   598.32525  550.7200  562.4485   1758.27    100
 f3(100)    30.056    32.2560    47.34957   33.7220   36.8370   1211.40    100
```

这里我们只看中位数的值。不难看出，与最初的版本 f1() 和初始化版本 f2() 相比，f3() 有了很大的提升。由此可见，f3() 中采用的方法大大提高代码的运行效率。其实，f4() 的方法更胜一筹。

我们先来看代码清单 18.3 中 f4() 的定义（从第 12 行开始）。该函数一开始就初始化了待返回的向量 x。与 f3() 类似，该函数也仅用一步就生成了均匀分布抽样，但是 f4() 没有用 ifelse() 函数，而是基于 s 向量直接用下标法来操作向量 x。而且，在这一步中（第 18 行）直接生成那些满足条件的 1。能这样做是因为在初始化 x 时已经创建了内含 0 的向量，于是可以省去一些繁琐的小步骤。对比这两种向量化版本会发现，后者更快。

```
> microbenchmark(f3(100), f4(100))
Unit: microseconds
    expr      min        lq       mean    median       uq      max   neval
 f3(100)   28.956   29.690   31.40153   30.057   30.973   59.012    100
 f4(100)    9.530   10.264   11.19091   10.630   11.363   50.583    100
```

相比于非向量化的版本，向量化的函数的确提速不少，但是比较以上两种向量化方法，我们通常更倾向于使用基本下标法来直接操作向量。

> **提示：不要删掉错误处理部分**
>
> 类似 `pmin()` 和 `pmax()` 这样的函数比较慢，是因为它们包含了许多参数，而且要进行诸如数据类型这样的检查。的确，直接处理数据显然更快，但不能因此就要把函数中的错误处理部分全部删除。如果要共享你所写的代码（特别是产品级别的代码），那么在优化时最好能保留错误处理部分，用本章介绍的方法优化其他部分的代码。

## 18.4　使用替换函数

一想到要为了优化而绞尽脑汁地改代码就头疼。其实不用那么麻烦，或许一个替换函数就能解决我们的问题，甚至比自己写的要好得多。通常都会有人已经想到了你想做的事，而且解决了类似的问题。所以，要是能找到替换的函数或包，花点时间也是值得的。提醒一下读者，本书第 2 章中介绍过查找函数和包的一些方法。

本章一直用的例子就能很好地解释这种情况。代码清单 18.1 中创建的函数是为了随机抽样一系列 0 和 1，而第 6 章中介绍过的 `sample()` 函数就能胜任这个任务。显然有人已经实现了我们需要的功能，而且函数的作者在代码提速方面下了功夫。代码清单 18.4 给出了抽样函数的最终版本 `f5()`，我们稍微改动了一下 `sample()` 函数的实现，使其能用于抽样函数。下面用最终版本和其他版本做一个比较。

```
> microbenchmark( f1(100), f2(100), f3(100), f4(100), f5(100))
Unit: microseconds
    expr      min        lq        mean    median        uq       max neval
 f1(100)  574.727  582.4245  672.98853  596.7200  616.8795  1895.354   100
 f2(100)  524.146  545.4050  638.65877  554.0190  568.3130  1768.899   100
 f3(100)   30.423   32.6220   36.03099   33.7220   39.0365    78.806   100
 f4(100)   10.263   10.9970   23.79963   11.5465   12.0965  1211.766   100
 f5(100)    6.231    7.5145    9.31053    8.4310   10.4470    16.862   100
```

**代码清单 18.4　使用 sample()函数**

```
1: f5 <- function(len){
2:
3:     sample(0:1, size = len, replace = TRUE)
4:
5: }
```

显然，如果不知道有这样一个函数，就不会这样用。那么，如何才能找到针对某些问题的函数？最好的方法是阅读别人的代码，而且要经常在网上浏览别人解决类似问题的方法。许多可用的资源都能为你所用，而且本书也介绍了许多实用的函数。

## 18.5　管理内存使用

说到 R 的内存使用，实际上也没必要自己去管理。R 的内存由临时对象负责，在需要的时候 R 会自动处理。通常用不着我们手动释放内存。我们需要关心的是创建了什么对象和怎样使用它们。

如果要处理大型数据集，强烈推荐使用第 12 章介绍的包，它们专门设计用于高效使用内存。如果发现的确缺少可用内存，首先要做的是查看当前的 R 会话中创建了什么对象，这些对象的大小，以及是否可以移除它们。

在 RStudio 中，通过环境面板都很容易进行这些操作。环境面板列出了环境中所有对象的汇总信息，每个对象具体是什么，而且还列出了每个对象的大小。

---

**提示：检查对象的大小**

在环境面板中，通过网格视图可以查看对象的大小。在环境面板右上角有一个标签菜单，可选择 "Grid" 或 "List"。如果面板显示是 "List"，可以按下菜单后选择 "Grid"。如果用的不是 RStudio，可以用 `object.size()` 函数作用于需要查看的对象。另外需要提醒的是，可以用 `sapply()` 这样的函数对多个对象同时应用指定的函数。

---

从会话中移除[1]指定的对象，不仅可以通过单击 RStudio 界面的按钮实现，还可以通过编程的方式用 `rm()` 函数实现。例如，运行下面的代码即可移除 x 对象。

```
> rm(x)
```

如果要创建的对象很大，可以用 `gc()` 函数强制 R 进行垃圾回收，释放更多可用空间。一般情况下，R 在必要时会自动运行该函数，不需要人为地干预。

---

**提示：重启以完全清理**

如果在数据分析过程中创建了许多对象来检验某种方法，有时需要重启 R 来完全清理所有未使用对象（包括类和未使用的包或函数）的工作空间。如果你已经写了一个脚本，重新运行所有代码并回到清理干净的环境就很容易。

---

## 18.6 集成 C++

本章一直在介绍编写高效 R 代码的方法，但是在某些情况下，可能没法使用这些方法让代码提速。此时，就要求助其他更合适处理这种情况的工具。在 R 中，加速代码运行效率的另一种简单的方法是使用 C++，更具体地说是 Rcpp 包。

C++ 是一门静态类型语言，也就是在创建对象时就必须指定好对象的类型。C++ 还是编译语言，这使得它比 R 语言运行要快。虽然可以在 R 中集成 C 和 C++，但是用 Rcpp 包会更加方便。Rcpp 包现在非常流行。

### 18.6.1 C++ 和 Rcpp 的使用时机

显然，要先学会 C++ 语言才懂得如何在 R 包中添加 C++ 代码，这似乎给人当头一棒。为

---

1　注意这里是移除（remove）不是删除（delete）。因为 rm() 函数只是清除了对象的引用，并没有立即清除对象占用的内存，而失去引用的对象就成了内存中的垃圾。如果希望被移除的对象立即被完全删除，可以运行 gc() 函数。

——译者注

了解决 R 代码的效率问题而学习一门语言（而且还是 C++），这代价未免太大了。但是，如果本来就会 C++或者认为学会 C++确有必要，则另当别论。

出现以下两种情况时，可以考虑用 C++：

➢ 不得不使用 for 循环时（例如，循环中的每次迭代都依赖上一次迭代的值）；

➢ 需要解决的问题已经在 C++中高效地实现了。

利用 Rcpp 来编写 C++代码能解决许多麻烦的问题，比如 R 和 C++之间的数据传递，处理内存使用和为 C++提供许多常用的 R 函数。这意味着不用把 C++全部学懂，就能直接使用一些现有的、测试良好的功能。

## 18.6.2 基本函数

本节不会详述如何编写 C++代码，但是会介绍一些用 Rcpp 包简单集成 R 和 C++代码的基础知识。为保证本章内容的连续性，接下来仍然以实现抽样函数为例，如代码清单 18.5 所示。实际上，该例用到了许多 C++才有的特性，很适合作为入门介绍。

**代码清单 18.5 用 Rcpp 实现抽样函数**

```
 1: #include <Rcpp.h>
 2: using namespace Rcpp;
 3:
 4: // [[Rcpp::export]]
 5: IntegerVector sampleInC(int len){
 6:
 7:     // 为创建输出，初始化 x
 8:     IntegerVector x(len);
 9:
10:     // 用 Rcpp 的 runid()函数初始化并创建 s
11:     NumericVector s = runif(len);
12:
13:     // 通过循环进行抽样，使用 if...else...
14:     for(int i = 0; i < len; ++i) {
15:
16:         if(s[i] > 0.5)
17:             x[i] = 1;
18:         else
19:             x[i] = 0;
20:     }
21:
22: // 显式返回 x
23:     return x;
24: }
```

### 1．R 和 C++的区别

首先，相比于 R，在定义函数方面 C++有如下不同。

➢ 必须声明所有对象的类型，包括输入和输出对象的类型，以及创建的所有中间对象的类型。

➤ 所有的表达式均以分号结尾。

➤ 定义 for 循环的方式不同，要指定初始值、循环结束的条件和递增。

➤ C++中的下标计数从 0 开始。

这些特性都可以在代码清单 18.5 中看出来。

### 2．编写函数

在 R 中，可以直接用 cppFunction()编写 C++函数。但是，一旦 C++函数的代码超过一两行，就有点麻烦。所以，最好用 C++脚本来编写函数，然后用 sourceCpp()函数直接运行。本书就采用了这种方法，所以代码清单 18.5 中的代码会保存在一个以.cpp 结尾的文件中。

> **提示：Rcpp 和 RStudio**
>
> RStudio 对 Rcpp 支持得很好。如果打开新的脚本，选择 "C++ File"，便会生成一个 Rcpp 的模板结构。然后按下脚本面板右上角的 Source 按钮，R 就会自动运行 sourceCpp()。

*Did you Know?*

如果使用 Rcpp，必须把代码清单 18.5 中的前 4 行（1～4 行）放在 C++脚本的顶部。有了这几行才能保证在编写 C++代码时 Rcpp 的功能可用，而且能让 R 将其中的代码视为函数。

### 3．数据类型

从代码清单 18.5 的第 5 行开始，就是函数的定义。注意，在 C++中不使用 function 关键字，但是要把 IntegerVector 放在函数名（sampleInC）前面。这样做是为了告诉 C++，该函数的返回值是整型向量。对 C++而言，一定要保证类型正确。还要注意，代码中指定了 len 参数为 int 类型，这意味着一定要给该函数传递一个整数。编写 R 代码没这么繁琐，因为 R 替我们把这些事都做好了。但是编写 C++代码，千万不要忘记这些。标量、向量和矩阵的不同数据类型的定义见表 18.1。需要说明的是，这些类型中有些是 Rcpp 专用的，并不是 C++的标准类型定义。

表 18.1　Rcpp 中的数据类型

| 数据类型 | 标量 | 向量 | 矩阵 |
| --- | --- | --- | --- |
| 整型 | Int | IntegerVector | IntegerMatrix |
| 数值型 | double | NumericVector | NumericMatrix |
| 字符型 | String | CharacterVector | CharacterMatrix |
| 逻辑型 | Bool | LogicalVector | LogicalMatrix |

代码清单 18.5 中剩下的代码与代码清单 18.1 中的原始版本非常相似。我们创建了向量 x 和抽样，最后将它们返回。与 R 版本的函数类似，该例中的 for 循环使用了 if/else 结构。虽然与之前所用的 ifelse()函数不同，但是这与 R 中的 if/else 结构等价。所以，对于这个抽样函数，用 C++编写和用 R 编写的主要区别是 for 循环的结构。

### 4．C++中的循环

C++定义 for 循环的方式有所不同。首先，创建一个对象并赋予初值。注意到代码清单 18.5 中的第 14 行，先将创建的 i 初始化为 0（int i = 0）。这样做的目的是为了索引向量，而且 C++ 中的计数从 0 开始。在使用 C++ 时，一定要记住这点。然后，`for` 循环的下一个组件是用于判断是否继续循环的条件（i < len）。在该例中，只要对象 i 小于向量长度，就继续循环。注意到这里用的是 "小于"，因为 C++ 从 0 开始计数，所以最后一个元素是 len-1。最后一个成分是循环的递增条件，注意其语法是 ++i。在 C++ 中，这种特殊的写法是对象的值增加 1 的意思。这表示在该例中，每迭代一次就给 i 的值加 1。

**5. 从函数返回**

要在 R 中从函数返回，可选择性地使用 `return()` 函数。而 C++ 不能这样，**必须**使用关键字 `return`。除此之外，还必须确保返回值的类型和声明函数时的类型相同。代码清单 18.5 的第 5 行已经指定了该函数应返回 `IntegerVector` 类型，所以必须返回该类型。该例中，返回的 x 已经在第 8 行声明为 `IntegerVector` 类型。

### 18.6.3　在 C++ 中使用 R 函数

读者应该注意到了，代码清单 18.5 中使用了 `runif()` 函数。能这样用是因为 Rcpp 为 C++ 提供了许多 R 中的常用函数，包括各种分布函数。实际上，各种分布函数的实现使得在两者中生成随机数的方式相同。这意味着可以对比同一个函数在不同语言中实现的效率有何区别。

除了分布函数之外，还可以在 C++ 中实现许多函数的向量化版本，如标准算术操作符（+、-、*、/等）和各种数学函数（如 `sin()` 函数、`cos()` 函数，以及 `round()` 函数、`abs()` 函数、`ceiling()` 函数、`floor()` 函数等）。

除了添加统计分布外，还实现了许多汇总函数，如 `mean()` 函数、`sd()` 函数、`var()` 函数、`sum()` 函数和 `diff()` 函数。限于篇幅，这里没有列出详尽的清单，可以通过 `vignette("Rcpp-suger")` 查阅 Rcpp-Sugar 的说明文档，其中列出了所有的可用函数。

这样的好处是，可以用 Rcpp 以更快的方式实现 R 函数。显然，要学习 C++ 语言本身才能更好地理解它。但是，Rcpp 作为一种快速上手的方法，是不错的开始。

> **Did you Know?**
>
> **提示：进一步学习**
>
> 本章只涉及了很小一部分的 C++ 的基础知识，而且还是与 Rcpp 相关的知识。还有很多可用的资源，但是建议先仔细阅读 Rcpp 提供的用户文档。用 `vignette(package = "Rcpp")` 可以查看该包中所有可供查阅的说明文档。

## 18.7　本章小结

本章介绍的这些实用的提速方法，不仅能提高代码的运行效率，还能让读者写出更专业的 R 代码。随着不断地学习和练习，久而久之，编写高效的 R 代码（特别是向量化代码）会成为自己一种良好的编程习惯。除此之外，在学习过程中积累的许多有用函数，为编写更高效的代码提供帮助。本章末尾简要地介绍了 Rcpp 包，如果其他方法不可行或完全没什么影响时，值得一试。关键要记住一点，在调整代码时必须确保执行的方式不变。本章用来测试函数运行效率的方法属于非正式的测试方法，第 20 章将介绍如何利用测试框架不断验证，防止改动的代码有不利的影响。

## 18.8 本章答疑

**问**：如果不介意代码运行的快慢，是否就不用学习本章的内容？

**答**：如果对自己的代码运行速度满意，就不用做任何改动。然而，遵循本章的建议可以让你写出更专业的代码，在写大型产品程序时减少犯错的概率。建议在编写 R 代码时，考虑本章提到的要点（也许很多你已经做到了），久而久之就能养成良好的编码习惯。

## 18.9 课后研习

课后研习包含"随堂测验"和"答案"两部分，旨在帮助读者巩固本章所学知识。请读者先尝试回答"随堂测验"中的所有问题，再看后面的"答案"。

**随堂测验：**

1. 在动手修改代码之前，应该要做什么，会用到什么函数？

2. 为什么在编写 for 循环时要初始化？

3. 为什么一些向量化函数（如 pmin() 函数）比直接处理数据的函数运行速度要慢？

4. 在 R 中是否有必要处理内存？

5. R 和 C++ 的主要区别是什么？

**答案：**

1. 在进行任何改动之前，都应该先对代码做性能分析，以确定是哪部分代码拖了后腿。在 R 中，可以用 Rprof() 函数生成一系列汇总统计量，查看哪部分代码耗时最多。

2. 在编写 for 循环时初始化对象，意味着 R 在改动值时不会不断拷贝对象。因为直接覆盖原值更加高效。

3. 向量化函数通常都比较慢，因为这些函数包含了多个函数参数，而且要对参数进行一系列错误检查。这样做是为了确保函数能正常运行。如果传递了错误的参数，向量化函数将返回包含更多内容的错误信息。对于要经常复用（特别是与他人共享）的代码，一定要保留错误检查机制，不能仅为了效率就移除它们。

4. 不用。当临时对象不再被使用时，R 会自动清理内存。手动管理内存主要是为了移除一些之前创建又不再使用的大型对象。

5. 与 R 相比，C++ 主要有 4 点不同：

   A. 必须声明所有对象的类型

   B. 所有的表达式都以分号结尾

   C. 循环的定义方式不同

   D. 索引从 0 开始计数

## 18.10 补充练习

1. 编写一个带向量参数的函数,通过循环迭代操作每一个值,计算当前所有值的总和(即,累积和),即当传递内含 1~10 的向量时,得到下面的返回值:

   ```
   [1]  1  3  6 10 15 21 28 36 45 55
   ```

2. 用 microbenchmark() 函数确定运行练习 1 所写函数的中位数时间。

3. 使用任意初始化和向量化技巧改进练习 1 中函数的效率,使用 microbenchmark() 函数检查改进后的代码是否提速。

4. 是否能在 R 中找到一个能帮助你提高代码效率的函数?如果找到了,把这个函数和你写的最效率的版本做一个比较。

5. 尝试利用 Rcpp 包用 C++编写练习 1 的函数。如果觉得累积和有点棘手,可以先练习如何计算向量中所有值的和。

# 第 19 章

# 构建包

本章要点：

> 为什么要构建 R 包

> R 包中包含了哪些组件

> 在所有的目录和文件中要包含什么

> 编写高质量代码的建议

> 如何用 roxygen2 自动创建文档

> 如何用 devtools 构建包

　　本章将介绍让代码专业化的一个关键方面：构建包。把代码放入一个包中，有助于确保代码处于高标准状态，能帮助你养成良好的编程习惯，比如给代码撰写文档。本章我们关注的重点是代码质量和文档创建。这是编写方便共享和复用的高质量、专业化代码的开始。

## 19.1　为什么要构建 R 包

　　即使在平时学习和使用 R 的过程中经常用到各种包，大部分人也很少考虑自己写一个包。通常，我们是从在 R 脚本中编写代码开始的，要把许多调用或源调用在脚本的顶部载入。这样编写代码会引起很多麻烦。

　　以这种方式编写的代码很难共享。我们必须确定运行代码所需的所有文件和所有附属包。如果没有给代码编写相关的文档，还必须花时间给同事或他人解释所写的代码的用途和用法。很难知道哪一个版本的代码是最新版，因为我们可能把稍有不同的版本储存在不同的地方。而且，经常对所做的改动是否会影响代码没什么把握。

然而，从使用其他 R 包的情况看，我们可以自己解决这些问题。有了 R 包，可以把我们所有的代码和文档都放在一个单独的地方，并实现一个更正式的方法测试代码。构建 R 包就能做以下事情。

> ➢ 记录（跟踪）代码的版本，方便查询正在使用的是相同的还是不同的版本。
> ➢ 保持代码和文档一致，节省解释函数用法和代码工作流程的时间。
> ➢ 提供演示代码和示例很方便。
> ➢ 方便使用测试框架，确保代码的任何改动都不会改变函数的输出。
> ➢ 容易合并和调用其他语言（如 C++）编写的函数。

以上提到的这些将代码转换为结构化的优势，非常值得我们花时间研究 R 包，本章将简要介绍如何使用一些工具，如 devtools 和 roxygen2。

## 19.2 R 包的结构

R 包有许多组件和对象，包括函数和文档。本章将介绍 R 包的基本结构及其组件，下一章将介绍一些其他组件，如单元测试。

R 包的基本结构由 4 个部分组成：

> ➢ DESCRIPTION 文件；
> ➢ NAMESPACE 文件；
> ➢ R 目录；
> ➢ man 目录。

接下来将按顺序依次介绍这些组件，但是在此之前先要学习如何创建正确的包结构，特别是，如何通过 RStudio 构建包。

### 19.2.1 创建包的结构

通常，我们用 package.skeleton() 函数创建包结构。虽然也可以这样做，但是用 devtools 包中的 create() 函数更好一些。devtools 包专门设计用于简化包的构建过程，比如把创造和构建包这样的功能打包。

> **Did you Know?**
>
> **提示：创建包项目**
> 在 RStudio 中，可以通过右上角的项目菜单来创建 R 包。选择 New Project > New Directory > R Package 后，在弹出的菜单中输入包的名称和将包储存在文件系统中的位置，也可以选择现有的 R 文件来包含这个包。

create() 函数的用途是创建 R 包的基本结构。稍后将看到，该函数围绕一种工作流程而设计，这样我们不仅可以单独添加自己的 R 代码，还能用 roxygen2 创建包的文档。

在定义创建包目录位置的文件路径时，直接写出包的名称，即可创建该包的结构。代码如下所示：

```
> create("../simTools", rstudio = TRUE)
Creating package simTools in .
No DESCRIPTION found. Creating with values:

Package: simTools
Title: What the package does (one line)
Version: 0.1
Authors@R: "First Last <first.last@example.com> [aut, cre]"
Description: What the package does (one paragraph)
Depends: R (>= 3.1.2)
License: What license is it under?
LazyData: true
Adding RStudio project file to simTools
```

这里要提醒读者注意的是，最好在名为 simTools 的目录中创建包结构（我们也是这样做的）。虽然没有严格规定一定要这样做，但是让包目录和包名相同是一种良好的编程习惯。从上面的代码中可以看到，默认创建了一个包含该包名的 DESCRIPTION 文件。稍后再详述该文件，现在要注意的是提供给该文件的一组默认值。

注意上面代码的第 1 行中，有一个 rstudio 参数。如果使用 RStudio，这个特性很好用。把 rstudio 设置为 TRUE，RStudio 还会在包目录中创建一个包项目。稍后，可以在 RStudio 的项目菜单中选择 Open Project，然后导航并选择已创建的.Rproj 文件即可打开该项目。实际上，create()函数会默认这样做。如果不想创建 RStudio 项目，可设置该参数为 FALSE。

无论是运行 create()函数，还是使用项目菜单，现在都在指定位置创建了一个目录，包含列出的目录和文件（man 目录除外）。接下来，我们将依次详述包结构的每个组件。

---

**提示：添加包文件**

无论是使用 create()函数还是项目菜单系统，都会创建一些隐藏文件，如.gitignore 和.Rbuildignore（在文件资源管理器窗口设置显示隐藏的文件）。这样做既能将文件局部地包含在包中，又能阻止 git 和（或）R 在构建过程中使用它们。默认情况下，.Rproj 文件是列出来的。

*Did you Know?*

---

### 19.2.2 DESCRIPTION 文件

R 包中的第一个文件是 DESCRIPTION 文件。该文件用于列出重要的包信息，包括作者和当前的包维护人员、包的版本号以及许可证。我们指定的任意附属包也在这个文件中。

注意到在运行 create()函数时，创建了含有一些默认值的 DESCRIPTION 文件。实际上可以指定 dectools 的选项自动填充这些字段，不过对于一些临时使用的包，这足够更新文件了。simTools 包的 DESCRIPTION 文件的示例，创建的包结构，在代码清单 19.1 中给出。

**代码清单 19.1 DESCRIPTION 文件示例**

```
Package: simTools
Title: Simulation Analysis Tools
Version: 1.0-0
Authors@R: c(
```

```
    person("Aimee", "Gott", email = "agott@mango-solutions.com", role = c("aut", "cre")),
    person("Andy", "Nicholls", email = "anicholls@mango-solutions.com", role = "aut"),
    person("Rich", "Pugh", email = rpugh@mango-solutions.com, role = "ctb")
)
Description: A series of tools for simulation analysis used for learning about
    distributions.
Depends:
    R (>= 3.1.2)
Imports:
    ggplot2 (>= 1.0.0)
License: GPL-2
LazyData: true
```

---

*Did you Know?*

**提示：包的许可证**

从上面的示例可以看到，默认的许可证是相对开放的 GPL-2，和 R 本身的许可证相同。R-Project 的网站上列出了 R 包会用到的多个标准许可证，不过通常都没必要应用这些许可证。许可证描述了可以用代码所做的其他事，因此要慎重选择。

---

## 19.2.3　NAMESPACE 文件

现在开发包时，NAMESPACE 是一个强制的文件。该文件中指定了包中有哪些函数可以被"导出"，这些函数对终端用户可见。如果希望某些实用函数只能在自己的代码中使用，对终端用户不可见，这个文件很有用。除此之外，有了该文件还可以从其他包中导入名称空间（也就是说，在当前包中使用那些其他包中对用户可见的函数）。由于要为函数添加 roxygen 注释块才能完成这些操作，稍后再继续这个话题。

## 19.2.4　R 目录

我们创建的所有函数都储存在 R 目录中。如果只是简单地使用 create()函数（即不使用 rstudio 参数），这个目录将为空，稍后可以添加 R 脚本文件（即以".R"结尾的文件）。根据不同的功能分组来包含多个 R 脚本是一种良好的编程习惯，但是也可以把所有的函数都添加在一个单独的文件中。值得注意的是，我们经常会看到一个名为 utis.R 的文件。通常，该文件中储存的是那些不想让终端用户使用的一些实用小函数（即仅有几行的函数）。

对于 simTools 示例包，我们将创建一个 sampleFromData()函数。代码清单 19.2 中列出了该函数的代码。应该把这份代码储存在 R 目录的一个 R 脚本中。

**代码清单 19.2　simTools 包的一个 R 函数**

```
sampleFromData <- function(data, size, replace = TRUE, ...){
  if (!is.numeric(size)) {
    stop("Size must be a numeric integer value")
  }
  lengthData <- nrow(data)
```

```
if (!replace & size > lengthData){
  stop("Cannot sample greater than the data size without replacement")
}
# 从给定数据集中抽样一些行
samples <- sample(seq_len(lengthData), size = size, replace = replace, ...)
invisible(data[samples, ])
}
```

### 19.2.5 man 目录

man 目录中储存的是包含在包中的函数用户文档的所有文件。应该养成为包中所有函数创建帮助文件的好习惯,特别是必须为可导出的函数(如那些对终端客户可见的函数)创建文档。

大家对帮助文件的 HTML 格式一定很熟悉,比如运行?mean 就能看到这样的格式。但是,不能以这种方式编写帮助文件,而要以类似 TeX 的格式来编写,并以.Rd 扩展名结尾储存在文件中。我们需要为每个函数和包生成一个文件。生成这些文件会非常耗时,而且如果对函数进行了改动,很容易忘记更新这些文件。鉴于这些原因,最好能用 roxygen2 包生成文档。

## 19.3 代码质量

既然要把编写的代码放入包中,就一定要注意代码质量。通常,包中的代码不是用来共享,就是许多功能的集合,或者两者皆而有之。相信大家都不希望自己所写的代码被人吐槽千百遍吧。鉴于此,的确要认真考虑一下所写代码的质量。

所谓代码质量不仅指的是代码能不能运行,还涉及代码的样式、文档和可用性。这些在接下来要讲到的代码编写指南中都会提到。在 Mango 公司,对代码质量的要求很高。一个项目通常是多个开发者协同工作,同时进行编码。使用固定的代码样式能更好地以协作的方式编写代码,给彼此沟通和工作带来很多方便。本书中推荐了许多不错的编程建议,遵循这些建议有助于你写出高质量的上乘代码。虽然不一定非要按照本书中的样式指南来编码,但我们还是建议大家尽量采用一个固定的编码样式,并坚持下去。

如前所述,所创建包中的所有 R 代码都储存在许多文件的 R 目录中。这些文件的名称都应该是描述性的,帮助用户在返回代码时识别其中包含的内容。而且,这些文件都应该以".R"扩展名结尾(注意 R 是大写)。另外,文件中引用的函数和对象都应该以不言自明的方式来命名,即名称本身就能提醒用户该对象的用途。因此,要使用一致的方式来命名对象。lowerCamelCase 是一种流行的命名约定,即除首单词外,后面每个单词的第 1 个字母都大写。这也是 Mango 公司采用的一种命名方式。

文档方面,每个函数的顶部都要有 roxygen 注释块,下一节再详述相关内容。代码本身应当能表达其用途,大约每 10 行代码就有必要注释一下。

代码布局方面,较好的做法是以固定方式的进行缩进和留白。比如,在+或*这样的操作符和逗号后面都加上一个空格。在函数调用、for 循环和 if/else 结构中,惯例缩进代码。推荐以两个空格为一个缩进。

除了上面介绍的代码风格和编码习惯外（比如，不要在 `for` 循环中进行追加），还应该考虑 R 会话中的代码在做什么。在函数中不要以任何方式改变环境，包括给对象赋值和更改参数或设置。如有必要进行改动（比如，改变当前的工作目录），应该让函数在退出前恢复改动前的初值。

## 19.4 用 roxygen2 自动创建文档

对终端用户而言，包中最重要的部分莫过于文档。文档完备的包更容易让人上手，而且为将来更新或改动功能提供方便。

包的文档有多种形式，虽然大部分广泛地使用，但是本节重点介绍函数的帮助文件。除此之外，还可以撰写用户指南，也被称为使用指南（vignette），下一章将详细介绍。

查阅过其他函数的帮助文件，就会熟悉这种文档的格式。函数的帮助文件列出了函数的所有参数，以及参数的用途和用法。另外，还可以添加每个函数的输出信息、函数的其他细节以及函数的作者等。

我们要用 roxygen 注释块生成文档。这些注释位于相关函数的顶部，所以可以在开发函数时就撰写这些文件，这使得生成文档很方便。而且，更新也很方便，因为注释块就在函数顶部，在改动函数时就能一并更新。

*Did you Know?*

> **提示：在编码时就撰写文档**
>
> 稍后可以看到，为函数创建 roxygen 注释块非常简单。所以，即使不打算把函数放入包中，也应该养成撰写文档的好习惯。在编写代码的过程中就撰写好文档，方便自己和他人使用。而且，如果日后决定把代码转成包，文档已经撰写好了，就不必再劳烦此事了。

### 19.4.1 函数的 roxygen 注释块

roxygen 注释块位于函数定义的上面。roxygen 注释的每一行均以#'开始。这样既能让 R 将其视为注释，又能被 roxygen 识别为函数特殊的注释块。roxygen 注释块中用特殊的标签标识帮助文件中的组件。表 19.1 列出了一些标签及其用途。

表 19.1 roxygen2 注释标签

| 标签 | 用途 |
| --- | --- |
| @param | 标识每个函数的参数和相应的帮助文本 |
| @return | 函数的输出细节 |
| @author | 指明函数的作者 |
| @seealso | 用户还需要查看的其他函数 |
| @examples | 运行函数的代码示例 |
| @import/@importFrom | 指明要导入的包中的包或函数 |
| @export | 指明该函数可以被导出（即对终端用户可见） |

有些组件不需要显式写出标签，roxygen 注释块中前 3 个段落就不带标签，分别如下：

（1）帮助页面的标题（很简短，只有一行）。

（2）帮助页面的描述（函数的简要描述）。

（3）细节部分，提供更多的函数信息、该函数实现了什么功能等。

为了包含特殊的格式，可以用 LaTeX 格式化组件。如果不熟悉 LaTeX 也没关系，只要不包含数学公式，就不会影响文档的编写。值得注意的是%的用法。在 LaTeX 中，%符号表示注释。所以，如果实际需要%就要用\%才行，否则%后的内容都将被视为注释。

代码清单 19.3 中演示了如何在之前创建的 simTools 包中查找简单的函数。注意，虽然不再包含完整的函数定义，但是和代码清单 19.2 一样，文件头直接在函数定义的上方。

**代码清单 19.3    sampleFromData()函数的 Roxygen 注释块**

```
 1: #' Sample from a dataset
 2: #'
 3: #' This function has been designed to sample from the rows of a two
 4: #' dimensional data set returning all columns of the sampled rows.
 5: #'
 6: #' @param data The matrix or data.frame from which rows are to be
 7: #' sampled.
 8: #' @param size The number of samples to take.
 9: #' @param replace Should values be replaced? By default takes the
10: #' value TRUE.
11: #' @param ... Any other parameters to be passed to the sample
12: #' function.
13: #'
14: #' @return Returns a dataset of the same type as the input data with
15: #' \code{size} rows.
16: #'
17: #' @author Aimee Gott <agott@@mango-solutions.com>
18: #'
19: #' @export
20: #' @examples
21: #' sampleFromData(airquality, 100)
22: #'
23: sampleFromData <- function(data, size, replace = TRUE, ...){
```

代码清单 19.3 中第 19 行的@export 是比较重要的标签。该标签使得 sampleFromData() 函数对终端用户可见。在生成文档时，NAMESPACE 文件将自动更新，表明该函数可被导出。这意味着你不必亲自生成 NAMESPACE 文件。类似的标签还有@import 和@importFrom，这些标签指定了在运行自己编写的函数时要用到的函数或包。

其他标签，如第 6、8、9、11 行的@param，用于标识函数的参数。注意到标签后面有一个空格，后面跟着的是参数名，函数名后面也有一个空格，然后是该参数的描述文本。如代码所示，文本可分为多行显示。在遇到新标签之前的文本均视为上一个标签的文本。

还注意到，第 17 行的邮箱地址中使用了@@。这是因为@符号在标签前面用于标识标签，所以必须用两个@才能表明真正需要的是@符号。

### 19.4.2 撰写包的文档

roxygen2 包不仅能创建函数的文档，还可以创建包的文档。显然，这不需要在函数前面放注释块了。通常，包的文档会被创建在一个与包名相同的单独文件中。根据本章所用的示例，该文件名应该是 simTools.R。注释块放在 NULL 或 NA 语句上面。

代码清单 19.4 中给出了本章所用示例（simTools 包）的包文档。和函数文档类似，第 1 行是帮助页面的标题，下一行是描述性文本。还可以包含一些其他标签，如 @author、@examples，甚至是 @references。这些和函数注释块类似。

**代码清单 19.4　simTools 包的 Roxygen 注释块**

```
1: #' A package for performing common simulation tasks
2: #'
3: #' This package provides a series of tools for common simulation tasks such as
4: #' sampling from a data frame and generating plots of simulation experiments.
5: #'
6: #' @author Aimee Gott \email{agott@@mango-solutions.com}
7: #' @docType package
8: #' @name simTools
9: NULL
```

函数注释块和包的注释块的主要区别是，后者要包含 @docType 和 @name 标签。如代码清单 19.4 中的第 7 行所示，@docType 标签标识该文档是包文档。第 20 章在为其他的包组件（如数据）撰写文档时，还会用到这个标签。@name 标签标注帮助文档。这就是用户要查看帮助文档时要调用的包名，如代码清单 19.4 中的第 8 行所示。

### 19.4.3 创建和更新帮助页面

只要给所有函数都创建完注释块，就可以用 roxygen2 包中的 roxygenize() 函数生成 Rd 文件了。当然，用 devtools 包中的 document() 也没问题。这两个函数的运作方式相同，这里用 document() 函数进行演示。

本章前面使用的 create() 函数可以看到，我们只需指明生成包的顶层目录，或者更新现有包文档的目录。

```
> document("../simTools")
Updating simTools documentation
Loading simTools
Writing NAMESPACE
Writing sampleFromData.Rd
Writing simTools.Rd
```

如上面的输出消息所示，更新了 NAMESPACE 文件、函数的 Rd 文件，以及包本身。如果用的是 RStudio，可以打开 Rd 文件进行预览。在 RStudio 中打开 Rd 文件后，只需单击 Preview 按钮即可在 Help 选项卡中看到 HTML 预览。代码清单 19.3 中定义的帮助文件的预览如图 19.1 所示。

```
sampleFromData {simTools}                                                          R Documentation

Sample from a dataset

Description

This function has been designed to sample from the rows of a two dimensional data set returning all columns of the
sampled rows.

Usage

sampleFromData(data, size, replace = TRUE, ...)

Arguments

data       The matrix or data.frame from which rows are to be sampled.

size       The number of samples to take.

replace Should values be replaced? By default takes the value TRUE.

...        Any other parameters to be passed to the sample function

Value

Returns a dataset of the same type as the input data with size rows.

Author(s)

Aimee Gott <agott@mango-solutions.com>

Examples

sampleFromData(airquality, 100)

                          [Package simTools version 1.0-0 ]
```

图 19.1

simFromData 帮助页面的HTML预览

作为构建包工作流程的一部分，在检查包和构建包阶段（下一节介绍）之前，撰写文档这个阶段应该是完整的。实际上，在创建和测试包的过程中，通常会重复进入这些阶段多次。

---

**提示：通过项目生成文档**

如前所述，如果在 RStudio 中作为项目来开发包，可以通过在包项目中可用的 Build 选项卡快速访问许多构建特性。选项卡中就包括生成包文档的选项，既可以选择 Document 选项( 通常在 Build 选项卡的 More 下拉菜单中 )，也可以通过键盘键入快捷键 Ctrl+Shift+D 来实现。

---

## 19.5 用 devtools 构建包

无论是只有简单的 R 代码和帮助文件，还是添加了第 20 章介绍的其他组件，只要把所有组件一起放进包中，都要走这个准备包的过程，然后就可以开始构建包了。通常，用一系列命令行工具就能完成构建。现在，可以通过 devtools 包，用一种更简单的方式来构建。虽然实质仍然是使用命令行工具，但是 devtools 为我们提供了一个简单熟悉的界面。

---

**警告：在 Windows 中构建包**

为了在 Windows 中构建包，必须先安装 RTools。这个组件为开发 R 包提供命令行工具，在 CRAN 上可以下载。一定要确保安装了正确的 R 版本，确保系统路径创建正确。欲详细了解安装 RTools 的事项，请参阅附录。

---

### 19.5.1 检查

构建用于分享的包之前，先要进行一系列检查。要把包提交到 CRAN 上供大家使用，必须通过一系列检查，包括检查包的结构、代码的各方面和包的文档，甚至还要检查示例是否运行正确无误。即使不需要把包提交到 CRAN，运行这些检查也没坏处，能确保包通过所有的测试。可以通过 devtools 包中的 check() 函数运行这些检查。

代码清单 19.5 中给出了 check() 函数的示例和部分输出。从该输出的第 2 行可以看出，check() 函数做的第一件事是运行 document() 函数。由于后面会有许多与文档相关的检查，这确保了文档更新为最新版。然后，构建包的源码版本。这是为了确保包含在检查中的文件不会出现在包的最终版本中。接下来，从第 20 行开始进行检查。如代码清单 19.5 所示，检查了 DESCRIPTION 和 NAMESPACE 文件。从各行末尾的 OK 可以看出，它们都通过了检查。

**代码清单 19.5　运行 check() 函数**

```
 1: > check("../simTools")
 2: Updating simTools documentation
 3: Loading simTools
 4: Writing NAMESPACE
 5: Writing sampleFromData.Rd
 6: Writing simTools.Rd
 7: "C:/PROGRA~1/R/R-31~1.2/bin/i386/R" --vanilla CMD build
 8: "C:\Users\agott\Documents\simTools" --no-manual --no-resave-data
 9:
10: * checking for file 'C:\Users\agott\Documents\simTools/DESCRIPTION' ... OK
11: * preparing 'simTools':
12: * checking DESCRIPTION meta-information ... OK
13: * checking for LF line-endings in source and make files
14: * checking for empty or unneeded directories
15: * building 'simTools_1.0-0.tar.gz'
16:
17: "C:/PROGRA~1/R/R-31~1.2/bin/i386/R" --vanilla CMD check \
18: "C:\Users\agott\AppData\Local\Temp\RtmpwNk65n/simTools_1.0-0.tar.gz"
➥--timings
19:
20: * using log directory 'C:/Users/agott/AppData/Local/Temp/RtmpwNk65n/
➥ simTools.Rcheck'
21: * using R version 3.1.2 (2014-10-31)
22: * using platform: i386-w64-mingw32 (32-bit)
23: * using session charset: ISO8859-1
24: * checking for file 'simTools/DESCRIPTION' ... OK
25: * this is package 'simTools' version '1.0-0'
26: * checking package namespace information ... OK
27: * checking package dependencies ... OK
28: ...
```

检查过程中会出现很多问题，比如 ERROR（错误）、WARNING（警告）、NOTE（注意），这取决于检查的严格程度。对于出现的任何问题，都要想办法解决。有些问题好办，尤其是那些不符合文档要求的问题。不过，如果不准备共享代码，或者至少还不想公开到 CRAN 上，可以重点先解决 ERROR 问题（相比之下，WARNING 和 NOTE 问题没那么重要）。对于在产品代码中使用的包，推荐努力解决所有的问题，或者至少要理解检查过程中出现的所有问题。

## 19.5.2　构建

终于要开始构建包了。我们用 devtools 包中的 build() 函数来构建。构建包时，既可以生成源码包，也可以生成二进制包，所以要考虑好待构建的类型。源码包中包含代码的源文件，二进制包会针对 Windows 或 OS X 操作系统进行编译。如果要给其他 Windows（或 OS X）用户共享代码，通常要构建二进制包。

这两种版本的唯一不同之处是，创建二进制包要把 binary 参数设置为 TRUE。代码清单 19.6 中演示了运行 build() 函数的示例，并在后面生成了输出。

**代码清单 19.6　构建包**

```
 1: > build("../simTools", binary = TRUE)
 2: "C:/PROGRA~1/R/R-31~1.2/bin/i386/R" --vanilla CMD INSTALL \
 3:   "C:\Users\agott\Documents\simTools" --build
 4: * installing to library 'C:/Users/agott/AppData/Local/Temp/RtmpwNk65n/
➡file105078613584'
 5: * installing *source* package 'simTools' ...
 6: ** R
 7: ** preparing package for lazy loading
 8: ** help
 9: *** installing help indices
10: ** building package indices
11: ** testing if installed package can be loaded
12: *** arch - i386
13: *** arch - x64
14: * MD5 sums
15: packaged installation of 'simTools' as simTools_1.0-0.zip
16: * DONE (simTools)
17: [1] "C:/Users/agott/Documents/simTools_1.0-0.zip"
```

从该例中可以看出，在生成二进制包时，首先要安装，然后以安装格式进行打包。包的名称和版本号是之前设置在 DESCRIPTION 文件中的值，所以不用把这些值传给 build() 函数。注意到第 15 行和第 17 行中的包有 .zip 的文件扩展名，这是因为构建了 Windows 二进制包。如果构建的是源码包，扩展名就会是 .tar.gz。

## 19.5.3　安装

构建完后，无论是二进制形式的包还是源码形式的包，都已经准备好可以安装了。其安装方式和其他包的安装方式相同，而且其载入和使用的方式都与其他包相同。如下所示：

```
> install.packages("../simTools_1.0-0.zip", repos = NULL)
Installing package into 'C:/Users/agott/Documents/R/win-library/3.1'
(as 'lib' is unspecified)
package 'simTools' successfully unpacked and MD5 sums checked
> library(simTools)
> simDat <- sampleFromData(airquality, 2)
> simDat
  Ozone Solar.R Wind Temp Month Day
```

```
58    NA      47 10.3     73      6  27
36    NA     220  8.6     85      6   5
```

## 19.6　本章小结

本章介绍了构建一个有基本组件的简单 R 包所需的所有组件。我们介绍了包开发过程中的一些良好的编程习惯，包括对编码本身的建议和如何撰写有用的文档组件。除此之外，还简要介绍了构建包的各个阶段，以及如何构建一个包。

## 19.7　本章答疑

**问：我要在自己的代码中使用另一个包，要怎么做才能确保自己创建的包能使用这个包？**

**答：**提到代码所依赖的包，R 有许多方式来描述潜在的依赖关系。通常，所依赖的包被列在 Depends（依赖）或 Imports（输入）、Suggests（建议）或 LinkingTo（链接到）域中。LinkingTo 域中列出的包依赖于另一个包中的 C 或 C++代码。Suggests 域列出的包不是必须的，可能在运行单元测试或示例时需要使用包中的数据，或者只作为一个特定功能的选项，供你所创建的包中某个函数使用。为了运行自己创建的包，肯定需要一些函数，任何包含所需函数的包都列在 Depends 或 Imports 域中。虽然在某些情况下还要用到 Depends 域，但是最好只使用 Imports 域。

**问：谁可以作为包的作者列出来？**

**答：**这完全取决与你。通常，作者是对包做出了实质性贡献人，而贡献者的贡献则比较少，比如只是修复 bug。其实要认真考虑的是，谁是包的创建者或维护人员（cre）。因为在需要时，R 核心团队或者包的使用者会联系该人。最好能列出一位维护人员的名字，并提供该联系人的邮箱地址。

**问：如果刚写了几个函数，是否需要为其创建一个包？**

**答：**如果想学习如何构建包，最好的方式是先创建一个小型的包。一般而言，也许实际上并不需要构建包，也不想日后公开代码，但是按照本章介绍的步骤并以推荐的方式组织代码，有助于写出高质量的代码。这意味着以后需要创建包时就轻车熟路了。

**问：即使不创建包是否也可以使用 roxygen 注释块？**

**答：**是的，而且强烈推荐这样做。以这种方式为所写的函数创建函数文档，给后续使用和更新函数带来许多便利。而且，也方便以后在需要时转为包。

## 19.8　课后研习

课后研习包含"随堂测验"和"答案"两部分，旨在帮助读者巩固本章所学知识。请读者先尝试回答"随堂测验"中的所有问题，再看后面的"答案"。

**随堂测验：**

1. R 包最少需要具备哪些组件？

2. 如何生成函数的帮助文档？

3. 创建包的文档需要哪些额外的标签？

4. 源码包和二进制包有何区别？

5. 如果不想把包放到 CRAN 上，是否需要确保通过所有的检查？

6. 如何安装自己开发的包？

**答案：**

1. 至少需要 man 目录、R 目录、NAMESPACE 文件和 DESCRIPTION 文件。

2. 在函数的 R 脚本中添加 roxygen 注释块就能生成文档。要使用以@符号开头的特殊标签来标识函数的组件。

3. 对于所有的包文档，需要包含的额外标签是@name 和@docType。@name 标签标识包的名称，用户将调用该名称访问相应的帮助文件。@docType 标签简单标识这是包文档。

4. 源码包中包含所创建包的所有源代码，但是在开发过程中可能包含在包中的一些额外文件除外，例如 RStudio 项目文件。二进制包是一种针对特定操作系统（如 Windows或 OS X）打包的版本。

5. 如果不打算提交至 CRAN，虽然不要求运行检查，但是这样做是一种良好的编程习惯。如果打算公开代码给他人共享，或者打算将其用在产品级别的代码中，强烈推荐通过所有检查。能通过所有检查的包通常比那些未通过检查的包质量高。

6. 安装自己开发的包与安装自己提供的其他源码格式或二进制格式的包没什么不同。回头看一下第 2 章，温习一下具体要如何操作。

## 19.9 补充练习

1. 使用 devtools 包创建一个名为 summaryTools 包的框架。

2. 在合适的位置添加一个 R 函数 numericSummary()。该函数有两个参数：一个数值型向量和 na.rm 参数。该函数要调用一个生成数值汇总的辅助函数，其中汇总包括均值和标准差。还要调用一个返回数字和缺失值比例的辅助函数。numericSummary()函数应该以合适的格式返回所有信息。

3. 使用 roxygen2 包创建文件头来为刚编写的 3 个函数创建文档。认真考虑这些函数是否需要对终端客户可见。

4. 更新 DESCRIPTION 文件和所有其他的包文档。

5. 构建和检查你的包。一旦解决了所有检查过程中出现的问题并重建了包，就安装它，然后尝试调用其中的函数。

# 第 20 章

# 构建高级包

**本章要点：**

> ➤ 如何扩展 R 包

> ➤ 测试的重要性和如何使用 testthat

> ➤ 如何在包中包含数据集

> ➤ 如何在包中包含用户指南

> ➤ 如何在包中使用 C++代码

 

在第 19 章中，介绍了如何把所有的代码以包的形式组织在一起，这样处理后更方便共享和维护代码，而且有助于在开发过程中写出高质量的产品级代码。另外，还可以用其他有用的组件来扩展包，使其更可靠，对初次使用的用户更友好。本章将介绍一些最常用的额外组件。

## 20.1 扩展 R 包

现在，我们要创建一个包，内含所需的函数，甚至包含这些函数的帮助文件。可是，为什么还要往包里塞东西？诚然，现有包的组件也够用了。从许多方面来看，确实如此。不用做其他事情也能共享我们创建的包，但是本章介绍的这些扩展组件会给我们带来很多好处。

第一个要介绍的额外组件是测试框架（test framework）。从本书众多的示例可以看出，我们在编写完代码后，如果发现 bug 或需要更新一些新功能时，就会想着如何改进代码，使之更高效或者只是简单地改动一下功能。在这种情况下，测试框架就非常重要，它确保我们在更新过程中不会往代码中引入新的错误，或者重复之前已经解决的问题。

在给终端用户共享代码时会提供许多示例，可能是简单的示例，也可能是需要共享的相关数据或函数要引用的数据。后者的情况在开发用于分析的代码中非常普遍。无论什么原因要公开代码，都可以将其合并到创建的包中，所以不需要单独发布开发包所需的数据。

第二个要介绍的额外组件是用户指南（user guide）。无论是想把代码共享给同事，还是 R 社区时，都必须告诉包的终端用户如何使用它。函数的帮助文件会帮助解答"如何使用这个函数？"和"该函数的参数都有哪些？"这些问题。但是，帮助文件对于理解包的工作流程帮助不大。要了解这个包的一般工作流程，就要查看包的用户指南。对于包所需的数据也是如此，反正我们已经编写好了，也打算发给需要的人，不如直接将其合并在包中。这样做不仅可以确保数据和包同步更新，而且终端用户在下载包后就能直接获得。

本章要介绍的最后一个额外组件是 C++代码，更准确地说是，用 Rcpp 编写的代码。并不是要在你所写的每一个包中都要添加这个组件，但是如第 18 章所述，如果编写的函数要求效率第一，那么就要考虑加入这类代码。因此，要学习如何在 R 包中包含这类代码。

综上所述，是否包含数据和 C++代码这两个组件，取决于包本身，以及包的要求和实现。至于用户指南和单元测试，也都不是必须的。当然，最好能包含这些组件，我们建议以在所写的包中包含这些组件作为标准，养成良好的编程习惯。通过本章的学习会发现，添加这些组件非常简单。另外，devtools 包的功能可以帮助读者创建包的结构。熟悉它们以后，就轻车熟路了。

## 20.2 开发测试框架

只要开发代码，就会想办法测试它。我们之前所用的测试方法是，运行特定的函数以确保代码能按预期那样执行。通常，处理少量数据可以这样做，而且这种方法测试的是已实现的主要功能。随着编写的代码越来越多，难免会出现一些问题，我们不得不改动代码来解决。于是通常会编写一个能经常运行的脚本，测试代码是否能输出期望的结果。这是测试框架工作的开始。对于所有的开发，尤其是产品开发，推荐把这些非正式测试正式化，这样才能在特定情况下容易重复运行。当然，我们可以将这些测试单元放入包中，这样就能和包中的其他部分在一起，甚至终端用户也可以运行它们，以确保包是否能正常运行。

### 20.2.1 testthat 介绍

在 R 中，提供测试框架的方法有很多，但是本节要介绍的是 testthat。该测试包广泛用于测试，而且容易上手。在考虑如何把测试单元包含进 R 包之前，先要学习如何用 testthat 写出"单元测试"。

本章将基于第 19 章开发的 R 包，为包中的函数 sampleFromData()实现一些测试。该函数从给定的数据集中随机抽样一些行，其定义列于代码清单 19.2 中。还要注意，该函数通过检查所提供的参数是否合理，实现了一些错误处理。

在编写测试代码时，要考虑到底要测试哪些内容。我们稍后再详细讨论这个问题。现在，先写一些测试代码，确保返回的数据与期望相符。如果要检查 sampleFromData()函数是否正常工作，最好是能找一个简单的数据集，然后通过传入参数值来测试该函数，检查其输出是否正常就行。例如，像下面这样：

```
> library(mangoTraining)
> set.seed(20)
```

```
> testData <- sampleFromData(demoData, 3)
> testData
    Subject  Sex  Age  Weight  Height   BMI  Smokes
29       29    M   44      81     175  26.4     Yes
26       26    F   25      58     175  18.9      No
10       10    M   23      71     188  20.1      No
```

在该例中，使用了 set.seed() 函数。该函数用于设置随机种子，以确保该函数每次随机抽样的结果都保持不变。无论运行多少次上面的代码，随机抽样生成的结果都一样。在测试的时候，这个函数非常有用。可以使用 testthat 进行正式测试，检查返回的数据是否正确。

使用 testthat 包提供的方法进行测试时，所用的函数名都带有 expect_ 前缀，后面分别附加一些元素名，如 equal、name、is 和 error。这些函数的运作模式类似，以待测试对象作为第一个参数，以测试对象的值作为第二个参数。在上面的示例中，为确保函数返回的 3 行都正确，可以用下面的代码：

```
> expect_is(testData, "data.frame")
> expect_named(testData, c("Subject", "Sex", "Age", "Weight", "Height", "BMI",
➥ "Smokes"))
> expect_equal(testData[,"Subject"], c(29, 26, 10))
```

我们检查了返回的结构和各列都是正确的，subject 列的值也是正确的。除了测试其中的几行，还可以扩展到测试返回的整个结构。这里要注意的是，因为本例中的 Subject 列的值是不重复的，所以返回的 3 行都是不同的；如果 Subject 列的值是重复的，那每次返回的数据一定是相同的。还要注意，如果运行以上所有语句，不返回什么信息，说明输出和期望相符。只有当测试失败时，才会返回一些信息。

可以在 sampleFromData() 函数中编写许多这样的语句来测试不同的功能。通常要测试的是，参数是否和预期相符，是否能以某种方式改变输出，是否能像预期那样在必要时抛出合适的错误或警告。我们强烈推荐编写测试，这样在发现 bug 时才能确保所测试对象的行为正常。而且测试部分还能帮助我们解决 bug，确保不会再向代码中引入新的 bug。

不用在脚本中全部写 expect_ 语句，使用 test_that() 函数就能把各种期望进行分组。因此，我们通常把之前作为期望默认行为测试写的语句进行分组。例如，测试脚本类似代码清单 20.1 所示。

**代码清单 20.1　sampleFromData() 函数的测试脚本示例**

```
 1: context("sampleFromData must return data frames of the correct format")
 2:
 3: test_that("Default arguments return correctly", {
 4:
 5: require(mangoTraining)
 6:
 7: set.seed(20)
 8:
 9: testData <- sampleFromData(demoData, 3)
10:
11: expect_is(testData, "data.frame")
12:
```

```
13: expect_named(testData,
14:                c("Subject", "Sex", "Age", "Weight", "Height", "BMI", "Smokes"))
15:
16: expect_equal(testData[,"Subject"], c(29, 26, 10))
17:
18: })
19:
20: test_that("Throws an error correctly", {
21:
22:   expect_error(sampleFromData(airquality, "Subject"),
23:                "Size must be a numeric integer value")
24:
25: })
```

如上代码所示，第 5~16 行与之前运行的代码相同，只不过这次它们都被放在了 test_that() 函数内部。如第 3 行所示，该函数的第一个参数是一个字符串，表明该测试组的目的是什么；第二个参数是一组放在花括号中的代码，其中包含所有待运行的期望。在该例中，我们包含了第二个 test_that() 函数调用，用于测试该函数是否能正确处理错误。我们可以在一个脚本中包含许多 test_that 分组。这是在一个脚本中熟悉一个函数或一组功能的 test_that 语句最好的方式，而且能以易于查找的方式把测试组织起来。我们将在下一节中介绍如何把测试并入包中。

还注意到本例第 1 行中，调用了一个函数 context()，以一个字符串作为参数。这是一种把一系列 test_that 语句进行简单分组的方式。context() 函数表明随后所有的测试都与指定的功能相关。在本例中，待测试的是 sampleFromData() 函数。

我们可以利用 test_file() 函数和 test_dir() 函数来运行这些测试。test_file() 函数将运行一个单独文件中的所有测试，而 test_dir() 函数则运行一个单独目录中的所有文本。作为示例，假设我们把代码清单 20.1 中的代码保存为 test-sampleFromData.R 文件。用下面的代码可以运行所有这些测试：

```
> test_file("test-sampleFromData.R")
sampleFromData must return data frames of the correct format : ....
```

## 20.2.2 将测试合并进包中

就像之前做的那样，虽然可以在脚本中编写测试，但是如果我们正在编写一个包，最好能把这些测试放入包中。这样就不会忘记特定代码的测试在哪里，我们可以很容易运行整个包的测试，而且在改动代码后，也可以很方便地把测试提供给那些想重新运行它们的人。最后一点在一些受控的环境中很普遍，必须确保不能改动某些软件或环境。因为如果改动了，会影响运行特定代码后的结果。

第 19 章中介绍过，R 以特定的方式来组织包的组件，测试也不例外。虽然到目前为止我们所用的 devtools 包中的函数还不能帮我们创建测试结构，但是可以通过 use_testthat() 函数把测试结构添加到已创建好的包中。因此，可以运行下面的代码，把测试结构添加到第 19 章创建的包中：

```
> use_testthat("../simTools")
```

该函数将在 simTools 包的结构中创建一个名为 tests 的目录，其中包含一个 testthat.R 文件。该文件中保存的是运行包的测试所需的代码，不需要改动。而且，目录名为 testthat。可以把所有的测试脚本都储存在该目录中，只不过所有的文件名都要以"test-"开头。

当你用 devtools 包为测试建立正确的包结构时会发现，DESCRIPTION 文件被更新了，testthat 作为建议包被放入该文件中。该包只是建议包，是因为运行你编写的代码不需要使用 testthat 包。然而，如果有人要运行你的测试，就需要这个包了。

一旦在包中包含测试，就不用再使用 testthat 中的 test_file() 函数和 test_dir() 函数来运行它们了。和包构建过程中的所有其他组件一样，可用通过 RStudio 的 Build 选项卡来运行测试，或者使用 devtools 包中的 test() 函数。在 simTools 包中运行测试，代码如下所示：

```
> test("../simTools")
Testing simTools
sampleFromData must return data frames of the correct format : ...
```

由此可见，用 test() 函数的输出和用 tesrt_file() 函数的输出一样。如果以这种格式组织测试，那么在运行第 19 章的包检查时就会运行这些测试。尽管如此，如果改动了代码，最好再此之前就运行测试，这样不至于在构建包之前又引入新的错误。鉴于在包里就能轻松运行测试，经常运行 test() 并不费力。

**Did you Know?**

> **提示：测试驱动开发**
>
> 还有一种行之有效的代码开发手段是测试驱动开发（Test-Driven Development，TDD）。不同于传统的软件开发流程，它要求先从编写某个功能的测试代码开始，然后再开发通过测试的功能代码。等测试通过后，就完成了测试组件。如果开发过程中要满足大量需求或者考虑添加需求，这个方法很有用。因为总是能看见到目前为止自己做了什么，还有什么没有做。

## 20.3 在包中包含数据

经常使用其他的 R 包可以发现，能合并进包里的除了代码还有数据。如果要用数据集作为示例或者给其他有特殊用途的人使用，甚至作为包中功能的引用数据集，就要把数据放入包中。就像包中的其他组件一样，可以用 devtools 将数据简单地添加至包中。

把数据添加到哪里取决于该数据的用途是什么。应该把给终端用户使用或作为用户指南的示例而提供的数据储存在"data"目录中。如果尚未添加数据，包结构中不会出现这个目录。但是，如果运行 use_data() 函数后就会添加该目录。use_data() 函数在 devtools 包中，能创建正确的结构并把需要包含的数据以合适的压缩格式添加。该函数的双重目的意味着它有别于 devtools 中其他函数的用法（只需给其他函数提供包的文件路径）。接下来，我们举例说明，创建一个简单的数据集，并将其添加在 simTools 包中：

```
> exampleData <- data.frame(ID = 1:10, Value = rpois(10, lambda = 5))
> use_data(exampleData, pkg = "../simTools")
Saving exampleData to data/exampleData.rda
```

注意到在 use_data() 函数中首先列出了一些待包含的数据对象。可以提供任意数量的数据对象，但要用 pkg 参数指定包含这些数据的包。这将为我们创建 "data" 目录、压缩数据并将其添加到包结构中。

现在，可以加载包并查看数据了，就像使用其他包中的数据一样，给出该数据集的名称即可。注意，数据集的名称就是我们创建数据集时命名的对象名（本例中是 exampleData）。

如果现在运行包检查会发现，在检查过程中生成了一个警告，因为供用户使用（可见）的任何对象都必须有相应的帮助文件。所以，下一步要做的是提供相应的文档。第 19 章中介绍过，roxygen2 可以创建包文档。其实，也可将其扩展为帮助我们创建数据集文档。这类似于给函数创建文档，但是要使用另一个标签 @format。该标签描述数据集的结构。另外，在注释块后面不是函数调用，而是数据集的名称。作为示例，代码清单 20.2 为我们刚在包中添加的数据集创建了简单的文档。这份注释块要储存在 R 目录的 R 脚本中。如第 19 章所述，你有为这些文件命名的决定权，但是建议文件的名称要能轻松识别该文件的用途。

**代码清单 20.2　数据集的 Roxygen 注释块**

```
 1: #' Simple example of including data
 2: #'
 3: #' This is a simple example of how we can include data in a package
 4: #' and provide the corresponding documentation.
 5: #'
 6: #' @format A data.frame with 10 rows and two columns:
 7: #' \describe{
 8: #'   \item{ID}{Unique identity variable}
 9: #'   \item{Value}{Simulated value (g)}
10: #' }
11: #'
12: #' @source Simulated data
13: "exampleData"
```

如上代码所示，文档中详细描述了数据的每一列。这里明确陈述了数据的每一列包含的内容以及与该列相关的单元。例如，如果数据反映的是距离和重量的测量结果的话，要写明 "inch" 或 "pounds"。还要注意，该例中使用了 @source 标签，这是详细说明数据来源的一种便利方式。显然，该例中的数据只是模拟的。不过，也可以在原始数据的位置详细说明。

**提示：添加更多数据**　　　　　　　　　　　　　　　　　　*Did you Know?*

即使已经创建了包结构，稍后仍然可以在开发包的过程中用 use_data() 函数添加数据集。使用该函数的方式不变，但是函数本身不会创建（或擦写）数据目录。

如果既要包含包中函数所用的引用数据，又不想对终端用户可见，就把数据储存在 R 目录的 sysdata.rda 文件中。同样，可以用 use_data() 函数合并这种数据，但是在这种情况下要添加参数 internal = TRUE。与数据目录中用户可见的数据不同，不需要为这种数据提供文档。以这种方式包含数据集，代码如下所示：

```
> hiddenData <- data.frame(ID = 1:5, Ref = rnorm(5))
> use_data(hiddenData, pkg = "../simTools", internal = TRUE)
Saving hiddenData to R/sysdata.rda
```

## 20.4　包含用户指南

在 R 中，用户指南通常被称为使用指南，是一种扩展帮助文件描述包的典型工作流或给出包的其他细节的一种方法。如果要和他人共享代码，通常要提供某些形式的文档以指导他人使用。在包中包含使用指南，可确保用户一定能获得，而且还可以方便随包更新。实际上，使用指南中的代码运行没有错误，因为它会作为包的一部分被一并检查。

用 browseVignettes() 函数可以浏览包中可用的使用指南，可用于导航所有包或指定包的使用指南。代码如下所示：

```
> # 浏览所有使用指南
> browseVignettes()
> # 浏览指定包的使用指南
> browseVignettes("roxygen2")
```

### 20.4.1　在包中包含使用指南

撰写使用指南的工具很多。通常，我们使用 Sweave（要求会用 LaTeX），这是一种标记语言。用这种标记语言，可以把文本、R 代码和数学表达式结合起来。从 R 的 3.0.0 版本开始，可以用任意包创建使用指南（可生成 PDF 文件的 HTML）。这意味着我们现在可以使用 knitr 包，该包允许我们为使用指南使用 R Markdown。本节介绍如何把使用指南合并进包中，如何开始创建使用指南。

和包中的其他组件一样，我们先用 devtools 开始。现在，最好的练习是在 vignette 目录中包含包的使用指南。当然，直接创建这个目录没什么问题，但是用 use_vignette() 函数不仅能创建合适的目录，还能将所需的所有组件添加至 DESCRIPTION 文件中。除此之外，还将创建一个使用指南文件模板，方便我们填写详细信息。为了快速创建 simTools 包的使用指南，可以运行下面的代码：

```
> use_vignette("QuickStart", pkg = "../simTools")
```

该函数的第一个参数是待创建的使用指南名称，模板文件会据此给指南正确命名。现在会生成一个使用指南目录，包含着 QuickStart.Rmd 文件。我们还发现 DESCRIPTION 文件的 Suggests 域中多了 knitr 包，说明该包是一个建议包，而且 DESCRIPTION 文件中还新增了一个 VignetteBuilder 域，knitr 包作为创建使用指南所需的包也列在该域中。

在运行包检查时，包中的使用指南文件将被一并检查，而且在创建包时，使用指南将被创建为 HTML 文件。在开发使用指南的过程中，预览创建的文件最简单的方式是使用 RStudio 的 Knit 按钮。首先，打开被创建的文件。这是一个".Rmd"或"RMarkdown"文件。下一节将详述如何编写指南，现在先要找到这个被填充了示例文本的文件。在 RStudio 中，还有另一种便捷的方式能打开这个文件：先在 Files 选项卡里找到 vignettes 目录中".Rmd"文件，单击该文件将在脚本视窗打开，在视窗的顶部找到"knit"按钮。单击该按钮，该文件将被创建为相应的 HTML 文件并在 Viewer 选项卡打开预览。

> **提示：不用 RStudio 创建用户指南**
>
> 如果不想用 RStudio 内置的选项卡，可以运行 devtools 包中的 `build_vignettes()` 函数创建使用指南。该函数的用法和 devtools 包中其他函数的用法相同，将包作为主要参数传入。该函数将创建 inst/docs 目录，该目录下包含.Rmd 文件、R 脚本，并创建 HTML 使用指南。

*Did you Know?*

### 20.4.2 撰写使用指南

R Markdown 是一种易于读写的标记语言，可用于合并文本、R 脚本，并将结果输出至单独的文件中。本节将介绍 markdown 的基本知识。在 R 中用来创建文档和报告的详细内容，请参阅第 23 章。

我们从上一节创建的简单文件开始。所有的 R Markdown 文档都通过文件顶部的注释块来详细说明，如标题、作者、日期，还有创建的文件类型等相关细节。对于使用指南，也有一些额外的组件。代码清单 20.3 中给出了类似的模板注释块。如代码所示，标题、作者和日期组件可以一并更新（这种情况下是动态更新）。也可以移除这些组件，比如不希望日期出现。如果运行 `browseVignettes()` 函数，注释块的其余内容给出了构建使用指南的相关指令，并创建了一个使用指南列表。我们在这里只需要改动第 7 行，更新 Vignette Title 文本与第 2 行的标题相匹配。

**代码清单 20.3　Vignette 注释块**

```
 1: ---
 2: title: "Vignette Title"
 3: author: "Vignette Author"
 4: date: "`r Sys.Date()`"
 5: output: rmarkdown::html_vignette
 6: vignette: >
 7: %\VignetteIndexEntry{Vignette Title}
 8: %\VignetteEngine{knitr::rmarkdown}
 9: %\VignetteEncoding{UTF-8}
10: ---"
```

用户指南的实际内容由你自己决定，但是产品的使用指南应该能让用户了解包的主要工作流程。如何使用这个包？包中有哪些主要函数应该对用户可见？没必要列出所有函数参数的细节，但是这种指南要为用户指明使用包的大体方向，然后用户才能通过函数的帮助文件了解更详细的信息。例如，要为 simTools 包生成一个用户指南，指导用户通过使用 `sampleFromData()` 函数作为模拟的切入点。

至于撰写文档，需要熟悉 markdown 的一些基本知识。这是一个相当有限的标记语言，但是丝毫不影响你为包创建一个功能用户指南。表 20.1 中列出了一些 markdown 的语法示例。

表 20.1　基本的 Markdown 记法

| 格式 | 代码 | 示例 |
| --- | --- | --- |
| 第 1 级标题 | `# heading text` | `# Introduction` |
| 第 2 级标题 | `## heading text` | `## Loading the Package` |
| 第 3 级标题 | `### heading text` | `### Main Functions` |
| 斜体 | `*italic*, _italic_` | |
| 加粗 | `**bold**, __bold__` | `The **devtools** package` |
| 上标 | `text^superscript^` | `Multiply by 4^2` |
| 删除线 | `~~strikethrough~~` | `This ~~large~~ small document` |
| 项目符号列表 | `* Item 1`<br>`* Item 2` | `* Load package`<br>`* Run sampleFromData` |
| 编号列表 | `1. Item 1`<br>`2. Item 2` | `1. Load package`<br>`2. Run sampleFromData` |
| 超链接 | `[Text as link]`<br>`(http://www.example.com)` | `[R](www.r-project.org)` |
| 引用 | `> This is a block quote`<br>`> That can span multiple lines` | `> All R Markdown documents`<br>`> use a header.` |

　　simTools 包的用户指南如代码清单 20.4 所示。值得注意的是，用 devtools 包创建的文件包含的文本（可以被删除）和各种特性的示例。

**代码清单 20.4　用户指南的内容示例**

```
 1: This guide is intended as a means of quickly getting started with the package
 2: **simTools**. It will introduce the main workflow of the package.
 3:
 4: ## Getting Started
 5:
 6: The main function in the **simTools** package is `sampleFromData`. This
➥function will
 7: allow you to generate random samples from a given data set. It is useful for
 8: simulation experiments.
 9:
10: ### Loading the package
11:
12: Before starting you will need to load the package in the usual way using either
13: `library` or `require`.
14:
15: ### Running the main function
16:
17: Once the package is loaded we can run the function as follows:
```

　　对于阅读使用指南的读者而言，感兴趣的主要组件是代码示例和如何运行包中的函数。我们在用户指南的特定代码块中包含这些代码。代码块的示例如代码清单 20.5 所示，其中第 1 行和第 5 行中使用了 3 个反引号标记代码块的开始和结束。其中，请注意第 1 行中 3 个反引号后面的{r}。这表明该代码块中的代码应该作为 R 代码执行。除了这种表达方式外，还可以把代码块放进花括号中。第 23 章在详述相关内容。

---

**代码清单 20.5　包含代码块**

---

```
1: ```{r}
2: library(mangoTraining)
3: example1 <- sampleFromData(demoData, size = 5)
4: example1
5: ```
```

---

在代码块中可以包含任意可执行的代码，包括那些生成绘图的代码。注意，这些代码在标准包检查和构建包时都要进行检查，任何想运行使用指南中示例的包都必须将其代码包含在 DESCRIPTION 文件的 Suggests 域中。在用户指南中包含这种代码块后，不仅会运行代码，还会生成输出。代码清单 20.5 中的代码块所生成的内容如图 20.1 所示。

在用户指南中可包含任意文本和代码块，但是要站在读者的角度来考虑。如果发现自己撰写的用户指南太长，可将其划分为多个文件，这样读者在阅读指南时不会觉得太长太难。当然，这完全取决于你。

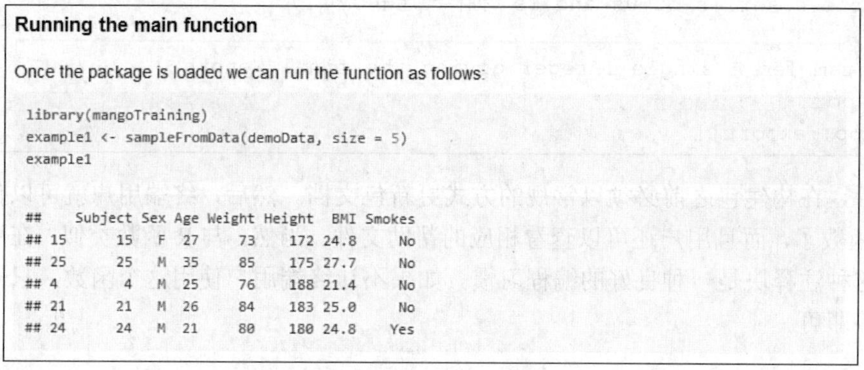

---

**Running the main function**

Once the package is loaded we can run the function as follows:

```
library(mangoTraining)
example1 <- sampleFromData(demoData, size = 5)
example1
```

```
##    Subject Sex Age Weight Height  BMI Smokes
## 15      15   F  27     73    172 24.8     No
## 25      25   M  35     85    175 27.7     No
## 4        4   M  25     76    188 21.4     No
## 21      21   M  26     84    183 25.0     No
## 24      24   M  21     80    180 24.8    Yes
```

图 20.1

用户指南中代码块的 HTML 版示例

---

## 20.5　用 Rcpp 编码

第 18 章中介绍过，可以通过 Rcpp 包轻松合并用 C++编写的代码。如果要把这部分代码放入包中，就要了解如何在包中包含这些代码。从上一节可以看出，devtools 可用于简化合并额外包组件的各个方面。要合并其他代码时，use_rcpp() 函数就派上用场了。

所有不是 R 语言编写的源代码都包含在 scr 目录中。use_rcpp() 函数将创建该目录，并更新 DESCRIPTION 文件。例如，在我们的 simTools 包中，可以像下面代码这样运行：

```
> use_rcpp("../simTools")
Adding Rcpp to LinkingTo and Imports
Creating src/ and src/.gitignore
Next, include the following roxygen tags somewhere in your package:
#' @useDynLib simTools
#' @importFrom Rcpp sourceCpp
```

从以上代码可以看出，在包中添加了一些 roxygen 标签。虽然可以包含在包中的任意位置，但最合理的位置应该是包的帮助文件中。这两个标签将确保 C++代码在加载包时一并被加载。

此时，可以把.cpp文件（第18章介绍过）包含在源码目录中。例如，假设要把第18章代码清单18.5中的sampleInC()函数包含在创建的包中。把该函数的相同结构包含在src目录的.cpp文件中。在对R包进行检查和构建的过程中，将在src和R目录中创建合适的附加文件。如果只是在其他R函数中使用该函数，而且不希望对终端客户可见，这样做就足够了。现在可以在代码中使用该函数了。sampleInC()函数将不会被导出，但是需要用到它的代码都可以正常使用。

如果想让这个函数可被导出让终端用户可见，就要在.cpp文件中包含等价的roxygen注释块。这与第19章中R函数的注释块相同，但是在这里使用的是C++的注释字符来表明注释块而不是用R的注释字符。代码清单20.6中给出了这种文件注释块的示例。

**代码清单20.6 包含代码块**

```
1: #include <Rcpp.h>
2: using namespace Rcpp;
3:
4: //' Sample a series of 0s and 1s（抽样一连串0和1）
5: //'
6: //' @param len A single integer giving the final length.
7: //' @export
8: // [[Rcpp::export]]
```

更新该文件后，在构建包之前必须以常规的方式更新包文档。然后，终端用户就可以使用sampleInC()函数了，而且用户还可以查看相应的帮助文件。当然，与R函数类似，在所有函数中都包含这种注释块是一种良好的编程习惯。如果不让终端用户使用这个函数，只需删掉@export标签即可。

## 20.6 本章小结

本章介绍了如何实现包，如何让包更可靠、更容易管理、对用户更有效。虽然不必在包中包含所有这些组件，但是考虑这样做会比较好。我们推荐读者养成以这种方式构建包的好习惯，尤其是在包中包含测试单元和用户指南。在第21章中将介绍类，以及如何开发自己的类让代码更可靠，让用户体验更好。

## 20.7 本章答疑

**问：包含测试是否确有必要？是否会花很长时间？**

**答：** 本章介绍的都不是必须包含的包组件，然而，包含测试和用户指南是一种很好的做法。测试部分可确保代码的质量并方便今后改动代码，不会导致代码越改越糟。第一次编写测试时所花的时间会比创建结构的时间长，但是很快就能熟能生巧。最好不要等编完所有代码才写测试，通常如果在编写代码时就顺便编写测试部分，并不会占用太多的开发时间。

**问：是否可以在自己包的.csv文件中包含数据？**

**答：** 可以。可以在自己的包中包含任意原始数据，但是包含的方式稍有不同。在这种情况下，应该在 inst 目录中创建一个目录来包含数据（例如，inst/extdata）。然后，可以使用 system.file() 函数访问该数据，并指向该包的原始数据目录，代码如下所示：

```
system.file("extdata", "myFile.csv", package = "simTools")
```

**问：如果会 LaTeX，是否可以用它而不是 markdown 来编写用户指南？**

**答**：当然可以。只需把用户指南创建在 ".Rnw" 文件而不是 ".Rmd" 文件中即可。还必须把代码清单 20.3 中的第 7~9 行包含在文档的注释块中。

## 20.8 课后研习

课后研习包含"随堂测验"和"答案"两部分，旨在帮助读者巩固本章所学知识。请读者先尝试回答"随堂测验"中的所有问题，再看后面的"答案"。

**随堂测验：**

1. 为什么要在包中包含测试？
2. 如何在包中包含对终端用户不可见的数据？
3. 在 R 中，用户指南又叫做什么？
4. 有什么简单的标记语言可用于创建使用指南？
5. 要把 C++代码放入哪一个目录？

**答案：**

1. 测试可用于确保代码运行无误。如果改动代码，可重新运行测试确保已改动的代码运行正常。还可以为识别 bug 编写测试代码，以便进行不断地测试，不会因为改动了代码而导致其他情况发生。

2. 用 use_data() 函数将数据包含在包中。设置参数 internal = TRUE，便可确保该数据只对包可见，而且数据将被储存在 R 目录中而不是数据目录中。

3. 在 R 中，较长的用户指南叫做使用指南。用 browseVignettes() 函数可浏览包中的所有使用指南。

4. 可以使用 markdown 标记语言。除此之外，还可以使用 LaTeX 编写使用指南。

5. 所有的 C++代码或其他编译代码都包含在 src 目录中。

## 20.9 补充练习

1. 在第 19 章的补充练习中，开发了一个名为 summaryTools 的包，还为这个包编写了两个函数。使用本章介绍的方法，为创建的这两个函数分别添加测试框架和测试单元。

2. 更新这两个函数，包含一些简单的参数错误检查。确保能通过你所写的测试，并添加更多测试单元来测试错误处理。

3. 创建一个简单的数据集，summaryData。要求该数据集包含 3 列：ID（一个数值型因子，每行都是唯一数值）、Group（"A"和"B"的随机抽样，识别各组值中是什么）、Observed（服从随机正态分布的抽样）。

4. 将该数据集包含在已创建的包中，并撰写好文档。

5. 为你的包创建一个简单的使用指南，向终端用户解释如何运行你所编写的函数。

6. 重新构建并检查你的包，确保能通过所有的检查，以及加载包后能访问创建的数据集和使用指南。

# 第 21 章

# 编写 R 类

本章要点：

> ➢ 什么是类

> ➢ 如何创建 S3 类

> ➢ 泛型函数和方法

> ➢ 在 S3 中继承

> ➢ 在 S3 中创建文档

> ➢ S3 的局限性

学习完如何构建 R 包后，来看一下 R 中可用的类结构和在 R 包中实现这些结构的好处。类和面向对象不仅仅是计算机科学专业的人才熟悉的概念。任何熟悉这些概念的人都能意识到，尽管许多语言都有这些共同的主题，但是还没有跨语言实现面向对象的标准。

R 有多个面向对象编程系统，从 R 语言的演变过程看，这不足为奇。在学习 R 的 S3 实现之前，本章先概述一些面向对象编程的关键特性。第 22 章中将进一步学习 R 中的其他相关特性。

## 21.1 什么是类

第 16 章和第 17 章中介绍了在 R 中如何构建和比较各种类型的模型。能这样做是因为利用了 R 中的 S3 类结构。我们的模型对象有多个类，如 lm 和 survreg。我们使用 print() 函数、plot() 函数和 summary() 函数来分析模型。对于不同类的对象，print() 函数、plot() 函数和 summary() 函数有不同的行为，生成与模型的类相符的输出。那些根据输入对象不同的类而产生不同行为的函数被称为"方法"。

类和方法是面向对象编程的基本概念。本书谈到R的"类系统"时，讨论的是R的几个面向对象系统。

## 21.1.1　R中的面向对象

我们在第1章中讨论了S的历史以及它对当前R的影响。其中，影响较大的莫过于R的类系统，尤其是在建模时。第2章中提到R是"宽松的"面向对象。在R中，一切皆对象，而且都有名称和类。但是，基于面向对象编程环境，对象和作用于这些对象的函数有明显的区别。尽管如此，我们编写的函数不必非要与特定的对象类相关联。因此，必须选择可以在R中使用的面向对象特性。实际上在现在的R中，有4种常见的类实现：S3、S4、引用类（又名R5）和R6。S3和S4中的"S"直接指的是S语言，而后面的数字表明公布类实现时的S版本。而引用类被称为"R5"，以及最新的R6也沿用了这组序列数，这显然与R版本没什么关系。

尽管R中连续发布了新的类结构，但是现在CRAN上的绝大部分R包要么实现了S3系统，要么完全不用任何系统。S3系统特别适用于有分析背景的包开发人员，因为该系统相对简洁，规则也没那么严格。这有利于与其他分析人员共享代码。第22章中将介绍更为严格的其他类系统的结构，给在R中开发应用程序带来更多的便利。然而，相比与传统的面向对象开发语言（如Java），这些实现要较为宽松。

## 21.1.2　为何要用面向对象

为了编写专业级的代码，必须遵循良好的编程习惯。每个人都希望能精确描述的定义，但是核心概念基于下面3项：

➢　可读性；

➢　可维护性；

➢　效率。

第18章中讨论了如何提高代码的运行效率。接着，第19章讨论了如何提高代码质量，建议坚持使用一种命名约定、常规注释以及一致的布局和间距提高代码的可读性。第20章介绍了构建测试框架有助于提高代码的可维护性。面向对象以可维护性主题为基础。

模块化代码更容易开发和测试，因此也更好维护。编写模块化代码，要保持函数的小型化，尽量保证一个函数只解决一个问题。模块化方案有利于测试单元的开发。在许多情况下，编写模块化代码就足以确保代码可维护性较好。面向对象编程的概念可以扩展为模块化编码的思想和其他有用的概念，如类型检查和继承。

从根本上看，利用类结构能为一类对象定义一致的行为。一旦确定了对象的特定结构，就可以构造出适应该结构的方法（函数），并做出相应的反应。

### 1. 类的示例

想象一下，有一个不存在的 data.frame 类，而且假设只能用向量、矩阵、数组和列表来储存信息，那么分析数据会非常困难。通常，我们习惯于把数据看作是由许多行和列组成的矩形结构。每一列包含不同类型的信息（如数据、时间、数值和字符等）。假设向量、矩阵和数组都是单模式对象，只能储存单一类型的数据，那么我们就只能用列表来储存数据。然而，列表可以储存任意对象，而我们要储存的只是多列数据。因此，要对列表施加一些规则：

> 　每个元素必须是向量（确保能在“列”中包含单一类型的数据）；

> 　每个向量的长度必须相同（确保维度固定不变）；

> 　每“列”的名称属性相同（方便引用列）。

以上这些规则确保了列表的功能行为像是一个矩形数据结构，但是它还需要看起来是一个整体。因此还要再加一条规则：

> 　该列表看上去像是一个矩形数据结构。

要检视一个对象，通常键入其名称并按下“Enter”键即可。在 R 中，输入一个对象名便是对该对象调用 print() 函数的快捷方式。当我们说“该列表看上去像是一个矩形数据结构”时，其真正要表达的意思是“对该对象调用 print() 函数时，它看上去像是一个矩形数据结构”。总而言之，我们定义了 3 条规则来指定数据框对象的结构，另外还用一条规则定义了传入数据框对象时 print() 函数的行为。换句话说，我们定义了一个“数据框”结构和一个打印该结构的方法。

然而，我们不仅仅只打印数据框。一旦定义了结构，就可以定义在调用 subset() 函数作用于该结构时的行为。还能编写其他方法，如 head() 和 tail()，分别返回数据集的前几列和最后几列；编写 nrow()、ncol() 和 dim() 方法。还可以定义在调用 plot() 函数或 aggregate() 函数时将发生什么。我们通过定义类来定义一种结构和各种控制方法。只要创建了正确结构的对象，就能知道相应方法按预期的行为执行。

### 2. 继承

在面向对象编程中，继承相当有用，因为它保持了代码模块化并让我们脱离重复编码的苦海。通常，程序员喜欢用定义动物来解释继承的好处。假设要定义一个“猫”对象和一个“狗”对象。猫和狗有许多共同之处，其中包括吃和睡。但是，猫喵和狗吠是不一样的。分别定义猫和狗会做很多重复劳动，每种动物都必须定义吃和睡。利用继承思想可以定义一个对象阶层。首先，定义什么是“动物”对象。动物都有吃和睡的特性。“猫”对象和“狗”对象都从“动物”对象继承这些特性。然后，分别为猫对象和狗对象定义额外的“喵”属性和“吠”属性。即使要更改吃和睡的行为，也只需要改动“动物”对象就行了。

R 中的每一个面向对象系统都得益于继承。考虑一下 **data.table** 包中的 data.table 类（第 12 章）。除了其他方面，我们可以把 data.table 对象看作是数据框，打印多行数据时，和数据框的输出一样整齐。实际上，只有很少部分专门用于响应特定的 data.table 对象，其余的功能主要都从 data.frame 类继承。在 data.frame 类中，没有专门针对 data.table 类定义方法，R 的默认方法均定义为处理 data.frame 类。除此之外，R 的默认方法也能处理 S3 对象（data.frame 对象隶属于该对象）。例如，即使 summary() 函数不是专门用于处理 data.table 类的函数，但是将其应用于 data.table 对象时，该函数仍然把 data.table 对象作为 data.frame 对象来处理，返回各列的统计汇总信息。继承的功能非常强大，利用继承能轻松地处理一些麻烦的问题。

> **注意：多级阶层**
>
> 　　实际上，`tbl_df` 类继承于 `tbl` 类，而 `tbl` 类又继承于 `data.frame` 类。这是一个多级阶层的例子。读者可以使用这一特性构建类的分层结构。

### 21.1.3　为何要使用 S3

接下来，我们来看 R 中最常用的类实现：S3。本书介绍的所有基本数据结构均使用 S3 结构，而且标准线性模型、广义线性模型、生存模型和混合效应模型也都使用 S3 类结构。因此，可以用一致的方式进行打印、绘制或汇总这些对象。通过 S3 开发自己的包，可以利用这种一致性来为对象的新类自定义 `print()`、`plot()` 和 `summary()` 方法。还可以用 S3 针对新类对象创建新的方法。

S3 类实现是泛型函数面向对象编程的一种形式。在泛型函数面向对象编程中，调用泛型函数后，会根据提供的对象来确定使用哪一个合适的函数。例如，传递 `lm` 类的对象给 `plot()` 方法，该方法会调用 `plot.lm()` 函数。这种类型的实现在编程语言中比较罕见，经常让经验丰富的软件开发人员摸不着头脑。然而，和 R 本身类似，S3 类系统学起来相对简单，颇受数据科学家和统计学家的欢迎。S3 的实现在 R 语言的完整灵活性和其他面向对象编程语言强控制性之间找到了一种平衡。

## 21.2　创建新的 S3 类

在绝大多数面向对象编程语言环境中，都从正式定义类结构开始，然后还会对类中的每个元素进行限制。然而，S3 实现了一种面向对象编程的懒惰形式，允许在没有正式定类的情况下实例化新类（即创建实例）。

实例化 S3 对象非常简单。记住，R 中每个对象都有一个类。用 `class()` 函数即可查询指定对象的类。代码如下所示：

```
> x <- 5
> class(x)
[1] "numeric"
```

`class()` 函数还可用于更改对象的类。下面的代码中，把 `x` 的数值类更改为一个新的类 `superNumber`。

```
> class(x) <- "superNumber"
> x
[1] 5
attr(,"class")
[1] "superNumber"
```

无论是否定义了新类，都可以用这种特别的方式任意更改对象的类。注意，对象的类以属性形式返回。一个对象可以有多个属性，调用 `attributes()` 函数即可返回指定对象的类：

```
> attributes(x)
$class
```

```
[1] "superNumber"
```

> **提示：移除类**
>
> 用 unclass() 函数可以返回移除了类属性的对象。unclass() 函数可移除类属性，只留下最基本的对象和其他属性，代码如下所示：
>
> ```
> > aDF <- data.frame(X = 1:3, Y = rnorm(3))
> > aDF
>   X           Y
> 1 1   0.52409671
> 2 2  -2.26076788
> 3 3  -0.01967972
> > unclass(aDF)
> $X
> [1] 1 2 3
>
> $Y
> [1] 0.52409671 -2.26076788 -0.01967972
>
> attr(,"row.names") [1] 1 2 3
> ```
>
> 注意，unclass() 函数返回一个新的对象，不会对原对象有任何影响。

## 21.2.1  创建类更正式的方法

如上所述，更改对象的类非常容易。但是，尽量不要这样做，这既不是一种好的编程习惯，也不是特别有用，尤其是以编写包为目标时。标准一些的做法是：定义类的结构，然后编写创建该类对象的函数。这种函数叫做"构造"函数。根据惯例，那些生成特定类对象的函数是根据它们所创建的类对象来命名的。例如，ts() 函数创建时序对象（ts）。

鉴于本节介绍的是创建类的正式方法，所以我们编写一个用于模运算的类作为一个比较正式的示例。如果不熟悉模运算，可参考典型的 12 小时制时钟。假设现在是 3 点钟（这里忽略上下午），然后 10 个小时以后，可以说这是 1 点钟，不能说这是 13 点。12 小时时钟是"模 12"运算的一个示例。只能取 0～11 的整数（到 12 点时归零）。接下来，我们在 R 中用 S3 类结构来进行正式定义。代码清单 21.1 中的第 1～11 行中，创建了一个新的类：modInt。我们的对象由整数和模量属性构成。代码清单 21.1 中还提供了多个示例来解释构造函数的行为。

**代码清单 21.1  编写能生成新类的函数**

```
 1: > modInt <- function(x, modulus) {
 2: + # 通过开始数字和模量创建对象,
 3: + # "mod"除以模量得到该模量下的新值
 4: + object <- x %% modulus
 5: + # 给 object 赋予一个类属性
 6: + class(object) <- "modInt"
 7: + # 将模量储存为属性
 8: + attr(object, "modulus") <- modulus
 9: + # 返回新的对象
10: + object
```

```
11: + }
12: > # 示例
13: > modInt(3, 12)
14: [1] 3
15: attr(,"class")
16: [1] "modInt"
17: attr(,"modulus")
18: [1] 12
19: > modInt(13, 12)
20: [1] 1
21: attr(,"class")
22: [1] "modInt"
23: attr(,"modulus")
24: [1] 12
```

现在，我们创建了一个用于生成 modInt 类对象的构造函数。就该类而言，这是个很有效的函数。但是，光有这一个函数还不行，要定义一些泛型函数才能表现出 S3 类结构的优势。

## 21.3　泛型函数和方法

泛型函数指的是那些根据传入对象的类执行不同行为的函数。用于控制这种精确行为的函数叫做方法（method）。第 16 章中介绍的泛型方法有 print() 函数、plot() 函数和 summary() 函数。检视 print() 函数的源代码会发现，该函数调用了 UseMethod() 函数。正是这个 UseMethod() 函数确定调用哪一个方法函数。

```
> print
function (x, ...)
UseMethod("print")
<bytecode: 0x00000000094cda60>
<environment: namespace:base>
```

如第 16 章所述，S3 类结构提供了一种简单的命名约定，可用于为新类的方法命名。其命名约定如下所示：

[泛型函数].[类]

其中的点（.）用于分隔泛型函数和类。print.lm() 函数定义了在传入 lm 类时 print() 函数的行为。回到代码清单 21.1 中创建的 modInt 类上。从第 12 行开始的两个示例运行良好，但是看上去不够好。我们从定义 print() 方法控制 modInt 类对象的输出开始。为此，在下面的代码中创建了一个 print.modInt() 函数，然后其余的事情交给 R 中的 S3 类系统来完成。

```
> print.modInt <- function(aModIntObject){
+   # 从该对象中提取相关组件
+   theValue <- as.numeric(aModIntObject)
+   theModulus <- attr(aModIntObject, "modulus")
+   # 以所需的形式打印该对象
+   cat(theValue, " (mod ", theModulus, ")\n", sep = "")
+ }
> x <- modInt(3, 12)
```

```
> x
3 (mod 12)
```

**注意：命名约定**

在 print.modInt() 函数中，我们用的参数名是 aModIntObject。该参数名解释了应该给该函数传递一个 modInt 类对象。尽管如此，最好能遵循泛型函数（该例中是 print()）的命名约定。print() 函数接受的参数是 x 和省略号（...），而且实际上这也是 print.modInt() 函数接受的参数。遵循这种约定的最大好处是，使得帮助文件更好理解。不熟悉这个类的用户更有可能键入的是?print，而不是?print.modInt。进一步而言，要遵循"泛型函数.类"的命名约定，遵循这些约定将极大地提高你所写的类的可用性。

**注意：更新方法**

对所有函数而言，更新方法的影响是即时的。例如，如果更新一个类的 print() 函数，那么在下次打印该类的对象时，打印的效果会跟以前不同。

可以通过 methods() 函数的 class 参数查看一个类定义了哪些方法：

```
> methods(class = "modInt")
[1] print
see '?methods' for accessing help and source code
```

该函数还可用于查询指定泛型函数的所有方法：

```
> methods("plot")
 [1]   plot.acf*          plot.data.frame*   plot.decomposed.ts*   plot.default
 [5]   plot.dendrogram*   plot.density*      plot.ecdf             plot.factor*
 [9]   plot.formula*      plot.function      plot.hclust*          plot.histogram*
[13]   plot.HoltWinters*  plot.isoreg*       plot.lm*              plot.medpolish*
[17]   plot.mlm*          plot.ppr*          plot.prcomp*          plot.princomp*
[21]   plot.profile.nls*  plot.raster*       plot.spec*            plot.stepfun
[25]   plot.stl*          plot.table*        plot.ts               plot.tskernel*
[29]   plot.TukeyHSD*
see '?methods' for accessing help and source code
```

## 21.3.1  为算术操作符定义方法

数学操作符可作为泛型函数使用。我们定义操作符的方式与任何泛型函数完全相同：

```
[操作符].[类]
```

回到我们的 modInt 示例，可以使用+操作符定义两个 modInt 对象相加的行为。代码清单 21.2 中演示了该函数和一些示例。注意，当定义的方法涉及操作符时，要在函数名两侧加上反引号，以避免发生错误。

**警告：单独定义每个操作符！**

为+定义方法并不会自动为-、*或/创建方法。每个操作符都必须单独定义。

**代码清单 21.2　定义操作符方法**

```
 1: > # 为modInt类定义一个新的'加'方法
 2: > `+.modInt` <- function (x, y){
 3: +   # 只能为相同模量的对象相加
 4: +   if(attr(x, "mod") != attr(y, "mod")){
 5: +     stop("Cannot add numbers of differing modulus")
 6: +   }
 7: +   # 把数字加在一起
 8: +   totalNumber <- as.numeric(x) + as.numeric(y)
 9: +   # 确保返回正确模量的数字
10: +   theResult <- modInt(totalNumber, attr(x, "mod"))
11: +   # 下一步对继承有用(稍后)
12: +   class(theResult) <- class(x)
13: +   theResult
14: + }
15: >
16: > # 示例
17: > a <- modInt(7, 12)
18: > b <- modInt(9, 12)
19: > a + b
20: 4 (mod 12)
21: > c <- modInt(3, 4)
22: > a + c
23: Error in `+.modInt`(a, c) : Cannot add numbers of differing modulus
```

**Watch**
**Out!**

> **警告：不同类对象的操作**
>
> 　　如果想用算术操作符（如+）对两个不同类型的对象进行操作，R会尝试使用搜索路径较高的方法。这经常导致错误。通常，不推荐以这种方式通过操作符操作S3类对象。

### 21.3.2　列表和属性

通常，S3类被生成为列表（例如，data.frame和lm类）。但是，为了创建我们的modInt示例，要使用一个属性。这稍微简化了modInt类对象的数值操作，并确保在万一没有定义方法的地方，modInt类的数字表现得像常规整数。不过，代码如下所示，定义列表就像定义结构一样简单。这里，创建了一个modIntList类和匹配的print()方法：

```
> # 定义一个使用列表结构的新类modIntList
> modIntList <- function(x, modulus) {
+   # 定义一个列表，有两个元素，内含数字和模量
+   object <- list(number = x %% modulus,
+                  modulus = modulus)
+   # 为object赋予一个类属性
+   class(object) <- "modIntList"
+   # 返回一个新对象
+   object
+ }
>
> # 现在定义打印方法
```

```
> print.modIntList <- function(aModIntListObject){
+   # 从对象中提取相关组件
+   theValue <- aModIntListObject$number
+   theModulus <- aModIntListObject$modulus
+   # 打印所需形式的对象
+   cat(theValue, " (mod ", theModulus, ")\n", sep = "")
+ }
>
> # 示例
> modIntList(14, 6)
2 (mod 6)
```

modInt 和 modIntList 示例是相对简单的类用法示例。我们通常推荐用列表来创建 S3 类。用列表容易在所创建的类中储存不同类型的对象。这种方法更类似于 S4 的 "slot" 方法 (第 22 章中介绍)。

### 21.3.3 创建新的泛型

创建自己的类时，可能发现现有的泛型函数足够用了（如 print() 函数、plot() 函数和 summary() 函数）。然而，有时定义新的泛型函数也很有用，尤其是希望他人能用自己创建的泛型函数来构造实例。

可以用 UseMethod() 函数创建自己的泛型函数。新的泛型函数应该调用 UseMethod() 函数，其他什么都不用做。剩下的工作交给各种方法去完成。一定要用[泛型函数].[默认]的方式来定义默认方法。在没有匹配的方法时会调用默认方法。如果没有明显的 "一种尺寸适合所有需求（一体适用）" 默认，那么就应该定义返回合理错误消息的默认方法。

考虑编写一个模仿数学平方操作的泛型版本。即给出数值 x，得出 $x^2$。但是，如果给提供字符值或 modInt 类的对象，该函数要怎么处理？在代码清单 21.3 中，定义了一个新的泛型，名为 square，其中包含一些解决方案。第 2 行泛型函数的定义非常简单，接着定义默认方法，然后又定义了一些其他方法。末尾还给出了新泛型函数的示例。

**代码清单 21.3    创建新的泛型函数**

```
 1: > # 定义一个新的泛型函数
 2: > square <- function(x) { UseMethod("square", x) }
 3: >
 4: > # 定义默认方法!
 5: > square.default <- function(x) x^2
 6: >
 7: > # 定义一些其他方法
 8: > square.character <- function(x) paste(x, x, sep = "")
 9: >
10: > square.modInt <- function(x) {
11: +   # 标准平方
12: +   simpleSquare <- as.numeric(x)^2
13: +   # 使用正确的模量
14: +   modInt(simpleSquare, attr(x, "mod"))
15: + }
```

```
16: >
17: > # 检查功能
18: > square(2)
19: [1] 4
20: > square("A")
21: [1] "AA"
22: > x <- modInt(3, 4)
23: > square(x)
24: 1 (mod 4)
```

## 21.4 在S3中继承

实现一个类结构最主要的目的是，让其他人能在它的基础上进行构建。继承是一种概念，允许我们使用之前定义的类，并扩展它。继承的好处是，只需要定义少量的新泛型函数，其他函数从基类继承即可。第 20 章讨论过，data.table 包使用的 data.table 类对象就是一个很好的例子。data.table 类扩展/继承于 data.frame 类。查看 data.table 类对象，可以看到：

```
> airDT <- data.table(airquality)
> class(airDT)
[1] "data.table" "data.frame"
```

如第 12 章所述，data.table 类更改了数据框的打印方式。这是因为 data.table 包的作者专门针对该类写了一个新的打印方法。这不会影响其他 data.frame 类的操作。summary() 函数和 plot() 函数对 data.table 类对象和 data.frame 类对象的执行方式完全相同。

如果查询 data.table 类对象，将返回一个类的向量。为了构造一个从现有类继承的新类，我们用一个类向量擦写原来的类。例如，如果想从 modInt 类创建一个表示"模 12"整数的 clockTime 类，可以这样做：

```
> clockTime <- function(x){
+   # 将 x 设定为模 12
+   x <- modInt(x, 12)
+   # 定义继承
+   class(x) <- c("clockTime", class(x))
+   x
+ }
> theTime <- clockTime(13)
> class(theTime)
[1] "clockTime" "modInt"
```

本章前面为我们的类定义了 print() 方法。还为新的泛型函数 square() 定义了一个方法：+操作符。这些都是为了完善 modInt 类的功能。不过，我们希望 clockTime 类的 print() 方法能稍有不同。代码清单 21.4 中定义了一个新的打印方法，并添加了两个该类的实例。如果把这两个对象加起来，就要用到 modInt() 方法，因为我们并未定义`+.clockTime`。尽管如此，由于继承的原因，其结果仍然以 clockTime 格式打印。

**代码清单 21.4 继承的应用**

```
1: > # 为 clockTime 类定义一个新的打印方法
```

```
 2: > print.clockTime <- function(aClockTimeObject){
 3: +     cat(as.numeric(aClockTimeObject), ":00\n", sep = "")
 4: + }
 5: >
 6: > # 示例
 7: > time1 <- clockTime(5)
 8: > time2 <- clockTime(42)
 9: > time1
10: 5:00
11: > time2
12: 6:00
13: >
14: > # 为了演示继承，将两个对象相加
15: > time1 + time2
16: 24: 11:00
```

以上代码中的第 15 行能正常运行，因为之前在代码清单 21.2 中定了 `+.modInt` 方法。在代码清单 21.2 的第 12 行中，我们用其中一个对象的原始类写了返回对象的类。如果不这样做，稍后把两个 clockTime 类对象相加就会返回一个 modInt 类的对象，这样就完全没有体现继承的好处。

> **注意：扩展类的阶层**
>
> 理论上可以无限扩展类。然而实际情况是，S3 类中扩展 3 次或 4 次以上就很少见了。

> **提示：检查继承**
>
> 为了确保特定方法的行为是否符合预期，我们偶尔需要检查一个对象是否继承于一个特定类。

## 21.5　创建 S3 文档

在构建包时，创建文档非常重要。由于一开始 S3 过于简单，类本身没有正式的定义，所以只用给类的构造函数、方法和已定义的泛型函数撰写文档。这些函数都是 R 的常规函数，所以只需要使用标准的标签（如@param）和表 19.1 中列出的其他标签。第 22 章中将详细介绍在撰写更复杂的类文档时要用到的 roxygen2 的新标签。

从技术上说，不必为定义的每个方法都生成帮助文件，尤其是那些遵循泛型参数命名结构的方法。你可能已经注意到，R 基础包中的有些方法就没有帮助文件（不妨试一下?print.lm）。尽管如此，创建文档是一种良好的编程习惯，而且 roxygen2 让创建文档变得非常简单，所以何不尝试一下？虽然为每个方法创建文档没什么新意，但是这有助于在标题和描述中提醒用户，该方法与特定的类对象相关。

## 21.6　S3 的局限性

S3 的概念在软件开发人员中不流行的一个原因是，在创建一个对象之前不能正式地定义

该对象的新类，而绝大部分类实现通常都要检查对象的组件是否是类对象期望的结构。没有正式类定义的 S3，相当于给用户导致的错误开了大门，除非我们加班加点为构造函数和每个单独方法都编写检查。这不仅涉及大量的重复工作，而且还很快就会发现，错误处理占据了代码的半壁江山。如果真要为预防用户错误写那么多代码，不如用 S4 或更高级的类。

继承在 S3 中发挥不出应有的作用，用的时候必须非常谨慎，以确保我们的方法允许继承，不要强行创建特定类的对象。在像 S4 这样的类系统中，继承要正式得多。而且从父类到子类都贯穿了类型检查和有效性检查。

## 21.7  本章小结

第 19 章和第 20 章介绍了如何构建 R 包。本章介绍的是如何用类（尤其是 S3 类）改善包的可维护性，如何在代码中添加结构。

第 22 章将从 S4 类开始，介绍 R 中可用的一些更正式的面向对象形式。这为一些新的概念打开了大门，如有效检查、多重分派（multiple dispatch）和面向对象消息传递。

## 21.8  本章答疑

**问：如果 S3 是 S 语言中的第一个实现，没想过开发更高级的版本？**

**答：** 这不好说。许多人不喜欢 S3，说它“懒惰”“不是一个好的类实现”等。然而，大部分好用的 R 小工具都使用 S3 类，而且 S3 通常更适用于构建这些工具的框架。

**问：听说 S3 实际上根本不是一个类系统，这是真的吗？**

**答：** S3 不是一个非常严格的系统，但是它的确是一个类系统。从技术上看，它是泛型函数面向对象编程的非正式形式。

**问：如果 S3 方法是[泛型函数].[类]的形式，那么 data.frame 呢？**

**答：** R 有自己的怪癖！像 `print.data.frame()`这样的函数，真让人摸不着头脑。让人困惑的事可不止这一点。在 R 中，完全有可能创建一个 `frame` 类，并为该类定义一个 `print.data()`方法，但是我建议你不要这样做！之所以提到这些是为了说明 R 很灵活，虽然从句点可以看到 S3 类实现的痕迹，但是句点同时也可以是对象名的一部分。即便如此，最好还是不要在命名变量时使用句点。

## 21.9  课后研习

课后研习包含“随堂测验”和“答案”两部分，旨在帮助读者巩固本章所学知识。请读者先尝试回答“随堂测验”中的所有问题，再看后面的“答案”。

**随堂测验：**

1. S3 和 S4 类分别是在 S 的第 3 版本和第 4 版本中引入的。这是真的还是假的？

2. 应该用下面哪一个函数绘制 lm 类的 myLm 对象？

A.  `plot()`

B.  `plot.lm()`

C.  `plot.myLm()`

D.  `myLm.plot()`

3.  如何找出 S3 类中可用的方法？

4.  用于定义新泛型函数的函数名是什么？

5.  必须在构建 R 包时创建一个 S3 方法的文档，真或假？

**答案：**

1.  真。这也说明了 R 语言继承了 S 语言的行为。

2.  A。从技术上看，可以直接使用 `plot.lm()` 函数，但是通常不建议直接调用函数。

3.  用 `methods()` 函数并指定参数（class=）。

4.  `UseMethod()` 函数可用于创建新的泛型函数。通过编写一个调用 `UseMethod()` 函数来定义一个泛型函数。

5.  假。但是，的确应该为其创建文档。尤其是如果方法有点复杂，更要创建文档来说明用法。

## 21.10　补充练习

1.  定义一个新的 S3 类。该类的目标是储存不同给定统计分布的模拟数据。为了构造这个新类，创建以下内容。

    ➢　一个构造函数，参数为 n 和 `distribution`，分别表示抽样值的数量和样本所服从的分布。确保该函数在需要时有其他参数选项。

    ➢　一个打印方法，以表的形式打印模拟数据的汇总统计量（平均数、中位数、标准差、最小值和最大值）。

    ➢　一个绘图方法，绘制随机数的直方图，带默认标题（描述数据服从什么分布的模拟和模拟了多少个值）。

# 第 22 章

# 正式的类系统

**本章要点：**

➤ S4 类

➤ 引用类

➤ S6 类

➤ 其他可用的类系统

第 21 章介绍了类的概念，详细讲解了 S3 类在 R 中的基本特性。S3 系统让大家对类有了一定的认识，越来越多的灵活性让我们已经习惯使用 R。然而，为了提供灵活性，需要用到更正式的类系统中的一些好处。在开发 S3 类时，还要非常小心地检查输入值是否处理得当。而且，没有正式定义继承，还必须为其仔细地编写函数。

本章将详细介绍 R 中的另外两个类系统：S4 系统和引用类，并介绍一些相关的新概念，如有效检查、多重分派和面向对象的消息传递，以及可变对象（mutable object）。

## 22.1 S4

S4 系统源自第 4 代 S 语言。像 S3 一样，S4 系统也是一种泛型函数面向对象编程。然而，相比之下，该系统更加正式，而且必须在实例化对象之前定义类的结构。这使得编写方法更加简单，因为这样就无法把错误结构的对象传递给 S4 方法。

S4 系统还得益于一种更加正式的继承，即在定义类时就指定好。需要扩展 S4 类时，对父类进行的所有类型检查和结构检查都会传给子类，这就大大减少了重复代码。最后，S4 还支持多重分派，即泛型函数会根据不同的输入进行不同的操作。

虽然有些在 CRAN 和 BioConductor 包资源库中可获得的附加包使用了 S4 的结构，但是 R 的基础包和推荐包中都很少见到 S4 的实例。从 S4 中的 4 可以看出，这是一种趋势，尤其是对于那些用 S4 实现了在 S3 结构中已经实现的部分。尽管如此，R 并没有严格规定要按 S4 来实现。

## 22.1.1　使用 S4 类

查询 S4 类和方法的信息比 S3 类稍微容易一些。我们可以先给 isS4() 函数传递一个对象，查询该对象是否是 S4 类的对象。如果是 S4 类对象，isS4() 函数就直接返回 TRUE，否则返回 FALSE。一旦知道了有一个 S4 类对象，并查明该类是什么（用 class() 函数），就可以调用许多其他有用的函数查询该类的更多信息。表 22.1 中列出了 3 个可用于查找更多类信息的函数。该表还描述了各函数的用法，并以 lme4 建模包中的 merMod 类为例，给出了相关的用法示例。

表 22.1　查询 S4 类

| 函数 | 描述 | 用法 |
| --- | --- | --- |
| getClass() | 返回一个对象，内含指定类的定义 | getClass("merMod") |
| getSlots() | 返回一个具名字符向量，其名称代表类的槽，其值代表储存在槽中的对象类型 | getSlots("merMod") |
| findClass() | 在使用类的扩展时有用。该函数返回包名和储存该包定义的物理位置 | findClass("merMod") |

如果使用一个新包，可以用 getClass() 函数找出该包中所包含的类有哪些。例如，getClass("package:lme4")。另外，该对象还可用于列出定义在当前 R 会话中的所有类。类似地，getGenerics() 函数通常用于列出一个包或 R 会话中的所有可用泛型函数。

通过 showMethods() 函数可查看泛型函数可用的所有方法。代码如下所示：

```
> showMethods("tail")
Function: tail (package utils)
x="ANY"
x="Matrix"
x="sparseVector"
```

第 21 章中用到的 methods() 函数也能处理 S4 类。

> **提示：S4 的帮助**
>
> 构造函数和泛型函数都是具名的 R 函数，可以用标准的方式查找其帮助文件（即通过 RStudio GUI 或者在命令行输入 "?函数名"）。和 S3 类不同的是，S4 类经过正式的定义，因此都创建有文档。用 "类?类名" 这种特殊形式的语法可以查询该类的更多细节。

## 22.1.2　定义 S4 类

上一节提到 S4 类必须在实例化对象之前进行定义。也就是说，不能像在 S3 中那样直接使用对象并赋予一个新类就行了。这说明 S4 类要花更多时间来构造。不过，定义越正式，我们从中受益越多。这表现在下面两个方面：

➢　类型检查；

> ➢　有效性。

类型检查和有效性确保了在定义类时，类中的对象也具有特殊的结构和类型。这与 S3 在为类编写方法时可以假设结构是正确的不同。这不仅可以省掉在方法中额外编写一些错误处理的步骤，还能避免代码重复，因此提高了代码的可维护性。

### 1. 设置类

setClass() 函数用于正式定义类。该函数在 methods 包中，在交互式地启动 R 时默认会加载该包。从结构上看，可以认为 S4 类有点像 R 列表，其中的每个元素都是有特定结构和类型的 R 对象。在 S4 的术语中，这些元素被称为"槽"（slot）。S4 类的正式结构要求为每个槽都要定义所需的结构，比如 integer、numeric、character 和 matrix 等。因此，setClass() 函数的两个主要参数是类的名称和定义类结构的 slots 参数。slots 参数接收一个列表或具名字符向量。其中，名称代表槽的名称，数据代表对象类型。

**Watch Out!**

> **警告：加载方法包**
>
> 以交互模式启动 R 时，默认会加载 methods 包。然而，还可以通过 Rscript 以批处理模式执行 R，这时默认不会加载 methods 包。在把 S4 结构合并进自己的包中时，应该在 methods 包上添加一个依赖包。

我们从第 21 章中定义的 modInt 结构开始，学习 S4 结构的基本概念，并将其定义为 S4 类，类名是 modInt4。对于类中的任何对象，都必须储存两个重要的信息：基数和模量。这些都是整数，所以我们用 integer 类指定它们的结构。注意，虽然求模运算只能应用于整数值，但实际上将数据储存为 numeric 就足够了，不必储存为 integer。尽管如此，稍后我们还是使用 integer 数据类型来解释这个正式定义的影响。

```
> setClass("modInt4", slots = c(x = "integer", modulus = "integer"))
```

**Watch Out!**

> **警告：定义中的变化**
>
> 从类系统的演变历史来看，S4 的槽以前是通过 setClass() 函数中的 representation 参数来定义的。然后，representation() 函数被用于定义槽的结构和实例化。虽然这一功能现在已被弃用，但是出于兼容性考虑，representation 仍然是 setClass() 函数中的第二个参数。而 S3methods、access 和 version 参数的情况与此类似。更多详细的信息请参阅 setClass() 函数的帮助文件。

还可以使用 setClass() 函数定义继承，我们稍后再继续这个话题。

### 2. 创建一个新的 S4 实例

只要正式定义好一个类，就可以创建该类的对象了。和 S3 类似，虽然不要求一定要通过构造函数来创建对象，但是最好能这样做。构造函数必须在内部调用 new() 函数才能创建 S4 类的对象。new() 函数根据类定义创建原型对象，并用提供的输入来填充槽。通过 new() 调用能确保我们的类具有所需的槽，确保每个槽中储存的信息都是正确的类型。

setClass() 函数的第一个参数是 Class。该参数告诉 R 要实例化的类是什么。类的任何槽名都通过省略号（...）传递。在下面的示例中，为之前定义的 modInt4 类创建了一个构造函数，这个构造函数中就包含了对 new() 函数的调用。

```
> modInt4 <- function(x, modulus){
+    # 对 x 求模，获得满足模量的新值
+    x <- x %% modulus
+    # 创建一个新的实例
+    new("modInt4", x = x, modulus = modulus)
+ }
```

定义了构造函数，现在就可以创建自己的类对象了。下面的示例用于演示如何进行类型检查。第一个示例，传递了非整数值 pi 和整数值 12L。其中，L 保证了该值储存为 integer 类型，而不是 numeric 类型。由于 pi 是非整型值，该对象没有创建成功，而且抛出了一条错误消息。

第二个示例，传递了两个实际上在 R 中被储存为 numeric 类型的整数值。同样没有创建成功，因为 x 和 modulus 都必须为 integer 类型才行。

最后一个示例，传递了 4L 和 12L。这两个都是整数，对象创建成功。

```
> # 尝试创建 modInt4 类的一些对象
> modInt4(pi, 12L)
Error in validObject(.Object) :
  invalid class "modInt4" object: invalid object for slot "x" in class "modInt4":
  got class "numeric", should be or extend class "integer"

> modInt4(4, 12)
Error in validObject(.Object) :
  invalid class "modInt4" object: 1: invalid object for slot "x" in class
➥"modInt4":
  got class "numeric", should be or extend class "integer"
  invalid class "modInt4" object: 2: invalid object for slot "modulus" in class
➥"modInt4":
  got class "numeric", should be or extend class "integer"

> modInt4(4L, 12L)
An object of class "modInt4"
Slot "x":
[1] 4

Slot "modulus":
[1] 12
```

这里，我们把构造函数名和类名相匹配，参数名和类的槽名相匹配。这是一个非常简单的类示例，而且这样做行得通。不过，构造函数可以接受任何参数，只要最终传递给 new() 函数的参数与我们用 setClass() 函数定义的参数相匹配就行。lme4 包中的 lmer() 函数就是一个很好的例子。该函数接受 formula 和 data 这样的参数，拟合线性混合效应模型，并生成一个 merMod 类的对象，其中包含 theta 和 beta 这样的槽。

### 3. 有效性

如上所述，S4 类中的槽结构提供了一种方便的机制来检查所提供的信息类型是否正确。有时，我们要对提供的信息进行一些额外的检查，以确保对象符合预期。回顾一下第 21 章中的数据框定义。一个数据框包含一系列向量，但是这些向量的长度都必须一致。在 S4 框架

中，可以用有效性函数来检查。

有效性函数中要包含所需的所有检查，以确保对象有正确的结构。虽然对有效性函数没有命名限制，但是标准的做法是在名称中能包含类名。"lowerCamelCase"是最常用的命名约定，最好能在名称中避免使用句点，否则会在 S3 结构中导致解析错误。

接下来，我们为 modInt4 类定义一个有效性函数。该函数检查以确保传入的两个值都是正整数，而且基数要小于模量。有效性函数应在传入的对象有效时返回 TRUE，如果对象未通过检查，应返回 FALSE。有效性函数的唯一参数应该是 S4 类对象，最好能命名该对象为 object。

```
validModInt4Object <- function(object) {
# 定义检查
# 注意，该类的定义已经确保了 x 和 mod 都是整数
xNonNeg                 <- object@x >= 0
modulusPositive         <- object@modulus > 0
xLessThanEqualToModulus <- object@x <= object@modulus
# 把各项检查组合起来
isObjectValid <- xNonNeg & modulusPositive & xLessThanEqualToModulus
# 返回 TRUE 或 FALSE
isObjectValid
}
```

定义好检查后，还要用 setValidity() 函数把检查和类关联起来。setValidity()函数接收的两个主要参数如下。

➢  Class：作为字符串的类名。

➢  method：有效性函数名。

现在，把 validModInt4Object() 有效性函数和 modInt4 类关联起来，代码如下所示：

```
> setValidity("modInt4", validModInt4Object)
Class "modInt4" [in ".GlobalEnv"]

Slots:

Name:          x modulus
Class: integer integer
```

> **By the Way**
>
> **注意：用 setClass()定义有效性**
>
> 除了用 setValidity() 函数定义有效性，还可以用 setClass() 函数的 validity 参数将函数和待检查的类关联起来。

### 22.1.3  方法

和 S3 类似，S4 框架也实现了泛型函数面型对象。为了定义类的方法，必须先定义一个泛型函数。然后，用 setMothod() 函数将该函数关联回泛型函数和我们创建的类。先来看 setMethod()函数。表 22.2 中列出了 setMethod() 函数的 3 个所需参数及其说明。

表 22.2　setMethod()函数

| 参数 | 说明 |
| --- | --- |
| f | 待设置方法的泛型函数名 |
| signature | 通常是一个内含类（将被传递给方法）的具名向量或列表。对于简单的方法，可以只是方法将要应用的类名 |
| sefinition | 函数定义，描述 signature 中指定对象在调用泛型函数时的行为 |

和 S3 类似，许多泛型函数都是"即用型"。特别是，S4 对象有一个默认的 show() 方法，相当于 S3 中的 print() 函数。可以定义一个新的 show() 方法来控制对象如何被打印在屏幕上。在下面的示例中，为 modInt4 类定义了一个新的 show() 方法，然后使用 setMethod() 函数将该方法与 modInt4 类和泛型函数关联起来：

```
> showModInt4 <- function(object){
+   # 从对象中提取相关的组件
+   theValue <- object@x
+   theModulus <- object@modulus
+   # 按所需的形式打印对象
+   cat(theValue, " (mod ", theModulus, ")\n", sep = "")
+ }
>
> # 将上面的函数与 show() 泛型函数和 modInt4 类关联起来
> setMethod("show", signature = "modInt4", showModInt4)
[1] "show"
>
> # 显示一个对象
> modInt4(3L, 12L)
3 (mod 12)
```

更正式的 S4 框架和有效性检查，确保了 modInt4 类的每一个对象都有正确的结构，每个槽的类型都正确无误。show() 方法不需要额外的检查。

**警告：编辑方法**

　　要通过 setMethod() 把方法与泛型函数和类关联起来。如果重新定义一个方法，必须在定义后再次调用 setMothod() 将方法关联泛型函数和类。

## 22.1.4　定义新的泛型函数

在上一个示例中，为现有的泛型函数 show() 定义了一个新的方法。和 S3 类似，S4 也可以定义新的泛型函数。这要用到 setGeneric() 函数，该函数有两个主要的参数，见表 22.3。

表 22.3　setGeneric()函数的主要参数

| 参数 | 说明 |
| --- | --- |
| name | 字符串，表示泛型函数的名称 |
| def | 如果函数已经定义则留白，否则用该参数定义泛型函数 |

在下面的示例中，首先定义一个 square4() 函数，相当于第 21 章中定义的 square() 函数的 S4 版本。然后把该函数用 setGeneric() 转为泛型函数。

```
> square4 <- function(x){
+   x^2
+ }
> setGeneric("square4")
[1] "square4"
```

创建好泛型函数后，就可以定义新的方法了。通过 setMothod() 函数可以将其与类关联起来：

```
> squareModInt4 <- function(x) {
+   # 标准平方
+   simpleSquare <- as.integer(x@x^2) # Ensure value is valid
+   # 使用正确的模量
+   modInt4(simpleSquare, x@modulus)
+ }
>
> # 将 modInt4() 方法与 square4() 泛型函数和 modInt4 类关联起来
> setMethod("square4", signature = "modInt4", squareModInt4)
[1] "square4"
>
> # 测试该方法
> a <- modInt4(5L, 12L)
> a
5 (mod 12)
> square4(a)
1 (mod 12)
```

一定要确保方法和泛型函数中的参数名相匹配。如果不匹配，不仅是糟糕的实现，而且 R 会抛出警告，通知你要更改方法中的参数名以匹配泛型函数。

### 22.1.5　多重分派

在下面的示例中，要创建一个新的泛型函数 add()，并定义两个 modInt4 类对象相加时的行为。这是一个多重分派（multiple dispatch）的示例，凭借泛型函数可以基于多个参数进行分派（即选择方法）。注意，虽然提供的两个对象的类相同，但是多重分派的机制可用于定义当不同类的对象相加时的行为。如上一个示例所示，我们从定义一个 add() 函数开始，然后 setGeneric() 将其转为泛型函数。

```
> add <- function(a, b){
+   a + b
+ }
> setGeneric("add")
[1] "add"
```

定义的 add() 函数现在相当于泛型函数的默认方法。接下来，为 modInt4 类对象定义一个方法。因为 add() 函数需要两个对象，所以必须仔细定义一个合适的签名以确保进行正确的泛型分派。

```
> # 定义一个把两个 modInt4 类对象相加的函数
> addModInt4Objects <- function(a, b){
+   # 有时，还是需要在方法中定义检查
```

```
+    if(a@modulus != b@modulus){
+      stop("Cannot add numbers of differing modulus")
+    }
+    # 把两个对象相加
+    totalNumber <- a@x + b@x
+    # 返回正确的类
+    theResult <- modInt4(totalNumber, a@modulus)
+    theResult
+  }
>
> # 把上面的函数与 add() 泛型函数和 modInt4 类关联起来
> setMethod("add", signature = c(a = "modInt4", b = "modInt4"),
+              addModInt4Objects)
[1] "add"
>
> # 测试该函数
> p <- modInt4(3L, 12L)
> q <- modInt4(7L, 12L)
> add(p, q)
10 (mod 12)
> add(q, q)
2 (mod 12)
```

## 22.1.6　继承

第 20 章已经简要介绍了继承的概念，S3 对象可以从其他对象继承，但是大部分 S3 对象都没有进行正式地定义继承。在 S4 类中，可以更好地定义继承。我们通过 setClass() 函数的 contains 参数在定义类时指定继承。这个参数可以用它来指定超类（superclass），即我们创建的类所继承的类。

回忆一下第 21 章中讨论过的 12 小时制时钟和 clockTime 类。我们定义一个等价的 S4 类，从 modInt4 类继承，代码如下所示：

```
> setClass("clockTime4", contains = "modInt4")
```

此时，我们的类与 modInt4 类完全一样，而且包含槽 X 和 modulus。它也从 modInt4 类中继承了所有方法，因此在定义 modInt4 方法时，我们不用再考虑方法的继承。

```
> getSlots("clockTime4")
        x       modulus
"integer"  "integer"
>
> methods(class = "clockTime4")
[1] add show
see '?methods' for accessing help and source code
```

在代码清单 22.1 中演示了一个完整的示例，定义了之前定义的类，然后实现了一些后续的行为。特别是，定义了一个构造函数（第 5~10 行）和有效性函数（第 14~17 行）以确保模量等于 12。除此之外，还定义了 print(show) 方法（第 31~36 行）。如果需要的话，可以定义任何 clockTime4 类专用的其他方法。

**代码清单 22.1 构建 clockTime4 类**

```
 1: > # 定义 clockTime4 类
 2: > setClass("clockTime4", contains = "modInt4")
 3: >
 4: > # 定义构造函数
 5: > clockTime4 <- function(x){
 6: +   # 确保 x 是以 12 为模量
 7: +   x <- x %% 12L
 8: +   # 创建一个新的实例
 9: +   new("clockTime4", x = x, modulus = 12L)
10: + }
11: >
12: > # 定义有效性
13: > # 继承现有的 modInt4 有效性
14: > validclockTime4Object <- function(object) {
15: +   isMod12 <- object@modulus == 12L
16: +   isMod12
17: + }
18: >
19: > # 讲有效性函数与 clockTime4 类关联起来
20: > setValidity("clockTime4", validclockTime4Object)
21: Class "clockTime4" [in ".GlobalEnv"]
22:
23: Slots:
24:
25: Name:        x modulus
26: Class: integer integer
27:
28: Extends: "modInt4"
29: >
30: > # 重新定义 show()方法
31: > showclockTime4 <- function(object){
32: +   # 以所需的形式打印对象
33: +   cat(object@x, ":00\n", sep = "")
34: + }
35: > setMethod("show", signature = "clockTime4", showclockTime4)
36: [1] "show"
37: >
38: > # 测试该类
39: > clockTime4(5L)
30: 5:00
41: > clockTime4(13L)
42: 1:00
```

代码清单 22.1 中强调了 S4 继承的另一个特性：有效性也可以被继承。这大幅减少了测试部分的重复工作。

## 22.1.7 创建 S4 的文档

用 roxygen2 给 S4 类的正式声明创建类文档时，要多费些工夫。类的文档中除了包含一个标准标题和类描述，还应该包含 setClass() 函数的调用。每个槽都要用@slot 标签标识。

```
#' An S4 Class that implements modular arithmetic
#'
#' @slot x An integer value in the specified \code{modulus}
#' @slot modulus An integer value representing the modulus for \code{x}
setClass("modInt4", slots=c(x = "integer", modulus = "integer"))
```

必须为 S4 的方法创建文档，但是可以选择是把文档创建在类中还是泛型函数中，或者单独创建在指定的帮助文件中。通常，把方法的文档创建在何处取决于方法的复杂度和用法。不过，如果自行创建泛型函数，可以只把方法的文档创建在泛型函数中。

@describeIn 标签或@drname 标签可以控制将方法的文档创建在何处。例如，在 add() 泛型函数的帮助文件中创建 addMethodInt4Object() 函数的文档，首先要为 add() 函数创建 roxygen2 注释块，并在 addMethodInt4Object() 函数的定义上面单独添加一个包含 @describeIn 标签的 roxygen2 注释块。

```
#' @describeIn add Adds two modInt4 objects of the same modulus
addModInt4Objects <- function(a, b){
  # 有时还是要在方法中定义一些检查
  if(a@modulus != b@modulus){
    stop("Cannot add numbers of differing modulus")
  }
  # 两个对象相加
  totalNumber <- a@x + b@x
  # 返回正确的类
  theResult <- modInt4(totalNumber, a@modulus)
  theResult
}
```

## 22.2 引用类

引用类由 John Chambers 开发，从 R 的 2.12 版开始就实现在 methods 包中。由于第一次在 R 中实现新类，而且从 S3 和 S4 发展而来，所以引用类也叫做"R5"类。不过，与 S3 和 S4 不同的是，R5 中的数字 5 与 R 的版本没有任何关系。除了延续数字的排序，本质上没什么特别的含义。

引用类与 S3 和 S4 非常不同，它实现了一种更为常见的面向对象编程：面向对象消息传递。在面向对象消息传递中，方法属于类，而且不要求有泛型函数。Python、C++和 Java 中也用到了面向对象消息传递。

### 22.2.1 创建新的引用类

和 S4 一样，我们从定义类开始。定义引用类要使用 setRefClass() 函数。就用法而言，setClass() 函数和 setRefClass() 函数之间的主要区别是，后者使用"域"（field）而非"槽"。

继承的情况也很类似，用 contains 参数指定继承。

引用类的有一个不同之处是，把 setRefClass() 函数的输出保存为一个对象。该对象可以和 setRefClass() 函数中第一个参数表示的类名同名。我们将通过改动 S3 和 S4 类中所用的求模运算的示例来学习引用类。然而，面向对象消息传递与面向对象泛型函数的区别很大。在实际应用中，面向对象消息传递通常用于解决一种不同类型的问题。值得一提的是，消息传递更适合软件开发。

```
> modIntRef <- setRefClass("modIntRef",
+                          fields=c(x = "integer", modulus = "integer"))
```

这是我们第一次把类创建为对象。与 R 的其他对象不同的是，我们可以输入引用类的对象名来查看其中的内容，并查询它的类。

```
> class(modIntRef)
[1] "refObjectGenerator"
attr(,"package")
[1] "methods"
```

刚创建的是 refObjectGenerator 对象。该对象是一个函数，用于生成该引用类的新对象。生成的对象是一种环境，非常像包环境或全局环境。环境术语高级主题，但是本质上环境和列表类似，可以使用$语法（即"环境名$对象名"）来访问各元素。把创建的引用类及其对象看作是列表非常有用。类的所有相关信息（包括域、继承和方法）都储存在列表中。没必要使用泛型函数。

**Watch Out!**

> **警告：S4 还是引用类？**
>
> 引用类实际上是作为 S4 类来实现的，只不过它的数据储存在环境中。由于引用类系统创建在 S4 系统的顶部，给 isS4() 函数传入引用类对象也能返回 TRUE。

定义类能为我们有效地创建构造函数。可以用 setRefClass() 函数创建的 modIntRef() 函数来实例化新的 modIntRef 对象。

```
> a <- modIntRef(x = 3L, modulus = 12L)
> a
Reference class object of class "modIntRef"
Field "x":
[1] 3
Field "modulus":
[1] 12
```

因为引用类是基于 S4 类的，所以可以使用 new() 函数直接生成。但是，实际上并不鼓励这样做。虽然 new() 函数也是我们类的一种方法，但是可以通过标准引用类的方式来调用。

```
> b <- modIntRef$new(x = 4L, modulus = 6L)
> b
Reference class object of class "modIntRef"
Field "x":
[1] 4
Field "modulus":
[1] 6
```

> **提示：引用类中包含什么？**
>
> 因为引用类的对象都是环境，所以可以使用 objects() 函数查看其中包含的内容。代码如下所示：
>
> ```
> > objects(a)
> [1] "copy" "field" "getClass" "modulus" "show" "x"
> ```

## 22.2.2 定义方法

对于引用类，其方法被储存为定义类的对象的一部分。用"类名$方法名"语法可以访问和修改方法。还可以考虑把 methods 元素本身作为另一个列表，其中的每个元素都是定义好的方法。由于引用类中没有泛型函数，所以可以根据自己的喜好给方法命名。不过要注意，有些方法有特殊的含义（如 initialize()）。

> **提示：用 setRefClass() 定义方法**
>
> 也可以在调用 setRefClass() 函数时直接定义方法。

下一节将通过引用类上下文来重新定义我们的求模运算。现在，我们先简要回顾一下刚介绍过的 S4 类的关键知识点。

### 1. 初始化

引用类的 initialize() 方法相当于构造函数。然而，该方法生成的对象不包含所需的域（槽），而是通过特殊的赋值操作符<<-来分别生成每个域。当调用 new() 函数时，类会完成剩下的工作，以确保类的新对象都包含正确的域。

> **警告：<<-操作符**
>
> <<-操作符直接给函数的父环境赋值。这样很难跟踪函数在做什么。因此，应尽量避免使用<<-。

在代码清单 22.2 中，将基于之前定义的 modInt4 类对象的构造函数，为 modIntRef 类创建一个 initialize() 方法。虽然函数中的 modulus 参数未变，但是必须用<<-赋值操作符显式创建 x 和 modulus。这是由于作用域的关系，但是已超出本书要讨论的范围，将不再做进一步的探讨。

**代码清单 22.2　定义一个 initialize() 方法**

```
 : > modIntRef$methods(list(initialize = function(x, modulus){
 : +    # 通过最初提供的 x 和 modulus 的初值创建对象
 : +    # 用 modulus 对 x 进行求模运算，得出适合该模量的新值
 : +    # 如果能提供合适的值，则给各个域赋值（确保可以复制对象）
 : +    if (!missing(x)) {
 : +      x <<- x %% modulus
 : +    }
 : +    if (!missing(modulus)) {
 : +      modulus <<- modulus
10: +    }
11: + }))
```

请注意代码清单 22.2 中第一行的语法。通过定义一个列表，更新了 `modIntRef` 类的 `methods` 参数。所有方法都被储存为一个内含方法名的具名列表。该例中另一个值得注意的地方是，如果用户提供变量，能确保只有符合条件采用来赋值。这不仅可用于在需要时创建模板对象，还能方便稍后复制函数。

## 2．可变对象

可变性是面向对象编程中一个常用的术语。然而，对于有统计学背景的人来说并不熟悉。通常，R 不是可变的，也就是说在执行函数时不能直接编辑或更改对象，必须强制 R 擦写对象才行。例如，假设要给定义的一个向量 x 排序：

```
> x <- c(1, 3, 2)
```

可以用 `sort()` 函数来排序 x，但是排序操作其实并未更新 x：

```
> sort(x)
[1] 1 2 3
> x
[1] 1 3 2
```

必须像这样把结果赋给 x 才能擦写 x 的值（更新 x）：

```
> x <- sort(x)
> x
[1] 1 2 3
```

因为 R 把值都储存在内存中，而实际上在擦写 x 之前，我们操作的是储存在内存的值的副本。引用类是可变的，这意味着我们定义的方法可以直接更新对象。第 12 章中，在使用 **data.table** 包时简要介绍过这种行为。这种可变的行为被称为"引用更新"。

实际上，引用类悄然改变了我们对操作对象方式的认识，为了更改对象，直接将方法应用于对象。鉴于此，引用类的应用通常与标准的 S3、S3 应用不同。因此，必须用同样的方法改写代码清单 22.2 中的 `initialize()` 函数，使其能直接更新域。

## 3．定义方法

开发引用类的方法时，是在类的环境中进行的。这样在调用由 `initialize()` 函数定义的方法时，就可以确保所需的域都存在，而且域的类型和结构都正确。因此，不必把域名传递给我们编写的方法。类中的域用不到的其他参数都以标准方式传递。

接下来看一个定义和调用方法的例子。在代码清单 22.3 中，定义了一个 `addNumber()` 方法，用于给 `modIntRef` 类的对象加上一个数字。数字由函数的用户提供，但是代码中第 3 行和第 5 行中引用的 x 和 modulus 值都来自于类域。注意，我们使用了双箭头赋值操作符<<-来更新原始对象中的 x。从第 8 行开始，给对象 x 加 1 然后加 10，都直接更新了 x，演示了对象的可变性。

**Watch Out!**

> **警告：局部变量**
>
> 和其他 R 函数一样，我们可以在函数体中创建临时对象。一旦函数执行完毕，这些临时对象就会被移除。由于函数作用域的原因，应该避免在域名后面命名哑变量（dummy variable），因为函数无法解析。如果这样做了，R 将在定义方法时抛出一条警告。

**代码清单 22.3　定义方法**

```
 1: > modIntRef$methods(list(addNumber = function(aNumber){
 2: +    # 把 aNumber 局部添加给 x
 3: +    x <<- x + aNumber
 4: +    # 确保 x 有正确的模量
 5: +    x <<- x %% modulus
 6: + }))
 7: >
 8: > a <- modIntRef$new(x = 3L, modulus = 12L)
 9: > a
10: Reference class object of class "modIntRef"
11: Field "x":
13: [1] 3
13: Field "modulus":
14: [1] 12
15: > a$addNumber(1L)
16: > a
17: Reference class object of class "modIntRef"
18: Field "x":
19: [1] 4
20: Field "modulus":
21: [1] 12
22: > a$addNumber(10L)
23: > a
24: Reference class object of class "modIntRef"
25: Field "x":
26: [1] 2
27: Field "modulus":
28: [1] 12
```

### 22.2.3　复制引用类的对象

对于前面章节中的不可变对象，复制操作非常简单。一旦复制了一个对象，所有新对象和原始对象中的关联将全部失效。例如，有一个对象 y，它是另一个对象 x 的副本，如下所示：

```
> x <- 5
> y <- x
```

y 对象是 x 对象的副本，此时，两个对象的值都是 5。但是，这两个对象之间没有任何关联。我们可以把 x 的值改成 6，但是 y 的值仍然是 5，代码如下所示：

```
> x <- 6
> x
[1] 6
> y
[1] 5
```

可变对象的行为与此不同。考虑代码清单 22.3 中创建并修改的对象 a。该对象是 modIntRef 类，因此是可变的。现在，以传统的方式通过复制 a 来创建新的对象 b：

```
> # 提醒大家 a 的值是什么
```

```
> a
Reference class object of class "modIntRef"
Field "x":
[1] 2
Field "modulus":
[1] 12
> # 以传统方式用 a 的副本来创建 b
> b <- a
> b
Reference class object of class "modIntRef"
Field "x":
[1] 2
Field "modulus":
[1] 12
```

接下来，用 addNumber() 方法给 a 加上 1：

```
> a$addNumber(1L)
> a
Reference class object of class "modIntRef"
Field "x":
[1] 3
Field "modulus":
[1] 12
> b
Reference class object of class "modIntRef"
Field "x":
[1] 3
Field "modulus":
[1] 12
```

对象 b 也一起更新了！这种引用更新的情况是可变对象的特性。这种特性相当有用，但是对于那些不熟悉这种特性的人来说，也是潜在的危险陷阱。还好，所有的引用类继承的基类 envRefClass 都有 copy() 方法。该方法以传统的方式进行复制，来看下面的示例：

```
> a <- modIntRef$new(x = 3L, modulus = 12L)
> b <- a$copy()
> b
Reference class object of class "modIntRef"
Field "x":
[1] 3
Field "modulus":
[1] 12
```

### 22.2.4  创建引用类的文档

实际上，创建引用类系统的文档比创建 S4 类系统的文档简单得多。这是因为引用类的方法随类储存，而不是通过泛型函数进行联结。因此，只用给类创建文档就行了。注意，在创建类域的文档时要使用特殊的 @field 标签。

## 22.3　R6 类

R6 类系统由 Winston Chang 开发，基于 R 的标准引用类实现而构建，于 2014 年首次发布于 CRAN。延续了引用类的别名"R5"，故命名为 R6。R6 的实现实质上是引用类实现的变体，没有依赖 S4 类。

R6 系统不是 R 基础包的一部分，它包含于 R6 包中，必须从 CRAN 安装。加载好 R6 包，便可使用 R6Class() 函数创建 R6 类的新实例。另外，R6 系统的语法相当简单，和 R 的标准引用类系统类似。用 new() 方法实例化新的对象，可以定义 initialize() 方法检查类的输入和结构。

### 22.3.1　公有成员和私有成员

使用 R6 实现的一个潜在好处是，它包含公有域、私有域以及方法的概念，其中的方法在面向对象编程中常称之为封装（encapsulation）。封装的基本思想就是把那些供外部（公有）访问的成员（域或方法）和只供类内部（私有）访问的成员区分开来。

封装的好处在别的面向对象编程书籍中有很多介绍，在此不做赘述。总而言之，封装主要是为了能更好地控制哪些能访问所创建的类。因为私有成员通常都不可用，其他类不需要依赖这些成员。这为今后调整或更改方法提供了极大的便利。相比之下，公有方法则是那些需要供外部使用的方法。

### 22.3.2　R6 示例

代码清单 22.4 中给出了一个创建 R6 类的完整示例，其中包含公有方法和私有方法。该示例包含 modInt6 类的完整定义，以及它的 3 个公有方法：initialize()、show() 和 square()。除此之外，为了演示私有方法的概念，我们还定义了 adjustForModulas() 私有方法。该方法确保 x 的值一定小于模量。通过公有方法 square() 中的 private$adjustForModulus 来访问该私有方法，并在调用时执行引用更新。

标准引用类和 R6 的主要区别是，前者用双箭头赋值操作符引用对象，而后者用 self 引用对象。

**代码清单 22.4　定义 R6 类**

```
 1: > library("R6")
 2: > modInt6 <- R6Class("modInt6",
 3: +       # 定义公有元素
 4: +       public = list(
 5: +         #域
 6: +         x = NA,
 7: +         modulus = NA,
 8: +         # 方法
 9: +         initialize = function(x, modulus){
10: +           if (!missing(x)) {
12: +             self$x <- x %% modulus
```

```
13: +                    }
14: +                 if (!missing(modulus)) {
15: +                    self$modulus <- modulus
16: +                 }
17: +              },
18: +           show = function(){
19: +              cat(self$x, " (mod ", self$modulus, ")", sep = "")
20: +           },
21: +           square = function(){
22: +              self$x <- self$x^2
23: +              # 使用私有方法确保 x < modulus
24: +              private$adjustForModulus()
25: +           }
26: +        ),
27: +        # 定义私有方法
28: +        private = list(
29: +           # 该函数用于确保模量正确
30: +           adjustForModulus = function(){
31: +              self$x <- self$x %% self$modulus
32: +           }
33: +        )
34: + )
35: > a <- modInt6$new(3L, 12L)
36: > a$show()
37: 3 (mod 12)
38: > # Now square a
39: > a$square()
40: > a$show()
41: 9 (mod 12)
```

R6 类还提供了许多其他功能，其用法与标准引用类非常相似。

**By the Way**

> **注意：灵活绑定**
>
> R6 还支持灵活绑定（active binding）的概念。灵活绑定看上去像是域，只不过在每次访问时都调用一个函数。

## 22.4　其他类系统

R 中的面向对象编程系统绝不止前两章介绍的那些。R.oo 包从 2001 年就存在了，专门为扩展 S3 类和 Object 类提供便利的包装函数，使得这两个类可以创建能引用修改的对象。

另一个流行的包是 proto。proto 包可用于原型编程，即一种没有类的面向对象编程。除此之外，还有一些包实现了各种不同的面向对象编程。限于篇幅，在这里不再一一列举。毫无疑问，将来这些包会更多。

## 22.5　本章小结

第 21 章中，介绍了 S3 类的概念以及如何创建 S3 类。本章沿着这个思路，详细地讲解了 R 中更正式的类系统 S4 和引用类, 还概述了 R6 实现和一些其他的类系统。每个类实现都有优缺点, 要根据自己的实际需要选择最合适的系统。但是要牢记, 之所以编写那么多的类系统的, 初衷是为了 R 的灵活和效率, 绝不是为了方便进行面向对象编程。

在"补充练习"部分, 要求构建自己的 S4 和引用类, 并开发这些类的方法。

## 22.6 本章答疑

**问**: **S3、S4、标准引用类、R6, 到底哪一个才最适合我?**

**答**: 如果刚开始使用类, S3 或 S4 类很适合新手使用, 因为它们和标准的 R 编码方式区别不太大。但是, 如果对面向对象编程的概念很熟悉, 不妨试试本章讨论的引用类或 R6。然而要明白一点, 控制越多, 灵活性就越少。

**问**: **如果 S3 类有"[泛型函数].[类]"这样的约定, 那么 S4 和引用类的命名约定是什么?**

**答**: S4 和引用类这两个类系统中没有命名约定的要求, 因为 S4 类通过 setMothod() 函数采用不同的分派机制, 引用类使用消息传递的方式。"lowerCamelCase"命名约定应用广泛, R 中的所有对象都采用这种命名约定。现在, 越来越多的人喜欢用下划线来区分对象名中的各个单词。

## 22.7 课后研习

课后研习包含"随堂测验"和"答案"两部分, 旨在帮助读者巩固本章所学知识。请读者先尝试回答"随堂测验"中的所有问题, 再看后面的"答案"。

**随堂测验**:

1. S4 对象是一种特殊类型的列表, 真或假?

2. 引用类对象是一种特殊类型的列表, 真或假?

3. 什么是多重分派?

4. 什么是可变对象?

5. 槽和域有什么区别?

**答案**:

1. 假。把 S4 对象看作和列表类似有助于理解, 但是它并不是列表。我们访问 S4 对象的元素用的是@而不是$。

2. 假。由于引用类使用$语法, 使得引用类的对象表现得比 S4 对象更像列表。但是, 引用类对象实际上是一个环境, 不是一个列表。

3. 在面向对象泛型函数中, 方法分派用于控制在调用泛型函数时选择哪一个方法。当分派机制依赖多个参数时, 就称其为多重分派。

4. 简单地说, 可变对象就是可以通过引用更新直接更改的对象。在 R 中, 处理的通常都是非可变对象, 也就是说, 要改动原对象的值必须用新值擦写才行, 不能用引用更新的方式直接更改对象。引用类对象就是可变对象。

5. 在使用 S4 类时说"槽",在使用各种引用类时说"域"。但是,实际上两者没什么区别。

## 22.8 补充练习

1. 定义一个新的 S4 类。该类用于储存服从不同统计学分布的模拟数据。为了构建新的类,要创建以下内容。

➤ 一个构造函数,接受两个输入参数 n 和 distribution,分别表示抽样值的数量和抽样服从的分配,确保该函数在需要时有其他参数选项。

➤ 一个打印方法,以表的形式打印模拟数据的汇总统计量(平均数、中位数、标准差、最小值和最大值)。

➤ 一个新的泛型函数 combine()方法,用于把两个对象(由同一分布抽样)组合起来形成一组新的样本。样本的总量是两个原始对象抽样数量之和。

2. 定义一个新的引用类。该类用于储存金融账户信息。

➤ 定义 standardAccout 类。该类应该有一个单独的域,balance。其默认值为 50 美元(开户的最少存款额)。

➤ 编写两个方法,deposite()和 withdraw(),调用时分别更新账户的 balance 域。withdraw()方法不允许余额亏空(亏空的意思是小于零)。

➤ 创建一个新的扩展类,goldAccout。该类允许账户透支 1000 美元。

# 第 23 章

# 动态报告

---

**本章要点：**

- ➤ 什么是动态报告
- ➤ 如何在 R 中创建动态报告
- ➤ 在动态报告中包含 R 代码
- ➤ markdown 和 LaTeX 的基本知识

到目前为止，我们已经学习了 R 语言的基本知识和编写高质量代码、创建良好文档和易于共享代码的方方面面。本章将介绍扩展 R 用法的另一种途径，简化报告的生成过程，尤其是严重依赖 R 输出的报告。

## 23.1 什么是动态报告

由于各种各样的原因，在编写好代码后经常要生成报告。如果用 R 处理数据、执行分析或生成图形，有时会需要把 R 的结果或图形插入报告中。这通常意味着把所有的分析结果都保存在一个位置，而最终在另一个位置生成报告，还必须确保两者同步更新。如果突然更改了数据又必须快速重新生成报告，或者要经常生成相同的报告，就有点麻烦。

动态报告，通常被称为自动报告或可再生报告，是一种可以在 R 中生成完整报告的手段。报告的内容和执行处理或分析的代码都储存在一起。以这种方式编写报告有很多好处。

- ➤ 不必在单独的报告中重复进行复制和粘贴的工作。
- ➤ 很容易跟踪报告中用于分析的代码。
- ➤ 如果更改了数据，重新运行报告很简单。

> ➢ 运行报告非常简单，经常生成报告非常便利

以前在 R 中，通过 Sweave 把 R 代码组合进 LaTeX 文档的方式来生成报告。LaTeX 是科学报告中常用的一种标记语言。它主要设计用于编写技术文档，而且要安装 TeX。虽然 LaTeX 是个非常强大而实用的工具，但是它的学习成本太高。现在，大家更倾向于使用 knitr 包。虽然用 LaTeX 生成文档没什么问题，但是我们通常推荐使用另一种标记语言：Markdown。这种语言上手较快，也比较简单，有严格的语法。另外，不只是生成静态的 PDF 文档，Markdown 还能生成 HTML 或 Microsoft Word 文件。因此，只要是报告需要的 HTML 内容，都很容易植入。鉴于此，第 24 章将介绍如何生成交互式文档。

## 23.2  knitr 包简介

如上所述，Knitr 包设计用于简化在 R 中生成文档的过程。其实，我们在第 20 章为包生成用户指南时就已经用过 Knitr 包了。

不仅可以把报告看作是可以在 Microsoft Word 或其他类似软件中生成的较长文档，其中包含着分析或结果的汇总，还可以把报告看作是用 Microsoft PowerPoint 或其他类似软件生成的典型展示。我们用 knitr 包可以生成这两种文档，无论是 PDF 还是 HTML 格式，主要取决于是用 LaTeX 还是 Markdown 来编写文档（不过，Markdown 在生成文件类型时更灵活一些）。

## 23.3   用 RMarkdown 生成简单的报告

第 20 章中简要介绍过 RMarkdown 的基本知识。Markdown 本身是一种简单的纯文本标记语言，有许多变体，而且都很类似。RMarkdown 也是一种变体，用于把 R 代码块包含能提取为 HTML 的文档。在 RStudio 中把 RMarkdown 文档转化成 PDF 或 Microsoft Word 文档非常简单，但是要求安装 TeX。本章，我们只讨论 HTML 文档的简化。

### 23.3.1   RMarkdown 文档基础

为了创建 RMarkdown 文档，要创建一个带.rmd 后缀名的文件。用 RStudio 可以创建一个包含 RMarkdown 的内容示例的 RMarkdown 文档模板。通过 "File > New File" 菜单选择 R Mardown 来创建文件，将出现一个选项窗口（见图 23.1），提示用户选择要生成的文档类型。从图中可以看到，既可以选择要创建的文档类型，又可以选择要生成的输出类型。在这种情况下，我们选择默认的文档并创建 HTML 输出。注意，可以在该选项窗口中插入文档的标题和作者名。这些在窗口中添加的组件将被自动地插入文档的头部。单击 OK 后，模板文档将被打开。

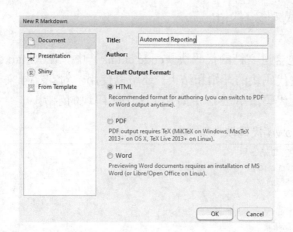

图 23.1

RStudio 中 创 建 RMarkdown 文 件 的选项窗口

所有的 RMarkdown 文档的头部都包含一些组件，如标题、作者、日期、输出格式和输出格式的选项（如样式）。代码清单 23.1 给出了一个 RMarkdown 文档头部（第 1～5 行）的示例。

**代码清单 23.1　RMarkdown 示例**

```
 1: ---
 2: title: "Automated Reporting"
 3: author: "Aimee Gott"
 4: output: html_document
 5: ---
 6:
 7: The following report contains an analysis of the data from 2015.
 8:
 9: ## Analysis
10: A simple linear model was fitted to the data to determine the main factors that
11: contribute to a change in the dependent variable. We can see below some simple
12: summaries of the data.
13:
```

我们在该头部的后面开始编写文档。文档是纯文本的，但是也可以用 Markdown 的格式化选项（第 20 章中表 20.1 中列出）将文本格式化。从代码清单 23.1 中可以看到 Markdown 文档的基本结构。

---

**提示：创建演示文稿**

Did you Know?

　如图 23.1 所示，还可以用 Markdown 创建演示文稿（presentation）。选择 HTML presentation 选项将帮你完成创建过程。它们的主要区别是，用新的一级或二级标题生成新的幻灯片。除此之外，所有的 Markdown 格式和代码块都相同。

---

## 23.3.2　创建 HTML 文件

用标记语言编写文档，就要创建 RMarkdown 文件来生成 HTML。最简单的是用 RStudio。注意，打开一个 RMarkdown 文件后，文件查看器就会添加一个 "Knit HTML" 选项。在生成 HTML 之前，必须以.rmd 后缀名保存 RMarkdown 文件。选择 "Knit HTML" 选项将生成相应的 HTML 文件，打开文件预览，并把 HTML 文件保存至 RMarkdown 文件所在的位置。这份 HTML 文件可通过任意网页浏览器打开，还可作为静态文件共享。

### 23.3.3 包含 R 的代码和输出

我们要把 R 的代码部分包含进文档的代码块（code chunk）中。在 RMarkdown 文件中，分别用 3 个反引号标识出这些代码块的开始和结束。还可以使用一对花括号来标识这些 R 的代码和需要设置的其他选项。代码清单 23.2 中演示了 3 个代码块的示例。

代码清单 23.2　RMarkdown 代码块

```
 1: ```{r, collapse = TRUE}
 2: library(mangoTraining)
 3: summary(pkData$Conc)
 4: ```
 5:
 6: ```{r, echo = FALSE}
 7: library(ggplot2)
 8: qplot(Time, Conc, data = pkData)
 9: ```
10:
11: ```{r, echo = FALSE}
12: library(knitr)
13: kable(head(pkData))
14: ```
```

从以上的 3 个示例可以看出，可以在这些代码块中包含任意可执行 R 代码，无论代码生成控制台输出还是图形输出都没问题。在最后一个代码块中（第 11～14 行），甚至包含了表输出。knitr 包中的 kable() 函数可以把数据输出转换为 Markdown 表代码，最终生成在文档的 HTML 表中。

这些可以在花括号内部设置选项的代码块叫做 collapse 和 echo。其中，collapse 用于控制把代码和输出放在输出的同一个区域。如果有多行代码，而且希望能分组输出的话，这很有用。在使用指南中也很有用，但是通常我们并不想在正式文档中包含 R 代码。这种情况下，要用到 echo 选项。echo 选项控制是否把代码和结果返回文档中。可以看到，代码清单 23.2 中的第 6 行和第 11 行设置了 echo = FALSE。在这种情况下，创建文档时只能看到输出。

*Did you Know?*

提示：**设置好你的文档**

通过代码清单 23.2 可以看到，每个代码块都载入了一个稍后要使用的 R 包。实际上，就像在其他 R 脚本中那样，在文档的头部把所需组件都分别包含在单独的代码块中是一种良好的编程习惯。如表 23.1 所示，我们可以在代码块中设置不同的选项来控制报告中出现的内容。

表 23.1　代码块的 knitr 选项

| 选项 | 参数值 | 实际用法 |
| --- | --- | --- |
| echo | TRUE/FALSE | 控制 R 代码是否出现在输出中，通常用于生成不要求包含代码的内容 |
| eval | TRUE/FALSE | 控制是否执行代码块，用于显示实际上不需要执行的代码 |
| include | TRUE/FALSE | 确定代码块是否包含在最终的报告中，如果运行代码块但不输出在报告中，设置为 FALSE；对于代码块执行设置操作很有用，如加载包 |

续表

| 选项 | 参数值 | 实际用法 |
|------|--------|----------|
| comment | "##"/NA | 每行代码输出前的字符，将其设置为 NA，字符就不会打印在代码输出前面 |
| out.width | 字符串（如"10cm"） | 最终文档中打印图形的宽度，注意参数值必须包含单位 |
| out.height | 字符串（如"6cm"） | 最终文档中打印图形的高度，注意参数值必须包含单位 |

**提示：添加代码块选项**

还可以为代码块设置许多其他的选项。要查看所有这些选项最简单的方法是查看 knitr 包的网页。该网站由包的作者谢益辉维护，网页上有可设置的所有选项的完整列表。导航至 Option 页面即可看到这些选项。

*Did you Know?*

对于包含 R 代码，还需要注意的一点是如何内联包含代码，也就是说把一些代码直接放在文本中，在生成文档时代码的执行结果将直接嵌入其中。这还是要用到反引号，不过这种情况下只需要把代码置于`r 和`之间。我们要通过这种方式表明，这应该是被执行的 R 代码。例如，在 RMarkdown 文档中添加下面这一行：

```
The median concentration for dose group 25 was `r
↪ median(pkData$Conc[pkData$Dose==25])`
```

在这个示例中，中位数的值将在创建文档时插入。这样很方便引用文本中的值，不必担心更改数据时忘记更新文本。本章示例的 HTML 格式的内容，如图 23.2 所示。

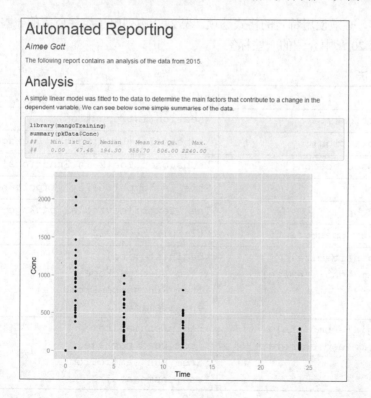

图 23.2

从 RMarkdown 中提取的 HTML 文件

## 23.4 用 LaTeX 生成报告

要先安装好 TeX，才能在 LaTeX 中创建文档。R 不提供这个软件，需要单独安装，对于不同的操作系统有不同的要求。Windows 的用户可以安装 MiKTeX，OS X 的用户要安装 MacTex，Linux 用户要安装 TeX Live。本节假设读者已经根据不同的操作系统安装了合适的软件。

之前提到过，LaTeX 是一种在科学报告中广泛使用的标记语言。该语言最大的好处是，很容易把科学记法合并到文档中。LaTeX 的完整介绍超出了本书的讨论范围，不过我们将在这里介绍一些最基础的概念。更具体地说，本节将重点讲解如何从 R 中生成 LaTeX 文档，如何包含 R 的代码和输出。对于熟悉 LaTeX 的人而言，这些也是新的内容。

### 23.4.1 LaTeX 文档基础

在 R 中用 LaTeX 创建文档时，创建的是.rnw 文件。有些 Sweave 文件可以提供 knitr 包中可用的选项，不过可以用 knitr 将其转换成 PDF。可以选择 RStudio 中的 New File 菜单中的 R Sweave 来打开 Sweave 文件。在 RStudio 中，这一操作将打开一个包含一些初始 LaTeX 标签的文档。整个文档从\documentclass 标签开始，该标签标识待生成文档的类型。模板中的下一个标签是\begin{document}，它与\end{document}是一对。文档的所有内容都包含在这两个标签之间。

在文档中添加内容，必须使用特定的格式选项。表 23.2 中列出了组件所需的一些主要的 LaTeX 标签，相当于第 20 章中介绍的一些标签。

表 23.2 基本的 LaTeX 记法

| 格式 | 代码 | 示例 |
|---|---|---|
| 第 1 级标题 | \section{} | \section{Introduction} |
| 第 2 级标题 | \subsection{} | \subsection{Loading the Package} |
| 第 3 级标题 | \subsubsection{} | \subsubsection{Main Functions} |
| 斜体 | \emph{} | This is \emph{really} important! |
| 加粗 | \textbf{} | The \textbf{devtools} package |
| 上标 | $text^superscript$ | Multiply by $4^2$ |
| 项目符号列表 | \begin{itemize}<br>\item \end{itemize} | \begin{itemize}<br>\item Load package<br>\item Run sampleFromData<br>\end{itemize} |
| 编号列表 | \begin{enumerate}<br>\item \end{enumerate} | \begin{enumerate}<br>\item Load package<br>\item Run sampleFromData<br>\end{enumerate} |

作为 LaTeX 文档的预览示例，代码清单 23.3 演示了与代码清单 23.1 等价的 LaTeX 文档。

**代码清单 23.3　基本的 LaTeX 文档**

```
 1: \documentclass{article}
 2:
 3: \title{Automated Reporting with LaTeX}
 4: \author{Aimee Gott}
 5: \date{}
 6:
 7: \begin{document}
 8:
 9: \maketitle
10:
11: The following report contains an analysis of the data from 2015.
12:
13: \section{Analysis}
14: A simple linear model was fitted to the data to determine the main factors that
15: contribute to a change in the dependent variable. We can see below some simple
16: summaries of the data.
17: \end{document}
```

与 Markdown 文档类似，LaTeX 文档的头部也包含了文档类型、标题和作者。值得注意的是，想要在文档中显示这部分内容，需要包含 \maketitle 标签，如第 9 行所示。

> **提示：创建 PDF**
>
> *Did you Know?*
>
> 正如 Markdown 文档一样，很多功能都被集成到 RStudio 中，包括编译 PDF。然而，不用选择任何 knit 选项，就能看到 "Compile PDF" 选项。当然，前提是安装了之前提到的 TeX。为了确保使用的是 knitr（这样所有的 knitr 选项才可用），要检查 Sweave 全局选项。通过 Tools 菜单选择 "Global Options"，然后选择 "Sweave" 选项卡。注意在这个菜单系统中，组织文件的选项是什么（即 "Weave Rnw files using:" 后面的选项是什么），确保选择了 knitr。如果在更改这些选项之前就创建了文件，就必须移除 RStudio 插入的索引行。

### 23.4.2　在 LaTeX 文档中包含代码

和 Markdown 类似，可以通过合并代码块在文档中包含 R 代码。使用 knitr 时，代码块的选项相同，但是在代码方面，唯一的区别是标识代码块的方式不同。代码清单 23.4 中的代码块与代码清单 23.2 中的 Markdown 代码块等价。

**代码清单 23.4　Sweave 代码块**

```
1: <<collapse = TRUE>>=
2: library(mangoTraining)
3: summary(pkData$Conc)
4: @
5:
6: <<echo = FALSE>>=
7: library(ggplot2)
```

```
 8: qplot(Time, Conc, data = pkData)
 9: @
10:
11: <<echo = FALSE>>=
12: library(knitr)
13: kable(head(pkData))
14: @
```

如上代码清单所示，我们用<<和>>=标识 Sweave 文档的开始，待设置的选项放在<>中。可以使用表 23.1 中列出的任意 knitr 代码块选项。代码块由@符号标识结束。可以在代码块中包含任意可执行 R 代码，生成任意形式的输出，包括图形。而且，使用 kable()函数可生成表，这次是以 LaTeX 格式生成。

和 Markdown 类似，Sweave 也可以内联包含代码。Sweave 相当于是\Sexpr。作为示例，可以在文档中包含下面一行：

```
The median concentration for dose group 25 was
    \Sexpr{median(pkData$Conc[pkData$Dose==25])}
```

Sexpr 中的代码将被作为单独的代码执行，在编译 PDF 时，代码的输出将直接插入文本。本章生成的 PDF 示例如图 23.3 所示。

图 23.3

从 SWeave 生成的内容中提取的 PDF 输出文件

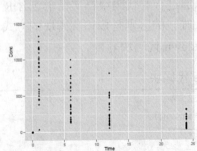

## 23.5 本章小结

本章介绍了如何生成静态报告的基本知识。我们还可以在报告中做很多事，如包含样式，以确保报告看上去更加整洁美观，以及哪些地方要遵循公司或机构模板的要求。然而，本章重点介绍了生成动态报告的一些最基本的知识。在最后一章中，我们将学习如何扩展一些想法，生成交互式网页应用和交互式报告。

## 23.6 本章答疑

**问**：对于在 **R** 中创建报告的新手，应该学 **Markdown** 还是 **LaTeX**？

**答**：如果之前从未用过 LaTeX，我会推荐学习 Markdown。这两种标记语言的语法类似，不过 Markdown 更容易上手，而且 Markdown 的灵活性较高，能创建许多格式的文档。尽管如此，如果要在文档中包含大量的数学公式或比较复杂的布局，应该多花点时间学习 LaTeX。可以在 Markdown 文中包含公式，只不过要添加一个额外的组件 mathjax，有了这个组件就可以在 Markdown 文档中编写 LaTeX 了。

**问**：是否可以自定义文档的样式？

**答**：你所使用的样式或模板依赖于你创建的文档类型，不过这很简单。如果正在创建一个 HTML 文件，就要有一个或者创建一个用于定义 HTML 组件样式的 CSS 文件。然后，把这个信息添加到 Markdown 文档的头部即可。如果正在使用 LaTeX，就要创建 LaTeX-风格的文件来应用文档。一开始会有点困难，不过只要样式存在，通常只需要更改 documentclass 选项中创建的文件类型就可以了。

## 23.7 课后研习

课后研习包含"随堂测验"和"答案"两部分，旨在帮助读者巩固本章所学知识。请读者先尝试回答"随堂测验"中的所有问题，再看后面的"答案"。

**随堂测验**：

1. 在 R 中创建文档的标记语言有哪两种？
2. 文档中整块的代码叫做什么？
3. 是否要在最终的文档中包含 R 的代码？
4. Markdown 文件和 Sweave 文件的文件扩展名分别是什么？

**答案**：

1. 这两种标记语言是 Markdown（或者更具体地说是 RMarkdown）和 LaTeX。
2. 整块的 R 代码块又被称为"代码块"。
3. 不用。把 echo 选项设置为 FALSE，这部分代码就不会出现在最终的文档中。
4. RMarkdown 文件的扩展名是 .rmd，Sweave 文件的扩展名是 .rnw。

## 23.8 补充练习

1. 创建一个简单的 RMarkdown 文档，并具有以下属性：
   - ➤ 有标题、你的名字、当天的日期。
   - ➤ 文档由 3 部分组成：介绍、分析和结论，每个部分包含一个简单的文本段落。
   - ➤ 包含一个代码块，用于生成 airquality 数据中 Ozone 与 Wind 的关系图。
   - ➤ 拟合一个 Ozone 与 Wind 的简单线性模型，以表的形式返回模型的各系数。
   - ➤ 确保最终的文档中没有 R 代码、警告或消息。
2. 为刚创建的 RMarkdown 文档生成 HTML 文件。
3. 尝试使用 LaTeX 创建一个相同的文档。

# 第 24 章

# 用 Shiny 创建网络应用程序

---

**本章要点：**

➢ 简单应用程序的结构

➢ 响应式编程的基本概念

➢ 创建交互式文档

➢ 共享 Shiny 应用程序

本章学习扩展 R 代码的其他工具，尤其是能用于交互式共享分析和结果的工具。也许最初你都没想过用 R 构建网络应用程序，本章将要介绍一个包能让你完全用 R 来生成完整的网络应用程序。这是当前 R 中非常受欢迎的包之一，越来越多添加在 CRAN 的包都使用这个框架。

## 24.1　简单的 Shiny 应用程序

本章要用 shiny 包来生成网络应用程序。虽然该包在 CRAN 发布才几年时间，但是它的各方面应用发展得非常迅速。其中的一个原因是，shiny 包非常受欢迎，用户可以不必学习 HTML 或 JavaScript 就能用它来创建网络应用程序。本节先来学习创建应用程序的一些基础知识。

### 24.1.1　Shiny 应用程序的结构

在开始编写代码之前，要先熟悉组成 Shiny 应用程序的一些组件。在开发过程中，必须考虑两个主要的组件：首先要考虑的是用户界面。应用程序是什么样子的？如何把组件安排在页面上？其次要考虑的是"服务器"。应用程序要做什么？如果改变了选项将发生什么行为？

对于比较大型的应用程序，建议在两个名为"ui.R"和"server.R"的脚本中构建 Shiny 应用程序，但是我们在这里只用一个单独的文件。本章只简单地创建传递给 shinyApp() 函数的一个 ui 对象和一个 server 对象。我们会包含单独脚本中的所有组件。如果把该脚本保存为 app.R，那么在 RStudio 中将生成一些快捷键，单击相应的按钮就运行应用程序。

图 24.1 是在 RStudio 中一个 app.R 文件的样子。在 app.R 脚本中，可以看到脚本的总体结构，以及 ui 和 server 组件的轮廓。我们将在下一节中讲到调用 shinyApp() 函数时再讨论这个话题。而且，在脚本窗口顶部还有"Run App"的按钮。单击下拉菜单，可以看到一些可选项。这些选项控制应用程序是在 viewer 面板的单独窗口打开，还是在默认 web 浏览器打开。如图 24.1 所示，这个特殊的应用程序将在检视面板（viewer pane）打开，此时它是空的。

**图 24.1**

RStudio 中添加了额外 Run App 选项的 app.R 文件示例

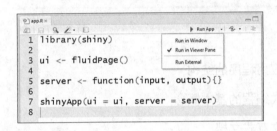

看到了空组件的 Shiny 应用程序，现在要考虑应该在里面添加点什么内容。我们从用户界面开始入手，这由 ui 对象控制。

### 24.1.2　ui 组件

ui 对象是定义应用程序外观的地方。在该对象里指定输入组件、输出类型，以及如何安排它们。

下面来看一个简单的示例，假设一个应用程序有一个简单的文本输入，这个文本将被作为应用程序输出的直方图的标题。该应用程序的代码，如代码清单 24.1 所示。

**代码清单 24.1　简单的用户界面示例**

```
 1: library(shiny)
 2:
 3: ui <- fluidPage(
 4:
 5:   textInput(inputId = "title", label = "Enter title text:"),
 6:
 7:   plotOutput(outputId = "histogram")
 8:
 9: )
10:
11: server <- function(input, output){}
12:
13: shinyApp(ui = ui, server = server)
```

注意，该程序清单中，我们改动的组件只有一个，即 ui 对象。我们下一节中将讨论 server 对象。ui 对象最初由调用 fluidPage() 函数来创建，该函数可以控制应用程序的布局。关于布局选项的细节超出了本书讨论的范围，在此不做赘述。

我们考虑一下 ui 对象中包含的元素。第一个要提供的元素是 textInput() 函数，该函数创建应用程序中的文本输入框。这是许多输入函数中的一个，这些函数包括检查框、数值选择器、滑块和下拉菜单等。所有的这些输入函数都遵循相同的结构，前两个参数都相同，如代码清单 24.1 中的第 5 行所示。第一个参数是 inputId，我们要使用这个名称引用应用程序的代码中对应的元素。为了方便识别，每个输入对象都必须有一个独一无二的名称。在下一节中将看到如何使用这个名称。第二个参数是 label，这是一个会出现在用户界面的字符串，告诉用户该组件的用途。如果没有包含该参数，用户就不知道要在文本框中输入什么，或者不知道要做什么。

> **注意**：**输入函数和 Shiny 文档**
>
> shiny 包由 RStudio 维护，提供 shiny 包和在线的扩展文档。要了解 shiny 所有的可用输入函数、输出函数和布局函数，请查阅 Shiny 网页上的文档说明（shiny.rstudio.com）。
>
> *By the Way*

在介绍下一个组件之前，注意代码清单 24.1 中的第 5 行的末尾有一个逗号。这是因为还要给 fluidPage() 函数提供另一个参数，两个参数用逗号隔开。虽然很容易遗漏逗号和括号，但是开始创建 Shiny 应用程序后，这种情况会有好转。最新版本的 RStudio 加入了内部编辑器错误检查，能更好地帮助识别缺少组件，如果运行程序后抛出一个 "Unexpected symbol" 的错误消息，就说明遗漏了逗号。

用户界面对象中的最后一个组件是输出函数。该例中，我们要返回一个图形，所以使用 plotOutput() 函数。和输入一样，可以创建各种不同的输出对象。使用什么输出函数取决于要创建什么输出对象。可以在输出中包含文本、表格、图形和 HTML。就像输入对象一样，要给输出对象命名。该例中，我们以 outputId 作为这个组件的唯一名称。下一节中将介绍如何使用这个组件。

现在，可以运行应用程序了。但是，我们没有告诉应用程序用输入的文本做什么事，也没有让应用程序创建图形，所以运行程序后只出现了文本输入框，输入文本后没有任何响应，也看不到图形。我们将在下一节继续编写这个应用程序。

### 24.1.3 server 组件

Shiny 应用程序的 server 元素是一个控制应用程序行为的组件。在本章的简单示例中，server 控制生成什么输出，以及在更改图形标题时发生什么。server 组件实际上是一个带有两个参数（input 和 output）的函数。一定要使用这些确切的参数，可以在图 24.1 和代码清单 24.1 的第 11 行中看到这两个参数。在 server() 函数内部，创建了将在用户界面中渲染的输出对象。本节继续用上一节的例子。代码清单 24.2 在代码清单 24.1 的基础上添加了 server() 函数的代码，现在整个代码就完整了。

**代码清单 24.2　添加 server()函数**

```
 1: library(shiny)
 2:
 3: ui <- fluidPage(
 4:
 5:  textInput(inputId = "title", label = "Enter title text:"),
 6:
 7:  plotOutput(outputId = "histogram")
 8:
 9: )
10:
11: server <- function(input, output){
12:
13:  output$histogram <- renderPlot({
14:
15:   hist(rnorm(100), main = input$title, xlab = "Simulated Data")
16:
17:  })
18: }
19:
20: shinyApp(ui = ui, server = server)
```

第 13 行中，我们在输出列表中创建了一个 histogram 元素。这是一个要传给输出函数的输出对象。在本例中，该对象要被传入 ui 对象中的 plotOutput()函数。在 server()函数中创建的元素名必须和传入用户界面的输出函数的参数名相匹配，这样对象才会在用户界面显示出来。

我们用"渲染"函数（render function）创建对象本身，用户界面中使用的每个输出函数都有一个相应的渲染函数。我们把创建输出对象的所有代码都放入渲染函数中。在本例中，我们包含了 hist()的函数调用，该函数生成一些待绘制的随机正态数据。在这个函数调用中引用了 input$title。这里，我们询问 Shiny 获得名为 title 的输入对象（在用户界面中创建）。需要再次提醒的是，该名称要与 ui 对象（代码清单 24.2 的第 5 行）中创建的 inputId 元素名称匹配。这意味着在创建绘图时，将使用 input$title 元素的值，并将其传给 hist()函数的 main 参数。运行该应用程序时，只要改动了标题，创建的图形便会根据 input$title 的新值同步更新。

现在，这是一个带输入和响应式输出的完整应用程序。运行这个应用程序，其输出类似于图 24.2。注意，布局会因为窗口的大小稍有不同。在更改文本输入框中的文本时，应用程序也会自动更新图形中的文本。

虽然这个应用程序的功能非常简单，但是我们可以扩展输入和输出的数量以生成更加复杂的应用程序，多输入有助于生成多输出。Shiny 最大的好处是完全基于 R 语言，所以我们可以无障碍地使用用本书介绍的操作、可视化和分析工具。所有的这些工具都能从 Shiny 应用程序运行。用 Shiny 还可以进一步构建更复杂的应用程序，如图 24.3 所示。这个应用程序进一步扩展使用 Shinydashboard 包，而且包含了许多允许用户以不同的方式和他们的数据交互的包。为了构建这种应用程序，要学习另一个概念。它能帮助我们构建更大型更复杂的应用程序。

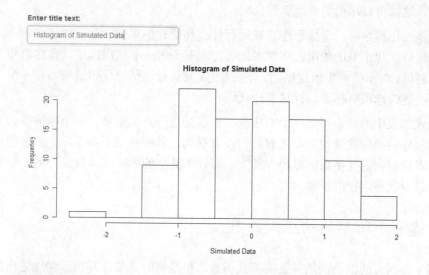

图 24.2

代码清单 24.2 生成的完整应用程序

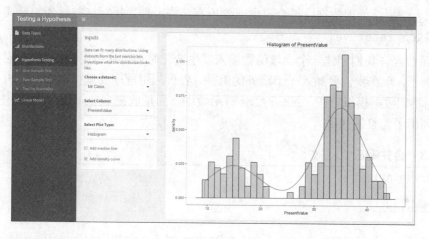

图 24.3

Shiny 应用程序示例

## 24.2 响应式函数

读者可能注意到了，运行代码清单 24.2 中的应用程序时，每次更改标题就要重新生成图形，这导致了重新抽样数据。这是因为模拟数据和更新绘图被放在了相同的"响应"函数中，该例中是渲染函数。因此，当输入元素改变时，shiny 知道要更新绘图，但是这也导致了重新模拟数据。回头看代码会发现，rnorm() 函数和 input$title 对象都在第 15 行中。实际上，可以使用多个响应式函数来改变这种行为。

### 24.2.1 为何需要响应式函数

希望这时候读者能意识到到响应式函数是有用的。在该例中，只是因为更改了图形的标题就要重新模拟数据，估计终端用户并不希望这样的事情发生。但是，假设模拟的数据集很大型，或者要读入一个大型的数据集，或者甚至想在生成图形之前执行一次复杂的分析。我们不想因为更改标题就导致重新运行所有这些组件。因此，我们通过响应式函数把应用程序中的组件都分开来，这样可以尽可能少地运行代码。

在开始开发大型应用程序时，考虑程序正在运行什么和运行的频率非常重要。实际上，这非常重要，我们应该创建小型的应用程序来多加练习。对于 Shiny 应用程序，自然希望每次运行的代码越少越好。对于任何应用程序，都必须考虑：要运行这部分代码的频率是多少？是否真的需要在每次更改选项时都要运行这部分代码？

任何包含在输入列表中的元素都是一个响应值，意识到这一点很重要。一个响应值必须包含在 Shiny 应用程序的响应式函数中。之前我们没有提到，其实渲染函数实际上就是响应式函数，这就是在本章提到这些函数的原因。其实，有许多其他的响应式函数都可用于辅助开发应用程序，并减少代码运行的频率。

## 24.2.2  创建一个简单的响应式函数

上一小节提到了，所有的渲染函数都是响应式函数，但是有时需要分开执行生成输出的行为。这可能是读入数据、处理数据、拟合模型或者所有这些组件。执行这些行为的最简单和最多才多艺的函数是 reactive()。

reactive()函数允许我们创建一个在该函数输入发生变化时被再次调用的函数。考虑代码清单 24.2 中的例子，现在我们要加入一个额外的组件，告诉应用程序要模拟多少个随机正态值。这次，我们不把数据模拟放在 renderPlot()函数中，而是放在 reactive()函数中。代码清单 24.3 中列出了完整的代码。

**代码清单 24.3   合并响应式函数**

```
 1: library(shiny)
 2:
 3: ui <- fluidPage(
 4:
 5:   numericInput(inputId = "num", label = "Number of Simulations:", value = 100),
 6:
 7:   textInput(inputId = "title", label = "Enter title text:"),
 8:
 9:   plotOutput(outputId = "histogram")
10:
11: )
12:
13: server <- function(input, output){
14:
15:   data <- reactive(rnorm(input$num))
16:
17:   output$histogram <- renderPlot({
18:
19:     hist(data(), main = input$title, xlab = "Simulated Data")
20:
21:   })
22: }
23:
24: shinyApp(ui = ui, server = server)
```

　　该例中要注意的是如何合并 reactive() 函数。第 15 行创建了一个 data 对象。这实际上是一个稍后要调用的函数对象。然后，把 rnorm() 函数放入 reactive() 函数的调用中。在需要使用这部分数据时，就调用第 19 行的 hist() 函数中的 data() 函数。现在，data() 函数只会在 input$num 值改变时才会重新生成模拟数据，而不是每次调用 hist() 函数就重新生成。如果运行这段代码并尝试改变数据值和标题时，就可以看到与之前不同的行为。

　　可以在应用程序中包含任意数量的 reactive() 函数，甚至可以嵌套 reactive() 函数。例如，有一个根据模型绘制输出图形的 renderPlot() 函数。这个 renderPlot() 函数可以调用一个 reactive() 函数拟合模型，而这个 reactive() 函数又调用一个 reactive() 函数读入数据或模拟数据。另外，Shiny 包中的一些其他的响应式函数处理响应值的方式不同。更多相关信息，请查阅 isolate() 函数、observeEvent() 函数和 eventReactive() 函数的帮助文件。

## 24.3　交互式文档

　　上两节介绍了如何把文档内容和 R 代码结合起来创建动态文档，生成报告或完全通过 R 生成演示文稿。本节将介绍另一种以 Shiny 应用程序的形式共享分析的途径。实际上，可以将两者结合起来，创建包含 Shiny 组件的文档。第 23 章中介绍过，可以通过单击 "RStudio" 中的 File > New File > R Markdown，在弹出的 "New R Markdown" 菜单中选择合适的模板文档快速打开。这次我们不选 "Document" 选项，选择 "Shiny" 选项。注意，这将在文档头部添加一个 "runtime" 选项。

　　在 R 的代码块中包含 Shiny 组件和包含其他代码的方式相同。至于 Shiny 组件，包含输入的方式也完全相同。可以使用 inputPanel() 函数把所有的输入都分组。在 Shiny 文档中，不必包含常用的输出函数，只需要包含渲染函数即可。这种函数通常都在 server() 函数中。所以，想在 Markdown 文档中包含与本章前面相同的输入和输出，其代码块应该像下面这样：

```
```{r, echo=FALSE}
inputPanel(
  numericInput(inputId = "num", label = "Number of Simulations:", value = 100),

  textInput(inputId = "title", label = "Enter title text:")
)

data <- reactive(rnorm(input$num))

renderPlot({

  hist(data(), main = input$title, xlab = "Simulated Data")

})
```
```

　　图 24.4 演示了如何把这些内容渲染在文档中。需要重点注意的是，这不再是静态文件了。因为在文档中包含了 Shiny 元素，所以必须有 R 会话才能运行。注意，RStudio 中原来 "Knit" 选项的位置上不再是 "Knit"，而是 "Run Document" 了。

如果有现成的 Shiny 应用程序，只需使用 `shinyAppDir()` 函数将其嵌入文档，指向 Shiny 应用程序的位置，并设置文档中该应用的宽度和高度。

**图 24.4**

交互式文档内部的 Shiny 元素

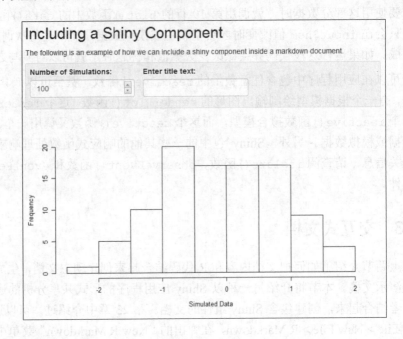

## 24.4 共享 Shiny 应用程序

创建用于共享的 Shiny 应用程序非常简单和灵活，但是一定要认真考虑，你打算如何共享你的应用程序。直到现在，你可能只在自己的计算机上，当前的 R 版本中运行了自己的代码示例。如果要与他人合作，并运行你的分析或者研究结果，就要把你的应用程序提供给他人。可以简单地把这些文件发送给其他用户，或者将应用程序合并为一个 R 包，但是这要求用户必须安装了 R 和所有正确的包。然而，你创建 Shiny 应用程序的原因通常是要给那些不使用 R 的用户共享。

这种情况下，共享应用程序最好的办法是把你的应用程序托管在服务器上，这样就可以给终端用户发送一个单独的 URL。做这件事的方案很多。首先，可以通过 RStudio 用 shinyapps.io 来托管你的应用程序。这是一个可以注册的服务器，有一系列包中的一个允许你用 RStudio 托管应用程序。另一种方案是，在自己的服务器上使用 Shiny Server 托管应用程序。这两种方案都是免费且专业的版本，专业版将添加一些特性，如验证。从 RStudio 的网站可以了解更多这些服务器的信息，有助于你确定哪一种方案比较适合自己。

## 24.5 本章小结

本章介绍了 Shiny 包的基本知识，让大家有足够的工具开始创建应用程序。Shiny 应用程序的应用范围很广，但是超出了本书讨论的范围。Shiny 包由 RStudio 负责维护，提供的扩展材料中描述了很多本章没有涵盖的特性，包括如何控制应用程序的布局，有多少输入和输出选项，如何处理数据，以及如何用 CSS 组件自定义自己的应用程序等。学会本书介绍的基础知识，有助于进一步学习 R 和理解相关的文献资料。在最后这两章中，我们介绍了两种给非 R 用户共享的好方法。书中介绍的仅仅是皮毛而已，还有很多等待读者去进一步学习。不过，这些简单有趣的示例能提高学习的积极性，有助于大家有针对性地深入学习，根据需要编写自己的应用程序。

## 24.6 本章答疑

**问：是否可以在我的网页浏览器中打开自己的 Shiny 应用程序？**

**答：**当然可以。在 Run App 的下拉菜单中更改默认选项，或者使用 Viewer 面板中的 New Window 按钮的"Open"按钮。

**问：为什么在运行 Shiny 应用程序时无法运行其他代码？**

**答：**当你在运行自己的 Shiny 应用程序时，当前 R 会话会被阻塞。这是因为当应用程序活动时，R 代码正在运行或重新运行。在 R 中不能同时运行多个进程，所以在运行 Shiny 应用程序时不能运行任何其他代码。

## 24.7 课后研习

课后研习包含"随堂测验"和"答案"两部分，旨在帮助读者巩固本章所学知识。请读者先尝试回答"随堂测验"中的所有问题，再看后面的"答案"。

**随堂测验：**

1. 哪一个组件控制应用程序的外观？

2. 必须要给输入函数提供哪两个参数？

3. 必须提供给 server() 函数两个参数。下面哪一个选项不是必须提供的？

  A. input

  B. output

  C. session

4. 使用 reactive() 函数的主要优势是什么？

**答案：**

1. ui 组件控制应用程序对终端用户的外观。

2. inputId 和 label。所有的输入函数，无论是文本、数字还是下拉菜单，都从这两个参数开始。应用程序用 inputId 参数来引用对象，用 label 参数在用户界面告诉用户该元素的用途。

3. C。input 和 output 都是 server() 函数必须有的参数。可以选择使用 session 参数把会话信息传递给 Shiny 应用程序的 server() 函数。

4. 使用 reactive() 函数的主要好处是，可以打断应用程序的运行。与其在不需要运行时重复运行任务，不如使用 reaction() 函数确保只在输入选项改变时才重新运行任务。

## 24.8　补充练习

1. 创建一个应用程序，接受 3 个输入：
   - ➢ 1～500 的数值滑块；
   - ➢ 选择颜色的下拉菜单；
   - ➢ 用于表示绘图标题的文本字符串。
2. 更新应用程序，使其返回模拟值的一个直方图。
3. 扩展应用程序，包含一个检查框，添加一条数据中位数的垂直参考线。
4. 确保数据不会在每次更改选项时就重新模拟一次。
5. 使用可用的文档资料更新该应用程序的布局，确保所有的输入都在左边栏，输出在右边栏。

# 附录 A

# 安装

本附录提供在 Windows、OS X 和 Linux 系统中安装 R 的一些具体操作，在 Windows 系统中为构建 R 包安装所需的 Rtools 组件的安装说明。最新的维护说明见本书的网址：

http://www.mango-solutions.com/wp/teach-yourself-r-in-24-hours-book/

## A.1 安装 R

从 CRAN 中心资源库安装 R。虽然可以直接导航至 CRAN，但是绝大部分用户通常通过 www.r-project.org 导航至 CRAN。

（1）单击 R Project 主页上的 "downloadR" 链接。

（2）选择离自己最近的本地 CRAN 镜像。每个镜像都是完全相同的，所以实际上选择哪一个都没关系，而选择离自己最近的能减少下载时间。

（3）CRAN 的主页上，有 3 个选项，依操作系统而异。请单击合适的链接。

## A.1.1 Windows 上安装 R

在 Windows 上安装 R 的步骤如下。

（1）有 3 个可用的 "子目录"，请单击 "base" 链接。

（2）该主页顶部，用于 Windows 系统上最新发布的 R 可通过链接进行下载。例如，"Download R 3.2.2 for Windows"。单击链接下载安装文件到临时位置（或者如果 presented with option 选择 "run"）。

（3）选择所需的语言，并按照向导中的说明进一步安装。

➢ 当弹出选项窗口配置启动选项时，如图 A.1 所示，推荐选择 "No（accept defaults）"。

➢ 如果对向导说明都满意的话，所有选项都单击 "下一步"。

➢ 准备好后，单击 "Finish" 按钮。

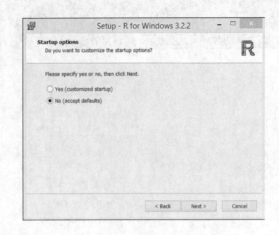

图 A.1

启动选项

## A.1.2　在 Linux 上安装 R

在把 R 下载到 OS X 系统之前，请仔细阅读主页顶部上的说明。

首先单击"Files"标题下有一个供 OS X 系统下载的最新 R 版本，例如，R-3.2.2.pkg。选择这个链接并运行安装文件。

（1）文件下载完毕后，运行.pkg 文件。

（2）选择所需的语言，并按照向导中的说明进行操作。

➢　如果对向导说明都满意的话，所有选项都单击"下一步"。

➢　准备好后，单击"Finish"按钮。

## A.1.3　在 Linux 上安装 R

为 Linux 系统选择合适的链接。系统的每个版本都有自己的 R 安装说明和/或 README 文件。对于 Debian 和 Ubuntu，最新的 stable R 版本可从官方资源库中下载。Ubuntu 的帮助文件示例如图 A.2 所示。下载和安装 R 的具体说明以相关主页上的内容为准。

图 A.2

在 Ubuntu 上安装
R

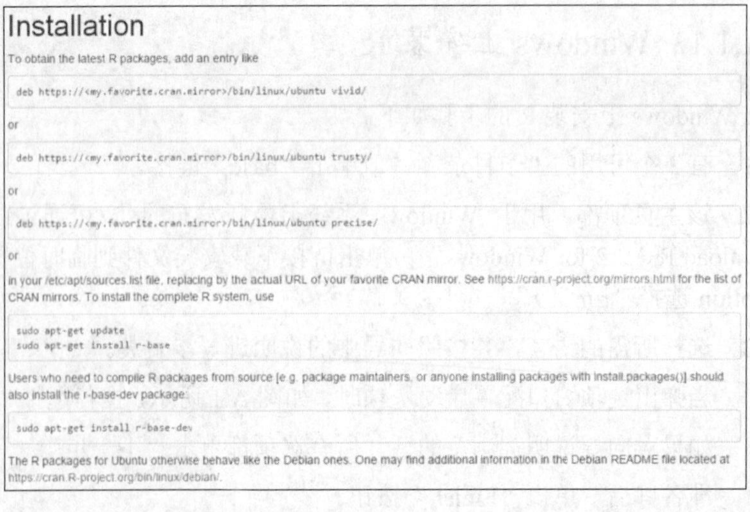

### Installation

To obtain the latest R packages, add an entry like

```
deb https://<my.favorite.cran.mirror>/bin/linux/ubuntu vivid/
```

or

```
deb https://<my.favorite.cran.mirror>/bin/linux/ubuntu trusty/
```

or

```
deb https://<my.favorite.cran.mirror>/bin/linux/ubuntu precise/
```

or

in your /etc/apt/sources.list file, replacing by the actual URL of your favorite CRAN mirror. See https://cran.r-project.org/mirrors.html for the list of CRAN mirrors. To install the complete R system, use

```
sudo apt-get update
sudo apt-get install r-base
```

Users who need to compile R packages from source [e.g. package maintainers, or anyone installing packages with install.packages()] should also install the r-base-dev package:

```
sudo apt-get install r-base-dev
```

The R packages for Ubuntu otherwise behave like the Debian ones. One may find additional information in the Debian README file located at https://cran.R-project.org/bin/linux/debian/.

## A.2　为 Windows 安装 Rtools

Windows 没有自带构建包所需的许多额外的命令行工具，要在 Windows 上构建包，必须安装 Rtools 才行（可以在 CRAN 下载）。Linux 用户通常要安装 r-base-dev（Debian）。OS X 用户通常要安装 XCode。本书的网站上维护着这些额外组件的安装更新说明：（http://www.mango-solutions.com/wp/teach-yourself-r-in-24-hours-book/）。

可以直接导航至 CRAN。或者从 R-Project 网站开始导航。

（1）单击"download R"链接。

（2）选择最近的 CRAN 镜像。

从 CRAN 的主页上进行如下操作。

（1）单击"Download R for Windows"链接。

（2）单击"Rtools"链接（https://cran.rstudio.com/bin/windows/Rtools/）

（3）有一个下载的 Rtools 各种版本的表格。必须安装域当前所用 R 版本匹配的 Rtools 版本。"R Compatibility"栏列出的是每个 Rtools 版本对应可用的 R 版本，如图 A.3 所示。

| Download | R compatibility | Frozen? |
|---|---|---|
| Rtools33.exe | R 3.2.x and later | No |
| Rtools32.exe | R 3.1.x to 3.2.x | Yes |
| Rtools31.exe | R 3.0.x to 3.1.x | Yes |
| Rtools30.exe | R >2.15.1 to R 3.0.x | Yes |
| Rtools215.exe | R >2.14.1 to R 2.15.1 | Yes |
| Rtools214.exe | R 2.13.x or R 2.14.x | Yes |
| Rtools213.exe | R 2.13.x | Yes |
| Rtools212.exe | R 2.12.x | Yes |
| Rtools211.exe | R 2.10.x or R 2.11.x | Yes |
| Rtools210.exe | R 2.9.x or 2.10.x | Yes |
| Rtools29.exe | R 2.8.x or R 2.9.x | Yes |
| Rtools28.exe | R 2.7.x or R 2.8.x | Yes |
| Rtools27.exe | R 2.6.x or R 2.7.x | Yes |
| Rtools26.exe | R 2.6.x, R 2.5.x or (untested) earlier | Yes |

图 A.3

RTools 的下载表

（4）单击合适的 Rtools 版本。

（5）如果询问你是否要运行或保存.exe 文件，请选择"run"选择。

（6）文件下载完毕后，请单击"Run"。

（7）选择所需的语言，并遵循安装向导的指示。注意下面的内容。

➢ 当询问你选择一个安装位置时，如图 A.4 所示，Rtools 通常下载至 C:\。如果想更改目录，这时候就改好。目标目录名最好能包含版本号（但是不要包含版本号中的句点）。例如，Rtools3.3 保存为 Rtools33。这样，在同时使用多个 R 版本时，有助于记录相应的 Rtools 的版本。

➢ 为了创建 C.dll 文件，在出现这个选项时确保选择了所有的组件。不要安装"Extras to Build 32 bit R: TCL/TK"或"Extras to Build 64 bit R: TCL/TK"，除非你确实要这样做（通常不建议这样做）。

➢ 在安装过程中，会询问你是否要更新系统路径（见图 A.5）。这一步对是否能创建包很重要。如果没有勾选第一项，不让安装过程处理这一步，以后要自己手动添加。检查对话框，确保勾选了第二项，即把版本信息保存到注册表。

（8）准备好后，单击"Install"按钮。

图 A.4

选择目标位置

图 A.4

选择目标位置

图 A.5

一些额外选项

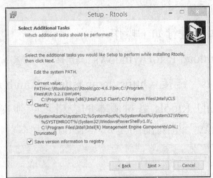

## A.3 安装 RStudio IDE

从 RStudio 自己的官网（www.rstudio.com）就可以下载安装 RStudio。请注意，这里介绍的 RStudio 的安装说明仅供参考，应该以当前 RStudio 网站上的具体说明为准。尤其是，有些按钮可能会移动，或者按钮名会更改。

（1）RStudio 主页上通常包含一个或多个链接供不同需求的用户安装 RStudio IDE。选择合适的链接后将引导你进入 RStudio IDE 的下载页面。

（2）出现安装 R 的 Desktop 或 Server 版本的选项框。选择"Desktop"链接（见图 A.6）。

图 A.6

安装 RStudio
Desktop 的按钮

（3）"Desktop"链接将引导用户进入合适的页面，然后需要选择是下载开源版本还是商业授权版本。如果现在不需要购买商业版本，请单击 DOWNLOAD RSTUDIO DESKTOP 按钮。

（4）单击"DOWNLOAD RSTUDIO DESKTOP"按钮后，将引导用户进入有许多 RStudio Desktop 开源版本的页面。滚动页面，查找域自己操作系统匹配的安装文件。

（5）运行安装文件。如果在 Mac OS X 上进行操作，会出现一个安装向导框。

➤ 通过向导进行导航，单击"Next"接收默认选项。

➤ 准备好后，单击"Finish"按钮安装 RStudio。

# 欢迎来到异步社区！

## 异步社区的来历

异步社区（www.epubit.com.cn）是人民邮电出版社旗下 IT 专业图书旗舰社区，于 2015 年 8 月上线运营。

异步社区依托于人民邮电出版社 20 余年的 IT 专业优质出版资源和编辑策划团队，打造传统出版与电子出版和自出版结合、纸质书与电子书结合、传统印刷与 POD（按需印刷）结合的出版平台，提供最新技术资讯，为作者和读者打造交流互动的平台。

## 社区里都有什么？

### 购买图书

我们出版的图书涵盖主流 IT 技术，在编程语言、Web 技术、数据科学等领域有众多经典畅销图书。社区现已上线图书 1000 余种，电子书 400 多种，部分新书实现纸书、电子书同步出版。我们还会定期发布新书书讯。

### 下载资源

社区内提供随书附赠的资源，如书中的案例或程序源代码。

另外，社区还提供了大量的免费电子书，只要注册成为社区用户就可以免费下载。

### 与作译者互动

很多图书的作译者已经入驻社区，您可以关注他们，咨询技术问题；可以阅读不断更新的技术文章，听作译者和编辑畅聊好书背后有趣的故事；还可以参与社区的作者访谈栏目，向您关注的作者提出采访题目。

## 灵活优惠的购书

您可以方便地下单购买纸质图书或电子图书，纸质图书直接从人民邮电出版社书库发货，电子书提供多种阅读格式。

对于重磅新书，社区提供预售和新书首发服务，用户可以第一时间买到心仪的新书。

用户账户中的积分可以用于购书优惠。100 积分 =1 元，购买图书时，在 里填入可使用的积分数值，即可扣减相应金额。

## 纸电图书组合购买

　　社区独家提供纸质图书和电子书组合购买方式，价格优惠，一次购买，多种阅读选择。

## 社区里还可以做什么？

### 提交勘误

　　您可以在图书页面下方提交勘误，每条勘误被确认后可以获得100积分。热心勘误的读者还有机会参与书稿的审校和翻译工作。

### 写作

　　社区提供基于 Markdown 的写作环境，喜欢写作的您可以在此一试身手，在社区里分享您的技术心得和读书体会，更可以体验自出版的乐趣，轻松实现出版的梦想。

　　如果成为社区认证作译者，还可以享受异步社区提供的作者专享特色服务。

### 会议活动早知道

　　您可以掌握 IT 圈的技术会议资讯，更有机会免费获赠大会门票。

## 加入异步

　　扫描任意二维码都能找到我们：

| 异步社区 | 微信服务号 | 微信订阅号 | 官方微博 | QQ 群：436746675 |

社区网址：www.epubit.com.cn

投稿 & 咨询：contact@epubit.com.cn